U0229000

普通高等教育"十二五"规划教材

环境微生物技术

赵晓祥　张小凡　编著

化学工业出版社

·北京·

本书系统阐述了环境微生物学的基本知识与原理——培养基及制备，微生物分离及培养技术，微生物菌种鉴定，微生物生长与代谢及微生物生态等；深入讨论了环境微生物技术在环境保护中的作用——微生物大分子制备，微生物分子生物学技术等；并介绍了微生物对人类生存环境的作用及其实际调控与应用——环境工程中各种生物处理方法的微生物机理，微生物对环境污染物的降解及其在污染控制中的应用。本书适于环境工程、环境科学、环境生物技术等专业及卓越工程师教育等大专院校及相关专业的高年级本科生和研究生作为教材使用，还可供环境科学、环境工程科研人员技术人员参考阅读。

图书在版编目（CIP）数据

环境微生物技术/赵晓祥，张小凡编著 . —北京：化学
工业出版社，2015.6
　　ISBN 978-7-122-23682-1

　　Ⅰ.①环…　Ⅱ.①赵…②张…　Ⅲ.①环境微生物学-高
等学校-教材　Ⅳ.①X172

　　中国版本图书馆 CIP 数据核字（2015）第 079259 号

责任编辑：满悦芝
责任校对：边　涛　　　　　　　　　　　装帧设计：尹琳琳

出版发行：化学工业出版社（北京市东城区青年湖南街 13 号　邮政编码 100011）
印　　装：三河市延风印装有限公司
787mm×1092mm　1/16　印张 19　字数 464 千字　2015 年 8 月北京第 1 版第 1 次印刷

购书咨询：010-64518888（传真：010-64519686）　售后服务：010-64518899
网　　址：http://www.cip.com.cn
凡购买本书，如有缺损质量问题，本社销售中心负责调换。

定　　价：49.00 元

前　　言

　　环境微生物技术是一门横跨现代微生物学、环境科学、环境工程等众多学科的新兴综合学科，是环境科学中的一个重要分支。它主要以微生物学的理论与技术为基础，并与环境科学和环境工程相互交融，它涉及面广，实践性强，发展迅速。环境微生物技术既包括微生物学理论和方法的研究，又包括分子生物学方法和技术在环境保护中的应用。

　　环境微生物技术体系所涉及的方法主要是研究环境微生物学在环境污染治理、环境生物修复等方面的内容。本书不仅包括了常用的微生物生物处理方面的实验技术和方法，同时根据近年来环境生物技术的发展趋势，着重介绍了一些新技术、新方法，尤其是一些以分子生物学技术为背景的实验方法。

　　本书系统阐述环境微生物学的基本知识与原理，包括培养基及制备，微生物分离及培养技术，微生物菌种鉴定，微生物生长与代谢，以及微生物生态等。深入讨论环境微生物技术在环境保护中的作用，包括微生物大分子制备，微生物分子生物学技术等；具体介绍微生物对人类生存环境的作用及其实际调控与应用，包括环境工程中各种生物处理方法的微生物机理，微生物对环境污染物的降解及其在污染控制中的应用。如环境激素、溴代阻燃剂、偶氮染料、农药的微生物降解，微生物絮凝剂，生物表面活性剂及其在重金属污染修复中的应用，有效微生物菌群技术及在环保中的应用，固定化微生物、酶制剂处理污染物，同步硝化反硝化生物脱氮，共代谢技术处理难降解有机物，实时荧光定量 PCR 技术，污染环境的生物修复技术，高效功能性浸矿菌群，改性细菌纤维素膜的制备及在燃料电池中的应用，微藻微生物燃料电池等技术在环境保护中的应用。

　　本书在总体内容上重视基础知识、基本理论、基本方法的阐述，力求内容的可读性以及实验的可操作性，内容简明、概念清晰、逻辑严谨、覆盖面广，兼顾前沿性和系统性。特别是在环境微生物技术应用方面，不但对每一种技术的基本原理进行了深入浅出的介绍，而且对实验步骤进行了十分详尽的描述，使读者更容易地理解及操作。本书参考了国内外研究机构的大量研究和实践素材，内容丰富，适用于高等院校有关环境保护类专业作为专业基础课教材使用，也可为与微生物学有关的科技人员、管理人员提供参考和可借鉴的思路。本书在编写过程中参考了一些国内外同行的研究方法，并结合了作者自身从事环境生物工程研究多年来积累的一些技术和方法，在此向以上参考文献的作者谨致谢忱。最后，限于作者水平和编写时间的限制，书中难免还有疏漏和不当之处，恳请读者和业内同仁惠予指正。

作者

2015 年 4 月

目　录

1 绪 论

生物技术（biotechnology）是以分子生物学、分子遗传学、微生物学、生物化学及细胞学的理论和技术为基础，结合化学工程、计算技术等现代工程技术，运用生物学的最新成就，定向地改造物种，再通过合适的生物反应器，对这类"工程菌"或"工程细胞株"进行大规模的培养，以生产大量有用的代谢产物或发挥它们独特生理功能的一门新兴技术。生物技术是以 DNA 分子技术为基础，包括微生物工程、细胞工程、酶工程和基因工程等一系列生物高新技术的总称。它不仅在农作物改良、医药研究、食品工程方面发挥着重要作用，在治理污染、环境生物监测等方面也发挥着重要的作用。生物技术在处理环境污染物方面具有速度快、消耗低、效率高、成本低、反应条件温和及无二次污染等显著优点，加之其技术开发所预示的广阔的市场前景，受到了各国政府、科技工作者和企业家的高度重视。

生物是构成生态系统的要素，生态系统内物质循环主要依靠生物过程来完成。应用环境生物技术处理污染物时，最终产物大都是无毒无害、稳定的物质，如二氧化碳、水和氮气。因此它是一种消除污染安全而彻底的方法。尤其是基因工程、细胞工程和酶工程等现代生物技术的飞速发展和应用，大大强化了上述环境生物处理过程，使生物处理具有更高的效率、更低的成本和更好的专一性，为生物技术在环境保护中的应用展示了更为广阔的前景。

1.1 环境生物技术

环境生物技术（environmental biotechnology，也称为 environmental bioengineering）是一门由现代生物技术与环境工程相结合的新兴交叉学科；它涉及众多的学科领域，包括生物技术、工程学、环境学和生态学等；它既具有较强的基础理论，又具有鲜明的技术应用特点。环境生物技术采用现代分子生物学和分子生态学的原理和方法，充分利用各种环境生物的生物体、生物代谢过程和产物，进行生物净化、生物修复、生物转化和生物催化，从污染治理、清洁生产到可再生资源利用，多层面、全方位地解决工业和生活污染、农业和农村面源污染、荒漠化和海水污染等问题。

根据环境生物技术技术特点可将其分为三个层次：第一层次是指以基因工程为主导的现代污染防治生物技术，如基因工程菌的构建、抗污染型转基因植物的培育等；第二层次是指传统的生物处理技术，如活性污泥法、生物膜法，及其在新的理论和技术背景下产生的强化处理技术和工艺，如生物流化床、生物强化工艺等；第三层次是指利用天然处理系统进行废物处理的技术，如氧化塘、人工湿地系统等。环境生物技术的三个层次均是污染治理不可缺少的生物技术手段。第一层次的环境生物技术需要以现代生物技术知识为背景，为寻求快速有效的污染治理与预防新途径提供了可能，是解决目前出现的日益严重且复杂的环境问题的强有力手段；第二层次的环境生物技术是当今废物生物处理中应用最广泛的技术，其技术本身也在不断改进，新的科学技术也不断渗入，因此，它仍然是目前环境污染治理中的主力军；第三层次的环境生物技术，其最大特点是充分发挥自然界生物净化环境的功能，投资运行费用低，易于管理，是一种省力、省费用、省能耗的技术。

在实际应用过程中，各种工艺与技术之间相互交叉、相互渗透，甚至将三个层次集中为一体，在水污染控制、大气污染治理、有毒有害物质的降解、清洁可再生能源的开发、废物资源化、环境监测、污染环境的修复和工业企业的清洁生产等方面，发挥着极为重要的作用。

1.2　环境生物技术在环境科学与工程中的应用

近年来，环境生物技术发展极其迅猛，无论是在生态环境保护方面，还是在污染预防和治理方面以及环境监测方面，都显示出独特的功能和优越性。环境生物技术在科学与工程中的应用极其广泛，其中包括：污水的生物处理、固体废物的生物处理、石油污染的生物降解、芳香族化合物的生物降解、卤代有机化合物的生物降解、有机农药在环境中的生物降解、危险性有机污染物的生物降解、污染环境的生物修复，以及地下水污染生物修复等。

1.2.1　环境生物技术在水污染治理中的应用

高浓度有机物废水的处理是水污染治理的重点难题。污水中有毒物质的成分十分复杂，包括各种酚类、氰化物、重金属、有机磷、有机汞等。微生物通过自身的生命活动可以解除污水的毒害作用，从而使污水中的有毒物质转化为有益的无毒物质，使污水得到净化。

1.2.1.1　好氧降解技术（aerobic degradation technology）

好氧降解技术包括活性污泥法和生物膜法。

（1）活性污泥法（active sludge process）　活性污泥法是最传统的好氧生物处理技术，其工作原理是：在废水中通过曝气供氧，促进微生物生长形成活性污泥，利用活性污泥的吸附、氧化分解、凝聚和沉降性能来净化废水中的有机污染物。处理过程中，有机降解是依赖活性污泥的吸附与氧化分解能力，而泥水分离则是利用活性污泥的凝聚和沉降性能。活性污泥法中两项最基本的技术措施是：通过曝气来提高反应器水体中溶解氧的水平；通过污泥回流来保证反应器中的生物量与活性。基于活性污泥原理的新型生化处理技术中，较为典型和成功的是间歇式活性污泥法（SBR）和氧化沟（oxidation ditch）。间歇式活性污泥法是将初沉池、反应池和二沉池各工序放在同一反应器（SBR反应器）中进行，处理过程分为进水、反应、沉降、出水、闲置五个阶段。废水在SBR反应器的曝气过程中与污泥完全混合。完成降解反应后，停止曝气，活性污泥颗粒在静置中沉降，上层的清水自反应器中排出。SBR法的特点是简化了工艺结构，提高了反应器的混合传质效率，投资少，反应易于操作控制。氧化沟亦称氧化渠或循环曝气池，其特点是采用横轴转刷或竖轴表面叶轮曝气来推动水流。该工艺能耗低，具有推流式和混合式两者的特征。

（2）生物膜法（biomembrance process）　生物膜法是在处理污水的反应器中添加介质（填料）作为微生物附着的载体。在分解有机污染物的过程中，微生物在介质表面生长繁殖，逐步形成黏液状的膜，然后利用固着在介质表面的这种微生物膜来净化污水。在分解有机污染物的过程中，膜逐步增厚，形成表层好氧、内层兼氧和厌氧的微生态环境，因此生物膜法具有一定的厌氧降解功能。生物膜法具有无需污泥回流、膜的生物活性高、反应稳定等优点。生物膜法通常分为润壁型生物膜法（如生物滤池和生物转盘）、浸没型生物膜法（如接触氧化法）和流动床型生物膜法（如生物移动床和生物流化床）。不同类型的生物流化床在结构、充氧方式、填料性质与形状方面有一定的差异，但共同点是：床内载体在充氧过程中始终悬浮于液体中做快速运动，具有类似于液体的自由流动性，促进了物质的扩散与接触，相应提高了反应速率。

1.2.1.2 厌氧处理技术（anaerobic treatment technology）

在厌氧生物处理的过程中，复杂的有机化合物经大量微生物的共同作用，被分解，转化为简单、稳定的化合物，如甲烷、二氧化碳、水、硫化氢和氨等，同时释放能量。其中，大部分的能量以甲烷的形式出现，可作为可燃气体回收利用。仅少量有机物被转化而合成为新的细胞组成部分。相对好氧法来讲，厌氧法污泥增长率小得多。好氧法因为供氧的限制一般只适用于中、低浓度有机废水的处理，而厌氧法既适用于高浓度有机废水，又适用于中、低浓度有机废水和生活污水的处理。同时厌氧法可降解某些好氧法难以降解的有机物，如固体有机物、着色剂蒽醌和某些偶氮染料等。其特点是废水处理和能源回收相结合，但出水水质难以达到直接排放的要求。

目前使用较多的厌氧反应器有：厌氧滤池（AF）、上流式厌氧污泥床（UASB）、厌氧流化床（AFB）、厌氧颗粒污泥膨胀床（EGSB）、厌氧内循环反应器（IC）、厌氧折流板式反应器（ABR）和厌氧序列式反应器（ASBR）等。

1.2.1.3 生物脱氮技术（biological nitrogen removal technology）

脱氮法是为防止水体富营养化而对废水进行除氮的过程。一般分为物理化学法和生物法脱氮两种。物理化学法有气提脱氮法、离子交换法、氯处理法等，目前多采用硝化-反硝化作用的生物脱氮法对废水进行处理。

废水中的有机氮首先在氨化菌作用下，被分解转化为氨态氮；然后在有氧状态下，自养型亚硝化菌和硝化菌利用无机碳为碳源将氨氮转化为亚硝酸盐（NO_2^-）和硝酸盐（NO_3^-）；最后在缺氧状态下，反硝化菌将亚硝酸盐氮、硝酸盐氮还原成气态氮（N_2）。

目前使用比较广泛的生物脱氮工艺主要有 SBR 工艺、氧化沟工艺以及缺氧/好氧（ANO）工艺等。

1.2.1.4 生物除磷技术（biological phosphorus removal technology）

废水生物除磷工艺是利用聚磷菌在好氧条件下所摄取的磷比在厌氧条件下所释放的磷多的原理，将多余剩余污泥排出系统而达到除磷的目的。

在好氧条件下，聚磷菌利用废水中的 BOD_5 或体内贮存的聚 β-羟基丁酸的氧化分解所释放的能量来摄取废水中的磷，一部分磷被用来合成 ATP，另外绝大部分的磷则被合成为聚磷酸盐而贮存在细胞体内。在厌氧条件下，聚磷菌能分解体内的聚磷酸盐而产生 ATP，并利用 ATP 将废水中的有机物摄入细胞内，以聚 β-羟基丁酸等有机颗粒的形式贮存于细胞内，同时还将分解聚磷酸盐所产生的磷酸排出体外。

1.2.1.5 固定化酶和固定化细胞技术（immobilized enzyme and immobilized cell）

固定化酶和固定化细胞是通过物理吸附法或化学键合法使水溶性酶和固态的不溶性载体相结合，将酶变成不溶于水但仍保留催化活性的衍生物，微生物细胞是一个天然的固定化酶反应器，用制备固定化酶的方法直接将微生物细胞固定，即是可催化一系列生化反应的固定化细胞。运用固定化酶和固定化细胞可以高效处理废水中的有机污染物、无机金属毒物等。例如，将能降解对硫磷等多种农药的酶，以共价结合法固定于多孔玻璃珠或硅珠上，制成酶柱，用于处理对硫磷废水；利用固定化酵母细胞降解含酚废水也已实际应用于废水处理。

1.2.1.6 基因工程技术（genetic engineering）

基因工程菌就是采用生物工程技术将多种微生物的降解性基因从细胞中取出，然后组装到一个细胞中，使这个菌株集多种微生物的降解性功能于一身，同时可以降解多种化合物。应用遗传工程菌可以提高对污染物的降解能力、加快降解速度，以增强净化污水的效力。例如，微生物高效菌能够将氰化物（氰化钾、氰氢酸、氰化亚铜等）分解成二氧化碳和氨；利用专门分解硫化物的微生物可以从废水中回收硫黄；利用能够降解石油烃的超级菌以清除油对水质的污染等。

1.2.2 环境生物技术在废气及大气污染治理中的应用

采用生物技术控制和处理废气，将废气中的有机污染物或恶臭物质降解或转化为无害或低害类物质，从而净化空气，是一项空气污染控制的新技术。目前采用的方法主要有生物过滤、生物洗涤和生物吸附法等，所采用的生物反应器为生物净气塔、渗滤器和生物滤池等。

1.2.2.1 生物过滤技术（biological filtration technology）

生物过滤技术是在生物滤池内部填充活性填料，废气经加压预湿后从底部进入生物滤池，气体中的无机污染物、有机污染物或恶臭物质与填料上附着生成的生物膜（微生物）接触，被生物膜吸收，最终被降解为水和二氧化碳或其他成分，处理过的气体从生物滤池的顶部排出。该方法的特点是设备少、操作简单、不需外加营养物、投资运行费用低、去除效率高，但反应条件较难控制、占地面积较大。

1.2.2.2 生物洗涤技术（biological washing technology）

生物洗涤法分为废气吸收和悬浮液再生两个阶段，通常由一个装有填料的洗涤器（吸收设备）和一个装有活性污泥或生物膜的生物反应器（再生反应器）构成废气从吸收设备底部进入，向上流动，与顶部喷淋向下的生物悬浮液在填料床中相互接触，经传质过程进入液相，再进入微生物细胞内或经微生物分泌的胞外酶作用分解，净化后的气体从吸收设备顶部排出。吸收了废气的生物悬浮液从再生反应池的底部进入，通入空气充氧，废气被微生物氧化利用的过程也就是悬浮液的再生过程，再生后的悬浮液再进入吸收设备进行顶部喷淋，吸收与再生两个过程反复进行。该方法的特点是反应条件易控制、压降低、填料不易堵塞，但设备较多，需外加营养，成本较高，对溶解度小的化合物难以处理。

1.2.2.3 生物滴滤技术（biotrickling filtration technology）

生物滴滤法是在生物吸收法基础上进行的改进，集合了生物过滤法和生物吸收法两种工艺的优点，生物吸收和生物降解同时发生在一个反应装置内。滴滤池内装有填料，填料表面被生物膜覆盖。循环水不断喷洒在填料上，废气通过滴滤池时，气体的污染物被微生物降解。该方法的特点是只有一个反应器、操作简单、压降低、填料不易堵塞、污染物去除效率高，比生物过滤法能更有效地处理含卤化合物、硫化氢或氨等废气，但需外加营养、运行成本较高。

1.2.3 环境生物技术在固体废物处理中的应用

随着城市的发展，固体废物的数量在逐年急剧增长，对环境的污染也越来越严重。在众多的处理方法中（如堆肥、焚烧、热处理等），生物处理具有成本低、运行费用低、操作简单、易管理等优点。利用生物技术处理固体废物中的城市生活垃圾和农业废弃物，主要方法是卫生填埋、堆肥和发酵沼气。

1.2.3.1　卫生填埋技术（sanitary landfill）

卫生填埋是将城市生活垃圾存积在大坑或低洼地的卫生填埋场，填埋场下层应有不透水的自然隔水基质或人工隔水层，在填埋场设置排气口和监测系统，每天填入的垃圾压实后铺盖一层土壤，并通过科学管理来恢复地貌和维护生态平衡。其原理是利用微生物将垃圾中的有机物分解。垃圾通过卫生填埋还可产生沼气。在卫生填埋过程中危害最大的是垃圾渗滤液，它含有重金属离子、可生物降解的有机物、难生物降解的有机物（多数为致癌物质）、氨氮和大量微生物等。利用微生物对固体废物进行处理必须营造适宜微生物生长的环境，使之充分发挥其降解功能。城市垃圾的"生物反应堆"理论就是其中的一种，这种方法与传统的卫生填埋相反，允许适量的水分进入填埋场，增加湿度，为微生物的生长和繁殖提供有利的条件，从而加速固体废物的降解和稳定。固体废物的生物降解主要包括以下几种。

① 好氧生物处理：利用好氧微生物在有氧条件下的代谢作用，将废物中复杂的有机物分解成二氧化碳和水，其重要条件是保证充足的氧供应、稳定的温度和水。实际工程中就是在填埋场中注入空气或氧，使微生物处于好氧代谢状态。

② 厌氧生物处理：利用在无氧条件下生长的厌氧或兼性微生物的代谢作用处理废物，其主要降解产物是甲烷和二氧化碳等，一般需要保证温度、无氧或低溶解氧浓度。

③ 准好氧处理：准好氧填埋场的主要设计与运行思想是使渗滤液集水沟水位低于渗滤液集水干管管底高程，使大气可以通过集水干管上部空间和排气通道，垃圾在某种好氧条件下分解产生的发酵热造成内外温差，使空气流自然通过填埋体，促进垃圾的分解和稳定。准好氧填埋不需要强制通风，相对于厌氧处理，垃圾稳定得更快，危险气体，如甲烷、H_2S等的产量降低。

④ 混合生物处理：在填埋下一层垃圾之前好氧处理 30～60 天，其目的是让垃圾尽快经过产酸阶段为进入厌氧产甲烷阶段做准备。这种方法主要的优点在于把厌氧的操作简单和好氧的高效率有机地结合在一起，增加了对挥发性有机酸、对空气具危害性的污染物的降解，其主要特点是降解速度快。

1.2.3.2　堆肥技术（composting technology）

堆肥是利用含有肥料成分的动植物遗体和排泄物，加上泥土和矿物质混合堆积，在高温、多湿的条件下，经过发酵腐熟、微生物分解而制成的一种有机肥料。堆肥是固体基质在有效的低温条件下的发酵过程，适用于生活垃圾的处理。其基本步骤是：废弃物—预处理—堆肥—后处理—存放。对堆肥处理器进行足够的通气是堆肥成功的关键。该技术安全性高，成本低廉。

1.2.3.3　沼气发酵技术（biogas fermentation technology）

沼气发酵又称为厌氧消化、厌氧发酵，是指有机物质（如人畜家禽粪便、秸秆、杂草等）在一定的水分、温度和厌氧条件下，通过各类微生物的分解代谢，最终形成甲烷和二氧化碳等可燃性混合气体（沼气）的过程。其原理是微生物厌氧发酵使有机质降解，产生沼气，此法在农村有着广阔的发展前景，沼气不但可用作照明和燃料，还可建成以沼气工程为纽带的"猪、沼、果"生态农场等生态农业模式。

1.2.4　环境生物技术在污染土壤修复中的应用

微生物是自然界生态系统中的分解者，它可使进入环境的污染物不断地降解，最终转化为二氧化碳、水等无机物，使污染的环境得以净化，然而在某些天然污染环境中往往因缺乏合适的降解微生物或因微生物数量（浓度）过低，缺乏使微生物生长所必要的营养（如氮、磷等），缺乏足够的溶解氧等条件，使污染环境的自净过程极其缓慢，使污染物不断贮积，结果环境污染程度更趋严重。生物修复（bioremediation）是利用植物或微生物来降解土壤中的有机毒有害物质，如农药、石油烃类和有机磷、有机氯、聚合物污染及重金属污染等，使污染了的环境能部分或完全恢复到原始状态的过程。生物修复是通过提高通气效率、补充营养、投加优良菌种、改善环境条件等办法来提高微生物的代谢作用和降解活性，以促进对污染物的降解速度，从而达到治理污染环境的目的。污染土壤的生物修复过程可以增加土壤有机质的含量，激发微生物的活性，由此可以改善土壤的生态结构，这将有助于土壤的固定，遏制风蚀、水蚀等作用，防止水土流失。目前生物修复已成功应用于土壤、地下水、河道和近海洋面的污染治理。

1.2.5　环境生物技术在污染监测中的应用

传统的生物环境监测主要有以下几种方法：用细菌总数及粪便污染指示菌（大肠埃希菌、克雷伯菌等）监测水质；用鼠伤寒沙门菌检验物质致突变性与致癌性；用发光细菌快速检测环境毒物；通过水中藻类（常用硅藻、栅藻、小球藻等）的生长量监测水质或检测物质的毒性。这些方法在操作及检验标准上均已成熟，已普遍使用。近年来，随着技术进步和理论发展，一些新的监测方法不断涌现出来。例如，利用核酸杂交技术检测水环境中的致病菌（大肠杆菌、志贺菌、沙门菌、耶尔森菌等腹泻性致病菌）；利用 PCR 技术监测土壤、沉积物、水样等环境中尚不能培养的微生物；利用酶联免疫分析法监测环境中的杀虫剂、杀菌剂、除草剂等农药以及多氯联苯、二噁英、抗菌素等污染物；以及用于水质监测的 BOD 传感器、硝酸盐微生物传感器、酚类及阴离子表面活性剂传感器和水体富营养化监测传感器；用于大气和废气监测的亚硫酸、亚硝酸盐、氨、甲烷及一氧化碳、微生物传感器等。

1.3　环境生物技术的发展

目前，我国的环境生物技术还处于刚刚起步阶段。随着科技的进步，生物科学和生物工程生物技术将被越来越广泛地应用于环境污染防治、可再生能源开发、废物资源化、清洁生产等方面，为环境生物技术开辟更加广阔的发展前景。

1.3.1　微生物脱硫技术的开发

将微生物脱硫技术与目前广泛使用的湿法脱硫相结合。用微生物水溶液或悬浮乳液吸收气相中的硫化物，然后利用微生物脱除液相中溶解的硫化物。这些微生物包括氧化亚铁硫杆菌（*Thiobacillus ferrooxidans*）、氧化硫硫杆菌（*Thiobacillus thiooxidans*）、嗜酸热硫化叶菌（*Sulfolobus acidocaldarius*）等。利用微生物还可将石油成分中的硫分离出来。虽然生物技术在大气污染治理中的应用时间尚短，但其具有技术简单、成本低、安全性好、无二次污染等优点。随着基因工程技术的成熟与应用，筛选和构建高效脱硫工程菌将更有利于脱硫技术的发展和应用。

1.3.2　水污染治理工艺的完善

废水生物处理技术在实验室阶段已比较成熟，一些技术也已在实际工程中得到广泛应用。目前，水污染治理工艺的开发已从单一功能向多功能转化。例如，生物反应和沉淀功能的综合；集接触氧化反应和过滤为一体的曝气生物滤池；以及利用高科技的膜生物反应器等。好氧与厌氧工艺相结合，生物膜法与活性污泥法相结合的废水处理技术，无害化的生产工艺过程，高效完善的自动化体系以及构建针对难降解污染物的生物基因库和特殊功能的微生物的培养研究是今后主要的发展方向。此外，对污水生物脱氮除磷的机理、影响因素及工艺等的研究也成为一个热点，并已提出一些新工艺及改革工艺，如改良式序列间歇反应器（MSBR）、倒置 A^2/O、UCT 等。对于脱氮除磷工艺，今后的发展要求不仅仅局限于较高的氮磷去除率，而且也要求处理效果稳定、可靠、工艺控制调节灵活、投资运行费用节省。

1.3.3　难降解污染物的处理

难降解有机污染物是指几乎不能被微生物降解，或降解所需时间非常长的有机化合物，如卤代脂肪烃、卤代酯、多环芳香烃、多氯联苯、有机氯杀虫剂、有机磷杀虫剂、氨基甲酸酯杀虫剂和除草剂等。利用厌氧-好氧发酵工艺、固定化生物催化剂技术、膜生物反应器以及基因工程技术等处理难降解的污染物，是现代环境生物技术发展的热点之一。

1.3.4　生物传感器的研制

环境生物技术不仅单纯适用于环境污染治理，如今已相当广泛地应用于环境监测，尤其是以生物传感器为核心的环境生物监测技术。生物传感器可以满足实施自动连续监测的需要，判断环境污染发展的趋势，探索污染物在环境中的迁移转化以及降解规律，检测污染致突变的成因，分析污染的来源，从而使生物环境污染监测更便捷、更灵敏、更全面。生物传感器可在线在位迅速地提供环境质量参数，将成为环境质量预报和报警中的重要组成部分。

1.3.5　与其他技术的结合

环境生物技术作为生物技术的一个分支学科，它除了包括生物技术所有的基础和特色之外，还必须与污染防治工程及其他工程技术相结合。环境生物技术只有与相关科学技术结合，才能进一步提高处理效率、增强处理效果。例如，将光、声、电与高效生物处理技术相结合，处理高浓度有毒有害难降解有机废水的光催化氧化-生物处理新技术、电化学高级氧化-高效生物处理技术、辐射分解-生物处理组合工艺等。这些工艺、设备、电子计算机的结合正在使以环境生物技术为主的综合治理技术向自动化、模块化方向发展。

1.3.6　分子生物学技术监测环境污染物的降解研究

以现代分子生物学技术为代表的生物技术由于其快速、便利、特异性高等优点，在环境监测领域具有广阔的应用潜力。这些技术包括聚合酶链式反应技术（PCR）、环介导等温扩增法（LAMP）、核酸分子杂交技术、酶联免疫吸附技术（ELISA）、生物芯片技术、凝胶电泳技术及限制性片段长度多态性分析（RFLP）等。这些技术与其他监测手段配合使用，可以帮助我们更深入地研究微生物群落结构与功能的关系，探索环境污染物质在环境中的迁移与转化、降解规律等。随着分子生物学技术的快速发展，这些方法在环境科学中的地位和作用将更加明显。

随着基因组技术和基因芯片技术等现代分子生物学技术的发展与渗透，环境生物技术将在污染物处理及资源化开发等方面发挥出更大的作用。同时随着人们环境意识和生态概念的不断加强，市场对生物技术、生物产品的需要明显增多，政府也更加重视生物技术的发展，环境生物技术本身也将更加成熟。

参 考 文 献

[1]　沈德中. 污染环境的生物修复. 北京：化学工业出版社，2002.

［2］ 池振明．微生物生态学．济南：山东大学出版社，1999．

［3］ 宋思扬，楼士林．生物技术概论．北京：科学出版社，2003．

［4］ 周少奇等．环境生物技术．北京：科学出版社，2003．

［5］ 刘莹等．生物技术概论．沈阳：辽宁大学出版社，2006．

［6］ 何强等．环境学导论．北京：清华大学出版社，1994．

［7］ 陈坚，任洪强，堵国成等．环境生物技术应用与发展．北京：中国轻工业出版社，2001．

［8］ 季静，王罡．生命科学与生物技术．北京：科学出版社，2005．

［9］ 张惟杰．生命科学导论．北京：高等教育出版社，1999．

［10］ 张文永．环境污染与致癌．北京：科学出版社，1981．

［11］ 陈忠斌．生物芯片技术．北京：化学工业出版社，2005．

［12］ 王建龙，文湘华．现代环境生物技术．第2版．北京：清华大学出版社，2008．

［13］ 赵景联．环境生物化学．北京：化学工业出版社，2007．

［14］ 瞿礼嘉，顾红雅，胡苹等．现代生物技术．北京：高等教育出版社，2004．

［15］ 焦瑞身．微生物工程．北京：化学工业出版社．2003．

［16］ 杨柳燕，肖琳．环境微生物技术．北京：科学出版社，2003．

［17］ 徐亚同．废水中氮磷的处理．上海：华东师范大学出版社，1996．

［18］ 孔繁翔．环境生物学．北京：高等教育出版社，2000．

［19］ 夏北成．环境污染生物降解．北京：化学工业出版社，2003．

［20］ 冯玉杰．现代生物技术在环境工程中的应用．北京：化学工业出版社，2004．

［21］ 陈坚．环境生物技术．北京：中国轻工业出版社，2007．

［22］ Pickup R W, et al. Molecular Approaches to Environmental Microbiology. New Jersey: Prentice Inc, 1996.

［23］ Ralph Mitchell. Environmental Microbiology. New York: Wiley liss, Inc., 1993.

［24］ Sikyta B. Techniques in Applied Microbiology. Amsterdan: Elsevier, 1995.

［25］ Chen Y X, Yin J. Long-tern operation of biofilters for biologicl removal of ammonia. Chemosphere, 2005, 58 (8): 1023-1030.

［26］ Cox H H J, Moerman R E, Van Baalen S, et al. Performance of astyrene-degrading biofilter containing the yeast exophiala jeanselmei. Biotechnology and Bioengineering, 1997, 53 (3): 259-266.

［27］ Cox H H, Deshusses M A. Biological waste gas treatment in biotrickling filters. Current opinion in Biotechnology, 1998, 9: 256-262.

［28］ Edgehill K V, Finn R K. Activated sludge treatment of synthetic waste water containing pent a chlovophenol. Biotechnol Bioeng. 1983, 25: 2165-2172.

［29］ Joanna E B, Simon A P, Richard M S. Developments in odour control and waste gas treatment biotechnology: a review. Biotechnology Advances, 2001, 1991 (1): 35-63.

［30］ Matteau Y, Ramsay B. Thermophilic toluene biofiltration. Journal of the Air & Waste Management Association, 1999, 49 (3): 350-354.

［31］ Nachaiyasit S, Stuckey D C. Effect of low temperatures on the performance of an anaerobic baffled reactor (ABR). Journal Chem Tech Biotech, 1997, 69: 276-284.

［32］ Ottengraf S P P. Exhuast gas purification. Biotechnology, 1986, 8: 427-452.

［33］ Prado O J, Mendoza J A, Veiga M C, et al. Optimization of nutrient supply in a downflow gas-phase biofilter packed with an inert carrier. Appl Microbiol Biotechnol, 2002 (59): 569-573.

［34］ Ranasinghe M A, Gostomski P A. A novel reactor for exploring the effect of water content on biofdter degradation rates. Environmental Progress, 2003, 22 (2): 103-109.

［35］ Robert L Knight. Constructed wetlands for livestock wastewater management. Ecological Engineering, 2000, 15: 41-55.

［36］ Shareefdeen Z, Baltzis B C, Bartha R, et al. Biofiltration of methanol vapor. Biotechnology and Bioengineering, 1993, 41 (5): 512-524.

［37］ Shihabudeen M M, Eldon R R, Philip L, Swaminathan T. Performance of BTX degraders under substrate versatility conditions. Journal of Hazardous Materials, 2004, (109): 201-211.

[38] Smet E, Chasaya G, van Langenhove H, et al. The effect of inoculationand the type of carrier material used on the biofiltration of methyl sulphides. Applied Microbiology and Biotechnology, 1996, 45 (1-2): 293-298.

[39] Son H K, Striebig B A, Regan R W. Nutrient limitations during the biofiltration of methyl isoamyl ketone. Environmental Progress, 2005, 24 (1): 75-81.

[40] Sung S, Dague R R. Laboratory studies on the anaerobicsequencing batch reactor. Water Environment Research, 1995, 67 (3): 294-301.

[41] William M M, Robbert L I. Effect of nitrogen limitation on performance of toluene degrading biofilters. Water Research, 2001, 35 (6): 1407-1414.

2 培养基及制备

培养基是供微生物生长、繁殖、代谢的营养物质。微生物从环境中摄取营养物质，合成细胞生长和增殖所必需的细胞物质并为微生物的各项生命活动提供必要的能量。由于微生物具有不同的营养类型，对营养物质的要求也各不相同，加之实验和研究的目的不同，所以培养基的种类很多，使用的原料也各有差异，但从营养角度分析，培养基中一般含有微生物所必需的碳源、氮源、无机盐、生长素以及水分等。另外，培养基还应具有适宜的 pH 值、一定的缓冲能力、一定的氧化还原电位及合适的渗透压。了解微生物所需营养物质的种类和数量，首先要了解微生物的组成和生理特征。

2.1 微生物的营养

营养物质应满足微生物的生长、繁殖和完成各种生理活动的需要。它们的作用可概括为形成结构（参与细胞组成）、提供能量。

微生物的营养物质有六大类要素，即碳源（carbon source）、氮源（nitrogen source）、无机盐（inorganic salt）、生长因子（growth factor）、水（water）和能源（energy source）。

2.1.1 碳源（carbon source）

凡是可以被微生物利用，构成细胞代谢产物碳素来源的物质，统称为碳源物质。碳源物质通过细胞内的一系列化学变化，被微生物用于合成各代谢产物。其主要作用是构成微生物细胞的含碳物质（碳架）和供给微生物生长、繁殖及运动所需要的能量。

微生物对碳素化合物的需求是极为广泛的，根据碳素的来源不同，可将碳源物质分为无机碳源物质和有机碳源物质。必须利用有机碳源的微生物，为异养微生物。可以利用无机碳源的微生物，为自养微生物。

作为微生物营养的碳源物质种类很多，包括：糖类、脂肪、氨基酸、蛋白质、脂肪酸、丙酮酸、柠檬酸、淀粉、纤维素、半纤维素、果胶、木质素、醇类、醛类、烷烃类、芳香族化合物、氰化物，及各种低浓度的染料等。但不同微生物利用碳源的能力不同，假单胞菌属可利用 90 种以上的碳源，甲烷氧化菌仅利用两种有机物：甲烷和甲醇，某些纤维素分解菌只能利用纤维素。在污水处理系统中，反硝化菌脱氮、聚磷菌释磷和异氧菌的正常代谢去除有机物都以甲醇、醋酸等作为外加有机碳源。

异养微生物将碳源在体内经一系列复杂的化学反应，最终用于构成细胞物质，或为机体提供生理活动所需的能量。很多有机碳源物质在细胞内分解代谢提供小分子碳架外，还产生能量供合成代谢需要的能量，所以部分碳源物质既是碳源物质，又是能源物质。自养菌以 CO_2、碳酸盐为唯一或主要的碳源。CO_2 是被彻底氧化的物质，其转化成细胞成分是一个还原过程。因此，这类微生物同时需要从光或其他无机物氧化获得能量。这类微生物的碳源和能源分别属于不同物质。

2.1.2 氮源（nitrogen source）

能够供给微生物细胞的物质或代谢产物中氮元素来源的营养物质，称为氮源。氮源的作用是提供微生物合成蛋白质的原料。细胞干物质中氮的含量仅次于碳和氧。氮是组成核酸和蛋白质的重要元素，对微生物的生长发育有着重要作用。氮源一般只提供合成细胞质和细胞中其他结构的原料，不作为能源。只有极少数的化能自养型细菌如硝化细菌可利用铵态氮，在提供氮源的同时，通过氧化产生代谢能。

微生物营养上要求的氮素物质可以分为以下三个类型。

① 空气中分子态氮：只有少数具有固氮能力的微生物（如自生固氮菌、根瘤菌）能利用分子态 N_2 合成自己需要的氨基酸和蛋白质，也能利用无机氮和有机氮化物，但在这种情况下，它们便失去了固氮能力。此外，有些光合细菌、蓝藻和真菌也有固氮作用。

② 无机氮化合物：如铵态氮（NH_4^+）、硝态氮（NO_3^-）和简单的有机氮化物（如尿素），绝大多数微生物可以利用。以无机氮化物为唯一氮源的微生物都能利用铵盐，但它们并不都能利用硝酸盐。

③ 有机氮化合物：有机氮源中的氮往往是蛋白质或其降解产物。大多数寄生性微生物和一部分腐生性微生物以有机氮化合物（蛋白质，氨基酸）为必需的氮素营养。

在微生物实验中，我们常常以铵盐、硝酸盐、牛肉膏、蛋白胨、酵母膏作为微生物的氮源。在污水处理过程中，常以尿素、碳酸氢铵、氨水等作为氮源。

2.1.3 无机盐（inorganic salt）

矿物元素是微生物细胞结构物质不可缺少的组成成分和微生物生长不可缺少的营养物质。其主要功能是：①构成细胞的组成成分；②作为酶的组成成分；③维持酶的活性；④调节细胞的渗透压、氢离子浓度和氧化还原电位；⑤作为某些自养菌的能源。

微生物需要的无机矿质元素分为宏量元素和微量元素。磷、硫、钾、钠、钙、镁等盐参与细胞结构组成，并与能量转移、细胞透性调节功能有关。其中，磷、硫的需要量很大，磷是微生物细胞中许多含磷细胞成分，如核酸、核蛋白、磷脂、三磷酸腺苷（ATP）、辅酶的重要元素。硫是细胞中含硫氨基酸及生物素、硫胺素等辅酶的重要组成成分。钾、钠、镁是己糖磷酸化酶、异柠檬酸脱氢酶、肽酶、羧化酶的活化剂，是光合细菌菌绿素和藻类叶绿素的重要组分。镁具有调节和控制细胞质的胶体状态、细胞质膜的通透性和细胞代谢活动的功能，在细胞中起稳定核糖体、细胞质膜和核酸的作用。钙是蛋白酶的激活剂，是细菌芽孢的重要组分。钙使芽孢具有耐热性。钙离子还起稳定细胞壁的作用。钾是酶的激活剂，对磷的传递、ATP 的水解、苹果酸的脱羧反应等起重要作用。

铁元素介于宏量元素和微量元素之间。它是过氧化氢酶、过氧化物酶、细胞色素、细胞色素氧化酶等的组分，也是铁细菌的能源物质。

锰、铜、钴、锌、钼等盐一般是酶的辅因子，需求量不大（$10^{-8} \sim 10^{-6}\,mol/L$），所以，称为"微量元素"。其生理功能可参考表 2-1。不同微生物对以上各种元素的需求量各不相同。

表 2-1　微生物生长所需微量元素

元素	人为提供形式	生理功能
Mn	$MnSO_4$	超氧化物歧化酶、氨肽酶和 L-阿拉伯糖异构酶等的辅因子
Cu	$CuSO_4$	氧化酶、酪氨酸酶的辅因子

续表

元素	人为提供形式	生理功能
Co	$CoSO_4$	维生素 B_{12} 复合物的成分；肽酶的辅因子
Zn	$ZnSO_4$	碱性磷酸酶以及多种脱氢酶、肽酶和脱羧酶的辅因子
Mo	$(NH_4)_2Mo_2O_7$	固氮酶和同化型及异化型硝酸盐还原酶的成分

在配制培养基时，可通过添加有关化学试剂来补充无机盐，其中首选是 K_2HPO_4 和 $MgSO_4$，它们可提供需要量很大的元素：K、P、S 和 Mg。

2.1.4　生长因子（growth factor）

一些异养型微生物在一般碳源、氮源和无机盐的培养基中培养不能生长或生长较慢。当在培养基中加入某些组织（或细胞）提取液时，这些微生物就生长良好，说明这些组织或细胞中含有这些微生物生长所必需的营养因子，这些因子称为生长因子。

生长因子可定义为：某些微生物本身不能从普通的碳源、氮源合成，需要额外少量加入才能满足需要的有机物质，包括氨基酸、维生素、嘌呤、嘧啶及其衍生物，有时也包括一些脂肪酸及其他膜成分。缺少这些生长因子就会影响各种酶的活性，新陈代谢就不能正常进行。

常用的微生物所需要生长因子见表 2-2。

表 2-2　常用的微生物所需要生长因子

生长因子	作用	含有原料
维生素 B_1（硫胺素）	作为脱羧酶的辅酶	米糠、麦芽、酵母菌体、大豆
维生素 B_2（核黄素）	氢和电子传递体	小麦、玉米浆
维生素 B_6（吡哆醇）	脱羧酶和转氨酶的辅酶	青霉菌菌丝、酵母菌体、米糠、小麦、玉米和玉米浆
烟酰胺	氢的传递体	青霉菌菌丝、小麦、肝脏、大豆、甜菜、酵母浸出物
泛酸	酰基的传递体	甜菜糖蜜、青霉菌菌丝、玉米浆、糖蜜、酵母浸出物、棉子饼粉
维生素 B_{12}	异构酶、脱氢酶和甲基化酶的辅酶	肝脏、菌体类、肉类和青储饲料
叶酸	甲基传递体	青霉菌菌丝、菠菜、肝脏
生物素	CO_2 的传递体	玉米浆、青霉菌菌丝
α-硫辛酸	氧化脱羧酶的辅酶	酵母浸出物、肝脏
肌醇	酵母菌的生长因子	玉米浆、糖蜜、棉子饼粉和酒糟
胆碱	甲基供体和脂代谢	啤酒花、大豆、蛋黄、酒糟
血红素	电子传递体	血液

2.1.5　水（water）

水是微生物的重要组成部分，在代谢中占有重要地位。它不仅是物质代谢的原料；也是微生物细胞的重要组成部分。另外，水使原生质保持溶胶状态，保证代谢正常进行，在代谢过程中起到物质溶剂和运输介质的作用；还能有效控制细胞内的温度变化。

结合水与溶质或其他分子结合在一起，很难加以利用。游离水则可以被微生物利用。水的可利用性通常用"水活度（water activity）"来表示。

水活度：

$$a_w = \frac{P}{P_0}$$

式中，P 为溶液的蒸气压；P_0 为纯水的蒸气压。

在常温常压下，纯水的 a_w 为 1.00。几种溶液的水活度值及几种微生物生长的最适水活度值见表 2-3。

表 2-3　几种溶液的水活度值以及几种微生物生长的最适 a_w 值

溶液	a_w	微生物	a_w
30%葡萄糖溶液	0.964	一般细菌	0.91
1%葡萄糖+20%甘油	0.955	酵母菌	0.88
1%葡萄糖+40%蔗糖	0.964	霉菌	0.80
饱和氯化钠溶液	0.78	嗜盐细菌	0.76
饱和氯化钙溶液	0.30	嗜盐真菌	0.65
饱和氯化镁溶液	0.30	嗜高渗酵母菌	0.60

2.1.6　能源（energy source）

根据微生物生长所需要的碳源物质的性质，可将微生物分成自养型与异养型两大类。又可以微生物生长所需能量来源的不同，将微生物分成化能营养型与光能营养型。因此微生物营养类型可分为四种基本类型，即光能无机营养（光能自养）型、光能有机营养（光能异养）型、化能有机营养（化能异养）型、化能无机营养（化能自养）型。

（1）光能无机营养（光能自养）型（photoautotrophic）　光能无机营养型是一类能以 CO_2 为唯一碳源或主要碳源并利用光能进行生长的微生物，它们能利用无机物如水、硫化氢、硫代硫酸钠或其他无机化合物使 CO_2 固定还原成细胞物质，并且伴随元素氧（硫）的释放。这一类微生物都含有光合色素，能以光作为能源、CO_2 作为碳源。如蓝细菌（含叶绿素）、红硫细菌和绿硫细菌等少数微生物（含细菌叶绿素）能利用光能从 CO_2 合成细胞所需的有机物质，这一点与高等植物的光合作用相似。但这种细菌在进行光合作用时，除了需要光能外还需有 H_2S 的存在，它们从硫化氢中获得氢，而高等植物则是在水的光解中获得氢以还原 CO_2。

如绿色细菌的光合作用：

$$CO_2 + 2H_2S \xrightarrow[\text{光合色素}]{\text{光能}} [CH_2O] + 2S + H_2O$$

（2）光能有机营养（光能异养）型（photoheterotrophic）　这类微生物不能以 CO_2 为主要碳源或唯一碳源，需以有机物（如异丙醇）作为供氢体，利用光能将 CO_2 还原成细胞物质。

红螺菌属中的一些细菌属于此种营养类型。它们在利用异丙醇的同时积累丙酮。

$$CO_2 + 2(H_3C)_2CHOH \xrightarrow[\text{光合色素}]{\text{光能}} [CH_2O] + 2CH_3COCH_3 + H_2O$$

光能异养型细菌在生长时通常需要外源的生长因子。

（3）化能无机营养（化能自养）型（chemoautotrophic）　这类微生物利用无机物氧化过程中放出的化学能作为它们生长所需的能量，以 CO_2 或碳酸盐作为唯一或主要碳源进行生长，利用电子供体如氢气、硫化氢、二价铁离子或亚硝酸盐等使 CO_2 还原成细胞物质。

$$\text{无机物} + 2CO_2 \longrightarrow \text{氧化产物} + \text{能量}$$

$$CO_2 + 4[H] \longrightarrow [CH_2O] + H_2O$$

这类微生物主要有硫化细菌、硝化细菌、氢细菌与铁细菌，它们在自然界物质转换过程中起着重要的作用。

（4）化能有机营养（化能异养）型（chemoheterotroph） 这类微生物生长所需的能量来自有机物氧化过程放出的化学能，生长所需的碳源主要是一些有机化合物，如淀粉、糖类、纤维素、有机酸等。化能有机营养型微生物里的有机物通常既是它们生长的碳源物质又是能源物质。

目前已知的大多数细菌、真菌、原生动物以及病毒都是化能有机异养型微生物。

微生物的营养类型如表 2-4 所示。

表 2-4　微生物的营养类型

营养类型	能源	碳源	电子供体	举例
光能无机营养（光能自养）型	光能	CO_2	H_2、H_2S、S、H_2O	着色细菌、蓝细菌、绿色硫细菌、藻类
光能有机营养（光能异养）型	光能	有机物	有机物	红螺细菌、紫色非硫细菌
化能无机营养（化能自养）型	化学能（无机物氧化）	CO_2	H_2、H_2S、Fe^{2+}、NH_3、NO_2^-	氢细菌、硫杆菌、亚硝化单胞菌属（*Nitrosomonas*）、硝化杆菌属（*Nitrobacter*）、甲烷杆菌属（*Methanobacterium*）、醋酸杆菌属（*Acetobacter*）
化能有机营养（化能异养）型	化学能（有机物氧化）	有机物	有机物	大多数已知细菌（如假单胞菌属、芽孢杆菌属、乳酸菌属等）、全部真核微生物、原生动物

必须明确，无论哪种分类方式，不同营养类型之间的界限并非是绝对的，异养型微生物并非绝对不能利用 CO_2，只是不能以 CO_2 为唯一或主要碳源进行生长，而且在有机物存在的情况下也可将 CO_2 同化为细胞物质。同样，自养型微生物也并非不能利用有机物进行生长。另外，有些微生物在不同生长条件下生长时，其营养类型也会发生改变，例如紫色非硫细菌（purple nonsulphur bacteria）在没有有机物时可以同化 CO_2，为自养型微生物，而当有机物存在时，它又可以利用有机物进行生长，此时它为异养型微生物。再如，紫色非硫细菌在光照和厌氧条件下可利用光能生长，为光能营养型微生物，而在黑暗与好氧条件下，依靠有机物氧化产生的化学能生长，则为化能营养型微生物。微生物营养类型的可变性无疑有利于提高微生物对环境条件变化的适应能力。

2.2　微生物的培养基

培养基（medium）是根据各种微生物的营养要求，将水、碳源、氮源、无机盐以及生长因子等物质按一定比例配制而成的用以培养微生物的基质。

由于各种微生物所需要的营养不同，所以培养基的种类很多。据估计目前约有数千种不同的培养基，这些培养基可根据所含成分、物理状态、不同的使用目的等分成若干类型。

2.2.1　培养基的分类

2.2.1.1　化学分类

按照培养基的成分，可分为合成培养基、天然培养基和半合成培养基三类。

① 合成培养基：合成培养基的各种成分完全是已知的各种化学物质。这种培养基的化学成分清楚，组成成分精确，重复性强，但价格较贵，而且微生物在这类培养基中生长较慢。如高氏 1 号合成培养基、察氏（Czapek）培养基等。

② 天然培养基：这类培养基由天然物质制成，其化学成分很不恒定，也难以确定，但配制方便，营养丰富，所以常被采用。如牛肉膏蛋白胨培养基、麦芽汁培养基等。

③ 半合成培养基：在天然有机物的基础上适当加入已知成分的无机盐类，或在合成培养基的基础上添加某些天然成分，如培养霉菌用的马铃薯葡萄糖琼脂培养基。这类培养基能更有效地满足微生物对营养物质的需要。

合成培养基与天然培养基的比较如表 2-5 所示。

表 2-5 合成培养基与天然培养基的比较

项目	合成培养基	天然培养基
主要成分	准确测量的化学试剂加蒸馏水	化学成分不明确的天然物质
优点	化学成分明确，精确定量，可重复性强	配制方便，营养丰富，原料易得，培养效果好
缺点	配制繁琐，成本较高，培养效果一般	成分不明确，实验重复性差
应用	用于微生物的分类、鉴定、研究	一般用于工业生产

2.2.1.2 物理分类

按照培养基的物理状态，可分为液体培养基、固体培养基和半固体培养基三类。

① 液体培养基（liquid medium）：液体培养基不含任何凝固剂。这种培养基的成分均匀，微生物能充分接触和利用培养基中的营养成分，操作方便，常用于大规模的工业生产以及在实验室进行微生物生理代谢等基本理论的研究工作。可根据培养后的浊度判断微生物的生长程度。

② 固体培养基（solidified medium）：是由液体培养基中加入凝固剂（gelling agent）而成。常用于微生物的分离、纯化、计数及菌种保藏等方面。可依使用目的不同而制成斜面、平板等形式。

目前琼脂（agar）是最为优良与应用最为广泛的凝固剂，是从石花菜等海藻中提取的胶体物质。通常在液体培养基中加入 $1\%\sim2\%$ 的琼脂配制固体培养基。加琼脂制成的培养基在 $98\sim100℃$ 融化，于 $45℃$ 以下凝固。但多次反复融化，其凝固性降低。

③ 半固体培养基（semi-solid medium）：指在液体培养基中加入少量的凝固剂（$0.2\%\sim0.7\%$ 的琼脂）而配制成的半固体状态的培养基。这种培养基常分装于试管中灭菌后用于穿刺接种，观察被培养微生物的运动性，趋化性研究，厌氧菌培养，菌种保藏，以及进行菌种鉴定和噬菌体效价滴定等方面的实验工作。

2.2.1.3 微生物分类

按照微生物的种类，可分为细菌培养基、放线菌培养基、酵母菌培养基和霉菌培养基四类。

如细菌培养基：营养肉汤（牛肉膏 3g；蛋白胨 5g；水 1000mL）；放线菌培养基：高氏 1 号（可溶性淀粉 20g；KNO_3 1g；K_2HPO_4 1g；$MgSO_4$ 0.5g；NaCl 1g；$FeSO_4 \cdot 7H_2O$ 0.5g；水 1000mL）等。

2.2.1.4 培养目的分类

按照培养基用途可，分为基础培养基、选择性培养基、鉴别培养基和加富（富集）培养基。

① 基础培养基（minimum medium）：是含有一般微生物生长繁殖所需的基本营养物质的培养基。例如由牛肉膏、蛋白胨、氯化钠按比例配制而成的 LB 培养基。pH 偏碱性，大多数微生物均可在其上生长。

② 选择性培养基（selective medium）：是根据某一种或某一类微生物的特殊营养要求或对一些物理、化学抗性而设计的培养基。利用这种培养基可以将所需要的微生物从混杂的微生物中分离出来。例如，在培养基中加入胆汁酸盐，可以抑制革兰阳性菌，有利于革兰阴性菌的生长。糖发酵培养基可以使革兰阳性的肠球菌和产气荚膜杆菌受抑制不能生长，从而选择出大肠杆菌。

几种常见的选择培养基如表 2-6 所示。

表 2-6   几种常见的选择培养基

培养基	用途	原理
加入青霉素	分离酵母菌，霉菌等真菌	青霉素仅作用于细菌，对真菌无作用
加入高浓度食盐	分离金黄色葡萄球菌	金黄色葡萄球菌细胞壁结构致密，且能分泌血浆凝固酶，分解纤维蛋白原为纤维蛋白，沉积在细胞壁表面形成很厚的一层不透水的膜，不易失水
不加氮源	分离固氮菌	固氮菌能利用空气中的氮气，其他菌类不利用
不加含碳有机物	分离自养型微生物	自养型微生物可利用无机碳源，异养型微生物不利用
加入青霉素等抗生素	分离导入了目的基因的受体细胞	导入了目的基因的受体细胞中含有标记基因，对特定抗生素有抗性
加入氨基蝶呤、次黄嘌呤、胸腺嘧啶核苷酸	分离杂交瘤细胞	在该实验上一步得到的细胞中，仅有杂交瘤细胞能完成 DNA 复制，正常进行细胞分裂，其他细胞的 DNA 复制过程被阻断无法进行分裂

③ 鉴别培养基（differential medium）：是在培养基中加入某种试剂或化学药品，使培养后会发生某种变化，从而区别不同类型的微生物。如鉴别大肠杆菌的伊红美蓝（Eosin Methylene Blue，EMB）培养基，鉴别纤维素分解菌的刚果红（Congo Red）培养基。

④ 加富（富集）培养基（enriched medium）：由于样品中细菌数量少，或是对营养要求比较苛刻不易培养出来，因此用特别的营养物质或者生长因子等成分促使微生物快速生长，这种用特别物质或成分配置而成的培养基为加富培养基。加富培养基也可以用来分离某种微生物。所用的物质有植物（青草或干草）提取液、动物组织提取液、土壤浸出液、血液、血清等。

2.2.2　培养基的选择

选择培养基应该遵循以下几个主要基本原则。

2.2.2.1　培养基组分应适合微生物的营养特点（目的明确）

根据不同微生物的营养需要配制不同的培养基。

不同营养类型的微生物，其对营养物的需求差异很大。如自养型微生物的培养基完全可以（或应该）由简单的无机物质组成。异养型微生物的培养基至少需要含有一种有机物质，但有机物的种类需适应所培养菌的特点。

不同类群的微生物所需要的培养基成分也不同：细菌用营养肉汤；放线菌用高氏 1 号；

霉菌用察氏培养基；酵母菌用麦芽汁培养基。

当对实验菌营养需求特点不清楚时，可以采用"生长谱"法进行测定。

2.2.2.2 营养物的浓度与比例应恰当

营养物质浓度过高，会对微生物的生长起抑制作用；而浓度过低又不能满足微生物生长的需要。此外，还须考虑速效性氮（或碳）源与迟效性氮（或碳）源的比例以及各种金属离子间的比例。

碳氮比（C/N）直接影响微生物生长与繁殖及代谢物的形成与积累，因此也常作为考察培养基组成时的一个重要指标。

$$C/N = \frac{碳源中碳的摩尔数}{氮源中氮的摩尔数}$$

例如，在污水处理过程中，如果 C/N 过高，就会造成活性污泥中的异养菌和硝化菌竞争，从而使硝化菌的增殖受到抑制，导致硝化菌在活性污泥中所占比例减少；但是如果 C/N 过低，会使硝化菌所占比例过大，造成部分硝化菌脱离活性污泥絮体，不易沉淀，导致出水浑浊。

2.2.2.3 根据培养目的选择原料及其来源（经济节约）

在明确培养目的的基础上，应该本着经济节约的原则选择培养基。

用于培养菌体种子的培养基应营养丰富，应选择氮源含量较高、碳氮比低的培养基；用于大量生产代谢产物的培养基其氮源一般应比种子培养基稍低，但发酵产物是含氮化合物时，应提适当高培养基的氮源含量。

2.2.3 培养基的设计

目前还不能完全从生化反应的基本原理来推断和计算出适合某一菌种的培养基配方，只能用生物化学、细胞生物学、微生物学等的基本理论，参照前人所使用的较适合某一类菌种的经验配方，再结合所用菌种和产品的特性，采用摇瓶、玻璃罐等小型发酵设备，按照一定的实验设计和实验方法选择出较为适合的培养基。

培养基设计的基本步骤如下。

① 根据前人的经验和培养基成分确定时一些必须考虑的问题，初步确定可能的培养基成分。

② 通过单因子实验最终确定出最为适宜的培养基成分。不同培养基配方的选择比较、单种成分来源和数量的比较、几种成分浓度比例调配的比较、小型实验放大到大型生产条件的比较实验来确定培养基成分。

③ 当培养基成分确定后，剩下的问题就是各成分最适的浓度，由于培养基成分很多，为减少实验次数常采用一些合理的实验设计方法。这些实验往往基于多因子实验，包含均匀设计、正交试验设计、响应面分析等。

2.2.4 培养基碳源的添加

碳源是微生物生长代谢过程中的重要营养物质。微生物所能利用的碳源物质种类很多，如糖类等有可溶性碳源，纤维素类、石油类等不溶性碳源，以及一些醚类、烃类等挥发性碳源。因此在微生物分离和培养过程中，要根据碳源的不同特点，选择适当的投加方式。

2.2.4.1 难溶性有机碳源的添加

难溶性有机碳源包括邻苯二甲酸酯类、有机氯农药、硝基苯类、石油类及一些微溶的不挥发酚、氯苯类化合物、苯胺类化合物。当选择这些不溶性或难溶性有机物为碳源时，通常采用以下添加方式。

① 利用超声波的方法将其分散在液体培养基中。

② 将其溶于有机溶剂后，添加到培养基中。但一定要注意所使用的有机溶剂很可能也是微生物利用的碳源，因此必须做相应的对照实验。

③ 利用表面活性剂将碳源分散于液体培养基中。表面活性剂是由两种截然不同的粒子形成的分子，一种粒子具有极强的亲油性，另一种则具有极强的亲水性。溶解于水中以后，表面活性剂能降低水的表面张力，并提高有机化合物的可溶性。

2.2.4.2　挥发性有机碳源的添加

挥发性有机碳源包括挥发性的醚类、酮类、硝基类有机物、卤化有机化合物、烃类及一些半挥发性有机氯农药、PCBs、有机磷农药、多环芳烃类、氯苯类、硝基苯类、苯胺类、苯酚类等。挥发性或半挥发性碳源，通常采用以下添加方式。

① 将微生物接种至固体培养基表面后，涂布挥发性有机碳源，最后利用封口膜封严。

② 将挥发性有机碳源添加到培养皿盖上，再将接种后的培养皿倒置于盖上，并封口。

③ 将挥发性有机碳源与接种后的培养皿同时置入玻璃干燥皿中培养。

2.3　培养基的灭菌

由于微生物对营养物质的要求各不相同，使用的原料各有差异，不同类型培养基制备的程序也不尽相同。但无论配制何种类型的培养基，在使用前都要进行灭菌处理，否则培养基内的杂菌就会大量繁殖，造成营养的消耗及代谢的异常。

2.3.1　灭菌的原理和方法

灭菌（sterilization）是指利用物理、化学等方法杀灭或清除外环境传播媒介上的所有微生物（包括细菌芽孢）的过程。灭菌的方法很多，主要有化学试剂灭菌、辐射灭菌、干热灭菌及湿热灭菌等方法。此外，在实验室还常常采取过滤除菌的方式，将一些不适合于灭菌的液体中的微生物去除，以达到无菌的目的。

2.3.1.1　化学试剂灭菌

化学试剂灭菌原理是通过药物与微生物细胞中的成分发生反应，使蛋白质变性酶失活（参照第5章微生物生长与代谢）。主要适用于实验室、无菌室的环境灭菌、器皿和手，但不能用于培养基灭菌。常用的灭菌剂和表面消毒剂如表2-7，表2-8所示。

表 2-7　常用的灭菌剂

化学物质名称	有效浓度/%	化学物质名称	有效浓度/%
新洁尔灭（季铵盐）	0.25	甲醛	37
杜灭	0.25	戊二醛	2
高锰酸钾	0.1~0.25	苯酚	0.1~0.15
漂白粉	5	过氧乙酸	0.02~0.2
乙醇	70	焦碳酸二乙酯	0.01~0.1
来苏尔（煤酚皂）	3~5		

表 2-8　一些常用的表面消毒剂

类别	实例	常用浓度	应用范围
醇	乙醇	70%	皮肤消毒
酸	食醋	3~5mL/m³	重蒸消毒空气、预防流感
碱	石灰水	1%~3%	粪便消毒
酚	石炭酸	5%	空气消毒（喷雾）
	来苏儿	3%~5%	皮肤消毒
重金属盐	氯化汞	0.1%	植物组织等外表消毒
	硝酸银	0.1%~1%	新生婴儿眼药水等
	红溴汞	2%	皮肤小创伤消毒
氯化剂	高锰酸钾	0.1%~0.25%	皮肤、水果、茶杯消毒
	H_2O_2	3%	清洗伤口
	氯气	0.2~1μg/L	自来水消毒
	漂白粉	5%	洗刷培养室、饮用水消毒
表面活性剂	新洁尔灭	0.25%	皮肤消毒
染料	龙胆紫（紫药水）	2%~4%	外用药水

2.3.1.2　辐射灭菌

　　辐射是电磁波，包括无线电波、可见光、X射线、γ射线和宇宙线等。大多数微生物不能利用辐射能源，辐射往往对微生物有害。

　　微生物直接曝晒在阳光中，由于红外线产生热量，通过提高环境中的温度和引起水分蒸发而致干燥作用，间接地影响微生物的生长。短光波的紫外线则具有直接杀菌作用（见图2-1）。

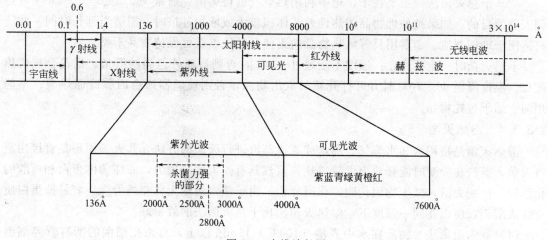

图 2-1　光线波长图

　　紫外线是非电离辐射，其波长范围为13.6~390nm。它们使被照射物的分子或原子中的内层电子提高能级，但不引起电离。不同波长的紫外线具有不同程度的杀菌力，一般以

250～280nm 波长的紫外线杀菌力最强，可作为强烈杀菌剂，如在医疗卫生和无菌操作中广泛应用的紫外杀菌灯管。紫外线对细胞的杀伤作用主要是由于细胞中 DNA 能吸收紫外线，形成嘧啶二聚体，导致 DNA 复制异常而产生致死作用。微生物细胞经照射后，在有氧情况下，能产生光化学氧化反应，生成的过氧化氢（H_2O_2）能发生氧化作用，从而影响细胞的正常代谢。紫外线的杀菌效果，因菌种及生理状态不同、照射时间的长短和剂量的大小而有差异，干细胞比湿细胞对紫外线辐射抗性强，孢子比营养细胞更具抗性，带色的细胞能更好地抵抗紫外线辐射。经紫外线辐射处理后，受损伤的微生物细胞若再暴露于可见光中，一部分可恢复正常，此称为光复活现象。

高能电磁波如 X 射线、γ 射线、α 射线和 β 射线的波长更短，有足够的能量使受照射分子逐出电子而使之电离，故称为电离辐射。电离辐射的杀菌作用除作用于细胞内大分子，如 X 射线、γ 射线能导致染色体畸变等外，还间接地通过射线引起环境中水分子和细胞中水分子在吸收能量后产生自由基而起作用，这些游离基团能与细胞中的敏感大分子反应并使之失活。电离辐射后所产生的上述离子常与液体内存在的氧分子作用，产生一些具强氧化性的过氧化物如 H_2O_2 与 HO_2 等而使细胞内某些重要蛋白质和酶发生变化，如果这些强氧化性基团使酶蛋白质的—SH 氧化，从而使细胞受到损伤或死亡。

辐射主要用于室内空气及器皿表面灭菌。

2.3.1.3 干热灭菌

干热灭菌法是通过使用干热空气杀灭微生物的方法。灭菌原理是利用高温对微生物有氧化、蛋白质变性和电解质浓缩作用而杀灭微生物。常用灼烧和电热箱加热。

一般是把待灭菌的物品包装就绪后，放入电烘箱中烘烤，即加热至 160～170℃维持 1～2h。干热灭菌法常用于空玻璃器皿、金属器具的灭菌。凡带有胶皮的物品、液体及固体培养基等都不能用此法灭菌。

（1）灼热灭菌法 火焰灭菌是直接用火焰灼烧，灭菌彻底，迅速简便，但使用范围有限。对于接种环、接种针或其他金属用具，可直接在酒精灯火焰上烧至红热进行灭菌。此外，在接种过程中，试管或三角瓶口，也采用通过火焰而达到灭菌的目的。

（2）干热灭菌法 主要在干燥箱中利用热空气进行灭菌。通常 160℃处理 1～2h 便可达到灭菌的目的。如果被处理物品传热性差、体积较大或堆积过挤时，需适当延长时间。此法只适用于玻璃器皿、金属用具等耐热物品的灭菌。其优点是可保持物品干燥。

干热灭菌时一定要注意：温度不能超过 170℃，否则器皿外包裹的纸张、棉花会被烤焦燃烧；温度降至 60～70℃时方可打开箱门取出物品，否则玻璃器皿会因骤冷而爆裂；不能用油、蜡纸包扎物品。

2.3.1.4 湿热灭菌

湿热灭菌是指用饱和水蒸气、沸水或流通蒸汽进行灭菌的方法。其灭菌原理是直接用蒸汽灭菌，蒸汽在冷凝时能释放出大量潜热，蒸汽具有强大的穿透力，破坏菌体蛋白和核酸的化学键，使酶失活，微生物因代谢障碍而死亡。由于蒸汽潜热大，穿透力强，容易使蛋白质变性或凝固，所以在同一温度下，湿热灭菌法比干热灭菌法的效果好。

（1）煮沸消毒法 物品在水中煮沸（100℃）15min 以上，可杀死细菌的所有营养细胞和部分芽孢。如延长煮沸时间，并在水中加入 1%碳酸钠或 2%～5%石炭酸，则效果更好。这种方法适用于注射器、解剖用具等的消毒。

（2）高压蒸汽灭菌法 高压蒸汽灭菌法为实验室及生产中常用的灭菌方法。在常压下水的沸点为 100℃，如果加压则可提供高于 100℃的蒸汽。加之热蒸汽穿透力强，可迅速引起蛋白质凝固变性，因为蛋白质的凝固变性与其自身含水量有关，含水量越高，其凝固所需要的温度越低（见表 2-9）。所以高压蒸汽灭菌在湿热灭菌法中效果最佳，应用较广。它适用于各种耐热物品的灭菌，如一般培养基、生理盐水、各种缓冲液、玻璃器皿、金属用具、工作服等。常采用 1.05kgf/cm²❶（15lbf/in²）的蒸气压，121℃的温度下处理 15～30min，即可达到灭菌的目的。灭菌所需的时间和温度取决于被灭菌物品的性质、体积与容器类型等。对体积大、热传导性差的物品，加热时间应适当延长。

表 2-9　蛋白质含水量与其凝固温度的关系

蛋白质含水量/%	蛋白质凝固温度/℃	灭菌时间/min
50	56	30
25	74～80	30
18	80～90	30
6	145	30
0	160～170	30

（3）间歇灭菌法　是用蒸汽反复多次处理的灭菌方法。将待灭菌物品置于阿诺灭菌器或蒸锅（蒸笼）及其他灭菌器中，常压下 100℃处理 15～30min，以杀死其中的营养细胞。冷却后，置于一定温度（28～37℃）保温过夜，使其中可能残存的芽孢萌发成营养细胞，再以同样方法加热处理。如此反复三次，可杀灭所有芽孢和营养细胞，以达到灭菌的目的。此法的缺点是灭菌比较费时，一般只用于不耐热的药品、营养物、土壤及特殊培养基等的灭菌。在缺乏高压蒸汽灭菌设备时亦可用于一般物品的灭菌。

（4）巴斯德消毒法　即用较低的温度（如用 62～63℃处理 30min，若以 71℃则处理 15min）处理牛奶、酒类等饮料，以杀死其中的病原菌如结核杆菌、伤寒杆菌等，但又不损害营养与风味。处理后的物品应迅速冷却至 10℃左右即可饮用。这种方法只能杀死大多数腐生菌的营养体而对芽孢无损害。此法是基于结核杆菌的致死温度为 62℃、15min 而规定的。这种消毒法系巴斯德发明，故称巴斯德消毒法。

2.3.1.5　过滤除菌

过滤除菌是采用 0.22～0.45μm 孔径的醋酸纤维素或硝酸纤维素膜，去除压缩空气、酶溶液及其他不耐热的有机溶剂中微生物的方法。滤膜通常分两大类：疏水性（hydrophobic）滤膜用于过滤有机溶剂，亲水性（hydrophilic）滤膜用于过滤水溶液。使用前一定要根据除菌材料进行选择。

2.3.2　培养基灭菌

任何一种培养基一经制成就应及时彻底灭菌，以备纯培养用。一般培养基的灭菌采用高压（1.05kgf/cm² 或 0.1MPa，121℃）蒸汽灭菌的方法。这种灭菌方法是基于水的沸点随着蒸汽压力的升高而升高的原理设计的。当蒸汽压力达到 1.05kgf/cm² 时，水蒸气的温度升高到 121℃，经 15～30min，可全部杀死锅内物品上的各种微生物和它们的孢子或芽孢（见表 2-10）。高压蒸汽灭菌用途广，效率高，是微生物学实验中最常用的灭菌方法，一般玻璃器皿以及传染性标本等也用此法灭菌。

---

❶　1kgf/cm²=98.0665kPa，1lbf/in²=1psi=6894.76Pa。

表 2-10　各种细菌的芽孢在湿热中的致死温度和致死时间

时间/min　温度 菌　种	100℃	105℃	110℃	115℃	121℃
炭疽芽孢杆菌	5～10	—	—	—	—
枯草芽孢杆菌	6～17	—	—	—	—
嗜热脂肪芽孢杆菌	—	—	—	—	12
肉毒梭状芽孢杆菌	330	100	32	10	4
破伤风梭状芽孢杆菌	5～15	5～10	—	—	—

2.3.2.1　高压灭菌条件的选择

在培养基灭菌过程中，除了杂菌死亡，还伴随着培养基成分的破坏。因此必须选择既能达到灭菌目的，又能使培养基的破坏降低至最低的工艺条件。

蒸汽压力与蒸汽温度之间的换算关系如表 2-11 所示。但是在高压灭菌过程中，因蒸汽的压力问题（不稳定）、蒸汽的流量问题有很大差别，甚至微生物种类、培养基成分、培养基的量、培养基中的固体颗粒的大小、培养基的黏度、蒸汽中空气的存在等因素，都会影响灭菌效果。

表 2-11　蒸汽压力与蒸汽温度的换算关系

蒸汽压力/atm	压 力 表 读 数		蒸汽温度/℃
	kgf/cm²	lbf/in²	
1.00	0.00	0.00	100.0
1.25	0.25	3.75	107.0
1.50	0.50	7.50	112.0
1.75	0.75	11.25	115.0
2.00	1.00	15.00	121.0
2.50	1.50	22.50	128.0
3.00	2.00	30.00	134.5

因此，灭菌时间应根据培养瓶体积大小及其内培养基容量多少而定（见表 2-12）。体积和容量越大，所需灭菌时间就越长。

表 2-12　培养基或无菌水的最少灭菌时间

容器分装体积/mL	121℃下最少灭菌时间/min
20～60	15
75～150	20
250～500	25
1000 以上	30 以上

高压灭菌时应避免空的培养容器与盛装培养基的培养容器一起灭菌，不同体积培养容器或盛装不同容量的培养基也不应一起灭菌。

灭菌前要将锅内的冷空气排尽，然后再关闭排气阀。如果锅内有冷空气存在，压力会一直保持在 1 个标准大气压，水温也不会超过 100℃。灭菌锅内留有不同分量空气时，压力与温度的关系如表 2-13 所示。

表 2-13　灭菌锅内留有不同分量空气时，压力与温度的关系

压力数		全部空气排出时的温度/℃	2/3 空气排出时的温度/℃	1/2 空气排出时的温度/℃	1/3 空气排出时的温度/℃	空气全不排出时的温度/℃
千克力/厘米² (kgf/cm²)	磅力/英寸² (lbf/in²)					
0.35	5	108.8	100	94	90	72
0.70	10	115.6	109	105	100	90
1.05	15	121.3	115	112	109	100
1.40	20	126.2	121	118	115	109
1.75	25	130.0	126	124	121	115
2.10	30	134.6	130	128	126	121

灭菌结束后，待压力降至接近"0"时，才能打开排气阀，否则会由于瓶内压力下降的速度比锅内慢而造成瓶内液体冲出容器之外。灭菌后的培养基放于 37℃ 培养箱中培养，经 24h 培养无杂菌生长，可保存备用；斜面培养基取出后，立即摆成斜面后空白培养。

2.3.2.2　培养基成分的过滤除菌

利用高压蒸气灭菌锅进行灭菌具有简单、快速，并且可以附带杀灭病毒又不吸收的优点（与过滤除菌比较）。其缺点是会引起 pH 值的变化、发生化学变化和引起某些化合物的分解，使得某些培养基成分的活性丧失。高压蒸汽灭菌会引起以下物质分解：蔗糖（分解为葡萄糖和果糖）、秋水仙素、玉米素（核苷）、赤霉酸（90% 会丧失反应活性）维生素 B_1、B_{12}、维生素 C 和泛酸、抗生素、酶、植物提取液（活性丧失）等。因此，原生质体培养用培养基及一些挥发性有机溶剂应采用过滤法除菌。

过滤除菌可以除去溶液或液体培养基中直径大于过滤膜网孔直径的微粒、微生物和病毒。与高压蒸气灭菌法相比，该法不会改变那些在高压蒸汽灭菌中不稳定物质，但是也有明显的缺点，如复杂而费时。对培养基中的不稳定成分进行过滤除菌时，首先对除不稳定成分以外的培养基进行高温高压灭菌，灭菌后放置于超净工作台中冷却，温度降到 40~50℃ 时，在琼脂培养基尚未固化之前，在无菌条件下用注射器和无菌微孔滤膜将高温不稳定物质溶液注入培养基。

参 考 文 献

[1]　熊治廷.环境生物学.武汉：武汉大学出版社，2000.

[2]　陈坚.环境生物技术.北京：中国轻工业出版社，1999.

[3]　李顺鹏.环境生物学.北京：中国农业出版社，2002.

[4]　王有志.环境微生物技术.广州：华南理工大学出版社，2008.

[5]　杨柳燕，肖琳.环境微生物技术.北京：科学出版社，2003.

[6]　周少奇.环境生物技术.北京：科学出版社，2005.

[7]　沈萍.微生物学.北京：高等教育出版社，2000.

[8]　沈萍.微生物遗传学.武汉：武汉大学出版社，1995.

[9]　史家梁等.环境微生物学.上海：华东师范大学出版社，1993.

[10]　马文漪，杨柳燕.环境微生物工程.南京：南京大学出版社，1998.

[11]　徐亚同等.污染控制微生物工程.北京：化学工业出版社，2001.

[12]　张锡辉.高等环境化学与微生物学原理及应用.北京：化学工业出版社，2001.

[13] 周群英,高廷耀. 环境工程微生物学. 第 2 版. 北京:高等教育出版社,2000.

[14] 王兰,张清敏,胡国臣. 现代环境微生物学. 北京:化学工业出版社,2006.

[15] 孔繁翔,尹大强,严国安. 环境生物学. 北京:高等教育出版社,2000.

[16] 张兰英,刘娜,孙立波. 现代环境微生物技术. 北京:清华大学出版社,2005.

[17] 张灼. 污染环境微生物学. 昆明:云南大学出版社,1997.

[18] 张锡辉等. 环境化学与微生物学原理及应用. 北京:化学工业出版社,2001.

[19] 贺延龄,陈爱玲. 环境微生物学. 北京:中国轻工业出版社,2001.

[20] 施莱杰 H G. 普通微生物学. 陆卫平等译. 上海:复旦大学出版社,1990.

[21] 武汉大学,复旦大学生物系微生物教研室编. 微生物学. 第 2 版. 北京:高等教育出版社.1987.

[22] 周德庆. 微生物学教程. 第 2 版. 北京:高等教育出版社.2002.

[23] 俞大绂,李季伦. 微生物学. 第 2 版. 北京:科学出版社.1985.

[24] 焦瑞身. 微生物工程. 北京:化学工业出版社.2003.

[25] 黄秀梨. 微生物学. 第 2 版. 北京:高等教育出版社.2003.

[26] 王家玲. 环境微生物学. 北京:高等教育出版社,2004.

[27] 翟中和,王喜忠,丁明孝. 细胞生物学. 北京:高等教育出版社,2000.

[28] 杨苏声,周俊初. 微生物生物学. 北京:科学出版社,2004.

[29] 李季伦,张伟心,杨启瑞等. 微生物生理学. 北京:北京农业大学出版社,1993.

[30] 刘志恒. 现代微生物学. 北京:科学出版社,2002.

[31] 沈萍,范秀容,李广武. 微生物学实验. 第 3 版. 北京:高等教育出版社,1999.

[32] 李阜棣,胡正嘉. 微生物学. 北京:中国农业出版社,2000.

[33] 卫扬保. 微生物生理学. 北京:高等教育出版社,1989.

[34] 彭珍荣. 现代微生物学. 武汉:武汉大学出版社,1995.

[35] 李广武,郑从义,唐兵. 低温生物学. 长沙:湖南科学技术出版社,1998.

[36] 彭珍荣,李广武,陶梅生等. 外国生命科学教材研究. 第 2 辑. 武汉:武汉大学出版社,1996.

[37] 陶文沂. 工业微生物生理与遗传育种学. 北京:中国轻工业出版社,1997.

[38] 国家自然科学基金委员会. 微生物学. 北京:科学出版社,1996.

[39] Prescott L M, et al. 微生物学. 第 5 版. 沈萍,彭珍荣主译. 北京:高等教育出版社,2003.

[40] Atlas R M. Handbook of Microbiological Media. 2nd ed. Boca Raton, Fla:CRC Press, 1997.

[41] Alexopoulos C J, et al. Introductory Mycology. 4th ed. New York:John Wiley&Sons. Inc. , 1996.

[42] Black J G. Microbiology:Principles and Explorations. 5th ed. New York:John Wiley&Sons. Inc. , 2002.

[43] Garrity G M. Bergey's Manual of Systematic Bacteriology. 2nd ed. Vol 1. New York:Springer-Verlag, 2003.

[44] Ingraham J L, et al. Introduction to Microbiology. 2nd ed. Australia:Brooks/Cole Pub. Co, 2000.

[45] Jerome J P, et al. Microbial Life. Sunderland:Sinauer Associates, 2002.

[46] Moat A G. Microbial Physiology. 4th ed. New York:Wiley-Liss, 2002.

[47] Nicklin J, et al. Instant Notes in Microbiology. Oxford:Bios Scientific Publishers. Limited, 1999.

[48] Prescott L M, et al. Microbiology. 6th ed. Boston:WCB/McGraw-Hill, 2005.

[49] Priest F, et al. Modern Bacteria Taxonomy. 2nd ed. London:Chapman and Hall, 1993.

[50] Pelczar M J. Microbiology. New York:McGraw Hill, 1993.

[51] Rittman B E, Mc Cary P L. 环境生物技术:原理与应用. 北京:清华大学出版社.2002.

[52] Ronald L Crawfor, Don L Crawford. Bioremediation:Principles and Applications. London:Cambridge University Press, 1996.

[53] Singleton P, Sainsbury D. Dictionary of Microbiology and Molecular Biology. 3rd ed. New York:John Wiley & Sons, Ltd. , Chichester, 2001.

[54] Talaro K P, et al. Foundation in Microbiology. 5th ed. Boston:McGraw Hill, 2005.

3 微生物分离及培养技术

微生物菌种是农业、林业、工业、医学、医药和环境微生物学研究、生物技术研究及微生物产业持续发展的重要物质基础，是支撑微生物科技进步与创新的重要科技基础条件。微生物菌种可从以下几个途径进行收集和筛选：①根据有关信息向菌种保藏机构、工厂或科研单位直接索取所需菌株。目前，在我国有 9 个微生物菌种保藏管理中心（普通微生物、农业微生物、工业微生物、兽医微生物、林业微生物、医学微生物、药用微生物菌种中心、典型培养物和海洋微生物菌种保藏管理中心），一些大学、研究所的科研人员，也从事专业、特色微生物菌种资源的收集、鉴定、保藏工作。②根据所需菌种的形态、生理、生态和工艺特点的要求，从自然界特定的生态环境中以特定的方法分离出新菌株。

菌株分离就是通过分离技术将一个混杂着各种微生物的样品区分开，并按照实际要求和菌株的特性采取有效的方法对它们进行分离（separation）、筛选（screening），进而得到所需微生物的过程。菌株的分离和筛选一般可分为样品采集、富集培养、分离和纯化等几个步骤。

3.1 含微生物样品的采集

自然界中微生物种类繁多，土壤、水体、空气及植物根、茎、叶等都含有大量的微生物。但总体来讲土壤样品中的含菌量最多。因为土壤具备了微生物所需的营养、空气和水分，是微生物最集中的地方。从土壤中几乎可以分离出所有所需的菌株，空气、水中的微生物也都来源于土壤，所以土壤样品往往是首选的采集目标。

3.1.1 从土壤中采样

土壤是微生物生活的大本营，它所含的微生物无论是数量还是种类都是极其丰富的，因此土壤是体现微生物多样性的重要场所，是发掘微生物资源的重要基地。可以从土壤中分离、纯化得到许多有价值的菌株。

一般情况下，每克土壤的含菌量大体有如下的递减规律：细菌（10^8）＞放线菌（10^7）＞霉菌（10^6）＞酵母菌（10^5）＞藻类（10^4）＞原生动物（10^3），其中放线菌和霉菌是指其孢子数。从土层的纵剖面看，$1\sim5cm$ 的表层土由于阳光照射，蒸发量大，水分少，且有紫外线的杀菌作用，因而微生物数量较少；$25cm$ 以下土层则因土质紧密，空气量不足，养分与水分缺乏，含菌量也逐步减少。因此，采土样最好的土层是 $5\sim25cm$。一般每克土中含菌数约几十万到几十亿个，并且各种类型的细菌和放线菌几乎都能分离出。如好气芽孢杆菌、假单胞菌、短杆菌、大肠杆菌、某些嫌气菌等。

但各种微生物由于生理特性不同，在土壤中的分布也随着地理条件、养分、水分、土质、季节变化很大。研究表明，微生物的营养需求和代谢类型与其生长环境有着很大的相关性。因此，在分离菌株前要根据分离筛选的目的，到相应的环境和地区去采集样品。一般在有机质较多的肥沃土壤中，微生物的数量最多，中性偏碱性的土壤以细菌和放线菌为主，酸性红土壤及森林土壤中霉菌较多，果园和野果生长区等富含碳水化合物的土壤和沼泽地中，酵母和霉菌较多。

在选好适当地点后，用无菌取样铲将表层 5cm 左右的浮土除去，取 5～25cm 处的土样 10～20g，装入事先准备好的塑料袋内封好。给塑料袋编号并记录采样时间、采样地点、土壤质地、植被名称及其他环境条件。采好的样品应及时处理，暂不能处理的也应贮存于 4℃ 下环境中，但贮存时间不宜过长。这是因为一旦采样结束，试样中的微生物群体就脱离了原来的生态环境，其内部生态环境就会发生变化，微生物群体之间就会出现消长。分离嗜冷菌时，切忌在室温下保存试样，这样会使嗜冷菌数量明显降低。

3.1.2 从水体中采样

在采集湖泊、水库的水面水样时，将采样瓶浸入水中 30～50cm 处，瓶口朝下打开瓶盖，让水样进入。采集河流水样时，应直接将瓶口反向于急流。采样瓶尽量不要装满，采集的水样应在 24h 之内进行微生物分离，或者 4℃ 下环境中贮存。

采样的对象也可以是植物，腐败物品等。在采集植物根际土样时，一般方法是将植物根从土壤中慢慢拔出，浸渍在大量无菌水中约 20min，洗去黏附在根上的土壤，然后再用无菌水漂洗下根部残留的土，这部分土即为根际土样。

3.2 含微生物样品的富集培养

一般情况下，采来的样品可以直接进行分离，但是如果样品中我们所需要的菌类含量并不很多，而另一些微生物却大量存在。此时，为了容易分离到所需要的菌种，让无关的微生物至少要在数量上不要增加，即设法增加所需菌种的数量，以增加分离的概率。可以通过选择性配制的培养基，选择一定的培养条件来控制。富集培养（enrichment culture）就是在目的微生物含量较少时，根据微生物的生理特点，设计一种选择性培养基，创造有利的生长条件，使目的微生物在最适的环境下迅速地生长繁殖，数量增加，由原来自然条件下的劣势种变成人工环境下的优势种，以利于分离到所需要的菌株。富集培养主要根据微生物的碳、氮源、pH、温度、需氧等生理因素加以控制。一般可从以下几个方面来进行富集。

3.2.1 控制培养基的营养成分

微生物的代谢类型十分丰富，其分布状态随环境条件的不同而异。如果环境中含有较多某种物质，则其中能分解利用该物质的微生物也较多。因此，在分离该类菌株之前，可在增殖培养基中人为加入相应的底物作唯一碳源或氮源。那些能分解利用的菌株因得到充足的营养而迅速繁殖，其他微生物则由于不能分解这些物质，生长受到抑制。当然，能在该种培养基上生长的微生物并非单一菌株，而是营养类型相同的微生物群。富集培养基的选择性只是相对的，它只是微生物分离中的一个步骤。

如要分离芳烃化合物降解菌，可在富集培养基中以相应底物为唯一碳源，加入含菌样品，给目的微生物以最佳的培养条件（pH、温度、营养、通气等）进行培养。能分解利用该底物的菌类得以繁殖，而其他微生物则因得不到碳源无法生长，菌种数逐渐减少。此时分离将得到所需的微生物。

根据微生物对环境因子的耐受范围具有可塑性的特点，可通过连续富集培养的方法分离降解高浓度污染物的微生物。如以壬基酚为唯一碳源对样品进行富集培养，待底物完全降解后，再以一定接种量转接到新鲜的含壬基酚的富集培养液中，如此连续移接培养数次，同时将壬基酚浓度逐步提高，便可得到壬基酚降解菌占优势的培养液，采用稀释涂布法或平板划线法进一步分离，即可得到能降解高浓度壬基酚的微生物。移种的时间既可根据底物的降解情况，也可通过微生物的生长情况确定。如在分离菲降解菌时，样品经以菲为唯一碳源的培养基富集后，培养液由原来的无色变为浑浊的乳白色，此时以 2% 的接种量移入新鲜的富集培养基中继续培养。连续富集培养的方法虽耗时较长，有时甚至需要 3～4 个月，但效果较好。

3.2.2 控制培养条件

在筛选某些微生物时，除通过培养基营养成分的选择外，还可通过它们对 pH、温度及通气量等其他一些条件的特殊要求加以控制培养，达到有效的分离目的。如细菌、放线菌的生长繁殖一般要求偏碱（pH 7.0～7.5），霉菌和酵母菌要求偏酸（pH 4.5～6）。因此，将富集培养基的 pH 值调节到被分离微生物的要求范围内，不仅有利于所需微生物自身生长，也可排除一部分不需要的菌类。

分离放线菌时，可将样品液在 40℃ 环境中恒温预处理 20min，有利于孢子的萌发，可以较大增加放线菌数目，达到富集的目的。

筛选极端微生物时，需针对其特殊的生理特性，设计适宜的培养条件，达到富集的目的。如筛选厌氧微生物时，除了配置特殊的培养基外，还需准备特殊的培养装置（不需通气、搅拌），创造一个有利于厌氧微生物生长的环境，使其数量增加，易于分离。

3.2.3 抑制不需要的菌类

在分离筛选的过程中，除了通过控制营养和培养条件、增加富集微生物的数量以有利于分离外，通过高温、高压、加入抗生素等方法减少非目的微生物的数量，使目的微生物的比例增加，同样能够达到富集的目的。

从土壤中分离芽孢杆菌时，由于芽孢具有耐高温特性，100℃ 很难杀死，要在 121℃ 才能彻底死亡，可先将土样加热到 80℃ 或在 50% 乙醇溶液中浸泡 1h，杀死不产芽孢的菌种后再进行分离。在富集培养基中加入适量的胆盐和十二烷基磺酸钠可抑制革兰阳性（G^+）菌的生长，对革兰阴性（G^-）菌无抑制作用。分离厌氧菌时，可加入少量巯基乙酸作为还原剂，它能使培养基氧化还原电势下降，造成缺氧环境，有利于厌氧菌的生长繁殖。

筛选霉菌时，可在培养基中加入四环素等抗生素抑制细菌，使霉菌在样品中的比例提高，从而便于分离到所需的菌株；分离放线菌时，在样品悬浮液中加入 0.5mL 10% 的酚或加青霉素（抑制 G^+ 菌）、链霉素（抑制 G^- 菌）各 30～50U/mL，以及丙酸钠 $10\mu g/mL$（抑制霉菌类）抑制霉菌和细菌的生长。在分离除链霉菌以外的放线菌时，先将土样在空气中干燥，再加热到 100℃ 保温 1h，可减少细菌和链霉菌的数量。分离耐高浓度酒精和高渗酵母菌时，可分别将样品在高浓度酒精和高浓度蔗糖溶液中处理一段时间，杀死非目的微生物后再进行分离。

对于含菌数量较少的样品或分离一些稀有微生物时，采用富集培养以提高分离工作效率是十分必要的。但是如果按通常分离方法，在培养基平板上能出现足够数量的目的微生物，则不必进行富集培养，直接分离、纯化即可。

3.3　微生物的分离与纯化

经富集培养以后的样品，目的微生物得到增殖，占了优势，其他种类的微生物在数量上相对减少，但样品中的微生物还是处于混杂生长状态。例如，同样一群以苯为碳源的芳烃化合物降解菌，有的是细菌，有的是霉菌，有的生产能力强，有的生产能力弱等。因此，经过富集培养后的样品，仍需要进一步通过分离纯化，把最需要的菌株直接从样品中分离出来。从混杂微生物群体中获得只含有某一种或某一株微生物的过程称为微生物分离与纯化（isolation and purification）。具有不同特性的微生物在不同环境中生存，往往需要特殊的分离、培养方法。

3.3.1　倾注平板法（pour plate method）

倾注平板法采用 Petri 培养皿（简称培养皿），它是一副互扣的平面盘。互扣的培养皿经过灭菌过程，内部保持无菌。先把微生物悬液进行一系列稀释，并取一定量的稀释液与融化好的保持在 40～50℃ 左右的营养琼脂培养基充分混合，然后把混合液倾注到无菌的培养皿中，待凝固之后，把平板倒置在恒箱中培养。单一细胞经过多次增殖后形成一个菌落，取单个菌落制成悬液，重复上述步骤数次，便可得到纯培养物（见图 3-1）。

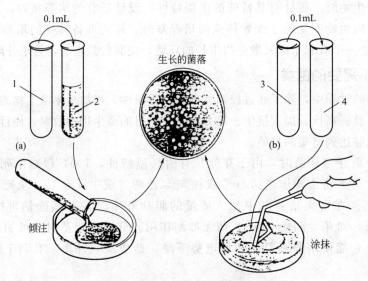

图 3-1　倾注平板法
1—菌悬液；2—融化的培养基；3—培养物；4—无菌水

3.3.2　涂布平板法（spread plate method）

将经过灭菌的培养基注入无菌的培养皿中，培养基内含有凝固剂（最常用的是琼脂凝固剂），制成固体培养基平板。将微生物悬液通过适当的稀释，并取一定量的稀释液放在无菌的已经凝固的营养琼脂平板上，然后用无菌的玻璃刮刀把稀释液均匀地涂布在培养基表面上，经恒温培养便可以得到单个菌落（见图 3-1）。

3.3.3　平板划线法（streak plate technique）

最简单的分离微生物的方法是平板划线法。用无菌的接种环取培养物少许在平板上进行划线。划线的方法很多，常见的比较容易出现单个菌落的划线方法有斜线法、曲线法、方格法、放射法、四格法等（见图 3-2）。当接种环在培养基表面上往后移动时，接种环上的菌液逐渐稀释，最后在所划的线上分散着单个细胞，经培养，每一个细胞长成一个菌落。

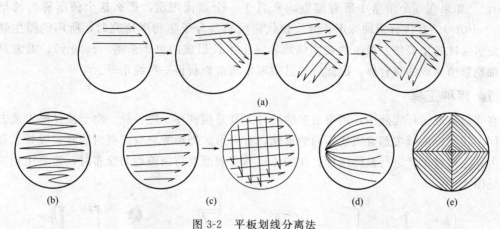

图 3-2　平板划线分离法
（a）斜线法；（b）曲线法；（c）方格法；（d）放射法；（e）四格法

3.3.4　富集培养法 （enrichment culture）

有些微生物在自然界中生存着，但分离和获得纯培养却十分困难，有些甚至至今没有成功过。对于这些微生物采取富集培养的方法，作为纯培养的前处理，或者直接以富集培养物为研究材料。例如，亚硝酸细菌和硝酸细菌，它们中的有些种类是经过很艰难的操作过程才得到纯培养的，有些种类迄今还没有得到纯培养物。但得到它们的富集培养物却比较容易，对于它们的特性和在自然界中作用的知识，主要是从研究它们的富集培养物取得的。

富集培养用作为取得纯培养的前处理材料，使特定的微生物种类在数量上占绝对优势，然后稀释培养在适宜平板培养基上，长出的单菌落多数是预期要分离的特定种类。

3.3.5　厌氧法 （anaerobic culture）

在实验室中，为了分离某些厌氧菌，可以利用装有原培养基的试管作为培养容器，把这支试管放在沸水浴中加热数分钟，以便逐出培养基中的溶解氧。然后快速冷却，并进行接种。接种后，加入无菌的石蜡于培养基表面，使培养基与空气隔绝。另一种方法是，在接种后，利用 N_2 或 CO_2 取代培养基中的气体，然后在火焰上把试管口密封。有时为了更有效地分离某些厌氧菌，可以把所分离的样品接种于培养基上，然后再把培养皿放在完全密封的厌氧培养装置中。

经过分离培养，在平板上出现很多单个菌落，但这些生长在平板上的单个菌落并不一定保证是纯培养。因此，纯培养的确定除观察其菌落特征外，还要结合显微镜检测个体形态特征后才能确定，有些微生物的纯培养要经过一系列分离与纯化过程和多种特征鉴定才能得到。

3.4　微生物接种与培养

将微生物的培养物或含有微生物的样品移植到适于它生长繁殖的人工培养基上或活的生物体内的操作技术称之为接种（inoculate）。接种是微生物实验及科学研究中的一项最基本的操作技术。无论微生物的分离、培养、纯化或鉴定以及有关微生物的形态观察及生理研究都必须进行接种。接种的关键是要严格地进行无菌操作，如操作不慎引起污染，则实验结果就不可靠，影响下一步工作的进行。含有一种以上的微生物培养物称为混合培养物（mixed culture）。如果在一个菌落中所有细胞均来自于一个亲代细胞，那么这个菌落称为纯培养（pure culture）。在进行菌种鉴定、微生物代谢机制及分子生物学研究时，所用的微生物一般均要求为纯的培养物。微生物在固体培养基上生长形成的单个菌落（colony），通常是由一个细胞繁殖而成的集合体。因此可通过挑取单菌落而获得一种纯培养。

3.4.1 接种工具

在实验室或工厂实践中，用得最多的接种工具是接种环、接种针。由于接种要求或方法的不同，接种针的针尖部常做成不同的形状，有刀形、耙形等之分。有时滴管、吸管、移液枪也可作为接种工具进行液体接种。在固体培养基表面要将菌液均匀涂布时，需要用到涂布棒（见图 3-3）。

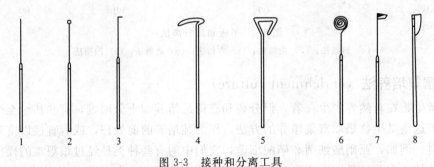

图 3-3　接种和分离工具

1—接种针；2—接种环；3—接种钩；4、5—玻璃涂棒；6—接种圈；7—接种锄；8—小解剖刀

3.4.2 常用的接种方法

常用的接种方法有以下几种。

（1）划线接种　这是最常用的接种方法。即在固体培养基表面作来回直线形的移动，就可达到接种的作用。常用的接种工具有接种环，接种针等。在斜面接种和平板划线中就常用此法。

（2）三点接种　在研究霉菌形态时常用此法。即把少量的微生物接种在平板表面上，成等边三角形的三点，让它各自独立形成菌落后，来观察、研究它们的形态。除三点外，也有一点或多点进行接种的。常用的接种工具有打孔器。

（3）穿刺接种　在保藏厌氧菌种或研究微生物的动力时常采用此法。做穿刺接种时，用的接种工具是接种针。用的培养基一般是半固体培养基。它的做法是：用接种针蘸取少量的菌种，沿半固体培养基中心向管底作直线穿刺，如某细菌具有鞭毛而能运动，则在穿刺线周围能够生长。

（4）浇混接种　该法是将待接的微生物先放入培养皿中，然后再倒入冷却至 45℃ 左右的固体培养基，迅速轻轻摇匀，这样菌液就达到稀释的目的。待平板凝固之后，置合适温度下培养，就可长出单个的微生物菌落。

（5）涂布接种　与浇混接种略有不同，就是先倒好平板，让其凝固，然后再将菌液在平板上面，迅速用涂布棒在表面作来回涂布，让菌液均匀分布，就可长出单个的微生物的菌落。

（6）**液体接种**　从固体培养基中将菌洗下，倒入液体培养基中，或者从液体培养物中，用移液管将菌液接至液体培养基中，或从液体培养物中将菌液移至固体培养基中，都可称为液体接种。

（7）**注射接种**　该法是用注射的方法将待接的微生物转接至活的生物体内，如人或其他动物中，常见的疫苗预防接种，就是用注射接种，接入人体，来预防某些疾病。

（8）**活体接种**　活体接种是专门用于培养病毒或其他病原微生物的一种方法，因为病毒必须接种于活的生物体内才能生长繁殖。所用的活体可以是整个动物；也可以是某个离体活组织，例如猴肾等；也可以是发育的鸡胚。接种的方式是注射，也可以是拌料喂养。

3.4.3　无菌操作

培养基经高压灭菌后，用经过灭菌的工具（如接种针和吸管等）在无菌条件下接种含菌材料（如样品、菌苔或菌悬液等）于培养基上，这个过程叫做无菌接种操作。在实验室检验中的各种接种必须是无菌操作。

实验台面不论是什么材料，一律要求光滑、水平。光滑便于用消毒剂擦洗；水平使得倒琼脂培养基时有助于培养皿内平板的厚度保持一致。在实验台上方，空气流动应缓慢，杂菌应尽量减少，其周围杂菌也应越少越好。为此，必须清扫室内，关闭实验室的门窗，并用消毒剂进行空气消毒处理，尽可能地减少杂菌的数量。

空气中的杂菌会在气流小的情况下，随着灰尘落下，所以接种时，打开培养皿的时间应尽量短。用于接种的器具必须经干热或火焰等灭菌。接种环的火焰灭菌方法：通常接种环在火焰上充分烧红（接种柄，一边转动一边慢慢地来回通过火焰三次），冷却，先接触一下培养基，待接种环冷却到室温后，方可用它来挑取含菌材料或菌体，迅速地接种到新的培养基上（见图3-4）。然后，将接种环从柄部至环端逐渐通过火焰灭菌，复原。不要直接烧环，以免残留在接种环上的菌体爆溅而污染空间。平板接种时，通常把平板的面倾斜，把培养皿的盖打开一小部分进行接种。在向培养皿内倒培养基或接种时，试管口或瓶壁外面不要接触底皿边，试管或瓶应倾斜一下在火焰上通过。

3.4.4　微生物培养

常用的微生物培养方法主要有纯培养技术。例如，为了获得微生物纯培养使用平板分离法；为了获得在自然界数量少或难培养的微生物使用富集培养法；为了获得寄生微生物且与其寄主微生物共同培养使用二元培养法；为了获得在特定环境中相互依赖共同生存的微生物使用共培养法等；以及培养系统相对密闭的分批培养法、培养系统相对开放的连续培养法和特殊基础研究采用的同步培养法等。

微生物培养方法还可分为液体培养与固体培养。

液体培养通常使用试管和坂口瓶（Sakaguchi flask），没有坂口瓶可用锥形瓶代替。使用试管培养微生物时，$15mm \times 150mm$ 试管添加 $5mL$ 培养液，在 $300r/min$ 条件下振荡培养；使用坂口瓶或锥形瓶培养时，$500mL$ 坂口瓶（锥形瓶）添加 $100mL$ 培养液，在 $150r/min$ 条件下振荡培养。

固体培养通常使用平板。使用平板时要用封口膜封好，倒置在培养箱内培养。

3.4.5　培养条件的控制

3.4.5.1　pH值

微生物生长过程中机体内发生的绝大多数的反应是酶促反应，而酶促反应都有一个最适

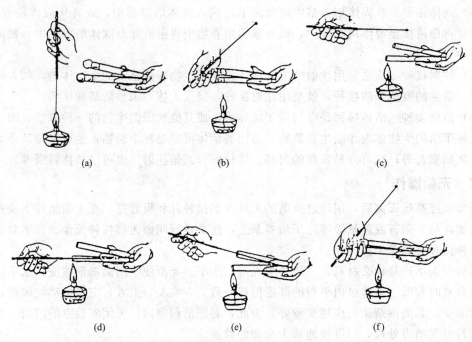

图 3-4　斜面接种时的无菌操作

（a）接种灭菌；（b）开启棉塞；（c）管口灭菌；（d）挑起菌苔；（e）接种；（f）塞好棉塞

pH 范围，在此范围内只要条件适合，酶促反应速率最高，微生物生长速率最大，因此微生物生长也有一个最适生长的 pH 范围，见表 3-1。

表 3-1　几种微生物的最适 pH 值范围

项目	最低 pH 值	最适 pH 值	最高 pH 值
细菌	3～5	6.5～7.5	8～10
酵母菌	2～3	4.5～5.5	7～8
霉菌	1～3	4.5～5.5	7～8

在微生物的生长和代谢过程中，由于营养物质的利用和代谢产物的形成与积累，培养基的初始 pH 值会发生改变，为了维持培养基 pH 值的相对恒定，通常采用两种方式调节，即内源调节和外源调节。内源调节是在培养基里加一些缓冲剂或不溶性的碳酸盐，如 KH_2PO_4、K_2HPO_4、$CaCO_3$，或调节培养基的碳氮比；外源调节是按实际需要不断向培养液流加酸或碱液。

3.4.5.2　渗透压和水活度

在等渗溶液中，微生物正常生长繁殖；在高渗溶液中，细胞失水收缩，而水分为微生物生理生化反应所必需，失水会抑制其生长繁殖；在低渗溶液中，细胞吸水膨胀，大多数微生物具有较为坚韧的细胞壁，而且个体较小，因而在低渗溶液中一般不会像无细胞壁的细胞那样容易发生裂解，具有细胞壁的微生物受低渗透压的影响不大。

培养基渗透压宜尽量创造等渗环境，而有的菌如金黄色葡萄球菌则能在浓度为 3mol/L 的 NaCl 高渗溶液中生长。

3.4.5.3　氧化还原电势（redox potential，ORP）

分子氧和分子氢的浓度对微生物影响很大，各种微生物对培养基的氧化还原电势的要求不同。如好氧微生物：在 ORP＞0.1V 以上的环境中均能生长；厌氧微生物只能在＋0.1V 以下的氧化还原电位条件下生长；而兼性厌氧微生物在氧化还原电位为＋0.1V 以上进行呼吸、＋0.1V 以下进行发酵。

好氧微生物的培养通常采用振荡培养的方式：试管培养以 300r/min 的频率往返振荡，锥形瓶以 150r/min 的频率旋转振荡。厌氧微生物的培养通常是在培养基中添加还原剂，常用的还原剂包括：巯基乙酸、抗坏血酸、硫化氢、半胱氨酸、谷胱甘肽、二硫苏糖醇及铁屑等。

3.5 微生物菌种保藏

微生物在使用和传代过程中容易发生污染、变异甚至死亡，因而常常造成菌种的衰退，并有可能使优良菌种丢失。菌种保藏的重要意义就在于尽可能保持其原有性状和活力的稳定，确保菌种不死亡、不变异、不被污染，以达到便于研究、交换和使用等诸方面的需要。

3.5.1 菌种保藏方法

微生物菌种保藏的方法有很多，但无论采用何种方法保藏，首先应该挑选典型菌种的优良纯种来进行保藏，最好保藏它们的休眠体，如分生孢子、芽孢等。其次，应根据微生物生理、生化特点，人为地创造环境条件，使微生物长期处于代谢不活泼、生长繁殖受抑制的休眠状态。这些人工造成的环境主要是干燥、低温和缺氧，另外，避光、缺乏营养、添加保护剂或酸度中和剂也能有效提高保藏效果。

水分对生化反应和一切生命活动至关重要，因此，干燥在菌种保藏中占有首要地位。五氧化二磷、无水氯化钙和硅胶是良好的干燥剂，当然，高度真空则可以同时达到驱氧和深度干燥的双重目的。

低温是菌种保藏中的另一重要条件。微生物生长的温度下限约在−30℃，可是在水溶液中能进行酶促反应的温度下限则在−140℃左右。即只要有水分存在，即使是在低温的条件下，微生物仍可以进行代谢。因此，低温必须与干燥结合，才具有良好的保藏效果。

下面介绍几种常用的菌种保藏方法。

3.5.1.1 斜面低温保藏法

将菌种接种在适宜的斜面培养基上，待菌种生长完全后，置于 4℃ 左右的冰箱中保藏，每隔一定时间（保藏期）再转接至新的斜面培养基上，生长后继续保藏，如此连续不断。此法广泛适用于细菌、放线菌、酵母菌和霉菌等大多数微生物菌种的短期保藏及不宜用冷冻干燥保藏的菌种。放线菌、霉菌和有芽孢的细菌一般可保存 6 个月左右，无芽孢的细菌可保存 1 个月左右，酵母菌可保存 3 个月左右。如以橡皮塞代替棉塞，再用石蜡封口，置于 4℃ 冰箱中保藏，不仅能防止水分挥发、能隔氧，而且能防止棉塞受潮而污染。这一改进可使菌种的保藏期延长。

此法由于采用低温保藏，大大减缓了微生物的代谢繁殖速度，降低了突变频率；同时也减少了培养基的水分蒸发，使其不至于干裂。该法的优点是简便易行，容易推广，存活率高，故科研和生产上对经常使用的菌种大多采用这种保藏方法。其缺点是菌株仍有一定程度的代谢活动能力，保藏期短，传代次数多，菌种较容易发生变异和被污染。

3.5.1.2 石蜡油封藏法

石蜡油封藏法是在无菌条件下，将灭过菌并已蒸发掉水分的液体石蜡倒入培养成熟的菌种斜面（或半固体穿刺培养物）上，石蜡油层高出斜面顶端1cm，使培养物与空气隔绝，加胶塞并用固体石蜡封口后，垂直放在室温或4℃冰箱内保藏。使用的液体石蜡要求优质无毒，化学纯，其灭菌条件是：150～170℃烘箱内灭菌1h；或121℃高压蒸汽灭菌60～80min，再置于80℃的烘箱内烘干除去水分。

由于液体石蜡阻隔了空气，使菌体处于缺氧状态下，而且又防止了水分挥发，使培养物不会干裂，因而能使保藏期达1～2年，或更长。这种方法操作简单，它适于保藏霉菌、酵母菌、放线菌、好氧性细菌等，对霉菌和酵母菌的保藏效果较好，可保存几年，甚至长达10年。但对很多厌氧性细菌的保藏效果较差，尤其不适用于某些能分解烃类的菌种。

3.5.1.3　甘油悬液保藏法

甘油悬液保藏法是将拟保藏菌种对数期的培养液直接与经121℃蒸汽灭菌20min的甘油混合，并使甘油的终浓度在20%～35%，再分装于小离心管中，置低温冰箱中保藏。本法较简便，但需置备低温冰箱。保藏温度若采用-20℃，保藏期约为0.5～1年，而采用-70℃，保藏期可达10年。基因工程菌常采用本法保藏。

3.5.1.4　冷冻真空干燥保藏法

冷冻真空干燥保藏法又称冷冻干燥保藏法，简称冻干法。它通常是用保护剂制备拟保藏菌种的细胞悬液或孢子悬液于安瓿管中，再在低温下快速将含菌样冻结，并减压抽真空，使水升华，将样品脱水干燥，形成完全干燥的固体菌块。并在真空条件下立即熔封，造成无氧真空环境，最后置于低温下，使微生物处于休眠状态，而得以长期保藏。常用的保护剂有脱脂牛奶、血清、淀粉、葡聚糖等高分子物质。

由于此法同时具备低温、干燥、缺氧的菌种保藏条件，因此保藏期长，一般达5～15年，存活率高，变异率低，是目前被广泛采用的一种较理想的保藏方法。除不产孢子的丝状真菌不宜用此法外，其他大多数微生物如病毒、细菌、放线菌、酵母菌、丝状真菌等均可采用这种保藏方法。但该法操作比较繁琐，技术要求较高，且需要冻干机等设备。

保藏菌种需用时，可在无菌环境下开启安瓿管，将无菌的培养基注入安瓿管中，固体菌块溶解后，摇匀复水，然后将其接种于适宜该菌种生长的斜面上适温培养即可。

3.5.1.5　液氮超低温保藏法

液氮超低温保藏法简称液氮保藏法或液氮法。它是以甘油、二甲基亚砜（dimethyl sulfoxide，DMSO）等作为保护剂，在液氮超低温（-196℃）下保藏的方法。其主要原理是菌种细胞从常温过渡到低温，并在降到低温之前，使细胞内的自由水通过细胞膜外渗出来，以免膜内因自由水凝结成冰晶而使细胞损伤。美国ATCC菌种保藏中心采用该法时，控制制冷速度，以1℃/min的下降速度把菌悬液或带菌丝的琼脂块从0℃直降到-35℃，然后保藏在-150～-196℃液氮冷箱中。如果降温速度过快，由于细胞内自由水来不及渗出胞外，形成冰晶就会损伤细胞。据研究认为降温的速度控制在（1～10）℃/min，细胞死亡率低；随着速度加快，死亡率则相应提高。

液氮低温保藏的保护剂，一般是选择甘油、二甲基亚砜、糊精、血清蛋白、聚乙烯氮戊环、吐温80等，但最常用的是甘油（10%～20%）。不同微生物要选择不同的保护剂，再通过试验加以确定保护剂的浓度，原则上是控制在不足以造成微生物致死的浓度。

此法操作简便、高效、保藏期一般可达到15年以上，是目前被公认的最有效的菌种长期保藏技术之一。除了少数对低温损伤敏感的微生物外，该法适用于各种微生物菌种的保藏，甚至连藻类、原生动物、支原体等都能用此法获得有效的保藏。此法的另一大优点是可使用各种培养形式的微生物进行保藏，无论是孢子或菌体、液体培养物或固体培养物均可采用该保藏法。其缺点是需购置超低温液氮设备，且液氮消耗较多，操作费用较高。

要使用菌种时，从液氮罐中取出安瓿瓶，并迅速放到 35～40℃温水中，使之冰冻融化，以无菌操作打开安瓿瓶，移接到保藏前使用的同一种培养基斜面上进行培养。从液氮罐中取出安瓿瓶时速度要快，一般不超过 1 分钟，以防其他安瓿瓶升温而影响保藏质量。并且取样时一定要戴专用手套以防止意外爆炸和冻伤。

在上述的菌种保藏方法中，以斜面低温保藏法、石蜡油封藏法最为简便，以冷冻真空干燥保藏法和液氮超低温保藏法最为复杂，但其保藏效果最好。应用时，可根据实际需要选用。

在国际著名的"美国典型培养物收藏中心"（ATCC），仅采用两种最有效的保藏法，即保藏期一般达 5～15 年的冷冻真空干燥保藏法与保藏期一般达 15 年以上的液氮超低温保藏法，以达到最大限度地减少传代次数，避免菌种变异和衰退的目的。我国菌种保藏多采用 3 种方法，即斜面低温保藏法、液氮超低温保藏法和冷冻真空干燥保藏法。

3.5.2　国内外主要菌种保藏机构

3.5.2.1　国际机构

（1）ATCC　American Type Culture Collection, Rockvill Maryland, USA. 美国标准菌种收藏所，美国马里兰州罗克维尔市。

（2）CSH　Cold Spring Harbor Laboratory，USA. 冷泉港研究室，美国。

（3）IAM　Institute of Applied Micribiology, University of Tokyo, Japan. 日本东京大学应用微生物研究所，日本东京。

（4）IFO　Institute for Fermentation, Osaka, Japan. 发酵研究所，日本大阪。

（5）KCC　Kaken Chemical Company Ltd. Tokyo, Japan. 科研化学有限公司，日本东京。

（6）NCTC　National Collection of Type Culture. London，United Kingdom. 国立标准菌种收藏所，英国伦敦。

（7）NIH　National Institutes of Health. Bethesda，Maryland，USA. 国立卫生研究所，美国马里兰州贝塞斯达。

（8）NRRL　Northern Utilization Research and Development Division，US Department of Argculture，Peoria，USA. 美国农业部、北方开发利用研究部，美国皮奥里亚市。

3.5.2.2　国内机构

中国微生物菌种保藏管理委员会（China Committee for Culture Collection of Microorganisms，CCCMS）下设六个菌种保藏管理中心。

（1）普通微生物菌种保藏管理中心（CCGMC）　中国科学院微生物研究所，北京（AS）：真菌，细菌；中国科学院武汉病毒研究所，武汉（AS-Ⅳ）：病毒。

（2）农业微生物菌种保藏管理中心（ACCC）　中国农业科学院土壤肥料研究所，北京（1SF）。

（3）工业微生物菌种保藏管理中心（CICC）　轻工业部食品发酵工业科学研究所，北京（IFFl）。

（4）医学微生物菌种保藏管理中心（CMCC）　中国医学科学院皮肤病研究所，南京

（1D）：真菌。卫生部药品生物制品检定所，北京（NICPBP）　细菌。中国医学科学院病毒研究所，北京：病毒。

（5）抗生素菌种保藏管理中心（CACC）　中国医学科学院抗生素研究所，北京（1A）。四川抗生素工业研究所，成都（STA）：新抗生素菌种。华北药厂抗生素研究所，石家庄（IANP）：生产用抗生素菌种。

（6）兽医微生物菌种保藏管理中心（CVCC）　农业部兽医药品监察所，北京。

参 考 文 献

[1]　翟中和，王喜忠，丁明孝．细胞生物学．北京：高等教育出版社，2000．

[2]　沈萍．微生物学．北京：高等教育出版社，2000．

[3]　俞大绂，李季伦．微生物学．第2版．北京：科学出版社．1985．

[4]　黄秀梨．微生物学．第2版．北京：高等教育出版社．2003．

[5]　周德庆．微生物学教程．第2版．北京：高等教育出版社．2002．

[6]　卢振祖．细菌分类学．武汉：武汉大学出版社，1994．

[7]　王家玲．环境微生物学．北京：高等教育出版社，2004．

[8]　朱玉贤，李毅．现代分子生物学．第3版．北京：高等教育出版社，2002．

[9]　沈萍，范秀容，李广武．微生物学实验．第3版．北京：高等教育出版社，1999．

[10]　陶文沂．工业微生物生理与遗传育种学．北京：中国轻工业出版社，1997．

[11]　东秀诛，蔡妙英等．常见细菌系统鉴定手册．北京：科学出版社，2001．

[12]　彭珍荣．现代微生物学．武汉：武汉大学出版社，1995．

[13]　刘志恒．现代微生物学．北京：科学出版社，2002．

[14]　张昀．生物进化．北京：北京大学出版社，1998．

[15]　李广武，郑从义，唐兵．低温生物学．长沙：湖南科学技术出版社，1998．

[16]　Atlas R M. Handbook of Microbiological Media. 2nd ed. Boca Raton，Fla：CRC Press，1997．

[17]　Black J G. Microbiology：Principles and Explorations. 5th ed. New York：John Wiley&Sons. Inc.，2002．

[18]　Koch A L. Bacterial Growth and Form. New York：Chapman and Hall，1995．

[19]　Lederberg J，et al. Encyclopedia of Microbiology. San Diego，CA：Academic Press，Inc. 1992．

[20]　Nicklin J，et al. Instant Notes in Microbiology. Oxford：Bios Scientific Publishers. Limited，1999．

[21]　Prescott L M，et al. 微生物学．第5版．沈萍，彭珍荣主译．北京：高等教育出版社，2003．

4　微生物菌种鉴定

　　菌种鉴定是研究环境微生物的一项最基本工作。只有通过对微生物分类特征及遗传特性的了解，才可以帮助我们更好地认识它们的营养、代谢类型及各种生物学功能。微生物的分类、鉴定及命名也是微生物分类学的三个主要任务。微生物分类（classification）是根据微生物的相似性和亲缘关系，将微生物归入不同的分类类群；微生物鉴定（identification）是确定一个新的分离物属于已经确认的哪个分类类群的过程；微生物命名（nomenclature）是根据国际命名法规给每一微生物类群及种类以科学的名称。

4.1　微生物的分类和命名

　　微生物分类是人类认识微生物，进而利用和改造微生物的一种手段，我们只有在掌握了分类学知识的基础上，才能对纷繁的微生物类群有一个清晰的轮廓，了解其亲缘关系与演化关系，为人类开发利用微生物资源提供依据。

4.1.1　微生物的分类

　　为了识别和研究微生物，各种微生物按其客观存在的生物属性（如个体形态及大小、染色反应、菌落特征、细胞结构、生理生化反应、与氧的关系、血清学反应等）及它们的亲缘关系，有次序地分门别类排列成一个系统，从大到小，按界、门、纲、目、科、属、种等分类。把属性类似的微生物列为界，在界内从类似的微生物中找出它们的差别，再列为门，依此类推，直分到种。"种"是分类的最小单位。种内微生物之间的差别很小，有时为了区分小差别可用株表示，但"株"不是分类单位。在两个分类单位之间可加亚门、亚纲、亚目、亚科、亚属、亚种及变种等次要分类单位。最后对每一属或种给予严格的科学的名称。

　　各类群微生物有各自的分类系统，如细菌分类系统、酵母分类系统、霉菌分类系统等。目前有三个比较全面的分类系统，第一个是前苏联克拉西尼科夫所著《细菌和放线菌鉴定》（1949）中的分类。第二个是法国的普雷沃所著《细菌分类学》（1961）中的分类。第三个是美国细菌学家协会所属伯杰氏鉴定手册董事会组织各国有关学者写成的《伯杰氏鉴定细菌学手册》中的分类。该手册于1923年出第一版，至今出了九版，1957年的第七版和1974年的第八版一直被广泛应用。在七版以前的《伯杰氏鉴定细菌学手册》主要以表型特征为鉴定依据。在第八版中以（G＋C）mol％含量作为种的基本特征，少数种以分子杂交％测定进行研究。1994年出了第九版。1984年出版的《伯杰氏系统细菌学手册》共分四卷。第一卷：医学和工业方面重要的革兰阳性菌（1984年出版）。第二卷：放线菌以外的革兰阳性细菌（1986年出版）。第三卷：古菌、蓝细菌及其他革兰阴性细菌（1989年出版）。第四卷：放线菌（1989年出版）。《伯杰氏系统细菌学手册》新版本在表型特征基础上用DNA和16S rRNA的资料对细菌属和种的分类地位作决定性的判断。把细菌分类从人为分类体系开始转变为自然分类体系。这更符合客观实际。

　　长久以来，细菌分类学以形态学特征、表型特征、生理特征、生态特征、血清学反应、噬菌体反应等为分类依据，现在不仅限于上述方法，还采用 DNA 中的（G＋C)％、DNA 杂交、DNA-rRNA 杂交、16S rRNA 碱基顺序分析和比较微生物。尤其是细菌的属和种进行分类，将原来一直放在细菌范畴的古菌识别出来，对古菌在分类学中的地位有比较明确的认识，将古菌、细菌和真核生物并列。

4.1.2 微生物的命名

微生物的命名是采用生物学中的二名法，即用两个拉丁字命名一个微生物的种。这个种的名称是由一个属名和一个种名组成，属名和种名都用斜体字表达，属名在前，用拉丁文名词表示，第一个字母大写。种名在后，用拉丁文的形容词表示，第一个字母小写。如大肠埃希杆菌的名称是 *Escherichia coli*。枯草芽孢杆菌的名称是 *Bacillus subtilis*。如果只将细菌鉴定到属，没鉴定到种，则该细菌的名称只有属名，没有种名。如：芽孢杆菌属的名称是 *Bacillus*。梭状芽孢杆菌属的名称是 *Clostridium*。也可在属名后面加 sp.（单数）或 spp.（复数），sp. 和 spp. 是种 species 的缩写，如 *Bacillus* sp.（spp.）。

4.1.3 微生物系统发育分析

由于现代分子生物学技术的迅速发展，目前正在形成一套与传统的分类鉴定方法完全不同的分类鉴定技术与方法，从基因水平上分析各微生物种之间的亲缘关系，即系统发育地位。众所周知，原核生物细胞中的 16S rDNA 和真核生物细胞中的 18S rDNA 的碱基序列都是十分保守的，不受微生物所处环境条件的变化、营养物质的丰缺影响，这可以看作生物进化的时间标尺，记录着生物进化的真实痕迹。因此，分析原核生物细胞中的 16S rDNA 和真核生物细胞中的 18S rDNA 的碱基序列，比较所分析的微生物与其他微生物种之间 16S rDNA 和 18S rDNA 序列的同源性，可以真实地揭示它们亲缘关系的距离和系统发育地位。

在现实研究中，除了选择 16S rDNA 和 18S rDNA 作序列分析进行系统发育比较外，还可利用间隔序列（ITS）、某些发育较为古老而序列又较稳定的特异性酶的基因作序列分析，进行系统发育分析。如在环境微生物研究中，对于谷胱甘肽转移酶（GST）的基因序列分析所获得的系统发育鉴定结果与用其他方法所获得的结果具有十分吻合的一致性。随着研究技术和理论的日趋成熟，现在有人提出了分子系统学（molecular systematics）这一理论概念。

系统学（systematics）是研究生物多样性及其分类和演化关系的科学。分子系统学是检测、描述并揭示生物在分子水平上的多样性及其演化规律的科学。研究内容包括了群体遗传结构、分类学、系统发育和分子进化等领域。

群体遗传结构（population genetic structure）是指一个种内总的遗传变异程度及其在群体间的分布模式，是一个种最基础的遗传信息。

分类学（taxonomy）是研究物种的界定和序级确定。

系统发育关系（phylogenetic relationship）和分子进化（molecular evolution）是两个密切相关的过程。在利用现代分子生物学技术在分子和基因水平上获得大量的分类单元尤其是种的遗传信息后，来推断和重建微生物类群的演化历史和演化关系，即建立系统发育树。根据分离菌株的 16S rDNA 或 18S rDNA 序列与相关微生物种之间的同源性，将分离获得的菌株放置于系统发育树的恰当分支位置，以显示其在系统发育中的地位和与其他种间的亲缘关系。原核微生物中的细菌和古菌的系统发育树分别如图 4-1 和图 4-2 所示。

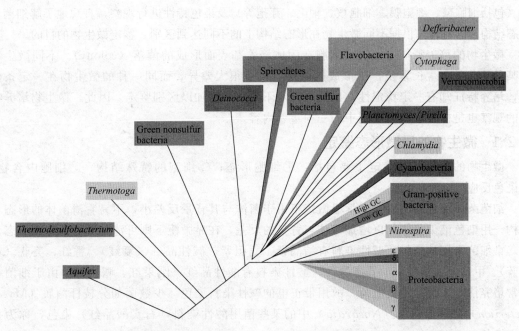

图 4-1 细菌域的系统发育树（引自 Madigan et al.，Brock Biology of
Microorganisms，Tenth edition，2003）

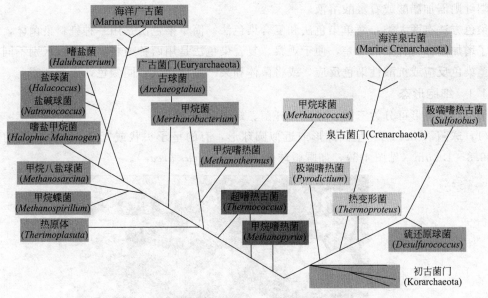

图 4-2 古菌域的系统发育树（引自 Madigan et al.，Brock Biology of
Microorganisms，Tenth edition，2003）

4.2 微生物的形态学鉴定

微生物的形态学鉴定包括显微形态和培养特征鉴定。

微生物的形态结构观察主要是通过染色，在显微镜下对其形状、大小、排列方式、细胞结构（包括细胞壁、细胞膜、细胞核、鞭毛、芽孢等）及染色特性进行观察，直观地了解细菌在形态结构上的特性，根据不同微生物在形态结构上的不同达到区别、鉴定微生物的目的。

微生物的培养特征主要观察细胞在固体培养基表面形成的菌落（colony）。不同微生物在某种培养基中生长繁殖，所形成的菌落特征有很大差异，而同一种的微生物在一定条件下，培养特征却有一定稳定性，以此可以对不同微生物加以区别鉴定。因此，微生物培养特性的观察也是微生物检验鉴别中的一项重要内容。

4.2.1　微生物的显微形态鉴定

微生物的显微形态鉴定主要包括：①细胞形态；②细胞的特殊结构；③细胞内含物；④染色反应等几个方面。

细菌菌体无色透明，在光学显微镜下由于菌体与其背景反差小，不易看清菌体的形态和结构。用染色液染菌体，以增加菌体与背景的反差，在显微镜下则可清楚看见菌体的形态。

染细菌常用的染料，碱性染料有结晶紫、龙胆紫、碱性品红（复红）、番红、美蓝（亚甲蓝）、甲基紫、中性红、孔雀绿等；酸性染料有酸性品红、刚果红、曙红等。由于细菌在通常培养情况下总是带负电荷，故用带正电的碱性染料染色。少数菌如分枝杆菌属（*Mycobacterium*）和诺卡菌属（*Nocardia*）中的某些菌用酸性染料（石炭酸品红）染色，称为抗酸性染色。

细菌与染料的亲和力同染色液的 pH 有关，如用美蓝则需在溶液中加碱剂，增加染料的碱性基，减少菌体碱基解离，增加菌体酸性基解离，使之更易与碱性染料结合。若是用酸性染料曙红则需加醋酸或石炭酸溶液。

染色方法有两大类：简单染色法和复合染色法。简单染色法是用一种染料染菌体，目的是为了增加菌体与背景的反差，便于观察。复合染色法是用两种染料染色，以区别不同细菌的革兰染色反应或抗酸性染色反应，或将菌体和某一结构染成不同颜色，以便观察。

4.2.1.1　细胞形态

细菌按其外形可分为三类：球菌、杆菌、螺形菌。

（1）球菌（coccus）　呈圆球形或近似圆球形，有的呈矛头状或肾状。单个球菌的直径约在 $0.8\sim1.2\mu m$（见图 4-3），如脲微球菌（*Micrococcus ureae*）。

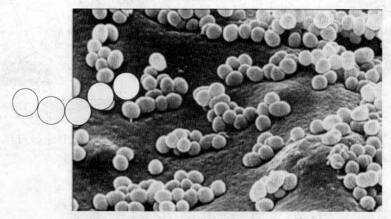

图 4-3　球菌的形态

由于繁殖时细菌细胞分裂方向和分裂后细菌粘连程度及排列方式不同球菌又可分为以下几种。

双球菌（diplococcus）：在一个平面上分裂成双排列，如肺炎双球菌（*Diplococcus*

pneumoniae)、脑膜炎双球菌（*Meningococcal bacteria*）、淋病双球菌（*Neisseria gonorrhoeae*）。

链球菌（streptococcus）：在一个平面上分裂，成链状排列，如溶血性链球菌（*Hemolytic streptococcus*）、乳链球菌（*Streptococcus lactic*）、肺炎链球菌（*Streptococcus pneumoniae*）。

四联球菌（tetragenus）：在两个相互垂直的平面上分裂，以四个球菌排成方形，如四联加夫基菌（*Gaffkya tetragena*）、四联微球菌（*Micrococcus tetragenus*）。

八叠球菌（sarcina）：在三个互相垂直的平面上分裂，八个菌体重叠成立方体状，如甲烷八叠球菌（*Sarcina methanica*）、藤黄八叠球菌（*Sarcina lutea*）。

葡萄球菌（staphylococcus）：在几个不规则的平面上分裂，则菌体多堆积在一起，而呈葡萄状排列，如金黄色葡萄球菌（*Stephylococcus aureus*）、腐生葡萄球菌（*Staphylococcus saprophyticus*）。

球菌的细胞分裂方向及分裂后的排列方式如图 4-4 所示。

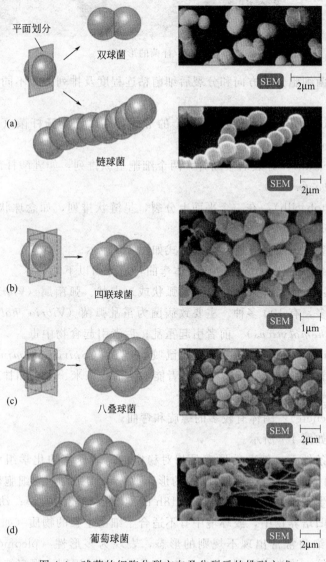

图 4-4　球菌的细胞分裂方向及分裂后的排列方式

（2）杆菌（bacillus） 各种杆菌的大小、长短、弯度、粗细差异较大。大多数杆菌中等大小长 2～5μm，宽 0.3～1μm（见图 4-5）。大的杆菌如炭疽杆菌 [(3～5)μm×(1.0～1.3)μm]，小的如野兔热杆菌 [(0.3～0.7)μm×0.2μm]。菌体的形态多数呈直杆状，也有的菌体微弯。菌体两端多呈钝圆形，少数两端平齐（如炭疽杆菌），也有两端尖细（如梭杆菌）或末端膨大呈棒状（如白喉杆菌）。

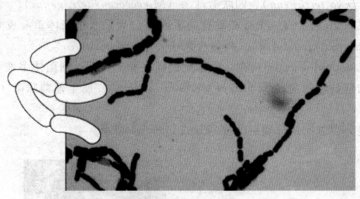

图 4-5　杆菌的形态

由于繁殖时细菌细胞分裂方向和分裂后细菌粘连程度及排列方式不同，杆菌可分为以下几种。

单杆菌（single bacillus）：分裂后以单个的形式存在，如大肠杆菌（*Escherichia coli*）、梭状芽孢杆菌（*Clostridium sporogenes*）。

双杆菌（diplobacilli）：分裂后不断开，两个细胞呈纵排列，如乳酸杆菌（*Lactobacillus*）、双歧杆菌（*Bifidobacterium*）。

链杆菌（streptobacilli）：在一个平面上分裂，呈链状排列，如念珠状链杆菌（*Streptobacillus moniliformis*）。

杆菌的细胞分裂方向及分裂后的排列方式如图 4-6 所示。

（3）螺形菌（spirillar bacterium） 菌体弯曲，可分为以下几种。

弧菌（vibrio）：菌体只有一个弯曲，呈弧状或逗点状。弧菌属（*Vibrio*）广泛分布于自然界，尤以水中为多，有 100 多种。主要致病菌为霍乱弧菌（*Vibrio cholerae*）和副溶血性弧菌（*Bibrio Parahemolyticus*）。前者引起霍乱；后者引起食物中毒。

螺菌（spirillum）：菌体弯曲一周。如鼠咬热螺菌（*Spirillum minus*）、固氮螺旋菌（*Azospirillum*）。前者引起急性传染病；后者能够生活在玉米、水稻和甘蔗等植物根内的皮层细胞之间，与寄生植物联合固氮。

螺旋菌（spirochete）：菌体有较多的螺旋和弯曲。

螺形菌的形态如图 4-7 所示。

在正常的生长条件下，细菌的形态是相对稳定的。培养基的化学组成、浓度、培养温度、pH、培养时间等的变化，会引起细菌的形态改变，或死亡，或细胞破裂，或出现畸变形。一般说来，在生长条件适宜时培养 8～18h 的细菌形态较为典型；幼龄细菌形体较长；细菌衰老时或在陈旧培养物中，或环境中有不适合于细菌生长的物质（如药物、抗生素、抗体、高渗等）时，细菌常常出现不规则的形态，表现为多形性（pleomorphism），或呈梨形、气球状、丝状等，称为衰退型（involutionform），不易识别。观察细菌形态和大小特征

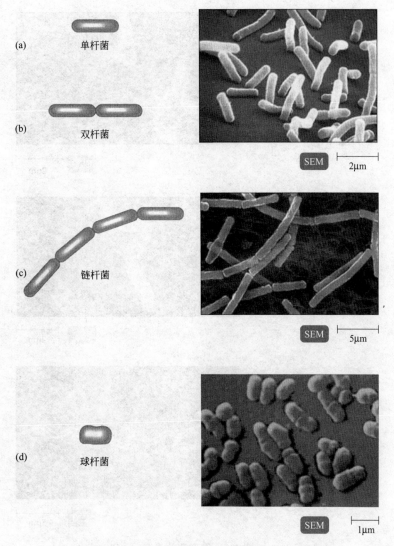

(a) 单杆菌

(b) 双杆菌

SEM 2μm

(c) 链杆菌

SEM 5μm

(d) 球杆菌

SEM 1μm

图 4-6 杆菌的细胞分裂方向及分裂后的排列方式

时，应注意来自机体或环境中各种因素所导致的细菌形态变化。有些细菌则是多形态的，有周期性的生活史，如黏细菌可形成无细胞壁的营养细胞和子实体。

4.2.1.2 细胞的特殊结构

细菌的特殊结构包括鞭毛、菌毛、荚膜及芽孢。

（1）鞭毛（flagllum） 在某些细菌菌体上具有细长而弯曲的丝状物，称为鞭毛。鞭毛的直径为 $0.001\sim0.02\mu m$，长度为 $2\sim50\mu m$，常超过菌体若干倍。鞭毛自细胞膜长出，游离于细胞外。具有鞭毛的细菌都能运动，不具鞭毛的细菌一般不能运动。不同细菌的鞭毛数目、位置和排列不同，可分为单毛菌（monotrichate）、双毛菌（amphitrichate）、丛毛菌（lophotrichate）、周毛菌（peritrichate）。

用鞭毛染色法将染料沉积在鞭毛上使鞭毛变粗，可在光学显微镜下看见（见图 4-8）。染色方法为：将细菌接种在琼脂平板上，$35\sim37$℃培养 $8\sim18h$，用无水乙醇浸泡过的而且干燥的新载玻片加一滴无菌水，用接种环挑取菌落，然后自然干燥（可适当在酒精灯焰上方

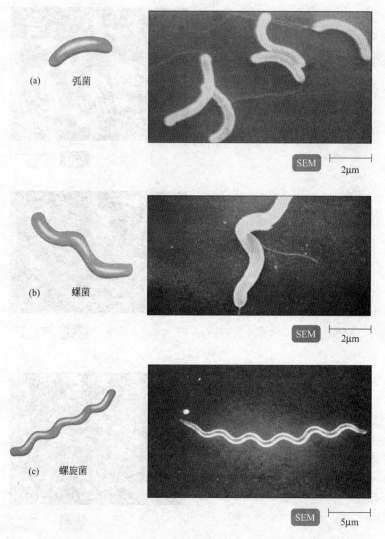

图 4-7　螺形菌的形态

20cm 处烘干），滴加染色液（20％的鞣酸溶液 2mL，钾明矾饱和液 2mL，石炭酸饱和液 5mL，10％碱性复红无水乙醇溶液 1.5mL）染色 1~2min，水洗干后镜检。

鞭毛是细菌的运动器官，常存在于杆菌及弧菌中。鞭毛的数量、分布可用以鉴别细菌。鞭毛抗原有很强的抗原性，通常称为 H 抗原，对某些细菌的鉴定、分型及分类具有重要意义。

（2）菌毛（pilus）　菌毛也叫做纤毛（fimbriae），是许多革兰阴性菌菌体表面遍布的，比鞭毛更为细、短、直、硬、多的丝状蛋白附属器。菌毛与运动无关，在光学显微镜下看不见，必须使用电镜才能观察到。菌毛可分为普通菌毛（commonpilus）和性菌毛（sexpilus）两种。普通菌毛与某些细菌的致病性有关，失去菌毛，致病力亦随之丧失；性菌毛比普通菌毛粗，中空呈管状。性菌毛由质粒携带的一种致育因子（ferility factor）的基因编码，故性菌毛又称 F 菌毛。带有性菌毛的细菌称为 F⁺ 菌或雄性菌，无菌毛的细菌称为 F⁻ 菌或雌性菌。性菌毛能在细菌之间传递 DNA，细菌的毒性及耐药性即可通过这种方式传递，这是某

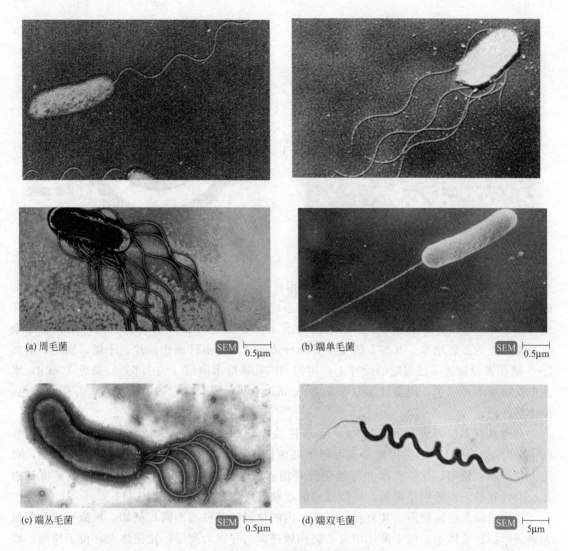

(a) 周毛菌 `SEM` |——| 0.5μm   (b) 端单毛菌 `SEM` |——| 0.5μm

(c) 端丛毛菌 `SEM` |——| 0.5μm   (d) 端双毛菌 `SEM` |——| 5μm

图 4-8 微生物的鞭毛

些肠道杆菌容易产生耐药性的原因之一。

（3）荚膜（capsule） 许多细菌胞壁外围绕一层较厚的黏性、胶冻样物质，称为荚膜。荚膜很难着色，通常使用负染色法（亦称衬托法）对其进行染色，即先用染料染菌体，然后用墨汁将背景涂黑，菌体和背景之间的透明区在光学显微镜下清晰可见（见图 4-9）。荚膜厚度在 0.2μm 以上，在普通光学显微镜下观察到。

一般在机体内和营养丰富的培养基中细菌才能形成荚膜。有荚膜的细菌在固体培养基上形成光滑型（S 型）或黏液型（M）菌落，失去荚膜后菌落变为粗糙型（R）。荚膜并非细菌生存所必需，如荚膜丢失，细菌仍可存活。

荚膜有助于肺炎双球菌侵染人体，具有荚膜的 S 型肺炎双球菌毒力强；荚膜保护致病菌免受宿主吞噬细胞的吞噬，保护细菌免受干燥的影响；当缺乏营养时，荚膜可被用作碳源和能源，有的荚膜还可作氮源；废水生物处理中的细菌荚膜有生物吸附作用，可将废水中的有机物、无机物及胶体吸附在细菌体表面形成颗粒污泥。

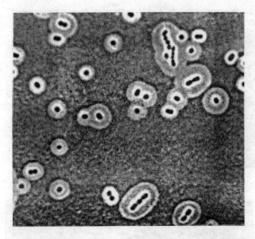

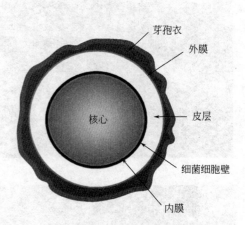

芽孢衣
外膜
核心
皮层
细菌细胞壁
内膜

图 4-9　光学显微镜下菌体和背景之间的荚膜　　　　图 4-10　芽孢的结构

（4）芽孢（spore）　在一定条件下，芽孢杆菌属（如炭疽杆菌）及梭状芽孢杆菌属（如破伤风杆菌、气性坏疽病原菌）能在菌体内形成一个折光性很强的不易着色小体，称为内芽孢（endospore），简称芽孢。芽孢的结构如图 4-10 所示。芽孢不易着色，但可用孔雀绿染色，其方法为：将培养 24h 左右的枯草芽孢杆菌或其他芽孢杆菌作涂片、干燥、固定，滴加 3～5 滴孔雀绿染液于已固定的涂片上，用饱和的孔雀绿水溶液（约 7.6%）染色 10min，水洗至孔雀绿不再褪色，用番红水溶液复染 1min，水洗、干燥后，置油镜观察，芽孢呈绿色，菌体呈红色。

芽孢具有多层厚而致密的孢膜，含水量较少，并能合成一些特殊的酶及吡啶二羧酸（dipicolinic acid，DPA），因此芽孢可帮助细菌抵御不良环境的影响。芽孢的抵抗力强，对热力、干燥、辐射、化学消毒剂等理化因素均有强大的抵抗力，用一般的方法不易将其杀死。当营养缺乏，特别是碳源、氮源或磷酸盐缺乏时，容易形成芽孢。

芽孢呈圆形或椭圆形，其直径和在菌体内的位置随菌种而不同，例如，炭疽杆菌的芽孢为卵圆形，比菌体小，位于菌体中央；破伤风杆菌的芽孢为圆形，比菌体大，位于顶端，呈鼓槌状。这种形态特点有助于细菌鉴别（见图 4-11）。

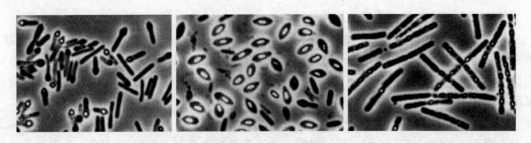

图 4-11　微生物的芽孢

4.2.1.3　细胞内含物

细菌生长到成熟阶段，因营养过剩（通常是氮源、碳源和能源过剩）而形成一些贮藏颗粒，如异染粒、聚 β-羟基丁酸、硫粒、淀粉粒、肝糖粒等。

（1）异染粒（volutin）　异染粒由多聚偏磷酸、核糖核酸、蛋白质、脂类及 Mg^{2+} 组成，可用0.1%的甲苯胺或甲烯蓝染成紫红色。在生长的细胞中异染粒含量较多，在老龄细胞中，异染粒常因为被当作碳源和磷源利用而减少。聚磷菌富含异染粒。聚磷菌在进行细胞分裂前，需要在体内积聚大量的磷作为能源，因而需将水体中的磷转移到菌体内，当外界缺氧时，聚磷菌可以分解体内的聚磷来获得能量而生长繁殖。

（2）聚 β-羟基丁酸（poly-β-hydroxybutyric acid，PHB） 聚 β-羟基丁酸是一种聚酯类物质，被单层蛋白质膜包裹。为脂溶性物质，不溶于水，易被脂溶性染料苏丹黑（sudan black）或尼罗红着色。着色后在光学显微镜下清晰可见（见图4-12）。当细胞缺乏营养时，聚 β-羟基丁酸被用作碳源。

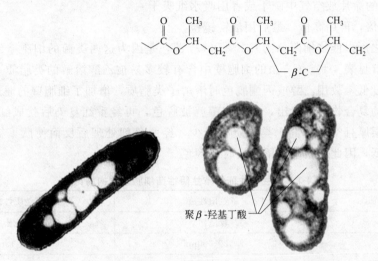

图 4-12 细菌细胞内的聚 β-羟基丁酸

（3）硫粒（sulfur granule） 贝日阿托菌（*Beggiatoa*）、发硫菌（*Thiothrix*）、紫硫螺菌及绿硫菌（*Chlorobium*）等可利用 H_2S 为能源，将 H_2S 氧化为硫粒积累在菌体内。当缺乏营养时，再将体内的硫粒氧化为 SO_4^{2-}，从中取得能量。硫粒具有很强的折光性，在光学显微镜下极易看到（见图4-13）。

（4）气泡（gas vacuole） 紫色光合细菌和蓝细菌含有气泡，借以调节浮力。专性好氧的盐杆菌属（*Halobacterium*）体内含气泡量多，在含盐量高的水体中，嗜盐细菌借助气泡浮到水表面吸收氧气。

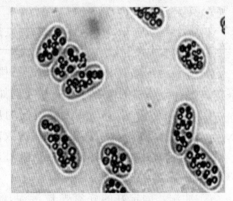

图 4-13 细菌细胞内的硫粒

通常一种细菌含一种或两种内含颗粒，如巨大芽孢杆菌只含聚 β-羟基丁酸，贝日阿托菌含聚 β-羟基丁酸和硫粒，发硫菌含硫粒，大肠杆菌和产气杆菌含肝糖粒。

4.2.1.4 染色反应

常用于微生物鉴定的染色法为革兰染色法（Gram stain procedure）。

革兰染色法是1884年由丹麦病理学家 C. Gram 所创立的。革兰染色法可将所有的细菌区分为革兰阳性菌（G$^+$）和革兰阴性菌（G$^-$）两大类，是细菌学上最常用的鉴别染色法。

其染色步骤如下。

① 在无菌操作条件下，用接种环挑取少量细菌于干净的载玻片上涂布均匀，固定。

② 用草酸铵结晶紫染色 1min，水洗去掉浮色。

③ 用碘-碘化钾溶液媒染 1min，倾去多余碘液。

④ 用中性脱色剂如 95％乙醇或丙酮酸脱色 20～25s，水洗（革兰阳性菌不被褪色而呈紫色，革兰阴性菌被褪色而呈无色）。

⑤ 用番红染液复染 1min，水洗（革兰阳性菌仍呈紫色，革兰阴性菌则呈现红色。革兰阳性菌和革兰阴性菌即被区别开）。

⑥ 将染好的涂片放空气中晾干或者用吸水纸吸干。

⑦ 先用低倍，再用高倍，最后用油镜镜检。

该染色法之所以能将细菌分为 G$^+$菌和 G$^-$菌，是因为这两类菌的细胞壁结构和成分的不同所决定的（见表 4-1）。G$^-$菌的细胞壁中含有较多易被乙醇溶解的类脂质，而且肽聚糖层较薄、交联度低，故用乙醇或丙酮脱色时溶解了类脂质，增加了细胞壁的通透性，使初染的结晶紫和碘的复合物易于渗出，因而细菌就被脱色，再经番红复染后就成红色。G$^+$菌细胞壁中肽聚糖层厚且交联度高，类脂质含量少，经脱色剂处理后反而使肽聚糖层的孔径缩小，通透性降低，因此细菌仍保留初染时的颜色。

表 4-1 革兰阳性菌与革兰阴性菌细胞壁结构的比较

特征	革兰阳性菌	革兰阴性菌
强度	较坚韧	较疏松
厚度	厚,20～80nm	薄,5～10nm
肽聚糖层数	多,可达 50 层	少,1～3 层
肽聚糖含量	多,可占胞壁干重 50％～80％	少,占胞壁干重 10％～20％
磷壁酸	＋	－
外膜	－	＋
结构	三维空间（立体结构）	二维空间（平面结构）

利用电子显微镜观察微生物形态结构时，应事先对样品进行预处理。如利用扫描电镜观察颗粒污泥样品中的微生物时的预处理如下。

① 取样与清洗：在所需要的不同的反应阶段，从反应器中取出数颗好氧颗粒污泥，放入 5mL 的离心管中，用去离子水清洗数次，弃去上清液。

② 固定：把清洗好的颗粒污泥加 2.5％、pH 为 6.8 的戊二醛溶液并淹没样品，并置于 4℃冰箱中固定 2～12h。

③ 冲洗：固定好的好氧颗粒污泥，用 0.1mol/L、pH 6.8 的磷酸缓冲溶液冲洗 3 次，每次 10 分钟。

④ 脱水：采用梯度乙醇脱水，将冲洗好的样品依次置于系列浓度 50％、70％、80％、90％的乙醇进行脱水，每次 30min，再用 100％的乙醇脱水 2 次，每次 15min。

⑤ 置换：用乙醇/叔丁醇为 1∶1 的溶液及叔丁醇各置换一次，每次 15min。

⑥ 干燥：将置换后的样品置入－80℃低温冰箱中干燥 12h。

⑦ 黏样与喷金：用导电胶把颗粒样品黏附在铝制托盘上，然后用离子溅射镀膜仪在样品表面镀上一层金属膜。

⑧ 观测：将处理好的待测样品置于扫描电镜下观察。如图 4-14 所示。

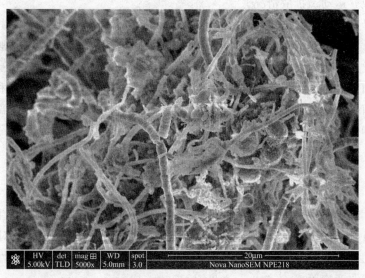

图 4-14 颗粒污泥样品中微生物的扫描电镜照片

4.2.2 微生物的培养特征

细菌在固体培养基上的培养特征就是菌落特征。所谓菌落（colony）是由一个细菌繁殖起来的，由无数细菌组成具有一定形态特征的细菌集团（见图 4-15）。不同种的细菌菌落特征是不同的，包括其形态、大小、光泽度、颜色、质地柔软程度、透明度、隆起形状、边缘特征及迁移性等（见图 4-16）。菌落的特征是微生物分类鉴定的依据。

例如，肺炎链球菌具有荚膜，表面光滑、湿润、黏稠，称为光滑型菌落；枯草芽孢杆菌不具荚膜，它的菌落为表面干燥、皱褶、平坦，称为粗糙型菌落；梭状芽孢杆菌的细胞是链状的，其菌落表面粗糙，边缘有毛状凸起并卷曲。

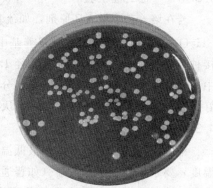

图 4-15 微生物的菌落

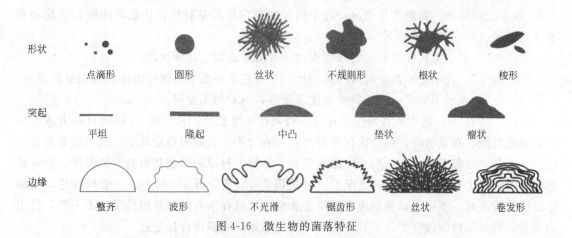

图 4-16 微生物的菌落特征

细菌在液体培养中的表面生长情况（菌膜、环）由浑浊度及沉淀等体现。半固体培养基穿刺接种用以观察运动、扩散情况。

大多数酵母菌没有丝状体，在固体培养基上形成的菌落和细菌的菌落很相似，只是比细菌菌落大且厚。液体培养也和细菌相似，有均匀生长、沉淀或在液面形成菌膜。霉菌有分支的丝状体，菌丝粗长，在条件适宜的培养基里，菌丝无限伸长沿培养基表面蔓延。霉菌的基内菌丝、气生菌丝和孢子丝都常带有不同颜色，因而菌落边缘和中心、正面和背面颜色常常不同，如青霉菌孢子青绿色，气生菌丝无色，基内菌丝褐色。霉菌在固体培养表面形成絮状、绒毛状和蜘蛛网状菌落。

4.3　微生物的生理生化鉴定

微生物的生理生化鉴定常用来鉴别一些在形态和其他方面不易区别的微生物，是微生物分类鉴定中的重要依据之一。微生物生理生化特性包括：①营养类型；②对氮源的利用能力；③对碳源的利用能力；④需氧性；⑤对温度的适应性；⑥对 pH 的适应性；⑦对渗透压的适应性；⑧代谢产物等。

微生物检验中常用的生化反应有以下几种。

4.3.1　微生物生长条件的测定

4.3.1.1　需氧性试验

若在培养基中加入还原剂，如巯基醋酸钠（$C_2H_3NaO_2S$）和甲醛次硫酸钠（$NaHSO_2 \cdot CH_2O \cdot 2H_2O$）等，以除去培养基中的氧气或氧化型物质，使厌氧菌能在有氧情况下生长。接种与观察结果：用 1 小环（外径 1.5mm 的接种环）的肉汤菌液，穿刺接种到上述培养基中，必须穿刺到管底。30℃培养，分别在 3～7d 观察结果。如细菌在琼脂柱表面上生长者为好氧菌，如沿着穿刺线上生长者为厌氧菌或兼性厌氧菌。

4.3.1.2　生长温度的测定

细菌生长的最高、最适和最低温度，常常是某些细菌鉴定的特征之一。测定细菌的生长温度，要求培养液十分清晰（如普通肉汤培养液），并采用液体菌种直针接种（不用接种环接种）放置于恒温水浴培养。指示温度计应放在同一试管和培养基内，在指定温度下培养 2～5d，观察生长情况。在接近 0℃ 环境中低温培养，则观察时间可延长至 7～10d，甚至 30d。观察记录结果：目测生长情况，与未接种的空白培养基对比，注意浑浊度、沉淀物和悬浮物等项，并分级记录如下。

①"＋"：表示生长良好；与对照管相比，可清楚地判定是浑浊的。

②"＋－"：表示生长差；与对照管相比，只有在某一观察角度时方能看到明显的浑浊。

③"－"：表示不生长；在适宜的角度下观察，与对照无差异。

总之，培养 5d，能生长者均按生长计，否则按不生长计，凡培养 5d 仍属可疑者或不生长者必须重测，在重测时，可能出现有时生长、有时不生长的不稳定现象，这可能有两种原因：一种是水浴温度不稳定，培养时温度波动大；另一种原因可能是所测定的温度，恰好是测定菌的临界生长温度，在这种情况下，可用提高 1℃ 或降低 1℃ 的办法。必须注意，当测定的试管较多时，不可将试管捆成一捆浸于水浴中，这样捆着的试管内外温度不一致，易出现误差。最好用特制试管架放试管，所用温度计应用标准温度计标定过。

4.3.1.3　形成芽孢的培养基

形成芽孢是芽孢杆菌的关键性特征，但不是所有的芽孢杆菌都能在任何条件下形成芽孢。在鉴定细菌时，为了确定是否属芽孢菌，需要对那些在一般条件下不形成芽孢的细菌，采用生孢子培养基培养来确定是否能形成芽孢。

4.3.1.4　厌氧硝酸盐产气

在厌氧情况下，有些好氧细菌，能以硝酸盐代替分子氧作为受氢体，进行厌氧呼吸，将硝酸盐还原为气态氮，即为土壤中的反硝化作用。某些芽孢杆菌、假单胞菌及产碱菌等属的细菌具有此反应。试验方法：以斜面菌种用接种环接种后，用凡士林油（凡士林和液体石蜡为1：1）封管，封油的高度约1cm。必须同时接种不含有硝酸钾的肉汤培养液作对照。观察结果：培养2～7d，观察在含有硝酸钾的培养基中是否菌体生长和产生气泡。如有气泡产生，表示反硝化作用产生氮气，为阳性反应。但如不含硝酸钾的对照培养基也可产生气泡，则只能按可疑或阴性处理。

4.3.1.5　耐盐性试验

本试验是观察渗透压对细菌生长的影响。由于不同菌类耐盐性不同，故常以此作为鉴别特征。一般可根据不同种类的菌株，选择其适合生长的培养基，在其中加入不同量的NaCl，接种后观察其生长与否，以判断其耐盐性。以肉汤培养液根据鉴定需要，配成不同浓度的NaCl，如2%，3.5%，5%，7%，10%等。培养基要求十分澄清，接种时应采用幼龄菌液，直针接种，适温培养3～7d，与未接种的对照管对比，目测生长情况。

4.3.2　微生物酶的测定

4.3.2.1　尿素酶（urease）试验

一些细菌能产生尿素酶，将尿素分解成2个分子的氨，使培养基变为碱性，酚红呈粉红色。尿素酶不是诱导酶，因为不论底物尿素是否存在，细菌均能合成此酶。其活性最适pH为7.0。试验方法：挑取18～24h待试菌培养物大量接种于液体培养基管中，摇匀，于(36±1)℃培养10min、60min和120min，分别观察结果。或涂布并穿刺接种于琼脂斜面，不要到达底部，留底部作变色对照。培养2h、4h和24h分别观察结果，如阴性应继续培养至4d，作最终判定，变为粉红色为阳性。

4.3.2.2　氧化酶（oxidase）试验

氧化酶亦即细胞色素氧化酶，为细胞色素呼吸酶系统的终末呼吸酶，氧化酶先使细胞色素c氧化，然后此氧化型细胞色素c再对苯二胺氧化，产生颜色反应。试验方法：在琼脂斜面培养物上或血琼脂平板菌落上滴加试剂1～2滴，阳性者Kovacs试剂呈粉红色-深紫色，Ewing改进试剂呈蓝色。阴性者无颜色改变。应在数分钟内判定试验结果。

注意事项如下。

① 盐酸对苯二甲胺（俗称盐酸二甲基对苯撑二胺）溶液容易氧化，溶液应装在棕色瓶中，并在冰箱内保存，如溶液变为红褐色，即不宜使用。

② 铁、镍铬丝等金属可催化对苯二甲胺呈红色反应，若用它来挑取菌苔，会出现假阳性，故必须用白金丝或玻璃棒（或牙签）来挑取菌苔。

③ 在滤纸上滴加试剂，以刚刚打湿滤纸为宜，如滤纸过湿，会妨碍空气与菌苔接触，从而延长了反应时间，造成假阴性。

4.3.2.3　过氧化氢酶（catalase）的测定

过氧化氢酶又称接触酶，能催化过氧化氢分解水和氧。

① 试剂：3%～10%过氧化氢（H_2O_2）。

② 菌种培养：将测试菌种接种于合适的培养基斜面上，适温培养 18～24h。

③ 试验方法：取一干净的载玻片，在上面滴 1 滴 3%～10% 的 H_2O_2，挑取 1 环培养 18～24h 的菌苔，在 H_2O_2 溶液中涂抹，若有气泡（氧气）出现，则为过氧化氢酶阳性，无气泡者为阴性。也可将过氧化氢溶液直接加入斜面上，观察气泡的产生。

④ 注意事项：过氧化氢酶是一种以正铁血红素作为辅基的酶，所以测试菌所生长的培养基不可含有血红素或红细胞。

4.3.2.4　氨基酸脱羧酶（amino acid decarboxylase）的测定

有些细菌含有氨基酸脱羧酶，使羧基释出，生成胺类和二氧化碳。此反应在偏酸的条件下进行。当培养基含胺类时呈碱性反应，使指示剂变色。接种与观察结果：用幼龄培养液作为菌种，直接接种。接种后封油，对照管与测定管同时接种封油。肠杆菌科的细菌于 37℃ 培养 4d 观察。当指示剂呈紫色或带红色调的紫色者为阳性，呈黄色者为阴性。对照管应呈黄色反应。

4.3.2.5　β-半乳糖苷酶（ONPG）的测定

本试验应用于肠肝菌科的鉴定。测定步骤如下。

① 将测定菌接种于 TSI 斜面上，37℃ 培养 18h（或其他最适温度）。

② 挑取 1 大环菌苔接入约 0.25mL 的生理盐水中制成菌悬液，每管加 1 滴甲苯，摇匀（有助于酶的释放），于 37℃ 放置 5min。

③ 在菌悬液中加入 0.25mL 的 0.75mol/L ONPG，测定管置于 37℃ 水浴培养。经 30min、1h、2h、3h、…、24h 进行观察，如有黄色者则为阳性。

4.3.2.6　淀粉水解试验

某些细菌可以产生分解淀粉的酶，把淀粉水解为麦芽糖或葡萄糖。淀粉水解后，遇碘不再变蓝色。试验方法：以 18～24h 的纯培养物，涂布接种于淀粉琼脂斜面或平板（一个平板可分区接种，试验数种培养物）或直接移种于淀粉肉汤中，于（36±1）℃ 培养 24～48h，或于 20℃ 培养 5d。然后将碘试剂直接滴浸于培养表面，若为液体培养物，则加数滴碘试剂于试管中。立即检视结果，阳性反应（淀粉被分解）为琼脂培养基呈深蓝色，菌落或培养物周围出现无色透明环，或肉汤颜色无变化。阴性反应则无透明环或肉汤呈深蓝色。淀粉水解系逐步进行的过程，因而试验结果与菌种产生淀粉酶的能力、培养时间、培养基含有淀粉量和 pH 等均有一定关系。培养基 pH 必须为中性或微酸性，以 pH 7.2 最适。淀粉琼脂平板不宜保存于冰箱，因而以临用时制备为妥。

4.3.3　微生物糖代谢的测定

4.3.3.1　甲基红（Methyl Red）试验

肠杆菌科各菌属都能发酵葡萄糖，在分解葡萄糖过程中产生丙酮酸，进一步分解中，由于糖代谢的途径不同，可产生乳酸、琥珀酸、醋酸和甲酸等大量酸性产物，可使培养基 pH 值下降至 4.5 以下，使甲基红指示剂变红。如产气杆菌进行混合酸发酵产生中性的乙酰甲基甲醇；而大肠杆菌的混合酸发酵产生酸，使培养液 pH 下降至 4.2 或更低。在两者的培养液中加入甲基红，则大肠杆菌的培养液呈红色，为甲基红反应阳性；产气杆菌的培养液呈橙黄色，为甲基红反应阴性。

试验方法：挑取新的待试纯培养物少许，接种于 MR-VP 生化鉴定管，于 36 通用培养基，于 30℃ 培养 3~5d，从第二天起，每日取培养液 1mL，加甲基红指示剂 1~2 滴，阳性呈鲜红色，弱阳性呈淡红色，阴性为黄色。迄至发现阳性或至第 5d 仍为阴性，即可判定结果。甲基红为酸性指示剂，pH 范围为 4.4~6.0，其 pK 值为 5.0。故在 pH 5.0 以下，随酸度而增强黄色，在 pH 5.0 以上，则随碱度而增强黄色，在 pH 5.0 或上下接近时，可能变色不够明显，此时应延长培养时间，重复试验。

4.3.3.2 V-P 试验（O′Meara 法）

某些细菌能分解葡萄糖蛋白胨培养基中的葡萄糖产生丙酮酸，丙酮酸缩合，脱羧成乙酰甲基甲醇，后者在强碱环境下，被空气中氧氧化为二乙酰，二乙酰与蛋白胨中的胍基生成红色化合物，称 V-P（＋）反应。V-P 试验一般用于肠杆菌科各菌属的鉴别。如产气杆菌 V-P 试验呈阳性，大肠杆菌 V-P 试验呈阴性。在用于芽孢杆菌和葡萄球菌等其他细菌时，通用培养基中的磷酸盐可阻碍乙酰甲基醇的产生，故应省去或以氯化钠代替。

试验方法：将试验菌接种于通用培养基，于（36±1）℃ 培养 48h，培养液 1mL 加 O′Meara 试剂（加有 0.3% 肌酸或肌酸酐的 40% 氢氧化钠水溶液）1mL，摇动试管 1~2min，静置于室温或（36±1）℃ 恒温箱，若 4h 内不呈现伊红，即判定为阴性。亦可在 48~50℃ 水浴放置 2h 后判定结果。

4.3.3.3 含碳化合物的利用

细菌能否利用某些含碳化合物作为唯一碳源，反映该菌是否产生代谢这种化合物的有关酶系，因而作为鉴定依据。测定的基础培养基糖含量为 1%，醇类酚类等含量为 0.1%~0.2%，氨基酸含量为 0.5%。有些细菌还可适当补加各种维生素。可用于测定的底物种类很多，有单糖、双糖、糖醇、脂肪酸、羟基酸及其他有机酸、醇、各种氨基酸类胺类以及碳氢化合物等。因碳氢化合物不溶于水，可在液体培养基中振荡培养，或加入到 45℃ 的固体培养基中，振荡后立即倒成平板。有些底物不宜用高压灭菌，可用过滤法灭菌后加入已灭菌的基础培养基中，某些醇类和酚类不必灭菌。接种和观察结果：菌种最好做成悬液，避免带入少量碳源干扰试验结果。平板培养用接种环点种，液体培养则用直针接种。每一测定菌必须接种未加碳水化合物的空白基础培养基作对照。适温培养 2d、5d、7d 后观察，凡测定菌在有碳水化合物的培养基中生长情况明显超过空白培养基的生长量为阳性，否则为阴性。假若两种培养基上生长情况差别不明显，在同一培养基上连续移种 3 次，如差别仍不明显则以阴性论。

4.3.3.4 葡萄糖的氧化发酵试验

在细菌鉴定中，糖类发酵产酸是一项重要依据。细菌对糖类的利用有两种类型：一种是从糖类发酵产酸，不需要以分子氧为最终受氢体，称发酵型产酸；另一种则以分子氧作为最终受氢体，称氧化型产酸。前者包括的菌种类型为多数，氧化型产酸量较少。所产生的酸常常被培养基中的蛋白胨分解时所产生的胺所中和，而不表现产酸。为此，Hugh 和 Leifson 提出一种含有低有机氮的培养基，用以鉴定细菌从糖类产酸是属氧化型产酸还是发酵型产酸。这一试验广泛用于细菌鉴定。一般用葡萄糖作为糖类代表。也可利用这一基础培养基来测定细菌从其他糖类或醇类产酸的能力。

① 接种：以 18~24h 的幼龄菌种，穿刺接种在上述培养基中，每株菌接 4 管，其中 2 管用油封盖（凡士林：液体石蜡＝1：1 混合后灭菌），约加 0.5~1cm 厚，以隔绝空气为闭管。另 2 管不封油为开管，同时还要有不接种的闭管作对照。适温培养 1d、2d、4d、7d 观察结果。

② 结果观察：氧化型产酸仅开管产酸，氧化作用弱的菌株往往先在上部产碱（1～2d），后来才稍变酸。发酵型产酸则开管及闭管均产酸，如产气，则在琼脂柱内产生气泡。

4.3.3.5 糖或醇类发酵试验

不同微生物分解利用糖类的能力有很大差异，或能利用，或不能利用，能利用者，或产气，或不产气。可用指示剂及发酵管检验。试验方法：用接种针或环移取纯培养物少许，接种于发酵液体培养基管，若为半固体培养基，则用接种针作穿刺接种。接种后置（36±1.0）℃培养，每天观察结果，检视培养基颜色有无改变（产酸），小导管中有无气泡，微小气泡亦为产气阳性，若为半固体培养基则检视沿穿刺线和管壁及管底有无微小气泡，有时还可看出接种菌有无动力，若有动力，培养物可呈弥散生长。本试验主要是检查细菌对各种糖、醇和糖苷等的发酵能力，从而进行各种细菌的鉴别，因而每次试验常需同时接种多管。一般常用的指示剂为酚红、溴甲酚紫、溴百里蓝和 An-drade 指示剂。注：对于糖醇类发酵现在一般用糖、醇类细菌微量生化鉴定管在 36℃、18～24h 即可出结果。

4.3.4 微生物其他代谢的测定

4.3.4.1 硝酸盐（nitrate）还原试验

有些细菌具有还原硝酸盐的能力，可将硝酸盐还原为亚硝酸盐、氨或氮气等。亚硝酸盐的存在可用硝酸试剂检验。试验方法：临试前将试剂 A（磺胺酸冰醋酸溶液）和 B（α-萘胺乙醇溶液）试液各 0.2mL 等量混合，取混合试剂约 0.1mL，加于液体培养物或琼脂斜面培养物表面，立即或于 10 分钟内呈现红色即为试验阳性，若无红色出现则为阴性。用 α-萘胺进行试验时，阳性红色消退很快，故加入后应立即判定结果。进行试验时必须有未接种的培养基管作为阴性对照。α-萘胺具有致癌性，故使用时应加注意。

4.3.4.2 硫化氢（H_2S）试验

有些细菌可分解培养基中含硫氨基酸或含硫化合物，而产生硫化氢气体，硫化氢遇铅盐或低铁盐可生成黑色沉淀物。试验方法：在含有硫代硫酸钠等指示剂的培养基中，沿管壁穿刺接种，于（36±1）℃培养 24～28h，培养基呈黑色为阳性。阴性应继续培养至 6d。也可用醋酸铅纸条法：将待试菌接种于一般营养肉汤，再将醋酸铅纸条悬挂于培养基上空，以不会被溅湿为适度；用管塞压住置（36±1）℃培养 1～6d。纸条变黑为阳性。

4.3.4.3 柠檬酸盐或丙酸盐的利用

某些细菌能利用柠檬酸盐或丙酸盐作为碳源，及磷酸胺作为氮源，将柠檬酸分解为二氧化碳，则培养基中由于有游离钠离子存在而呈碱性。接种与观察结果：取幼龄菌种接种于斜面上，适温培养 3～7d，培养基呈碱性（蓝色）者为阳性反应，不变者则为阴性。

4.3.4.4 葡萄糖酸盐的氧化

假单胞菌属和肠道杆菌科的细菌，可氧化葡萄糖酸为 2-酮基葡萄糖酸。葡萄糖酸无还原性基团，氧化后形成酮基，可将斐林试剂呈蓝色的铜盐还原为砖红色的 Cu_2O 沉淀。

试验方法：用 pH 7.2 的磷酸缓冲液配制成含 1% 葡萄糖酸盐（可用葡萄糖酸钠或葡萄糖酸钙）的溶液。分装试管，每管 2mL。刮取适温培养 18～24h 的菌苔至 2mL 的葡萄糖酸盐溶液中制成浓的菌悬液，置 30℃ 过夜，然后每管加入 0.5mL 的斐林试剂，放在沸水浴中加热 10 分钟，试管中液体由蓝色变为黄绿、绿橙色或出现红色沉淀者为阳性反应，如溶液不变色者为阴性。

4.3.4.5 氰化钾（KCN）试验

氰化钾是呼吸链末端抑制剂。能否在含有氰化钾的培养基中生长，是鉴别肠杆菌科各属特征的常用方法之一。接种和观察结果：将幼龄菌种接种于加氰化钾的测定培养基和未加氰化钾的空白培养基中，适温培养 1～2d，观察生长情况。能在测定培养基上生长者，表示氰化钾对测定菌无毒害作用，为阳性。若在测定培养基和空白培养基上均不生长，表示空白培养基的营养成分不适于测定菌的生长，必须选用其他合适的培养基。而测定菌在空白培养基上能生长，在含氰化钾的测定培养基上不生长，为阴性结果。应该注意：氰化钾是剧毒药品，操作时必须小心。培养基用毕，每管加几粒硫酸亚铁和 0.5mL 20% KOH 以解毒，然后清洗。

以上是微生物学常用的生理生化试验，值得强调的是，由于不少生理生化特征是染色体外遗传因子编码的，加上影响生理生化特征表达的因素比较复杂，所以根据生理生化特征来判断亲缘关系进行系统分类时，必须与其他特征特别是基因型特征综合分析，否则就可能导致错误的结论。

4.4　微生物的分子生物学鉴定

传统的微生物分类和鉴定方法主要是以微生物的形态学和生理生化试验等特性为依据，繁琐且费时。近年分子生物学的发展，为微生物的分类鉴定工作提供了较简便准确的方法。分子生物学方法一部分用到 PCR 扩增，例如变性和温度梯度凝胶电泳、单链构建多态性、限制性片段长度多态性、自动核糖体间隔基因分析等。一些不依赖 PCR 的方法也得到广泛的应用，如荧光原位杂交、DNA 联合分析等。目前较常使用的方法有以上几种。

4.4.1　DNA 中（G+C）摩尔分数分析

DNA 中的（G+C）摩尔分数＝（G+C）/（A+T+G+C）%。该比值的变化范围很大，原核生物变化范围是 20%～78%，真核生物的变化范围为 30%～60%。但每一个微生物种的 DNA 中（G+C）摩尔分数的数值是恒定的，不会随着环境条件、培养条件等的变化而变化，而且在同一个属不同种之间，DNA 中（G+C）摩尔分数的数值不会差异太大，可以某个数值为中心成簇分布，显示同属微生物种的（G+C）摩尔分数范围。DNA 中（G+C）摩尔分数分析主要用于区分细菌的属和种，因为细菌 DNA 中（G+C）含量的变化范围一般在 25%～75%；而放线菌 DNA 中的（G+C）比例范围非常窄，范围为 37%～51%。

大量生物 DNA 碱基组成的测定结果表明：①亲缘关系密切而表型又高度相似的微生物应该具有相似的 DNA 碱基比；不同微生物之间的 DNA 碱基比则差别很大，表明它们之间亲缘关系疏远。②DNA 碱基比相同或相似的微生物并不一定表明它们之间的亲缘关系就一定相近，这是因为 DNA 碱基比只是指 DNA 中 4 种碱基的含量，并未反映出碱基在 DNA 分子中的排列顺序。③一般认为，DNA 碱基比相差超过 5% 就不可能是属于同一个种，DNA 碱基比相差超过 10% 可认为是不同属。

DNA 碱基比可用化学方法或物理方法测定。目前比较常用的是物理方法，尤其是热变性温度法。该法是用紫外分光光度计测定 DNA 的熔解温度（T_m）。其基本原理是：首先将 DNA 溶于一定离子强度的溶液中，然后加热。当温度升到一定的数值时，两条核苷酸单链之间的氢键开始逐渐被打开（DNA 开始变性）分离，从而使 DNA 溶液紫外吸收明显增加；当温度高达一定值时，DNA 完全分离成单链，此后继续升温，DNA 溶液的紫外吸收也不再增加。DNA 的热变性过程（即增色效应的出现）是在一个狭窄的温度范围内发生的，紫外吸收增加的中点值所对应的温度称为该 DNA 的热变性温度或熔解温度。在 DNA 分子中，GC 碱基对之间有 3 个氢键，而 AT 碱基对只有 2 个氢键。因此，若细菌的 DNA 分子（G+C）

含量高，其双链的结合就比较牢固，使其分离成单链则需较高的温度。在一定离子浓度和一定 pH 的盐溶液中，DNA 的 T_m 值与 DNA 的（G＋C）含量成正比。因此，只要用紫外分光光度计测出一种 DNA 分子的 T_m 值，就可以计算出该 DNA 的（G＋C）含量。

4.4.2　核酸杂交

DNA 碱基比相同或相近的微生物，其亲缘关系并不一定相近。这是因为 DNA 碱基比的相同或相近并不反映碱基对的排列顺序相同或相近，而微生物间的亲缘关系主要取决于它们碱基对的排列顺序的相同程度。因此，要确定它们之间的亲缘关系就要进行核酸的分子杂交试验，以比较它们之间碱基对序列的相同程度。核酸的分子杂交试验在微生物分类鉴定中的应用主要包括 DNA-DNA 分子杂交和 DNA-rRNA 分子杂交等方法。

4.4.2.1　DNA-DNA 分子杂交

DNA 杂交法的基本原理是利用 DNA 双链解离成单链（变性）、单链结合成双链（复性）、碱基配对的专一性，将不同来源的 DNA 在体外解链，并在合适的条件下使单链中的互补碱基配对结合成双链 DNA。然后根据能生成双链的情况，测定杂合百分比。如果两条单链 DNA 的碱基顺序全部相同，则它们能生成完整的双链，即杂合率为 100％。如果两条单链 DNA 的碱基序列只有部分相同，则它们能生成的"双链"仅含有局部单链，其杂合率小于 100％。由此，杂合率越高，表示两个 DNA 之间碱基序列的相似性越高，它们之间的亲缘关系也就越近。

核酸的分子杂交的具体测定方法按杂交反应的环境可分为液相杂交和固相杂交两大类，前者在溶液中进行，后者在固体支持物上进行。在细菌分类中，常用固相杂交法进行测定。这种方法的大致做法是：将未标记的各微生物菌株的单链 DNA 预先固定在硝酸纤维素微孔滤膜（或琼脂等）上，再用经同位素标记的参考菌株的单链 DNA 小分子片段在最适复性温度条件下与膜上的 DNA 单链杂交；杂交完毕后，洗去滤膜上未配对结合的带标记的 DNA 片段；然后测定各菌株 DNA 滤膜的放射性强度。以参考菌株自身复性结合的放射性计数值为 100％，即可计算出其他菌株与参考菌株杂交的相对百分数。这些百分数值即分别代表这些菌株与参考菌株的同源性或相似性水平，并以此数值来判断各菌种间的亲缘关系。

如两株大肠埃希菌的 DNA 杂合率可高达 100％，而大肠埃希菌与沙门菌的 DNA 杂合率较低，约有 70％。（G＋C）mol％的测定和 DNA 杂交实验为细菌种和属的分类研究开辟了新的途径，解决了以表观特征为依据所无法解决的一些疑难问题，但对于许多属以上分类单元间的亲缘关系及细菌的进化问题仍不能解决。

4.4.2.2　DNA-rRNA 分子杂交

许多研究表明，当两个菌株的 DNA 配对碱基少于 20％时，DNA-DNA 分子杂交往往不能形成双链，因而限制了 DNA-DNA 分子杂交方法在微生物种以上单元分类中的应用。当两个菌株的 DNA-DNA 杂交率很低或不能杂交时，用 DNA-rRNA 杂交仍可能出现较高的杂交率，因而可以用来进一步比较关系更远的菌株之间的关系，进行属和属以上等级分类单元的分类。DNA-rRNA 杂交和 DNA-DNA 杂交的原理和方法基本相同，都是利用核酸复性的规律。但两种方法也有以下差异。

① DNA 杂交中同位素标记的部分是 DNA，而 DNA 与 rRNA 杂交中同位素标记的部分是 rRNA。

② DNA 杂交结果用同源性百分数表示，而 DNA 与 rRNA 杂交结果用 T_m(e) 和 RNA 结

合数表示。

T_m(e) 值是 DNA 与 rRNA 杂交物解链一半时所需要的温度。RNA 结合数是 100mg DNA 所结合的 rRNA 的毫克数。根据这个参数可以作出 RNA 相似性图。在 rRNA 相似性图上，关系较近的菌就集中到一起。关系较远的菌在图上占据不同的位置。

4.4.3 仪器自动化鉴定

随着仪器分析技术的进步和计算机的广泛应用，微生物菌种鉴定逐渐由传统的形态学观察和人工生理生化实验鉴定发展进入了基于仪器自动化分析的鉴定系统阶段。如 VITEK 系统、MIDl 系统、BIOLOG 系统、SENSITl. TRE 系统、AUTOSCEPTOR 系统以及 MICROSCAN 系统等在应用中取得理想效果。

现以 BIOLOG 微生物鉴定系统为例，简述微生物自动鉴定系统的工作原理：BIOLOG 微生物自动分析系统是美国 Biolog 公司从 1989 年开始推出的一套微生物鉴定系统，该系统主要根据细菌对糖、醇、酸、酯、胺和大分子聚合物等 95 种碳源的利用情况进行鉴定。细菌利用碳源进行呼吸时，会将四唑类氧化还原染色剂（TV）从无色还原成紫色，从而在鉴定微平板（96 孔板）上形成该菌株特征性的反应模式或"指纹图谱"，通过纤维光学读取设备——读数仪来读取颜色变化（分为"自动"和"人工"两种读取方式），由计算机通过概率最大模拟法将该反应模式或"指纹图谱"与数据库相比较，可以在瞬间得到鉴定结果，确定所分析的菌株的属名或种名。如 BIOLOG 系统 6.01 版数据库包含了革兰阴性好氧菌 524 种、革兰阳性好气菌 341 种、厌氧菌 361 种、酵母菌 267 种、丝状真菌（含部分酵母菌）619 种以及几种特殊的致病菌，目前这个数据库已进行更新。利用微生物快速系统进行细菌鉴定，能节省时间，但由于其在数据比对过程中记入一些非特异性的阳性反应孔，会造成偶然误差，从而引起个别鉴定结果不稳定，另外此类仪器本身及其耗材价格均较高。

4.4.4 16S rRNA（16S rDNA）寡核苷酸的序列分析

细菌 rRNA（核糖体 RNA）按沉降系数分为 3 种，分别为 5S rRNA、16S rRNA 和 23S rRNA，其大小分别约为 120 个碱基、1500 个碱基和 3000 个碱基。真核生物与之对应的为 28S rRNA、18S rRNA 和 5.8S rRNA。16S rDNA 参与生物蛋白质的合成过程，其功能是任何生物都必不可少的，而且在生物进化的漫长历程中保持不变，可看作为生物演变的时间钟。其次，在 16S rRNA 分子中，既含有高度保守的序列区域，又有中度保守和高度变化的序列区域，因而它适用于进化距离不同的各类生物亲缘关系的研究。第三，16S rRNA 的相对分子质量大小适中，约 1540 个核苷酸，便于序列分析。因此，它可以作为测量各类生物进化和亲缘关系的良好工具。

细菌 16S rRNA 基因的分离较为简单。从平板中直接挑取一环分离菌株细胞，加入 $100\mu L$ 无菌重蒸 H_2O 中，旋涡混匀后，沸水浴 2min，12000r/min 离心 5min，上清液中即含 16S rRNA 基因，该模板直接用于 PCR 反扩增（参见第 7 章）。

标准的 PCR 应体系如下。

10×扩增缓冲液	10μL
4 种 dNTP 混合物	各 200μmol/L
引物	各 10~100pmol/L
模板 DNA	0.1~2μg
Taq DNA 聚合酶	2.5U

Mg^{2+} 1.5 mmol/L

加双或三蒸水至 $100\mu L$

PCR 反应五要素为：引物、酶、dNTP、模板和 Mg^{2+}。16S rRNA 基因的 PCR 引物：5′-AGAGT TTGAT CCTGG CTCAG-3′；5′-AAGGA GGTGA TCCAG CCGCA-3′。

分离菌株 16S rRNA 基因的 PCR 扩增和序列测定的一般步骤为：反应条件为 95℃预变性 5 分钟，94℃变性 1min，55℃退火 1min，72℃延伸 2min，共进行 30 个循环。反应结束后取 $5\mu L$ 反应液在 10g/L 的琼脂糖凝胶上进行电泳检测。PCR 产物测序可由专门技术公司完成。

除 16S rRNA 外，还可以进行核糖体间隔基因分析（ribosomal intergenic spacer analysis，RISA）和自动核糖体间隔基因分析（automated ribosomal intergenic spacer analysis，ARISA）。

16S～23S rRNA 基因间隔区（Intergenic Spacer Region，ISR）因其具有相当好的保守性和可变性，可应用于种以下水平的分类鉴定，对 16S～23S rRNA 基因的 ISR 进行扩增所用的引物往往是根据 16S rRNA 和 23S rRNA 基因两侧高度保守的区域进行设计的。RISA 技术可以揭示片段长度的不同。长度不同的扩增产物可以通过聚丙烯酰胺凝胶电泳分离然后银染显像。此技术可以准确评估指纹结构群体，每一条带至少代表一个物种。自动核糖体间隔基因分析可以更快、更高效地评估生物群体的多样性。16S～23S 之间区域的 PCR 扩增用的是荧光标记的快速引物，此引物可使自动毛细管电泳的进度得到直观检测。ARISA 中可以分辨的荧光峰的总数代表被分析样品中物种的总体数目，片段的大小也可以与基因库中的数据进行比较，以得到更多生物信息。

此外，广泛用于微生物的鉴定还有酵母 18S rDNA、26S rDNA（D1/D2）序列及丝状真菌的 18S rDNA、ITS1-5.8S rDNA-ITS2 序列。

4.5　微生物数据库检索

分子生物学数据库的应用可分为两个主要方面，即数据查询（database query）及数据搜索（database search）。数据查询也称数据库检索，是指对序列、结构以及各种二次数据库中的注释信息进行关键词匹配查找。如对蛋白质序列数据库 SwissProt 输入关键词 insulin，即可找出该数据库所有胰岛素或与胰岛素有关的序列条目（entry）。据库查询和互联网上通过搜索引擎（search engine）查找所需要的信息是一个概念。数据库搜索是指通过特定的序列相似性比对算法，找出核酸或蛋白质序列数据库中与检测序列具有一定程度相似性的序列。如给定一个胰岛素序列，通过数据库搜索，可以在蛋白质序列数据库 SwissProt 中找出与该检测序列（query sequence）具有一定相似性的序列。

4.5.1　分子生物信息数据库

分子生物信息数据库种类繁多。归纳起来，大体可以分为 4 个大类，即基因组数据库、核酸和蛋白质一级结构序列数据库、生物大分子（主要是蛋白质）三维空间结构数据库、以上述 3 类数据库和文献资料为基础构建的二次数据库。基因组数据库来自基因组作图，序列数据库来自序列测定，结构数据库来自 X-衍射和核磁共振结构测定。这些数据库是分子生物信息学的基本数据资源，通常称为基本数据库、初始数据库，也称一次数据库。根据生命科学不同研究领域的实际需要，对基因组图谱、核酸和蛋白质序列、蛋白质结构以及文献等数据进行分析、整理、归纳、注释，构建具有特殊生物学意义和专门用途的二次数据库，是数据库开发的有效途径。近年来，世界各国的生物学家和计算机科学家合作，已经开发了几百个二次数据库和复合数据库，也称专门数据库、专业数据库、专用数据库。

4.5.1.1 核酸序列数据库

欧洲分子生物学实验室的 EMBL http：//www. embl-heidelberg. de

美国生物技术信息中心的 GenBank http：//www. ncbi. nlm. nih. gov/Genbank/

日本国立遗传研究所的 DDBJ http：//www. ddbj. nig. ac. jp/searches-e. html

4.5.1.2 蛋白质序列数据库

SWISS-PROT 蛋白质序列数据库 http：//www. expasy. ch/sprot/sprot-top. html

PIR 蛋白质序列信息资源库 http：//pir. georgetown. edu/

PROSITE http：//au. expasy. org/prosite/

NCBI 蛋白质数据库 http：//www. ncbi. nlm. nih. gov/entrez

4.5.1.3 蛋白质结构数据库

PDB 蛋白质数据仓库（Protein Data Bank）http：//www. rcsb. org/pdb/

SCOP 蛋白质结构分类数据库（Structural classification of proteins）http：//scop. mrc-lmb. cam. ac. uk/scop/

4.5.2 GenBank 数据库

GenBank 是美国国家生物技术信息中心（National Center for Biotechnology Information，NCBI）建立的 DNA 序列数据库，是世界上的权威序列数据库。GenBank 包含所有已知的核苷酸及蛋白质序列，以及与之相关的生物学信息和参考文献。

GenBank 也是国际核酸序列数据库协作（International Nucleotide Sequence Database Collaboration）的一部分。国际核酸序列数据库协作由以下几个部分组成：日本 DNA 数据库 [DNA Data Bank of Japan（DDBJ）]，欧洲分子生物学实验室 [The European Molecular Biology Laboratory（EMBL）] 和 NCBI 的 GenBank，这三个组织每天都交换数据。

GenBank 每条数据包含对序列的精确描述，序列来源生物的科学名称及树状分类，以及特征数据栏，提供序列的蛋白编码区和具有特殊生物学意义的位点，如转录单位（transcription units）、突变或修饰位点（sites of mutationsor modifications）及重复序列（repeats），还提供特定序列编码的蛋白质序列。参考文献还给出其在 MEDLINE 上的特定标识号。

GenBank 可以与 DNA Star 软件结合使用，进行基因序列分析和比对。

GenBank 中最常用的是序列文件。序列文件的基本单位是序列条目，包括核苷酸碱基排列顺序和注释两部分。

序列文件由单个的序列条目组成。序列条目由字段组成，每个字段由关键字起始，后面为该字段的具体说明。有些字段又分若干次字段，以次关键字或特性表说明符开始。每个序列条目以双斜杠"//"作结束标记。序列条目的格式非常重要，关键字从第一列开始，次关键字从第三列开始，特性表说明符从第五列开始。每个字段可以占一行，也可以占若干行。若一行中写不下时，继续行以空格开始。

序列条目的关键字如表 4-2 所示。

表 4-2 **GenBank** 的主要字段及其含义

字段	含义	解释
LOCUS	identifier	序列代码
ACCESSION	accession number	序列编号
DEFINITION	description	序列定义
KEYWORDS	keywords	关键词
SOURCE	organism(species)	数据来源
ORGANISM	organism(classification)	来源分类
REFERENCE	reference number	参文条目
AUTHORS	reference authors	参文作者
TITLE	reference title	参文题目
JOURNAL	reference location	参文出处
COMMENTS	database cross-reference	交叉索引
MEDLINE	medline number	MEDLINE 号
FEATURES	feature table header data	序列性质表头数据
BASE COUNT		碱基组成
ORIGIN		碱基排列顺序
//	termination line	序列终止标志

4.5.2.1 GenBank 数据记录检索

GenBank 数据可用文本检索系统［基本检索（GenBank、GenBank Updates）、高级检索］、ENTREZ 高级检索系统进行检索。ENTREZ 系统可以用来检索核酸与蛋白质序列、MEDLINE 相关文献或专利（PubMed）、基因组及 MMDB 分子结构模型库信息。

4.5.2.2 GenBank 序列查询

GenBank 最常用的查询是序列局部相似性查询（BLAST），可通过 WWW 途径或 E-mail 途径查询。

4.5.2.3 向 GenBank 提交数据

许多杂志要求在文章发表之前提供相应序列的基因数据库的提交信息（submission of sequence information），因为这样的话，一个序列访问号码（accession number）就可以出现在文章中。NCBI 有一个 WWW 形式的表格叫做 BankIt，它提供了一种快速而简便的序列提交方法。另一种方法是使用 Sequin，NCBI 开发的新的可以独立运行于 MAC、PC Windows 和 UNIX 平台的序列递交软件，可以从 FTP 获得它，使用 Sequin 时，用于直接提交的输出文件可以通过 E-mail（info@ncbi. nlm. nih. gov）发送到 NCBI，也可以将数据文件拷贝到软盘上邮寄给 NCBI。

数据递交后，作者将收到一个数据存取号，表明递交的数据已被接收，此号可作为以后向数据库查询时的凭据，作者可将其列入发表文章中。作者可要求对其递交数据在正式发表前暂不公开，待文章发表后应尽快通知数据库（E-mail：update@ncbi. nlm. nih. gov），否则将延误数据的公开。

任何时候都可以对 GenBank 的纪录进行更新或者修改、添加或删减。作者可通过 BankIt 或 Sequin 的格式，通过一个电子的表格，或者作为 E-mail 的正文，需要更新的序列的 accession number 一定要在主题行（subject line）中给出，E-mail 发送到：update@ncbi. nlm. nih. gov。注意应将数据存取号与修改内容一并通知数据库。

由于三大核酸数据库 GenBank、EMBL、DDBJ 之间每日都互相交换数据，因此作者无论在哪里发表数据，只需要向其中任意一个本人认为最方便的数据库递交数据即可。

4.5.3 微生物数据检索

测序得到的分离菌株 16S rDNA（或 23S rRNA）部分序列一般以 *.f.seq 形式保存，可以用写字板或 Editsequence 软件打开，将所得序列通过 Blast 程序与 GenBank 中核酸数据进行比对分析（http://www.ncbi.nlm.nih.gov/blast），具体步骤如下：点击网站中 Nucleotide BLAST 下 Nucleotide-nucleotide BLAST（blastn）选项，将测序所得序列粘贴在 "search" 网页空白处，或输入测序结果所在文件夹目录，点击核酸比对选项，即 "blast"，然后点击 "format"，计算机自动开始搜索核苷酸数据库中序列并进行序列比较，根据同源性高低列出相近序列及其所属种或属，以及菌株相关信息，从而初步判断 16S rDNA（或 23S rRNA）鉴定结果。

4.5.4 系统发育树构建

研究生物进化和系统分类中，常用一种类似树状分支的图形来概括各种（类）生物之间的亲缘关系，这种树状分支的图形称为系统发育树（phylogenetic tree）。系统发育树的构建可采用 DNAStar 软件包中的 MegAlign 程序计算样本间的遗传距离。由 GenBank 中得到相关菌株的序列，与研究分离菌株所测得序列一起输入 Clustalx 1.8 程序进行 DNA 同源序列排列，并经人工仔细核查。在此基础上，序列输入 Phylip 3.6 软件包，以简约法构建系统发育树。使用 Kimura 2-parameter 法，系统树各分支的置信度经重抽样法（Bootstrap）500 次重复检测，DNA 序列变异中的转换和颠换赋予相同的加权值。

一般来说，Blast 同源性检索结果是按照相似性高低依次排列下来的，靠前的属即为最相似的属，如前 10 个都是同一属，那么所分离菌株一般就是这个属的微生物；再往下的第二个属可以作为外属。在构建系统发育树时不仅要下载分离菌株所在属的同源性序列，还要下载几个和它最相近的其他属的同源性序列。最理想的树建出来的结果是 16S 最相近的菌和所分离菌株在一支上，并且进化距离也最短。

参 考 文 献

[1] 武汉大学．复旦大学生物系微生物教研室编．微生物学．第 2 版．北京：高等教育出版社，1987.

[2] 周德庆．微生物学教程．第 2 版．北京：高等教育出版社，2002.

[3] 俞大绂，李季伦．微生物学．第 2 版．北京：科学出版社，1985.

[4] 黄秀梨．微生物学．第 2 版．北京：高等教育出版社，2003.

[5] 翟中和，王喜忠，丁明孝．细胞生物学．北京：高等教育出版社，2000.

[6] 沈萍．微生物学．北京：高等教育出版社，2000.

[7] 王家玲．环境微生物学．北京：高等教育出版社，2004.

[8] 刘志恒．现代微生物学．北京：科学出版社，2002.

[9] 朱玉贤，李毅．现代分子生物学．第 3 版．北京：高等教育出版社，2002.

[10] 沈萍，范秀容，李广武．微生物学实验．第 3 版．北京：高等教育出版社，1999.

[11] 沈萍．微生物遗传学．武汉：武汉大学出版社，1995.

[12] 盛祖嘉．微生物遗传学．第 3 版．北京：科学出版社，2007.

[13] 陈启民，王金忠，耿运琪．分子生物学．天津：南开大学出版社，2001.

[14] 李阜棣，胡正嘉．微生物学．北京：中国农业出版社，2000.

[15] 周群英，高廷耀．环境工程微生物学．第 2 版．北京：高等教育出版社，2000.

[16] 东秀诛，蔡妙英等．常见细菌系统鉴定手册．北京：科学出版社，2001.

[17] 彭珍荣．现代微生物学．武汉：武汉大学出版社，1995.

［18］　卢振祖．细菌分类学．武汉：武汉大学出版社，1994．

［19］　张昀．生物进化．北京：北京大学出版社，1998．

［20］　李广武，郑从义，唐兵．低温生物学．长沙：湖南科学技术出版社，1998．

［21］　陶文沂．工业微生物生理与遗传育种学．北京：中国轻工业出版社，1997．

［22］　彭珍荣，李广武，陶梅生等．外国生命科学教材研究．第2辑．武汉：武汉大学出版社，1996．

［23］　阎隆飞．分子生物学．北京：中国农业大学出版社，2004．

［24］　郝福英，周先碗，朱玉贤．现代分子生物学．第3版．北京：北京大学出版社，2010．

［25］　Glazer A N，Hikaido H．微生物生物技术．陈守文等译．北京：科学出版社，2002．

［26］　Alexopoulos C J, et al. Introductory Mycology. 4th ed. New York: John Wiley&Sons. Inc. , 1996.

［27］　Black J G. Microbiology: Principles and Explorations. 5th ed. New York: John Wiley&Sons. Inc. , 2002.

［28］　Garrity G M. Bergey's Manual of Systematic Bacteriology. 2nd ed. Vol 1. New York: Springer-Verlag, 2003.

［29］　Holt J G, et al. Bergey's Manual of Determinative Bacteriology. 9th ed. Baltimore: Williams&Wilkins, 1994.

［30］　Ingraham J L, et al. Introduction to Microbiology. 2nd ed. Australia: Brooks/Cole Pub. Co, 2000.

［31］　Jerome J P, et al. Microbial Life. Sunderland: Sinauer Associates, 2002.

［32］　Lily Y Young, Carl E. Cerniglia. Microbial Transformation and Degradation of Toxic Organic Chemicals. New York: Wiley-Liss, Inc. 1995.

［33］　Levett P N. Anaerobic Microbiology: A Practical Approach. Oxford: Oxford University Press, 1991.

［34］　Lederberg J, et al. Encyclopedia of Microbiology. San Diego, CA: Academic Press, Inc. 1992.

［35］　Nicklin J, et al. Instant Notes in Microbiology. Oxford: Bios Scientific Publishers. Limited, 1999.

［36］　Prescott L M, et al. 微生物学．第5版．沈萍，彭珍荣主译．北京：高等教育出版社，2003．

［37］　Pelczar M J. Microbiology. New York: McGraw Hill, 1993.

［38］　Tortora G J. Microbiology: An Introduction. 5th ed. Redwood City, California: The Benjamin/ Cummings, 1995.

5 微生物生长与代谢

生长与繁殖是生物体生命活动的两大重要特征，微生物也不例外。微生物细胞质量增加、体积变大的现象称之为生长。微生物细胞数目增加的现象称之为繁殖。生长与繁殖是在适宜的营养条件下，微生物个体生命延续中交替进行和紧密联系的两个重要阶段。

微生物的生长和繁殖与其所处环境之间存在着密切关系。无论是自然界大环境中，还是人工培养的小环境中，都可观察到由于微生物的生长繁殖而改变其生存的周围环境。同时，变化了的环境反过来又影响微生物的生长与繁殖。掌握微生物生长繁殖与其环境之间相互作用和互为影响的基本规律，不仅为深入了解整个生物界与其所处环境间的复杂的生态关系提供了具有重要科学价值的信息，同时也大大增强了人类对有益微生物的利用和对有害微生物的控制能力。

5.1 微生物的生长和繁殖

微生物个体应具备生长和繁殖的全能性。单细胞微生物如细菌、酵母菌等，一个细胞就是一个个体。在适宜的环境中，一种微生物如大肠杆菌（*E. coli*），从一个个体（细胞）出发，通过生长与繁殖，逐渐形成细胞总生物质量（biomass）与细胞数量相应增加的群体，这种现象与过程称为群体生长。群体生长是微生物个体生长与个体繁殖持续交替进行所导致的结果。因此，群体生长是以微生物的个体生长与繁殖为基础的。

由于微生物个体微小的特殊性，难以针对单个微生物细胞或个体的生长繁殖进行研究，所以通常所说的微生物生长是指群体生长。某一微生物的生长所表现的形态、发育、生理与代谢性能之特点，是该微生物的遗传特性与其所处理化环境相互作用的结果。

5.1.1 微生物的个体生长与繁殖

微生物个体的生长与繁殖因微生物种类的不同而异。以细菌为例讨论如下。

5.1.1.1 细菌的个体生长与繁殖

就大多数原核生物而言，其单个细胞持续生长直至分裂成两个新的细胞，这个过程称为二等分裂，又称为裂殖（fission）。杆状细菌如大肠杆菌在培养过程中，能观察到细胞延长至大约为细胞最小长度的 2 倍时，处于细胞中间部位的细胞膜和细胞壁从四周向内延伸，逐渐形成一个隔膜，直至两个子细胞被分割开，最终分裂形成两个子细胞。细菌完成一个完整生长周期所需的时间随菌种的不同而变化很大。这种变化除了主要由遗传特性决定外，还受营养和环境条件等诸多因子的影响。在适宜的营养条件下，大肠杆菌完成一个周期仅需大约 20 分钟，一些细菌甚至比这更快，但更多的比其要慢。在生长周期中所有细胞组分数量增加，以至每个子细胞都能获得一份完整的染色体和作为一个独立细胞存在所需的其他所有大分子、单体和无机离子的复制体。

分裂时，核 DNA 分别以两条单链为模板复制出一套新双螺旋链，随后形成两个核区。

在两个核区间产生新的双层质膜与壁，将细胞分隔为两个，各含 1 个与亲代相同的核 DNA（见图 5-1）。每经这样 1 个过程为 1 个世代。不同微生物的世代周期亦不相同。

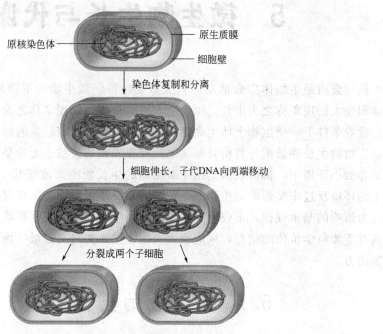

图 5-1　细菌的繁殖

　　杆菌的分裂面与长度垂直，螺菌的分裂面依长度方向进行，球菌的分裂面因种类不同而异。链球菌沿 1 个平面分裂，四联球菌沿两个垂直面分裂，八叠球菌沿 3 个相互垂直面分裂，葡萄球菌分裂面不定。细胞分裂后仍有胞间联丝存在时，便排列为一定方式，如链状、四联、八叠等。

　　细菌分裂产生的两个子细胞的形状、大小一致的，叫同形分裂或对称分裂；两个子细胞的形状、大小不一致的，叫异形分裂或不对称分裂。在幼龄培养中，细菌行同形分裂，在陈旧培养中，偶尔有异形分裂。

5.1.1.2　细菌拟核 DNA 的复制与分离

　　细菌的拟核（nucleoid）是一个环形的双链 DNA 分子，该 DNA 分子也称为细菌染色体（bacterial chromosome）。大肠杆菌在细胞生长过程中，其双链环形 DNA 分子的复制在一个特定的位置上起始，该位置称为复制原点，也称复制起点。复制原点是一约由 300 个碱基组成的特异序列，能够被特异的起始蛋白所识别；DNA 复制从原点开始，向两个相反的方向延伸，最终形成两个子染色体 DNA 分子。随后，细胞分裂形成的两个子代细胞中，分别含有一个遗传信息完整的拟核。

　　根据研究结果推测，细菌染色体 DNA 的复制原点附着在细胞质膜的特定部位，在细胞生长中，随着细胞膜的增长延伸，将两个子 DNA 分子拉向细胞两极，最终完成细胞分裂。大肠杆菌在适宜的生长环境中进行快速生长时，在 DNA 分子上往往出现前一次的复制还未完成，而子 DNA 链上的复制原点又开始了新的复制，因而在 DNA 分子上可出现多个复制叉现象（见图 5-2），导致一个细胞中常常含有多个 DNA 分子，以适应细胞快速生长与繁殖的需要。一般在生长终止的细胞中含有一个拟核 DNA 分子。

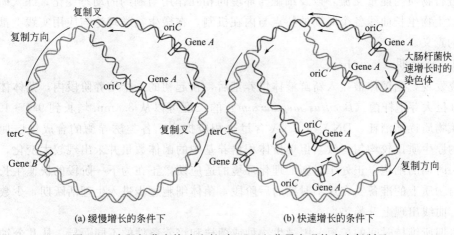

(a) 缓慢增长的条件下　　　　　　　(b) 快速增长的条件下

图 5-2　大肠杆菌在快速生长时，DNA 分子出现的多个复制叉

5.1.2　微生物的群体生长规律

对微生物群体生长的研究表明，微生物的群体生长规律因其种类不同而异，单细胞微生物与多细胞微生物的群体生长表现出不同的生长动力学特性。但就单细胞微生物而言，在特定的环境中，不同种的微生物表现出趋势相近的生长动力学规律。

如将少量细菌纯培养物接种入新鲜的液体培养基，在适宜的条件下培养，定期取样测定单位体积培养基中的菌体（细胞）数，可发现开始时群体生长缓慢，后逐渐加快，进入一个生长速率相对稳定的高速生长阶段，随着培养时间的延长，生长达到一定阶段后，生长速率又表现为逐渐降低的趋势，随后出现一个细胞数目相对稳定的阶段，最后转入细胞衰老死亡期。如用坐标法作图，以培养时间为横坐标，以计数获得的细胞数的对数为纵坐标，可得到一条定量描述液体培养基中微生物生长规律的实验曲线（见图 5-3），该曲线则称为生长曲线（growth curve）。

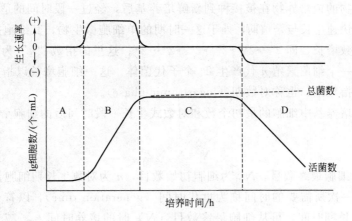

图 5-3　细菌生长曲线

A—延滞期；B—对数期；C—稳定期；D—衰亡期

从图 5-3 可见，细菌生长曲线可划分为四个时期，即：①延滞期；②对数期；③稳定期；④衰亡期。生长曲线表现了细菌细胞及其群体在新的适宜的理化环境中，生长繁殖直至衰老死亡的动力学变化过程。生长曲线各个时期的特点，反映了所培养的细菌细胞与其所处

环境间进行物质与能量交流，以及细胞与环境间相互作用与制约的动态变化。深入研究各种单细胞微生物生长曲线各个时期的特点与内在机制，在微生物学理论与应用实践上都有着十分重大的意义。

5.1.2.1　延滞期（lag phase）

研究发现，当菌体被接入新鲜液体培养基后，在起初的一个培养阶段内，菌体体积增长较快，如巨大芽孢杆菌（*Bacillus megaterium*）的长度可以从 3.4mm 增长到 9.1～19.8mm，胞内贮藏物质逐渐消耗，DNA 与 RNA 含量也相应提高，各类诱导酶的合成量增加，此时细胞内的原生质比较均匀一致，但单位体积培养基中的菌体数量并未出现较大变化，曲线平缓。这一时期的细胞，正处于对新的理化环境的适应期，正在为下一阶段的快速生长与繁殖作生理与物质上的准备。在这个时期的后阶段，菌体细胞逐步进入生理活跃期，少数菌体开始分裂，曲线出现上升趋势。

延滞期所维持时间的长短，因微生物种或菌株和培养条件的不同而异，从几分钟到几小时、几天，甚至几个月不等；如大肠杆菌的延滞期就比分枝杆菌短得多。同一种或菌株，接种用的纯培养物所处的生长发育时期不同，延滞期的长短也不一样。如接种用的菌种都处于生理活跃时期，接种量适当加大，营养和环境条件适宜，延滞期将显著缩短，甚至直接进入对数生长期。

在微生物实际应用过程中，如果有较长的延滞期，则会导致设备利用率的降低、能水耗增加、生产成本上升，最终造成经济效益下降。因此深入了解延滞期的形成机制，可为缩短或延长延滞期提供指导实践的理论基础，对于工农业、医学、环境微生物学及其应用等均有极为重要的意义。

在应用实践中，通常采取用处于快速生长繁殖中的健壮菌种细胞接种、适当增加接种量、采用营养丰富的培养基、培养种子与下一步培养用的两种培养基的营养成分以及培养的其他理化条件尽可能保持一致等措施，可以有效地缩短延滞期。

5.1.2.2　对数期（exponential phase）

单细胞微生物的纯培养物在被接种到新鲜培养基后，经过一段时间的适应，即进入生长速度相对恒定的快速生长与繁殖期，处于这一时期的单细胞微生物，其细胞按 $1 \rightarrow 2 \rightarrow 4 \rightarrow 8 \cdots$ 的方式呈几何级数增长，即 $2^0 \rightarrow 2^1 \rightarrow 2^2 \rightarrow 2^3 \rightarrow 2^4 \cdots 2^n$；这里的指数 "$n$" 为细胞分裂的次数或增殖的代数，一个细菌繁殖 n 代产生 2^n 个子代菌体。这一细胞增长以指数式进行的快速生长繁殖期称为指数期，也称对数期（logarithmic phase）。

由此可见，培养基中细胞的最初个数和对数式生长一段时间后的细胞个数之间存在如下关系：

$$N = N_0 \times 2^n$$

式中，N 为细胞最终数目，N_0 为细胞初始数目，n 为对数生长期细胞繁殖代数。

细胞每分裂一次所需要的时间称为世代时间（generation time），以符号 G 表示，$G = t/n$。t 是对数生长期时间，可从细胞最终数目（N）时的培养时间 t_2，减去细胞初始数目（N_0）时的培养时间 t_1 而求得（见图 5-4）。

根据 n、t，可以算出世代时间 G。

$$G = \frac{t_2 - t_1}{3.322(\lg N - \lg N_0)}$$

在对数生长期中，细胞代谢活性最强，生长最为旺盛。从上式可以看出，在一定时间内菌体细胞分裂次数（n）愈多，世代时间（G）愈短，则分裂速度愈快。此外，还可用生长速率常数（growth rate constant），即每小时分裂次数（R）来描述细胞生长繁殖速率。

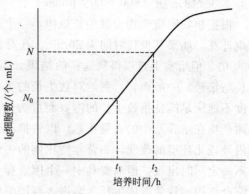

图 5-4　生长曲线的指数期

$$R = \frac{n}{t_2 - t_1} = \frac{3.322(\lg N - \lg N_0)}{t_2 - t_1}$$

从上式可知，R 的倒数（$1/R$）即为世代时间（G）。

处于对数生长期的细胞，由于代谢旺盛，生长迅速，世代时间稳定，个体形态、化学组成和生理特性等均较一致，因此，在微生物实际应用过程中，常用对数期的菌体作种子，它可以缩短延迟期，从而缩短发酵周期，提高经济效益。此外，对数生长期的细胞也是研究微生物生长代谢与遗传调控等生物学基本特性的极好材料。

对数生长期的生长速率受到环境条件（培养基的组成成分、培养温度、pH 值与渗透压等）的影响，也是在特定条件下微生物菌株遗传特性的反映。总的来说，原核微生物细胞的生长速率要快于真核微生物细胞，形态较小的真核微生物要快于形态较大的真核微生物。不同种类的细菌，在同一生长条件下，世代时间不同；同一种细菌，在不同生长条件，世代时间也有差异。但是，在一定条件下，各种细菌的世代时间是相对稳定的。表 5-1 列出了有代表性的微生物的生长世代时间。

表 5-1　某些微生物的生长世代时间

菌名	培养基	温度/℃	世代时间/min
大肠杆菌	肉汤	37	17
荧光假单胞菌	肉汤	37	34～34.5
菜豆火疫病假单胞菌	肉汤	25	150
白菜软腐病欧氏杆菌	肉汤	37	71～94
甘蓝黑腐病黄杆菌	肉汤	25	98
大豆根瘤菌	葡萄糖	25	344～461
枯草杆菌	葡萄糖肉汤	25	26～32
巨大芽孢杆菌	肉汤	30	31
霉状芽孢杆菌	肉汤	37	28
蜡状芽孢杆菌	肉汤	30	18.8
丁酸梭菌	玉米醪	30	51
保加利亚乳酸杆菌	牛乳	37	39～74
肉毒梭菌	葡萄糖肉汤	37	35
乳酸链球菌	牛乳	37	23.5～26
圆褐固氮菌	葡萄糖	25	240
霍乱孤菌	肉汤	37	21～38

5.1.2.3 稳定期 (stationary phase)

根据单细胞微生物指数生长规律,一个细菌如 $E.coli$ 细胞的质量大约只有 10^{-12} g,但不难计算,如果其世代时间为 20min,在对数生长 48h 后,所产生的细胞总量是地球质量的 4000 倍。但事实上难以得到这样的结果。因为在这一时段内,一定存在某些因素抑制菌体生长与繁殖。一般而言,制约对数生长的主要因素有:①培养基中必要营养成分的耗尽或其浓度不能满足维持指数生长的需要而成为生长限制因子 (growth-limited factor);②细胞的代谢产物在培养基中的大量积累,以致抑制菌体生长;③由上述两方面主要因素所造成的细胞内外理化环境的改变,如营养物比例的失调、pH、氧化还原电位的变化等。虽然这些因素不一定同时出现,但只要其中一个因素存在,细胞生长速率就会降低,这些影响生长因子的综合作用,致使群体生长逐渐进入新增细胞与逐步衰老死亡细胞在数量上趋于相对平衡的状态,这就是群体生长的稳定期。

在稳定期,细胞的净数量不会发生较大波动,生长速率常数 (R) 基本上等于零。此时细胞生长缓慢或停止,有的甚至衰亡,但细胞包括能量代谢和一系列其他生化反应的许多功能仍在继续。

处于稳定期的细胞,其胞内开始积累贮藏物质,如肝糖、异染颗粒、脂肪粒等,大多数芽孢细菌也在此阶段形成芽孢。稳定生长期时活菌数达到最高水平,如果为了获得大量活菌体,就应在此阶段收获。在稳定期,代谢产物的积累开始增多,逐渐趋向高峰。某些产抗生素的微生物,在稳定期后期时大量形成抗生素。稳定期的长短与菌种和外界环境条件有关。在实际应用过程中常常通过补料、调节 pH 和温度等措施来延长稳定生长期,以积累更多的代谢产物。

5.1.2.4 衰亡期 (decline phase 或 death phase)

一个达到稳定生长期的微生物群体,由于生长环境的继续恶化和营养物质的短缺,群体中细胞死亡率逐渐上升,以致死亡菌数逐渐超过新生菌数,群体中活菌数下降,曲线下滑。在衰亡期的菌体细胞形状和大小出现异常,呈多形态,或畸形,有的胞内多液泡,有的革兰染色结果发生改变等。许多胞内的代谢产物和胞内酶向外释放。

微生物的生长曲线,反映一种微生物在一定的生活环境中(如试管、摇瓶、发酵罐)生长繁殖和死亡的规律。它既可作为营养物和环境因素对生长繁殖影响的理论研究指标,也可作为调控微生物生长代谢的依据,来指导微生物生产实践。

通过对微生物生长曲线的分析,可得出以下规律:①微生物在对数生长期生长速率最快;②营养物的消耗,代谢产物的积累,以及因此引起的培养条件的变化,是限制培养液中微生物继续快速增殖的主要原因;③用生活力旺盛的对数生长期细胞接种,可以缩短延滞期,加速进入对数生长期;④补充营养物,调节因生长而改变了的环境 pH、氧化还原电位,排除培养环境中的有害代谢产物,可延长对数生长期,提高培养液菌体浓度与有用代谢产物的产量;⑤对数生长期以菌体生长为主,稳定生长期以代谢产物合成与积累为主。根据应用目的的不同,确定在微生物培养的不同时期进行收获。

5.2 微生物生长的影响因素

微生物的生长是微生物与外界环境相互作用的结果。环境条件的改变,在一定的限度内,可使微生物的形态、生理、生长、繁殖等特征引起改变,同时还会使微生物对环境条件的抗性或适应性发生某些改变。当环境条件的变化超过一定极限，则会导致微生物的死亡。本节将讨论环境因子对微生物生长的影响，以及人类凭借环境因子利用和制约微生物的重要措施及其机理。

5.2.1　温度

微生物在一定的温度下生长，温度低于最低限度或高于最高限度时，即停止生长或死亡。就微生物总体而言，其生长温度范围很宽，但各种微生物都有其生长繁殖的最低温度、最适温度、最高温度，称为生长温度三基点。各种微生物也有它们各自的致死温度。

最低生长温度（minimum growth temperature）：微生物能进行生长繁殖的最低温度界限。处于这种温度条件下的微生物生长速率很低，如果低于此温度则生长可完全停止。

最适生长温度（optimum growth temperature）：微生物以最大速率生长繁殖的温度叫最适生长温度。这里要指出的是，微生物的最适生长温度不一定是一切代谢活动的最佳温度。

最高生长温度（maximum growth temperature）：微生物生长繁殖的最高温度界限。在此温度下，微生物细胞易于衰老和死亡。

致死温度（fatal temperature）：若环境温度超过最高温度，便可杀死微生物。这种在一定条件下和一定时间内（例如 10min）杀死微生物的最低温度称为致死温度。在致死温度时杀死该种微生物所需的时间称为致死时间。在致死温度以上，温度愈高，致死时间愈短。用加压蒸汽灭菌法进行培养基灭菌，足以杀死全部微生物，包括耐热性最强的芽孢。各种细菌的芽孢在湿热中的致死温度和致死时间如表 5-2 所示。

表 5-2　各种细菌的芽孢在湿热中的致死温度和致死时间

时间/min　　温度　　菌种	100℃	105℃	110℃	115℃	121℃
炭疽芽孢杆菌	5～10	—	—	—	—
枯草芽孢杆菌	6～17	—	—	—	—
嗜热脂肪芽孢杆菌	—	—	—	—	12
肉毒梭状芽孢杆菌	330	100	32	10	4
破伤风梭状芽孢杆菌	5～15	5～10	—	—	—

根据微生物生长温度范围，通常把微生物分为嗜热型（thermophiles）、嗜温型（mesophiles）和嗜冷型（psychrophiles）三大类，它们的最低、最适、最高生长温度及其范围如表 5-3 所示。

表 5-3　三大类微生物最低、最适、最高生长温度及其范围

温度范围/℃　微生物类型	最低温度		最适温度			最高温度	
	一般	极限	一般	室温菌	体温菌	一般	极限
嗜热型	30	—	45～58	—	—	60～95	105～150
嗜温型	5	—	25～43	25 左右	37 左右	45～50	—
嗜冷型	−10～−5	−30	10～18	—	—	20～30	—

嗜热型微生物的最适生长温度在 45～58℃。温泉、堆肥、厩肥、秸秆堆和土壤都有高温菌存在，它们参与堆肥、厩肥和秸秆堆高温阶段的有机质分解过程。芽孢杆菌和放线菌中多高温性种类，霉菌通常不能在高温中生长发育。

嗜温型微生物的最适生长温度在 25～43℃，其中腐生性微生物的最适温度为 25～30℃，哺乳动物寄生性微生物的最适温度为 37℃左右。

嗜冷型微生物的最适生长温度在 10～18℃，包括水体中的发光细菌、铁细菌及一些常见于寒带冻土、海洋、冷泉、冷水河流、湖泊以及冷藏仓库中的微生物。它们对上述水域中有机质的分解起着重要作用。冷藏食物的腐败往往是这类微生物作用的结果。

微生物在适应温度范围内，随温度逐渐提高，代谢活动加强，生长、增殖加快；超过最适温度后，生长速率逐渐降低，生长周期也延长。微生物生长速率在适宜温度范围内随温度而变化的规律如图 5-5 所示。

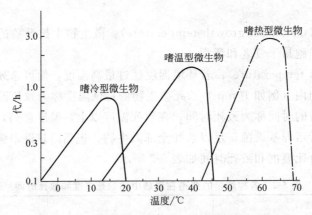

图 5-5　温度对微生物生长速率影响的规律

在适应温度界限以外，过高和过低的温度对微生物的影响不同。高于最高温度界限时，引起微生物原生质胶体的变性以及蛋白质和酶的损伤、变性，失去生活机能的协调、停止生长或出现异常形态，最终导致死亡。因此，高温对微生物具有致死作用。各种微生物对高温的抵抗力不同，同一种微生物又因发育形态和群体数量、环境条件不同而有不同的抗热性。细菌芽孢和真菌的一些孢子和休眠体，比它们的营养细胞的抗热性强得多。大部分不生芽孢的细菌、真菌的菌丝体和酵母菌的营养细胞在液体中加热至 60℃时经数分钟即死亡。但是各种芽孢细菌的芽孢在沸水中数分钟甚至数小时仍能存活。

高温对微生物的致死作用，现已广泛用于消毒灭菌。高温灭菌的方法分为干热与湿热两大类。在同一温度下，湿热灭菌法比干热灭菌法的效果好（参照第 2 章培养基及制备）。

当环境温度低于微生物生长最低温度时，微生物代谢速率降低，进入休眠状态，但原生质结构通常并不破坏，不致很快死亡，能在一个较长时间内保存其生活力，提高温度后，仍可恢复其正常生命活动。在微生物学研究中，常用低温保藏菌种。但有的微生物在冰点以下就会死亡，即使能在低温下生长的微生物，低温处理时，开始也有一部分死亡。主要原因可能是细胞内水分变成冰晶，造成细胞明显脱水，冰晶往往还可造成细胞尤其是细胞膜的物理性损伤。因此，低温具有抑制或杀死微生物生长的作用，故低温是保藏食品最常用的方法。

5.2.2　氢离子浓度（pH）

微生物的生命活动受环境酸碱度的影响较大。每种微生物都有最适宜的 pH 值和一定的

pH 适应范围。大多数细菌、藻类和原生动物的最适宜 pH＝6.5～7.5，在 pH＝4.0～10.0 也能生长。放线菌一般在微碱性，pH＝7.5～8.0 最适宜。酵母菌和霉菌在 pH＝5～6 的酸性环境中较适宜，但可生长的范围在 pH＝1.5～10.0。有些细菌可在很强的酸性或碱性环境中生活，例如有些硝化细菌则能在 pH 11.0 的环境中生活，氧化硫硫杆菌能在 pH＝1.0～2.0 的环境中生活。表 5-4 为一些微生物的最低、最适与最高 pH 值范围。

表 5-4　一些微生物的最低、最适与最高 pH 值范围

微生物	pH 值		
	最低	最适	最高
圆褐固氮菌	4.5	7.4～7.6	9.0
大豆根瘤菌	4.2	6.8～7.0	11.0
亚硝酸细菌	7.0	7.8～8.6	9.4
氧化硫硫杆菌	1.0	2.0～2.8	4.0～6.0
嗜酸乳酸杆菌	4.0～4.6	5.8～6.6	6.8
放线菌	5.0	7.0～8.0	10.0
酵母菌	3.0	5.0～6.0	8.0
黑曲霉	1.5	5.0～6.0	9.0

各种微生物处于最适 pH 范围时酶活性最高，如果其他条件适合，微生物的生长速率也最高。当低于最低 pH 值或超过最高 pH 值时，将抑制微生物生长甚至导致死亡。pH 值影响微生物生长的机制主要有以下几点。

① 氢离子可与细胞质膜上及细胞壁中的酶相互作用，从而影响酶的活性，甚至导致酶的失活。

② pH 值对培养基中有机化合物的离子化有影响，因而也间接地影响微生物。酸性物质在酸性环境下不解离，而呈非离子化状态。非离子化状态的物质比离子化状态的物质更易渗入细胞（见图 5-6）。碱性环境下的情况正好相反，在碱性 pH 值下，它们能离子化，离子化的有机化合物相对不易进入细胞。当这些物质过多地进入细胞，会对生长产生不良影响。

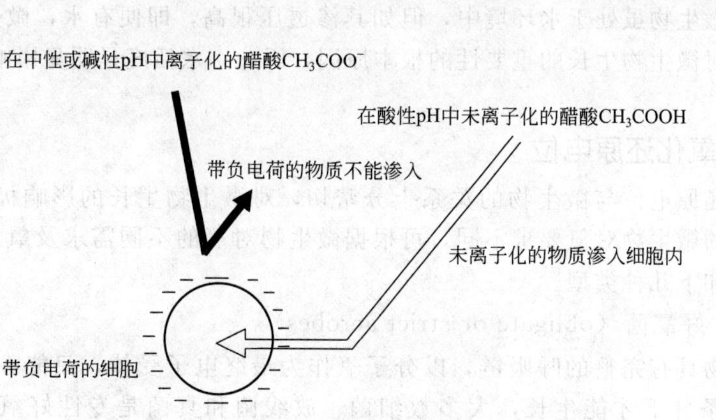

在中性或碱性pH中离子化的醋酸CH₃COO⁻

在酸性pH中未离子化的醋酸CH₃COOH

带负电荷的物质不能渗入

未离子化的物质渗入细胞内

带负电荷的细胞

图 5-6　pH 值对有机酸渗入细胞的影响

③ pH 值还影响营养物质的溶解度。pH 值低时，CO_2 的溶解度降低，Mg^{2+}、Ca^{2+}、Mo^{2+} 等溶解度增加，当达到一定的浓度后，对微生物产生毒害；当 pH 值高时，Fe^{2+}、Ca^{2+}、Mg^{2+} 及 Mn^{2+} 等的溶解度降低，以碳酸盐、磷酸盐或氢氧化物形式生成沉淀，对微

生物生长不利。

微生物在基质中生长，由于代谢作用而引起的物质转化，也能改变基质的氢离子浓度。例如乳酸细菌分解葡萄糖产生乳酸，因而增加了基质中的氢离子浓度，酸化了基质。尿素细菌水解尿素产生氨，碱化了基质。为了维持微生物生长过程中 pH 值的稳定，在配制培养基时，要注意调节培养基的 pH 值，以适合微生物生长的需要。

某些微生物在不同 pH 值的培养液中培养，可以启动不同的代谢途径、积累不同的代谢产物，因此，环境 pH 还可调控微生物的代谢。例如酿酒酵母 (Saccharomyce cerevisiae) 生长的最适 pH 值为 4.5～5.0，并进行乙醇发酵，不产生甘油和醋酸。当 pH 值高于 8.0 时，发酵产物除乙醇外，还有甘油和醋酸。因此，在实际应用过程中，根据不同的目的，采用改变其环境 pH 的方法，以提高目的产物的生产效率。

某些微生物生长繁殖的最适生长 pH 与其合成某种代谢产物的 pH 值不一致。例如丙酮丁醇梭菌 (Clostridium acetobutylicum)，生长繁殖的最适 pH 值是 5.5～7.0，而大量合成丙酮丁醇的最适 pH 值却为 4.3～5.3。

还可利用微生物对 pH 要求的不同，促进有益微生物的生长或控制杂菌污染。

5.2.3　湿度、渗透压与水活度

湿度一般是指环境空气中含水量的多少，有时也泛指物质中所含水分的量。一般的生物细胞含水量在 $70\%～90\%$。湿润的物体表面易长微生物，这是由于湿润的物体表面常有一层薄薄的水膜，微生物细胞实际上就生长在这一水膜中。放线菌和霉菌基内菌丝生长在水溶液或含水量较高的固体基质中，气生菌丝则曝露于空气中，因此，空气湿度对放线菌和霉菌等微生物的代谢活动有明显的影响。如基质含水量不高、空气干燥，胞壁较薄的气生菌丝易失水萎蔫，不利于甚至可终止代谢活动，空气湿度较大则有利于生长。长江流域梅雨季节，物品容易发霉变质，主要原因是空气湿度大（相对湿度在 70% 以上）和温度较高。细菌在空气中的生存和传播也以湿度较大为合适。因此，环境干燥，可使细胞失水而造成代谢停止乃至死亡。人们广泛应用干燥方法保存谷物、纺织品与食品等，其实质就是夺细胞之水，从而防止微生物生长引起的霉腐。

在微生物营养一节中已论及渗透压。必须强调，微生物生长所需要的水分是指微生物可利用之水，如微生物虽处于水环境中，但如其渗透压很高，即便有水，微生物也难于利用。这就是渗透压对微生物生长的重要性的根本原因，因此，水活度是明显影响微生物生长的极为重要因子。

5.2.4　氧和氧化还原电位

氧和氧化还原电位与微生物的关系十分密切，对微生物生长的影响极为明显。研究表明，不同类群的微生物对氧要求不同，可根据微生物对氧的不同需求及氧对微生物的影响，把微生物分成如下几种类型。

5.2.4.1　专性好氧菌 (obligate or strict aerobes)

这类微生物具有完整的呼吸链，以分子氧作为最终电子受体，只能在较高浓度分子氧（>0.2Pa）的条件下才能生长，大多数细菌、放线菌和真菌是专性好氧菌。如醋杆菌属 (Acetobacter)、固氮菌属 (Azotobacter)、铜绿假单胞菌 (Pseudomonas aeruginosa) 等属种为专性好氧菌。

5.2.4.2　兼性厌氧菌 (facultative anaerobes)

兼性厌氧菌也称兼性好氧菌 (facultative aerobes)。这类微生物的适应范围广，在有氧

或无氧的环境中均能生长。一般以有氧生长为主，有氧时靠呼吸产能；兼具厌氧生长能力，无氧时通过发酵或无氧呼吸产能。如大肠杆菌（*E. coli*）、产气肠杆菌（*Enterobacter aerogenes*）等肠杆菌科（Enterobacteriaceae）的成员，地衣芽孢杆菌（*Bacillus lichenifornus*）、酿酒酵母（*Saccharomyces cerevisiae*）等。

5.2.4.3　微好氧菌（microserophilic bacteria）

这类微生物只在非常低的氧分压，即 0.01～0.03Pa 下才能生长（正常大气的氧分压为 0.2Pa）。它们通过呼吸链，以氧为最终电子受体产能。如发酵单胞菌属（*Zymontonas*）、弯曲菌属（*Gampylobacter*）、氢单胞菌属（*Hydrogenomonas*）、霍乱弧菌（*Vibrio cholera*）等属种成员。

5.2.4.4　耐氧菌（aerotolerant anaerobes）

它们的生长不需要氧，但可在分子氧存在的条件下行发酵性厌氧生活，分子氧对它们无用，但也无害，故可称为耐氧性厌氧菌。氧对其无用的原因是它们不具有呼吸链，只通过发酵经底物水平磷酸化获得能量。一般的乳酸菌大多是耐氧菌，如乳酸乳杆菌（*Lactobacillus lactis*）、乳链球菌（*Streptococcus lactis*）、肠膜明串珠菌（*Leuconostoc mesenteroides*）和粪肠球菌（*Enterobacter faecalis*）等。

5.2.4.5　厌氧菌（anaerobes）

分子氧对这类微生物有毒，氧可抑制生长（一般厌氧菌）甚至导致死亡（严格厌氧菌）。因此，它们只能在无氧或氧化还原电位很低的环境中生长。常见的厌氧菌有梭菌属（*Clostridium*）成员，如丙酮丁醇梭菌（*Clostridium acetobutylicum*），双歧杆菌属（*Bifidobacterium*）、拟杆菌属（*Bacteroides*）的成员，着色菌属（*Chromatium*）、硫螺旋菌属（*Thiospirillum*）等属的光合细菌与产甲烷菌（为严格厌氧菌）等。

氧气对厌氧性微生物产生毒害作用的机理主要是厌氧微生物在有氧条件下生长时，会产生有害的超氧基化合物和过氧化氢等代谢产物，这些有毒代谢产物在胞内积累而导致机体死亡。通常微生物在有氧条件下生长时，通过化学反应可以产生超氧基（O_2^-）化合物和过氧化氢，这些代谢产物相互作用可以产生毒性很强的自由基。超氧基化合物与 H_2O_2 可以分别在超氧化物歧化酶（superoxide dismutase，SOD）与过氧化氢酶（catalase）作用下转变成无毒的化合物。

好氧微生物与兼性厌氧细菌细胞内普遍存在着超氧化物歧化酶和过氧化氢酶。而严格厌氧细菌不具备这两种酶，因此严格厌氧微生物在有氧条件下生长时，有毒的代谢产物在胞内积累，引起机体中毒死亡。耐氧性微生物只具有超氧化物歧化酶，而不具有过氧化氢酶，因此在生长过程中产生的超氧基化合物被分解去毒，过氧化氢则通过细胞内某些代谢产物进一步氧化而解毒，这是决定耐氧性微生物在有氧条件下仍可生存的内在机制。

不同的微生物对生长环境的氧化还原电位有不同的要求。环境的氧化还原位（用 E_h 值表示）与氧分压有关，也受 pH 的影响。pH 值低时，氧化还原电位高；pH 值高时，氧化还原电位低。通常以 pH 中性时的值表示。微生物生活的自然环境或培养环境（培养基及其接触的气态环境）的 E_h 值是整个环境中各种氧化还原因素的综合表现。一般说，E_h 值在 +0.1V 以上好氧性微生物均可生长，以 +0.3～+0.4V 时为宜。-0.1V 以下适宜厌氧性微生物生长。不同微生物种类的临界 E_h 值不等。产甲烷细菌生长所要求的 E_h 值一般在 -330mV 以下，是目前所知的对 E_h 值要求最低一类微生物。

培养基的氧化还原电位受诸多因子的影响，首先是分子态氧的影响，其次是培养基中氧化还原物质的影响。例如平板培养是在接触空气的条件下，厌氧性微生物不能生长，但如果培养基中加入足量的强还原性物质（如半胱氨酸、巯基乙醇等），同样接触空气，有些厌氧性微生物还是能生长。这是因为在所加的强还原性物质的影响下，即使环境中有些氧气，培养基的 E_h 值也能下降到这些厌氧性微生物生长的临界 E_h 值以下。另一方面，微生物本身的代谢作用也是影响 E_h 值的重要因素，在培养环境中，微生物代谢消耗氧气并积累一些还原物质，如抗坏血酸、H_2S 或有机硫氢化合物（半胱氨酸、谷胱甘肽、二硫苏糖醇等），导致环境中 E_h 值降低。例如，好氧性化脓链球菌在密闭的液体培养基中生长时，能使培养液的最初氧化还原电位值由 $+0.4V$ 左右逐渐降至 $-0.1V$ 以下，因此，当好氧性微生物与厌氧性微生物生活在一起时，前者能为后者创造有

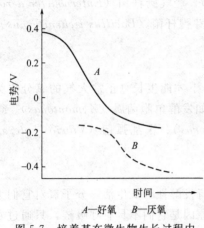

A—好氧　B—厌氧

图 5-7　培养基在微生物生长过程中的氧化还原电位变化

利的氧化还原电位（见图 5-7）。在土壤中，多种好氧、厌氧性微生物同时存在，空气进入土壤，好氧性微生物生长繁殖，由于好氧性微生物的代谢，消耗了氧气，降低了周围环境的 E_h 值，创造了厌氧环境，为厌氧性微生物的生长繁殖提供了必要条件。

5.2.5　氧以外的其他气体

氮气对绝大多数微生物种类是没有直接作用的，在空气中，氮气只起着稀释氧气的作用，而对固氮微生物，氮气却是它们的氮素营养源。空气中的 CO_2 是自养微生物利用光能或化能合成细胞自身有机物不可缺少的碳素养料。有些微生物有氢化酶，能吸收利用空气中的 H_2 作为电子供体。虽然空气中的氢含量很低，并不是影响微生物生长的重要环境因子。但在特殊环境中，如沼气池、沼泽、河底、湖底、瘤胃等厌氧环境中，其中大部分严格厌氧的产甲烷细菌能吸收利用氢气（由沼气池内其他的产氢细菌产生）作为电子供体，将 CO_2 转化为 CH_4，利用 CO_2 合成有机物。

5.2.6　辐射

大多数微生物不能利用辐射能源，辐射往往对微生物有害。只有光能营养型微生物需要光照，波长在 $800\sim1000nm$ 的红外辐射可被光合细菌利用作为能源，而波长在 $380\sim760nm$ 之间的可见光部分被蓝细菌和藻类用作光合作用的主要能源。

虽然有些微生物不是光合生物，但表现一定的趋光性。例如一种闪光须霉（*Phycomyces nitens*）的菌丝生长以明显的趋光性，向光部位比背光部位生长得快而旺盛。一些真菌在形成子实体、担子果、孢子囊和分生孢子时，也需要一定散射光的刺激，例如灵芝菌在散射光照下才长有具有长柄的盾状或耳状子实体。

太阳光除可见光外，尚有长光波的红外线和短光波的紫外线。微生物直接曝晒在阳光中，由于红外线产生热量，通过提高环境中的温度和引起水分蒸发而致干燥作用，间接地影响微生物的生长。短光波的紫外线则具有直接杀菌作用（参照第 2 章培养基及制备）。

5.2.7　超声波

超声波是超过人能听到的最高频（$20000Hz$）的声波，在多种领域具有广泛的应用。适度的超声波处理微生物细胞，可促进微生物细胞代谢。强烈的超声波处理可致细胞破碎，这

种破碎细胞作用的机理是超声波的高频振动与细胞振动不协调而造成细胞周围环境的局部真空，引起细胞周围压力的极大变化，从而使细胞破裂，导致机体死亡。另外超声波处理会导致热的产生，热作用也是造成机体死亡的原因之一。故在超声波处理过程中，通常采用间断处理和用冰盐溶液降温的方式避免产生热失活作用。

几乎所有的微生物细胞都被超声波破坏，只是敏感程度有所不同。超声波的杀菌效果及对细胞的其他影响与频率、处理时间、微生物种类、细胞大小、形状及数量等均有关系。杆菌比球菌、丝状菌比非丝状菌、体积大的菌比体积小的菌更易受超声波破坏，而病毒和噬菌体较难被破坏，细菌芽孢具更强的抗性，大多数情况下不受超声波影响。一般来说，高频率比低频率杀菌效果好。

5.2.8　消毒剂、杀菌剂与化学疗剂

某些化学消毒剂、杀菌剂与化学疗剂对微生物生长有抑制或致死作用。如饮用水的消毒，则杀伤水中的微生物；化学疗剂如各类抗生素对微生物具有强烈的抑菌或杀菌作用。农作物病虫害的防治所施用的化学农药，部分残留在土壤中，对于土壤中的许多微生物有毒害作用等。各种化学消毒剂、杀菌剂与化学疗剂对微生物的抑制与毒杀作用，因其胞外毒性、进入细胞的透性、作用的靶位和微生物的种类不同而异，同时也受其他环境因素的影响。有些消毒剂与杀菌剂在高浓度时是杀菌剂，在低浓度时可能被微生物利用做为养料或生长刺激因子。对微生物的杀伤或致死具有广谱性和在实践中常用的化学消毒剂、杀菌剂和与微生物关系密切的化学疗剂及其抑菌或杀菌机制如下。

5.2.8.1　氧化剂

高锰酸钾、过氧化氢、漂白粉和氟、氯、溴、碘及其化合物都是氧化剂。通过它们的强烈氧化作用可以杀死微生物。

高锰酸钾是常见的氧化消毒剂。一般以 0.1％溶液用于皮肤、水果、饮具、器皿等消毒。但需在应用时配制。

碘具有强穿透力，能杀伤细菌、芽孢和真菌，是强杀菌剂。通常用 3％～7％的碘溶于 70％～83％的乙醇中配制成碘酒。

氯气可作为饮用水或游泳池水的消毒剂。常用 $0.2\sim0.5\mu g/L$ 的氯气消毒。氯气在水中生成次氯酸，次氯酸分解成盐酸和初生氧。初生氧具有强氧化力，对微生物起破坏作用。

漂白粉也是常用的杀菌剂。它含次氯酸钙，在水中生成次氯酸并分解成盐酸和初生氧和氯。初生氧和氯都能强烈氧化菌体细胞物质，以致死亡。5％～20％次氯酸钙的粉剂或溶液常用作食品及餐具、乳酪厂的消毒。

5.2.8.2　还原剂

甲醛是常用的还原性消毒剂，它能与蛋白质的酰基和巯基起反应，引起蛋白质变性。商用福尔马林是含 37％～40％的甲醛水溶液，5％的福尔马林常用作动植物标本的防腐剂。福尔马林也用作熏蒸剂，每立方米空间用 6～10mL 福尔马林加热熏蒸就可达到消毒目的，也可在福尔马林中加 1/10～1/5 高锰酸钾使其汽化，进行空气消毒。

5.2.8.3　表面活性物质

具有降低表面张力效应的物质称为表面活性物质。乙醇、酚、煤酚皂（来苏儿）以及各种强表面活性的洁净消毒剂等都是常用的消毒剂。乙醇只能杀死营养细胞，不能杀死芽孢。70％的乙醇杀菌效果最好，超过 70％以至无水乙醇效果较差。无水乙醇与菌体接触后迅速

脱水，使表面蛋白质凝固并形成保护膜，阻止乙醇分子进一步渗入胞内。浓度低于70%时，其渗透压低于菌体内渗透压，也影响乙醇进入胞内，因此这2种情况都会降低杀菌效果。酚（石炭酸）及其衍生物有强杀菌力，它们对细菌的有害作用可能主要是使蛋白质变性，同时又有表面活性剂的作用，破坏细胞膜的透性，使细胞内含物外泄。5%的石炭酸溶液可用作喷雾以消毒空气。甲酚是酚的衍生物，市售消毒剂煤酚皂液就是甲酚与肥皂的混合液，常用3%～5%的溶液来消毒皮肤、桌面及用具等。新洁尔灭是一种季铵盐，能破坏微生物细胞的渗透性，0.25%的新洁尔灭溶液，可以用作皮肤及种子表面消毒。

5.2.8.4 重金属盐类

大多数重金属盐类都是有效的杀菌剂或防腐剂。其作用最强的是 Hg、Ag 和 Cu。它们易与细胞蛋白质结合使其变性沉淀，或能与酶的巯基结合而使酶失去活性。

汞的化合物如二氯化汞（$HgCl_2$），又名升汞，是强杀菌剂和消毒剂。0.1%的 $HgCl_2$ 溶液对大多数细菌有杀菌作用，用于非金属器皿的消毒。红汞（汞溴红）配成的红药水则用作创伤消毒剂。汞盐对金属有腐蚀作用，对人和动物亦有剧毒。

银盐为较温和的消毒剂。医药上常有用0.1%～1.0%的硝酸银消毒皮肤，用1%硝酸银滴入新生婴儿眼内，可预防传染性眼炎。

铜的化合物如硫酸铜对真菌和藻类的杀伤力较强。常用硫酸铜与石灰配制的溶液来抑制农业真菌、螨以及防治某些植物病害。

5.2.8.5 其他消毒剂与杀菌剂

无机酸、碱能引起微生物细胞物质的水解或凝固，因而也有很强的杀菌作用。微生物在1%氢氧化钾或1%硫酸溶液中5～10min大部分死亡。毒性物质如二氧化硫、硫化氢、一氧化碳和氰化物等可与细胞原生质中的一些活性基团或辅酶成分特异性结合，使代谢作用中断，从而杀死细胞。染料特别是碱性染料，在低浓度下可抑制细菌生长。结晶紫、碱性复红、亚甲蓝、孔雀绿等都可用作消毒剂，1∶100000的结晶紫能抑制枯草杆菌、金黄色葡萄球菌以及其他革兰阳性细菌的生长。但其浓度需达1∶5000时才能抑制大肠杆菌等革兰阴性菌生长。

5.2.8.6 化学疗剂

化学疗剂的种类较多，与微生物关系最为密切的是抗生素（antibiotics）与磺胺类抗代谢药物（antimetaboliites）等。

（1）抗生素　抗生素是一类在低浓度时能选择性地抑制或杀灭其他微生物的低相对分子质量微生物次生代谢产物。近年来，随着医药学科发展，抗生素的概念有所拓宽，抗生素已不仅仅限于"微生物代谢产物"，抗生素的功能范围也不局限于抑制其他微生物生长，而将能抑制肿瘤细胞生长的生物来源次生代谢产物也称为抗生素（抗肿瘤抗生素）。

自1929年A. Fleming发现第一种抗生素青霉素以来，被新发现的抗生素已有约1万种，大部分化学结构已被确定，相对分子质量一般在150～5000。但目前临床上常用于治疗疾病的抗生素尚不足100种。主要原因是大部分抗生素选择性差，对人体与动物的毒性大。

每种抗生素均有抑制特定种类微生物的特性，这一制菌范围称为该抗生素的抗菌谱（antibiogram）。有的抗生素仅抗某一类微生物，如仅对革兰阳性细菌有作用，这些抗生素被称为窄谱抗生素。而有的抗生素对阳性细菌及阴性细菌等均有效，则被称为广谱抗生素（broad-spectrum antibiotics）。

一般抗生素有极性基团，与微生物细胞的大分子相互作用，使微生物生长受到抑制甚至致死。抗生素抑制微生物生长的机制，因抗生素的品种与其所作用的微生物的种类的不同而异，一般是通过抑制或阻断细胞生长中重要大分子的生物合成或功能而发挥其功能。抗生素在抑制敏感微生物生长繁殖过程中的作用部位被称为靶位。

（2）抗代谢药物　抗代谢药物又称代谢类似物或代谢拮抗物，它是指其化学结构与细胞内必要代谢物的结构很相似，可干扰正常代谢活动的一类化学物质。抗代谢物具有良好的选择毒力，故是一类重要的化学治疗剂。抗代谢物的种类很多，一般是有机合成药物，如磺胺类、5-氟代尿嘧啶、氨基叶酸、异烟肼等。常用的抗代谢物是磺胺类药物（Sulphonamides，sulfa drugs），如磺胺（Sulfanilamide）、磺胺嘧啶（Sulfadiazine，SD）、磺胺甲口恶唑（Sulfamethoxazole，SMZ）及磺胺脒（Sulfaguanidine，SG）等。

5.3　微生物生长量的测定

微生物生长量的测定是微生物量化研究的必要技术，也是微生物研究工作的基本技术。测定微生物生长量的方法有很多，根据研究目的的不同，可采用不同的方法。

5.3.1　直接计数法（又称全数法）

5.3.1.1　计数器直接测数法

取定量稀释的单细胞培养物悬液放置在血球计数板（细胞个体形态较大的单细胞微生物，如酵母菌等）或细菌计数板（适用于细胞个体形态较小的细菌）上，在显微镜下计数一定体积中的平均细胞数，换算出供测样品的细胞数。

（1）血球计数板及细胞计数　血球计数板是一种在特定平面上划有格子的特殊载片。在划有格子的区域中，有分别用双线和单线分隔而成的方格。其中有以双线为界划成的方格25（或16）格，这种以双线为界的格子称为中格（见图5-8），其内有以单线为界的16（或25）小格。因此，用于细胞计数的区域的总小格数为：

$$25 \times 16 = 400$$

该400个小格排成一正方形的大方格，此大方格的每条边的边长为1mm，故400个小格的总面积为1mm²。

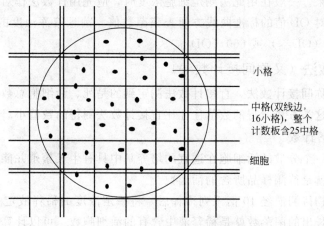

图 5-8　血球计数板方格示意图

在进行细胞计数前，先取盖玻片盖于计数方格之上，盖玻片的下平面与刻有方格的血球计数板平面之间留有 0.1mm 高度的空隙。含有细胞的供测样品液被加注在此空隙中。加注在 400 个小格（1mm²）之上与盖玻片之间的空隙中的液体总体积应为：

$$1.0mm \times 1.0mm \times 0.1mm = 0.1mm^3$$

在计数后，获得在 400 个小格中的细胞总数，再乘以 10^4，以换算成每毫升所含细胞数。其计算公式如下：

$$菌液的含菌数/mL = 每小格平均菌数 \times 400 \times 10000 \times 稀释倍数$$

在进行具体操作时，一般取 5 个中格进行计数，取格的方法一般有两种：①取计数板斜角线相连的 5 个中格；②取计数板 4 个角上的 4 个中格和计数板正中央的 1 个中格。对横跨位于方格边线上的细胞，在计数时，只计一个方格 4 条边中的 2 条边线上的细胞，而另两条边线上的细胞则不计；取边的原则是每个方格均取上边线与右边线或下边线与左边线。

（2）细菌计数板及细胞计数 细菌计数板与血球计数板结构基本相同，只是刻有格子的计数板平面与盖玻片之间的空隙高度仅 0.02mm。因此，计算方法稍有差异（见以下计算公式）。

$$菌液样本的含菌数(个/mL) = 每小格平均菌数 \times 400 \times 50000 \times 稀释倍数$$

5.3.1.2 涂片染色计数

用计数板附带的 0.01mL 吸管，吸取定量稀释的细菌悬液，放置刻有 1cm² 面积的玻片上，使菌液均匀地涂布在 1cm² 上，固定后染色，在显微镜下任意选择几个乃至十几个视野来计算细胞数量。根据计算出的视野面积核算出每 1cm² 中的菌数，然后按 1cm² 上的菌液量和稀释度，计算每毫升原液中的含菌数。

$$原菌液的含菌数(个/mL) = 视野中的平均菌数 \times 1cm^2/(视野面积 \times 100 \times 稀释倍数)$$

5.3.1.3 比浊法

这是测定菌悬液中细胞数量的快速方法。其原理是菌悬液中的单细胞微生物，其细胞浓度与浑浊度成正比，与透光度成反比。细胞越多，浊度越大，透光量越少。因此，测定菌悬液的光密度（或透光度）或浊度可以反映细胞的浓度。将未知细胞数的悬液与已知细胞数的菌悬液相比，求出未知菌悬液所含的细胞数。浊度计、分光光度仪是测定菌悬液细胞浓度的常用仪器。此法比较简便，但使用有局限性。菌悬液颜色不宜太深，不能混杂其他物质，否则不能获得正确结果。一般在用此法测定细胞浓度时，应先用计数法作对应计数，取得经验数据，并制作菌数对 OD 值的标准曲线方便查获菌数值。菌悬液浑浊度的测定波长通常为：560（OD_{560}），600（OD_{600}）或 660（OD_{660}）。

5.3.2 活菌计数法（又称间接计数法）

活菌计数法又称间接计数法。直接计数法测定到的是死、活细胞总数，而间接计数法测得的仅是活菌数。这类方法所得的数值往往比直接计数法测得的数值小。

5.3.2.1 平板菌落计数

此法是基于每一个分散的活细胞在适宜的培养基中具有生长繁殖并能形成一个菌落的能力；因此，菌落数就是待测样品所含的活菌数。

将单细胞微生物待测液经 10 倍系列稀释后，将一定浓度的稀释液定量地接种到琼脂平板培养基上培养，长出的菌落数就是稀释液中含有的活细胞数，可以计算出供测样品中的活细胞数。但应注意，由于各种原因，平板上的单个菌落可能并不是由一个菌体细胞形成的，因此在表达单位样品含菌数时，可用单位样品中形成菌落单位来表示，即 CFU/mL 或

CFU/g（CFU 即 colony-forming unit）。

5.3.2.2　液体稀释最大或然数法（most probable number，MPN）测数

　　取定量（1mL）的单细胞微生物悬液，用培养液作定量 10 倍系列稀释，重复 3～5 次，将不同稀释度的系列稀释管置适宜温度下培养。在稀释度合适的前提下，在菌浓度相对较高的稀释管内均出现菌生长，而自某个稀释度较高的稀释管开始至稀释度更高的稀释管中均不出现菌生长，按稀释度自低到高的顺序，把最后三个稀释度相对较高的、出现菌生长的稀释管之稀释度称为临界级数。由 3～5 次重复的连续三级临界级数获得指数，查相应重复的最大或然数表求得最大可能数，再乘以出现生长的临界级数的最低稀释度，即可测得比较可靠的样品活菌浓度。如将某种微生物在稀释至 10^{-5} 时，5 管全部生长；稀释度在 10^{-6} 时，有 4 管生长；稀释度在 10^{-7} 时，有 1 管生长；稀释度在 10^{-8} 时，5 管均未生长。那么该微生物的临界级数就为 10^{-7}，其数量指标为"541"，通过统计表可查得近似值为 17。然后乘以第一位数的稀释倍数（10^{-5}）。那么原液中的活菌数＝$1.7\times10^{-5}\sim1.7\times10^{-6}$ 个/mL。

5.3.2.3　薄膜过滤计数法

　　测定水与空气中的活菌数量时，由于含菌浓度低，则可先将待测样品（一定体积的水或空气）通过微孔薄膜（如硝化纤维薄膜）过滤浓缩，然后把滤膜放在适当的固体培养基上培养，长出菌落后即可计数（见图 5-9）。过滤计数通常采用直径为 $0.2\mu m$ 的薄膜。

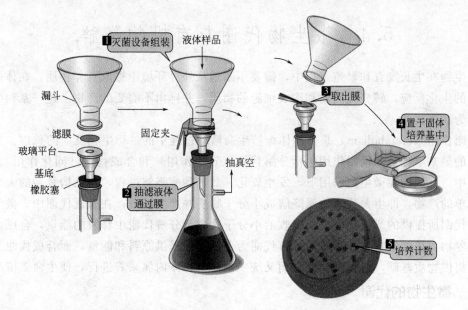

图 5-9　测定水与空气中的活菌数量时所使用的过滤器

5.3.3　细胞物质量测定法

5.3.3.1　干重法

　　定量培养物用离心或过滤的方法将菌体从培养基中分离出来，洗净、烘干（105℃、100℃或 80℃）至恒重后称重，求得培养物中的细胞干重。一般细菌干重约为湿重的 10%～20%。如大肠杆菌一个细胞一般重约 $10^{-12}\sim10^{-13}$ g，液体培养物中细胞浓度达到 2×10^{9} 个/mL 时，100mL 培养物可得 10～90mg 干重的细胞。此法直接而又可靠，但要求测定时菌体浓度较高，样品中不含非菌体的干物质。

5.3.3.2 含氮量测定法

细胞的蛋白质含量是比较稳定的，可以从蛋白质含量的测定求出细胞物质量。一般细菌含氮量为干重的 12.5%，酵母菌为 7.5%，霉菌为 6.0%。而总氮量与细胞蛋白质总含量的关系可用下式计算。

$$蛋白质总量＝含氮量百分比×6.25$$

根据这一公式就可算出粗蛋白的含量。

5.3.3.3 DNA 测定法

这种方法是基于 DNA 与 DABA-2HCl（即新配制的质量分数为 20% 的 3,5-二氨基苯甲酸-盐酸溶液）结合能显示特殊荧光反应的原理，定量测定培养物的菌悬液的荧光反应强度，求得 DNA 的含量，可以直接反映所含细胞物质的量。同时还可根据 DNA 含量计算出细菌的数量。每个细菌平均含 $8.4×10^{-5}$ g DNA。

5.3.3.4 其他生理指标测定法

微生物新陈代谢的结果，必然要消耗或产生一定量的物质。因此也可以用某物质的消耗量或某产物的形成量来表示微生物的生长量。例如测定的微生物对氧的吸收、发酵糖产酸量或 CO_2 的释放量，均可用来作为生长指标。使用这一方法时，必须注意作为生长指标的那些生理活动，应不受外界其他因素的影响或干扰，以便获得准确的结果。

5.4 微生物代谢与有机物降解

微生物在生长发育和繁殖过程中，需要不断地从外界环境中摄取营养物质，在体内经过一系列的生化反应，转变成能量和构成细胞的物质，并排出不需要的产物。这一系列的生化过程称为新陈代谢。

代谢作用（metabolism）是生物体维持生命活动过程中的一切生化反应的总称。它是生命活动的最基本特征。代谢作用包括分解代谢（异化作用）和合成代谢（同化作用）。在分解代谢中，有机物在微生物作用下，发生氧化、放热和酶降解过程，使结构复杂的大分子降解成简单的产物，即由大分子物质降解成小分子物质并产生能量；在合成代谢中，微生物利用分解代谢所提供的或从环境中所吸收的小分子物质及分解代谢中释放的能量，合成大分子物质营养物，使微生物生长增殖。分解代谢为合成代谢提供原料和能量，而合成代谢又为分解代谢提供物质基础，两者相互对立而又统一，在生物体内偶联着进行，使生命繁衍不息。

5.4.1 微生物的代谢

微生物的代谢是指微生物在存活期间的各种代谢活动，包括物质代谢和能量代谢。

5.4.1.1 微生物的物质代谢

在微生物的物质代谢过程中，会产生多种多样的代谢产物。根据代谢产物与微生物生长繁殖的关系，可以分为以下 2 种类型。

（1）初级代谢（primary metabolism） 一般将微生物从外界吸收各种营养物质，通过分解代谢和合成代谢生成维持生命活动的物质和能量的过程，称为初级代谢。初级代谢为许多生物都具有的生物化学反应，例如能量代谢及蛋白质、核酸的合成等，均为初级代谢。

初级代谢产物是指微生物通过代谢活动所产生的、自身生长和繁殖所必需的物质，如氨基酸、核苷酸、多糖、脂类、维生素等。在不同种类的微生物细胞中，初级代谢产物的种类基本相同。此外，初级代谢产物的合成在不停地进行着，任何一种产物的合成发生障碍都会影响微生物正常的生命活动，甚至导致死亡。

（2）次级代谢（secondary metabolism） 次级代谢产物指微生物生长到一定阶段才产生的化学结构十分复杂、对该微生物无明显生理功能、或并非是微生物生长和繁殖所必需的物质，如抗生素、激素、色素、毒素等。次级代谢是在一定的生长时期（一般是稳定生长期），微生物以初级代谢产物为前体合成的对微生物本身的生命活动没有明确功能的物质的过程。不同种类的微生物所产生的次级代谢产物不相同；它们可能积累在细胞内，也可能排到外环境中。

初级代谢产物与次级代谢产物的比较如表 5-5 所示。

表 5-5 初级代谢产物与次级代谢产物的比较

内　容	初级代谢产物	次级代谢产物
生长繁殖	必需	—
产生阶段	一直产生	生长到一定阶段产生
种的特异性	有	无
分布	细胞内	细胞外
举例	氨基酸、核苷酸、多糖、维生素	抗生素、毒素、色素、激素

大部分有机污染物的生物降解是通过微生物的初级代谢完成的。

5.4.1.2 微生物的能量代谢

微生物的产量代谢主要是借助呼吸作用来完成的。呼吸作用（respiration）是指活细胞内的有机物（无机物）在酶的参与下，逐步氧化分解并释放能量的过程。呼吸作用的产物因呼吸类型的不同而有差异。微生物呼吸作用的本质是氧化与还原的统一过程，这过程中有能量的产生和能量的转移。依据呼吸过程中是否有氧的参与，可将呼吸作用分为有氧呼吸（aerobic respiration）和无氧呼吸（anaerobic respiration）两大类型。有氧呼吸以分子氧为最终电子受体；无氧呼吸以无机物为最终电子受体。

在微生物的呼吸过程中，底物被氧化分解产生能量；同时，微生物将能量用于细胞组分的合成。在这两者之间存在能量转移的中心——ATP。ATP 的形成方式有以下 3 种。

（1）基质（底物）水平磷酸化（substrate level phosphorlation） 厌氧微生物和兼性厌氧微生物在基质氧化过程中，产生一种含高自由能的中间体，如发酵中产生含高能键的 1，3-二磷酸甘油酸。这一中间体将高能键（～）交给 ADP，使 ADP 磷酸化而生成 ATP 的过程称为基质（底物）水平磷酸化。

（2）氧化磷酸化（oxidative phosphorylation） 好氧微生物在呼吸时，通过电子传递体系产生 ATP 的过程称为氧化磷酸化。

（3）光合磷酸化（photophosphorylation） 光激发叶绿素、菌绿素或菌紫素逐出电子，通过电子传递产生 ATP 的过程称为光合磷酸化。产氧光合生物包括藻类和蓝细菌，依靠叶绿素通过非环式的光合磷酸化合成 ATP。不产氧的光合细菌则通过环式光合磷酸化合成 ATP。

5.4.2 微生物有氧呼吸与有机物降解

微生物的有氧呼吸可根据呼吸基质（能源物质）的性质分为异养型微生物和自养型微生物两种类型。异养型微生物以有机能源物质为呼吸基质；自养型微生物以无机能源物质为呼吸基质。环境中有机污染物的生物降解主要是通过异养型微生物呼吸完成的。

5.4.2.1 微生物有氧呼吸

在微生物有氧呼吸作用中，被氧化的有机物称为呼吸底物或呼吸基质（respiratory substrate），碳水化合物、有机酸、蛋白质、脂肪及大部分有机污染物都可以作为呼吸底物。一般来说，淀粉、葡萄糖、果糖、蔗糖等碳水化合物是最常利用的呼吸底物。

大多数微生物有氧呼吸依赖于三羧酸循环（tricarboxylic acid cycle，TAC）途径，即在有氧的情况下，有机物经乙酰 CoA，最终生成 CO_2 和 H_2O。三羧酸循环的中间产物有：柠檬酸、α-酮戊二酸、琥珀酰 CoA、琥珀酸、延胡索酸、苹果酸及草酰乙酸（见图 5-10）。

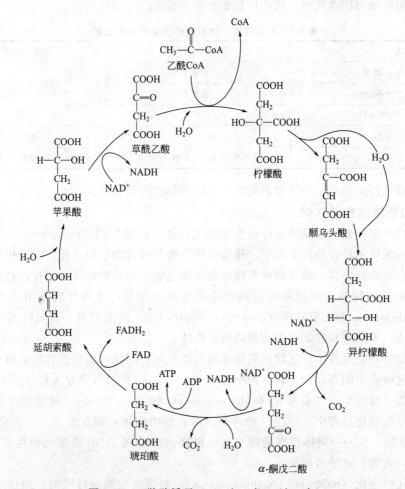

图 5-10　三羧酸循环（tricarboxylic acid cycle）

有机物经一系列氧化、脱羧，生成 CO_2 和 H_2O 的同时，也为微生物生长繁殖提供了能量。

在有氧呼吸中，除进行三羧酸循环外，有的细菌利用乙酸盐进行乙醛酸循环。乙醛酸循环也是重要的呼吸途径。在乙醛酸循环中，异柠檬酸可分解为乙醛酸和琥珀酸，琥珀酸可进入三羧酸循环，乙醛酸乙酰化后形成苹果酸也可进入三羧酸循环。所以，常把乙醛酸循环看作三羧酸循环的支路。

有氧呼吸可分为外源性呼吸和内源性呼吸。在正常情况下，微生物利用外界供给的能源进行呼吸，叫外源呼吸（exogenous respiration）。如果外界没有供给能源，而是利用自身内部贮存的能源物质（如多糖、脂肪、聚 β-羟基丁酸等）进行呼吸，则叫内源性呼吸（endogenous respiration）。内源性呼吸的速度取决于细胞的原有营养水平：有丰富营养的细胞具有相当多的能源贮备和高度的内源呼吸；饥饿细胞的内源呼吸速度很低。不过，这两种细胞在有外源性能源供给时，可能进行同等程度的呼吸反应。

有氧呼吸能否进行，取决于 O_2 的体积分数能否达到 0.2%（为大气中 O_2 的体积分数的 1%）。O_2 的体积分数低于 0.2%，好氧呼吸不能发生。

5.4.2.2 好氧微生物对有机物的降解

在有氧条件下，绝大多数的有机物都能成为微生物的呼吸底物，包括生物大分子蛋白质、多糖及人工合成的有机化合物。

有机化合物因其结构复杂，降解机制也各不相同。

苯及苯系物的生物降解途径是：苯环上的侧链被氧化为苯甲酸后形成苯甲酰辅酶 A，随即被苯双加氧酶攻击而形成邻苯二酚，邻苯二酚进一步通过间位或邻位双加氧酶的作用而产生黏康酸半醛或黏康酸。

二氯苯（氯代苯）的生物降解为：在双加氧酶体系的催化作用下与分子氧结合，苯环中插入两个氧原子被氧化成环状二氯代二醇，然后在脱氢酶的作用下，脱去两个氢原子而转化为相应的二氯代邻二酚（儿茶酚），进而再被双加氧酶催化转化为二氯黏康酸，完成开环过程。二氯黏康酸内脂化作用同时脱氯，生成产物逐步被还原至二氯苯完全降解或进入三羧酸循环。

苯酚的好氧生物降解途径较为明确，即苯酚首先在羟化酶作用下转化为邻苯二酚，随后分别在邻苯二酚-1,2-加氧酶与邻苯二酚-2,3-加氧酶作用下破环形成三羧酸循环中间产物。

苯胺在好氧条件下，可以氧化为对苯二酚或邻苯二酚，同时释放 NH_4^+，接下来邻苯二酚可以通过两种途径进行代谢，即间位（meta）和邻位（ortho）代谢途径，分别由邻苯二酚-1,2-加双氧酶或邻苯二酚-2,3-加双氧酶催化；当苯胺通过邻位代谢途径时，在两个羟基之间切割邻苯二酚，再经多步反应产生三羧酸循环的中间代谢物琥珀酸和乙酰 CoA。对苯二酚则容易氧化为对苯醌，并随即在对苯醌邻位破环，再经多步反应产生三羧酸循环的中间代谢物琥珀酸和乙酰 CoA。

细菌对 PAHs 好氧降解的第一步是将两个氧原子直接加到芳香核上，催化这一反应的酶被称作 PAHs 双加氧酶。在该酶的作用下 PAHs 转变成顺式二氢二醇，并进一步脱氢生成相应的二醇，然后环氧化裂解，转化为儿茶酚或龙胆酸彻底降解。因此，微生物能氧化苯并 [a] 芘为顺式 9,10-二羟基-9,10-二氢苯并 [a] 芘，能氧化苯并 [a] 蒽为顺式 1,2-二羟基-1,2-二氢苯并 [a] 蒽，还能氧化联苯为顺式 2,3-二羟基-1-苯基环己-4,6-二烯。

微生物对有机化合物降解的难易程度由微生物本身的特性决定，即是否有该化合物的降解酶，同时也与有机物结构特征有关。一般情况下，脂肪族和环状化合物较芳香化合物容易被生物降解；不饱和脂肪族化合物（如丙烯基和羰基化合物）较易降解，但有的不饱和脂肪族化合物（如苯代亚乙基化合物）有相对不溶性，会影响它的生物降解程度；具有被取代基团的有机化合物，其异构体的多样性可能影响生物的降解能力（如伯醇、仲醇容易降解，而叔醇则难降解）；分子质量小、结构简单的有机物先降解，分子质量大、结构复杂的后降解。

5.4.3 微生物无氧呼吸与有机物降解

微生物的无氧呼吸也可根据呼吸基质（能源物质）的性质分为异养型微生物和自养型微

生物两种类型。自养型微生物以无机能源物质为呼吸基质；异养型微生物以有机能源物质为呼吸基质。环境中有机污染物的生物降解主要是通过异养型微生物呼吸完成的。

5.4.3.1 微生物无氧呼吸

无氧呼吸也称厌氧呼吸。某些厌氧和兼性厌氧微生物在无氧条件下能进行无氧呼吸。

无氧呼吸的最终电子受体不是分子氧，而是氧以外的无机化合物，如 NO_2^-、NO_3^-、SO_4^{2-}、CO_3^{2-} 及 CO_2 等外源含氧无机物。无氧呼吸的氧化底物一般为有机物，如葡萄糖、乙酸和乳酸等。它们被氧化为 CO_2，同时有 ATP 生成。

（1）硝酸盐还原细菌 硝酸盐还原细菌在自然界的物质转化中起着重要的作用。同时也可引起金属腐蚀。大多数硝酸盐还原细菌以有机物作为电子供体。在厌氧条件下，硝酸盐还原细菌可把 NO_3^- 还原为 NO_2^-、N_2O 和 N_2。其供氢体可以是葡萄糖、乙酸、甲醇等有机物，也可以是 H_2 和 NH_3。其反应式如下。

$$C_6H_{12}O_6 + 4NO_3^- \longrightarrow 2N_2 + 6CO_2 + 6H_2O + 1755.6kJ$$

$$5CH_3COOH + 8NO_3^- \longrightarrow 4N_2 + 10CO_2 + 6H_2O + 8OH^-$$

$$2CH_3OH + 2NO_3^- \longrightarrow N_2 + 2CO_2 + 4H_2O$$

硝酸盐的 NO_3^- 在接受电子后变成 NO_2^-、N_2 的过程，叫脱氮作用，也叫反硝化作用。以有机物为供氢体的，称为异养反硝化；以无机物为供氢体的，被称为自养反硝化。

脱氮分两步进行：第一步是硝酸还原酶催化 NO_3^- 还原为 NO_2^-；第二步是 NO_2^- 被还原为 N_2。在电子传递过程中，氧化还原电位是不断提高的。

能进行反硝化作用的微生物有地衣芽孢杆菌（*Bacillus Licheniformis*）、反硝化副球菌（*Paracoccus denitrificans*）及铜绿假单胞菌（*Pseudomonas aeruginosa*）等菌。反硝化作用对农业生产有害，硝态氮肥施入稻田后会因反硝化大量损失，但环境工程中可用于水处理过程中的脱氮。

（2）硫酸盐还原菌 硫酸盐还原菌是引起金属腐蚀的主要微生物，属厌氧菌，可在无氧条件下将 SO_4^{2-} 还原为 H_2S，少数几种菌，如脱硫弧菌属（*Desulfavibrio*）等能同时将有机物氧化。但有机物氧化不彻底，如氧化乳酸时产物为乙酸。

$$2CH_3CHOHCOOH + H_2SO_4 \longrightarrow 2CH_3COOH + 2CO_2 + H_2S + 2H_2O + 1125kJ$$
$$\text{乳酸} \qquad\qquad\qquad \text{乙酸}$$

硫酸盐还原菌生活在含有机物、硫酸盐的稻田及淤泥里。在这些地方常闻到 H_2S 气体的臭鸡蛋味。污泥厌氧消化就是在无氧条件下，由兼性菌和厌氧细菌将污泥中的可生物降解的有机物分解成 CO_2、CH_4 和 H_2O 等，使污泥得到稳定的过程，是污泥减量化、稳定化的常用手段之一。

（3）产甲烷细菌 产甲烷细菌在自然界分布广泛。如自然界含有机物的厌氧环境（沼泽地、湖底、海底淤泥及粪池中）及反刍动物瘤胃等处均有分布。反刍动物瘤胃中产生的甲烷通过动物呕气排出体外，如牛每天可排出 200L 甲烷。

严格厌氧的产甲烷细菌可以利用甲醇、乙醇、甲酸、乙酸、H_2 等作供氢体，将 CO_2 还原为 CH_4。

$$2CH_3CH_2OH + CO_2 \longrightarrow CH_4 + 2CH_3COOH$$

产甲烷菌因只能利用 C_1 和 C_2 化合物，如 CO_2、CO、甲酸、甲醇、甲基胺、乙酸、异丙醇等简单物质。因此，产甲烷菌氧化这些物质转化为 CH_4 时，释放的能量均在 131kJ/mol

CH_4 以下，远低于好氧呼吸。

5.4.3.2　厌氧微生物对有机物的降解

在无氧的条件下，通过厌氧微生物降解代谢来处理废水的方法被称为厌氧法。污泥厌氧消化是指污泥在无氧条件下，由兼性菌和厌氧细菌将污泥中的可生物降解的有机物分解成二氧化碳、甲烷和水等，使污泥得到稳定的过程，是污泥减量化、稳定化的常用手段之一。厌氧法的操作条件要比好氧法苛刻，但具有更好的经济效益，因此也具有重要的地位。目前开发出的有厌氧塘法、厌氧滤床法、厌氧流动床法、厌氧膨胀床法、厌氧旋转圆盘法、厌氧池法、升流式厌氧污泥床（UASB）法等。

环境中的 PCBs 主要存在于厌氧条件下，其生物降解也更多是由厌氧微生物完成的。通过联苯 2,3-双加氧酶的作用，分子氧在 PCBs 的无氯环或带较少氯原子环上的 2,3 位发生反应，形成顺二氢醇混合物，其中主要产物为顺 2,3-二氢-2,3-二羟基氯联苯；二氢醇经过二氢醇脱氢酶的脱氢作用，形成 2,3-二羟基联苯；然后 2,3-二羟基联苯通过 2,3-二羟基联苯的双加氧酶的作用使其在 1,2 位置断裂，产生间位开环混合物（2-羟基-6-氧-6-苯-2,4-二烯烃）；间位开环混合物由于水解酶的作用发生脱水反应，生成相应的氯苯酸和 2-羟基-2,4-双烯戊酸；氯苯酸可被其他细菌降解，2-羟基-2,4-双烯戊酸可为子细菌的生长与繁殖提供有效碳源，最终被氧化成 CO_2。

多环芳烃化合物在有氧环境下的降解是通过好氧微生物产生的双加氧酶将两个氧原子加到底物中形成双氧乙烷，进一步氧化为顺式双氢乙醇，在这一过程中微生物得到生长、繁殖所需要的能量。但在底泥或土壤中，由于缺乏足够的氧，微生物只能将多环芳烃与其他有机质进行共代谢降解。如萘、菲、荧蒽等，可在反硝化的条件下，以硝酸盐作为电子受体发生无氧降解；在硫酸盐还原环境中，以硫酸盐作为电子受体进行生物降解。

在厌氧微生物的作用下，一些难降解物质，如 DDT 可通过脱卤素作用生成 DDE 和DDD；含硝基的除虫剂被还原为胺。

5.5　微生物代谢产物的测定

代谢产物（metabolite）指新陈代谢中的中间代谢产物（intermediate metabolite）和最终代谢产物（final metabolite）。如某些代谢产物乳酸、乙醇，抗生素等是一些微生物在特殊代谢条件下的中间代谢产物。在微生物代谢过程中，中间代谢产物的浓度（或者数量）有时很难被检测到，但当代谢的某一阶段速度比前一阶段慢时，就会引起其前一个中间代谢产物的积累。同样，如果给予适当的反应条件，进行适当的预处理或者使用特异的代谢抑制剂，也会强烈地阻碍某一反应阶段的进行。根据这一原理，我们就可以检测到一些中间代谢产物。微生物的中间代谢产物，对了解污染物的降解机制及后续理论研究具有重要意义。

测定微生物代谢产物的方法有很多，如薄层色谱分析、气相色谱分析、液相色谱分析等。无论采用哪种分析方法，都要先制备出能够进行分析、检测的样品。

5.5.1　分析样品制备

样品制备可分为微生物培养、培养液固液分离及有效成分的提取三步。

5.5.1.1　微生物培养

用于微生物代谢研究的培养基通常为液体培养基。因为液体培养基的成分均匀，微生物能充分接触和利用培养基中的营养成分，而且操作方便。微生物培养时间应控制在对数生长期后期。

5.5.1.2 培养液固液分离

无论所需要的代谢产物是胞外代谢产物，还是胞内物质，甚至是菌体本身，首先都要进行固液分离，通常采用过滤或离心的方法将细胞或其他固形物从培养液中分开。

如果微生物的代谢速度过快，无法得到想要分离代谢产物，可考虑使用微生物的休止细胞（resting cells）与底物进行反应。休止细胞的制备是通过离心的方法将细胞从培养液中分离出来，用生理盐水把培养液中各种营养物质和生长因子洗去后，再悬浮在生理盐水中培养一段时间，以消耗内源营养物质，使细胞呈饥饿状态。

休止细胞的主要特性就是细胞虽然处于休眠状态，不进行生长繁殖，但仍含有各种酶系，具有氧化和降解能力，在适宜条件下可再恢复生长。另外休止细胞反应专一性强，可以提高底物转化率，不易染杂菌，可以减少产物对菌体生长及酶合成的抑制。

5.5.1.3 有效成分的提取

有效成分一般采用萃取的方式，即将某种特定溶剂加到培养液混合物中，根据培养液组分在水相和有机相中的溶解度不同，将所需物质分离出来。萃取法具有传质速度快、生产周期短、便于连续操作、可自动控制、分离效率高等优点，所以应用相当普遍。

5.5.2 薄层色谱分析

薄层色谱法（thin layer chromatography，TLC），是将适宜的固定相涂布于玻璃板、塑料或铝基片上，成一均匀薄层（常用厚度为 0.25mm 左右）。待点样、展开后，根据比移值（R_f）与适宜的对照物按同法所得的色谱图的比移值（R_f）作对比，用以进行药品的鉴别或含量测定的方法。薄层色谱法是快速分离和定性分析少量物质的一种很重要的实验技术，也用于跟踪生物降解反应进程。

薄层色谱兼备了柱色谱和纸色谱的优点，一方面适用于少量样品（几到几十微克，甚至 $0.01\mu g$）的分离；另一方面还可在制作薄层板时，把吸附层加厚加大，用来精制样品。这一分离、检测方法特别适用于挥发性较小或较高温度易发生变化而不能用气相色谱分析的物质。

5.5.2.1 基本原理

薄层色谱法是一种吸附薄层色谱分离法，它利用各成分对同一吸附剂吸附能力不同，使在移动相（溶剂）流过固定相（吸附剂）的过程中，连续地产生吸附、解吸附、再吸附、再解吸附，从而达到各成分的互相分离的目的。

薄层色谱可根据作为固定相的支持物不同，分为薄层吸附色谱（吸附剂）、薄层分配色谱（纤维素）、薄层离子交换色谱（离子交换剂）、薄层凝胶色谱（分子筛凝胶）等。一般实验中应用较多的是以吸附剂为固定相的薄层吸附色谱。

如用硅胶和氧化铝作支持剂，当溶剂沿着吸附剂移动时，带着样品中的各组分一起移动，同时发生连续吸附与解吸作用以及反复分配作用。由于各组分在溶剂中的溶解度不同，以及吸附剂对它们的吸附能力的差异，最终将混合物分离成一系列斑点。如作为标准的化合物在层析薄板上一起展开，则可以根据这些已知化合物的 R_f 值对各斑点的组分进行鉴定，同时也可以进一步采用某些方法加以定量。

5.5.2.2 操作

（1）裁板 目前使用较多的是 20cm×20cm 可任意剪裁的铝板（有商品）。裁板时注意戴手套。

（2）点样　用内径为 0.5mm 管口毛细管点样器点样于薄层板上，一般为圆点，点样基线距底边 2.0cm，样点直径小于 5mm，点样距离一般为 1~1.5cm。点样量视待测物浓度而定。

（3）展开　化合物在薄板上移动距离的多少取决于所选取的溶剂。在戊烷和己烷等非极性溶剂中，大多数极性物质不会移动，但是非极性化合物会在薄板上移动一定距离。相反，极性溶剂通常会将非极性的化合物推到溶剂的前段而将极性化合物推离基线。一个好的溶剂体系应该使混合物中所有的化合物都离开基线，但并不使所有化合物都到达溶剂前端，R_f 值最好在 0.2~0.8。展开剂种类及配比可根据所要分离的混合物进行查找。

常用展开剂有以下几种。

乙酸乙酯/己烷：常用浓度 0%~30%。但有时较难在旋转蒸发仪上完全除去溶剂。

乙醚/戊烷体系：较常用浓度为 0%~40%。在旋转蒸发器上非常容易除去。

乙醇/己烷或戊烷：对强极性化合物 5%~30% 比较合适。

二氯甲烷/己烷或戊烷：5%~30%，当其他混合溶剂失败时可以考虑使用。

薄层展开室如需预先用展开剂饱和，可在室中加入足够量的展开剂，并在壁上贴二条与室一样高、宽的滤纸条，一端浸入展开剂中，密封室顶的盖，使系统平衡。将点好样品的薄层板放入展开室的展开剂中，浸入展开剂的深度为距薄层板底边 0.5~1.0cm（切勿将样点浸入展开剂中），密封室盖，待展开至规定距离（一般为 10~15cm），取出薄层板，晾干，并用铅笔标注出溶剂到达的前沿位置。

（4）喷雾显色　挥去展开剂的薄层板，用硫酸-水（1∶1）溶液喷雾（或在 365nm 紫外灯下观察，并用铅笔标出所有有紫外活性的点）。

（5）测定 R_f 值　R_f ＝原点至组分斑点中心的距离/原点至溶剂前沿的距离

在薄层、溶剂、温度等各项实验条件恒定的情况下，各物质的 R_f 值是不变的，它不随溶剂移动距离的改变而变化。

薄层色谱广泛应用于石油、化工、医药、生化等领域的研究。样品用量一般为几至几百微克，是一种较实用、有效的微量分离分析方法。薄层色谱法也可用于分离制备较大量的样品，即使用较大较厚的薄层板，将样品溶液在起始点处点成条带状，这样可以分离毫克量样品。

5.5.3　气相色谱分析

气相色谱仪（gas chromatography，GC）是对复杂样品中的化合物进行分离定量分析的仪器。起分离作用的分离柱称为色谱柱。在色谱柱中，不同的样品因为具有不同的物理和化学性质，与特定的柱填充物（固定相）有着不同的相互作用而被气流（载气，流动相）以不同的速率带动。当化合物从柱的末端流出时，它们被检测器检测到，产生相应的信号，并被转化为电信号输出。在色谱柱中固定相的作用是分离不同的组分，使得不同的组分在不同的时间（保留时间）从柱的末端流出。其他影响物质流出柱的顺序及保留时间的因素包括载气的流速、温度等。

在气相色谱分析法中，一定量（已知量）的气体或液体分析物被注入到柱一端的进样口中（通常使用微量进样器）。当分析物在载气带动下通过色谱柱时，分析物的分子会受到柱壁或柱中填料的吸附，使通过柱的速度降低。分子通过色谱柱的速率取决于吸附的强度，它由被分析物分子的种类与固定相的类型决定。由于每一种类型的分子都有自己的通过速率，分析物中的各种不同组分就会在不同的时间（保留时间）到达柱的末端，从而得到分离。检测器用于检测柱的流出组分，从而确定每一个组分到达色谱柱末端的时间以及每一个组分的含量。通过物质流出柱（被洗脱）的顺序和它们在柱中的保留时间来表征不同的物质。

5.5.3.1 基本原理

气相色谱主要是利用物质的沸点、极性及吸附性质的差异来实现混合物的分离。待分析样品在汽化室汽化后被惰性气体（即载气、流动相）带入色谱柱，柱内含有液体或固体固定相，由于样品中各组分的沸点、极性或吸附性能不同，每种组分都倾向于在流动相和固定相之间形成分配或吸附平衡。但由于载气是流动的，这种平衡实际上很难建立起来。也正是由于载气的流动，使样品组分在运动中进行反复多次的分配或吸附/解吸附，结果是在载气中浓度大的组分先流出色谱柱，而在固定相中分配浓度大的组分后流出。当组分流出色谱柱后，立即进入检测器。检测器能够将样品组分转变为电信号，而电信号的大小与被测组分的量或浓度成正比。将这些信号放大并记录下来，就是气相色谱图。

在色谱柱内固定相有两种存放方式，一种是柱内盛放颗粒状吸附剂，或盛放涂敷有固定液的惰性固体颗粒（载体或称担体）；另一种是把固定液涂敷或化学交联于毛细管柱的内壁。用前一种方法制备的色谱柱称为填充色谱柱，后一种方法制备的色谱柱称为毛细管色谱柱。填充柱固定相的种类很多，大体可分为极性柱（AC20）、中等极性（OV-17，HP-50，RTX-50，AC10）、弱极性（OV-5，DB-5，SE-54，HP-5，RTX-5，BP-5）和非极性（AC1，OV-101，OV-1，DB-1，SE-30，HP-1，RTX-1，BP-1）。毛细管柱也同样也分极性、中性、非极性等。

气相色谱的检测器有很多种，最常用的有火焰电离检测器（FID）与热导检测器（TCD）。这两种检测器都对很多种分析成分有灵敏的响应，同时可以测定一个很大的范围内的浓度。TCD从本质上来说是通用性的，可以用于检测除了载气之外的任何物质，而FID则主要对烃类响应灵敏。FID对烃类的检测比TCD更灵敏，但却不能用来检测水。

有一些气相色谱仪与质谱仪相连接而以质谱仪作为它的检测器，这种组合的仪器称为气相色谱-质谱联用（GC-MS），有一些气-质联用仪还与核磁共振波谱仪相连接，后者作为辅助的检测器，这种仪器称为气相色谱-质谱-核磁共振联用（GC-MS-NMR）。有一些GC-MS-NMR仪器还与红外光谱仪相连接，后者作为辅助的检测器，这种组合叫做气相色谱-质谱-核磁共振-红外联用（GC-MS-NMR-IR）。但是必须指出，这种情况是很少见的，大部分的分析物用单纯的气-质联用仪就可以解决问题。

5.5.3.2 操作

在测定样品时，首先要设定测试条件。

要根据不同化合物的不同性质选择色谱柱，一般极性化合物选择极性柱，非极性化合物选择非极性柱。

色谱柱柱温的确定主要由样品的复杂程度决定。对于混合物一般采用程序升温法。柱温的设定要同时兼顾高低沸点或溶点化合物，其目的是要达到在最短的时间里，使每个化合物的组分完全分离。

样品在350℃下要能汽化（若不能汽化，可使用液相色谱测定）；浓度不能过高；检测前需进行分离纯化。

检测不同的化合物前处理方法也各不一样，最终目的都是尽可能地去除杂质以及尽可能地保证目标化合物最低程度的损失。其过程一般都是先提取然后净化。常用的有液液萃取、液固萃取等。最后的定容液要选择易挥发性的有机溶剂如乙腈、丙酮等。

5.5.4　高效液相色谱分析

高效液相色谱（high performance liquid chromatography，HPLC）是在气相色谱和经典色谱的基础上发展起来的。现代液相色谱和经典液相色谱没有本质的区别，只是现代液相色谱比经典液相色谱有较高的效率和自动化操作程序。经典的液相色谱法，流动相在常压下输送，所用的固定相柱效低，分析周期长。而现代液相色谱法引用了气相色谱的理论，流动相改为高压输送；色谱柱是用小粒径的填料填充而成，从而使柱效大大高于经典液相色谱；同时柱后连有高灵敏度的检测器，可对流出物进行连续检测。因此，高效液相色谱具有分析速度快、分离效能高、自动化程度高等特点。所以被称为高压、高速、高效或现代液相色谱。

HPLC 系统一般由进样系统、输液系统、分离系统、检测系统和数据处理系统等组成。其中高压输液泵、色谱柱、检测器是关键部件。有的仪器还有梯度洗脱装置、在线脱气机、自动进样器、预柱或保护柱、柱温控制器等，现代 HPLC 仪还有微机控制系统，进行自动化仪器控制和数据处理。制备型 HPLC 仪还备有自动馏分收集装置。

5.5.4.1　基本原理

液相色谱法的分离机理是基于混合物中各组分对两相亲和力的差别。根据固定相的不同，液相色谱分为液固色谱、液液色谱和键合相色谱。应用最广的是以硅胶为填料的液固色谱和以微硅胶为基质的键合相色谱。根据固定相的形式，液相色谱法可以分为柱色谱法、纸色谱法及薄层色谱法。按吸附力可分为吸附色谱、分配色谱、离子交换色谱和凝胶渗透色谱。近年来，在液相柱色谱系统中加上高压液流系统，使流动相在高压下快速流动，以提高分离效果，因此出现了高效（又称高压）液相色谱法。

液相色谱法可分为液固吸附色谱法、液液分配色谱法、离子交换色谱法、凝胶渗透色谱法、离子色谱法、离子对色谱法。

5.5.4.2　操作

在液相色谱测定前，最好将样品配制成为溶液，以流动相作为溶剂，并且稀释到合适的浓度，如果杂质比较多，用滤纸进行过滤，再用微孔滤膜进行过滤；如高效液相色谱仪的检测器是紫外检测器，首先要保证样品具有紫外吸收性；如没有紫外吸收性，可选择荧光检测器、蒸发光检测器等。总之，样品主成分在检测器上要有响应信号。

样品在进行检测前，还要配制成一定浓度的溶液（配制溶液时需根据样品的溶解度选择合适的溶剂，为了减小溶剂峰，通常使用流动相作为溶剂，样品溶液的浓度一般配制成 $10\mu g/mL$ 左右即可），如样品溶解很好且没有其他杂质，可直接吸取样品溶液进样；如样品中还有其他成分，在进样前还要进行过滤（通常采用 $0.22\mu m$ 或 $0.45\mu m$ 的针头式过滤器）。

高效液相色谱法只要求样品能制成溶液，不受样品挥发性的限制，流动相可选择的范围宽，固定相的种类繁多，因而可以分离热不稳定和非挥发性的、解离的和非解离的以及各种分子量范围的物质。与试样预处理技术相配合，HPLC 所达到的高分辨率和高灵敏度，使分离和同时测定性质上十分相近的物质成为可能，能够分离复杂相体中的微量成分。

由于 HPLC 具有高分辨率、高灵敏度、速度快、色谱柱可反复利用、流出组分易收集等优点，因而被广泛应用到生物化学、食品分析、医药研究、环境分析、无机分析等领域。

5.5.5　质谱分析

质谱（又叫质谱法）是一种与光谱并列的谱学方法，通常意义上是指广泛应用于各个学科领域中通过制备、分离、检测气相离子来鉴定化合物的一种专门技术。质谱法在一次分析中可提供丰富的结构信息，将分离技术与质谱法相结合，是分离科学方法中的一项突破性进展。在众多的分析测试方法中，质谱学方法被认为是一种同时具备高特异性和高灵敏度且得到了广泛应用的普适性方法。质谱仪器一般由样品导入系统、离子源、质量分析器、检测器、数据处理系统等部分组成。

质谱仪（mass spectrometer）是根据带电粒子在电磁场中能够偏转的原理，按物质原子、分子或分子碎片的质量差异进行分离和检测物质组成的一类仪器。

5.5.5.1　基本原理

质谱仪种类非常多，按其应用范围可分为有机质谱仪、无机质谱仪和同位素质谱仪。有机质谱仪的基本工作原理是以电子轰击或其他的方式使被测物质离子化，形成各种质荷比（m/e）的离子，然后利用电磁学原理使离子按不同的质荷比分离并测量各种离子的强度，从而确定被测物质的分子量和结构。有机质谱仪主要用于有机化合物的结构鉴定，它能提供化合物的分子量、元素组成以及官能团等结构信息。

常用的有机质谱仪有气相色谱-质谱联用仪（GC-MS）和液相色谱-质谱联用仪（LC-MS）。一般在 300℃ 左右能汽化的样品，可以优先考虑用 GC-MS 进行分析，因为 GC-MS 使用 EI 源，得到的质谱信息多，可以进行库检索。毛细管柱的分离效果也好。如果在 300℃ 左右不能汽化，则需要用 LC-MS 分析，此时主要得分子量信息，如果是串联质谱，还可以得一些结构信息。如果是生物大分子，主要利用 LC-MS 和 MALDI-TOF 分析，主要得分子量信息。对于蛋白质样品，还可以测定氨基酸序列。质谱仪的分辨率是一项重要技术指标，高分辨质谱仪可以提供化合物组成式，这对于结构测定是非常重要的。双聚焦质谱仪，傅立叶变换质谱仪，带反射器的飞行时间质谱仪等都具有高分辨功能。

5.5.5.2　操作

质谱分析法对样品有一定的要求。进行 GC-MS 分析的样品应是有机溶液，水溶液中的有机物一般不能测定，须进行萃取分离变为有机溶液，或采用顶空进样技术。有些化合物极性太强，在加热过程中易分解，如有机酸类化合物，此时应进行酯化处理，将酸变为酯再进行 GC-MS 分析，再由分析结果推测酸的结构。如果样品不能汽化也不能酯化，需用 LC-MS 进行分析。进行 LC-MS 分析的样品最好是水溶液或甲醇溶液，LC 流动相中不应含不挥发盐。对于极性样品，一般采用 ESI 源，对于非极性样品，可采用 APCI 源。

由于质谱分析具有灵敏度高、样品用量少、分析速度快、分离和鉴定同时进行等优点，因此，质谱技术广泛应用于生物学、化学、化工、环境、能源、医药、运动医学、刑侦科学、生命科学、材料科学、食品化学、石油化工等各个领域。

参 考 文 献

[1]　施莱杰 H G. 普通微生物学. 陆卫平，周德庆，郭杰炎等译. 上海：复旦大学出版社，1990.

[2]　布洛克 T D. 微生物生物学. 四川大学，武汉大学，复旦大学等译. 北京：人民教育出版社，1980.

[3]　小佩尔扎 M J，里德 R D，詹 E C S. 微生物学. 武汉大学生物学系微生物学教研室译. 北京：科学出版社，1987.

[4]　杨苏声，周俊初. 微生物生物学. 北京：科学出版社，2004.

[5]　卫扬保. 微生物生理学. 北京：高等教育出版社，1989.

[6] 程皆能. 微生物生理学. 上海：复旦大学出版社，1987.

[7] 道斯 I W，萨瑟兰 I W. 微生物生理学. 中国科学院上海植物生理研究所微生物室译. 北京：科学出版社，1980.

[8] 向平，沈敏，卓先义. 液相色谱. 上海：上海科学技术出版社，2009.

[9] 李季伦，张伟心，杨启瑞等. 微生物生理学. 北京：北京农业大学出版社，1993.

[10] 周德庆. 微生物学教程. 第 2 版. 北京：高等教育出版社. 2002.

[11] 俞大绂，李季伦. 微生物学. 第 2 版. 北京：科学出版社. 1985.

[12] 翟中和，王喜忠，丁明孝. 细胞生物学. 北京：高等教育出版社，2000.

[13] 黄秀梨. 微生物学. 第 2 版. 北京：高等教育出版社，2003.

[14] 沈萍. 微生物学. 北京：高等教育出版社，2000.

[15] 刘志恒. 现代微生物学. 北京：科学出版社，2002.

[16] 王家玲. 环境微生物学. 北京：高等教育出版社，2004.

[17] 沈萍，范秀容，李广武. 微生物学实验. 第 3 版. 北京：高等教育出版社，1999.

[18] 朱玉贤，李毅. 现代分子生物学. 第 3 版. 北京：高等教育出版社，2002.

[19] Koch A L. Bacterial Growth and Form. New York：Chapman and Hall，1995.

[20] Lily Y Young，Carl E. Cerniglia. Microbial Transformation and Degradation of Toxic Organic Chemicals. New York：Wiley-Liss，Inc. 1995.

[21] Moat A G. Microbial Physiology. 4th ed. New York：Wiley-Liss，2002.

[22] Ronald L Crawfor，Don L Crawford. Bioremediation：Principles and Applications. London：Cambridge University Press，1996.

[23] Sikyta B. Techniques in Applied Microbiology. Amsterdan：Elsevier，1995.

[24] Waites M J，et al. Industrial Microbiology；An Introduction. Part 1：Microbial physiology. London：Blackwell Science Ltd，2001.

[25] Winter P C，et al. Instant Notes in Biochemistry Oxford：Bios Scientific Publishers Limited，1999.

[26] Winter P C，et al. Instant Notes in Genetics Oxford：Bios Scientific Publishers Limited，1999.

[27] Whilte D. The Physiology and Biochemistry of Prokaryotes. New York：Oxford University Press，1995.

6　微生物大分子制备技术

生物大分子（biomacromolecule）指的是作为生物体内主要活性成分的各种相对分子质量达到上万或更大的有机分子。常见的生物大分子包括蛋白质、核酸、脂质、糖类。生物大分子大多是由简单的组成结构聚合而成的。如蛋白质的组成单位是氨基酸，核酸的组成单位是核苷酸，脂肪的组成单位是脂肪酸。

生物大分子在分子结构和生理功能上差别很大，但却存在以下共性。

① 在活细胞内，生物大分子和相应的生物小分子之间的互变，通常通过脱水缩合，或加水分解；

② 蛋白质链（或称肽链）、核酸链和糖链都有方向性，如蛋白质链由 N-端到 C-端，核酸链由 5′-端到 3′-端；

③ 蛋白质、核酸和多糖分子都有各具特征的高级结构，正确的高级结构是生物大分子执行其生物功能的必要前提；

④ 在活细胞中，3 类生物大分子密切配合，共同参与生命过程，甚至很多情况下形成生命活动必不可少的复合大分子，如核蛋白、糖蛋白。

与化学产品的分离制备相比较，生物大分子的制备有以下主要特点。

① 生物材料的组成极其复杂，常常包含有数百种乃至几千种化合物；

② 许多生物大分子在生物材料中的含量极微，分离纯化的步骤繁多，流程长；

③ 许多生物大分子一旦离开了生物体内的环境极易失活；

④ 生物大分子的制备几乎都是在溶液中进行的，温度、pH 值、离子强度等各种参数对溶液中各种组成的综合影响，很难准确估计和判断。

制备微生物大分子的分离纯化方法多种多样，主要是利用它们之间特异性的差异，如分子的大小、形状、酸碱性、溶解性、溶解度、极性、电荷和与其他分子的亲和性等。各种方法的基本原理可以归纳为两个方面：①利用混合物中几个组分分配系数的差异，把它们分配到两个或几个相中，如盐析、有机溶剂沉淀、色谱和结晶等；②将混合物置于某一物相（大多数是液相）中，通过物理力场的作用，使各组分分配于不同的区域，从而达到分离的目的，如电泳、离心、超滤等。

6.1　核酸的提取与制备

制备核酸的第一步是使细胞裂解。裂解细胞的方法大体上可以分为两类：物理方法和化学方法。物理方法指的是以机械力（mechanical forces）的方法破碎细胞来释放内涵物。化学方法则是用化学药品（chemical agents）对细胞进行破碎。在制备 DNA 时通常以化学的方法破碎细胞。然后再根据核酸的理化性质将其与细胞中其他化合物和生物大分子分离开。

6.1.1　核酸的理化性质

核酸是由许多核苷酸聚合成的生物大分子化合物，为生命的最基本物质之一。核酸包括核糖核酸（ribonucleic acid，RNA）和脱氧核糖核酸（deoxyribonucleic acid，DNA）。DNA 是储存、复制和传递遗传信息的主要物质基础，RNA 在蛋白质合成过程中起着重要作用，其中转移核糖核酸（tRNA），起着携带和转移活化氨基酸的作用；信使核糖核酸（mRNA），是合成蛋白质的模板；核糖体的核糖核酸（rRNA），是细胞合成蛋白质的主要场所。

6.1.1.1 一般物理性质

（1）溶解度 DNA 为白色纤维状固体，RNA 为白色粉末固体，二者都微溶于水，其钠盐在水中的溶解度较大。它们可溶于 2-甲氧乙醇，但不溶于乙醇、乙醚和氯仿等一般有机溶剂，因此，常用乙醇从溶液中沉淀核酸，当乙醇浓度达到 50% 时，DNA 就会沉淀，当乙醇浓度达到 75% 时，RNA 也会沉淀。DNA 和 RNA 在细胞内常与蛋白质结合成核蛋白，两种核蛋白在盐溶液中的溶解度不同。在 NaCl 溶液浓度低于 0.14mol/L 时，DNA 的溶解度随 NaCl 溶液浓度的增加而逐渐降低；在 0.14mol/L 时，DNA 溶解度最小。而 RNA 核蛋白则易溶于 0.14mol/L 的 NaCl 溶液，因此常用不同浓度的盐溶液分离两种核蛋白。

（2）分子大小 DNA 分子极大，相对分子质量在 10^6 以上，RNA 的分子比 DNA 分子小得多。核酸分子的大小可用长度、核苷酸对（或碱基对）数目、沉降系数（S）和相对分子质量等来表示。

（3）形状及黏度 核酸（特别是线形 DNA）分子极为细长，其直径与长度之比可达 $1:10^7$，因此核酸溶液的黏度很大，即使是很稀的 DNA 溶液也有很大的黏度。RNA 因其相对分子质量小，溶液的黏度要小得多。核酸若发生变性或降解，其溶液的黏度就会随之降低。

6.1.1.2 核酸的紫外吸收性质

核酸中的嘌呤和嘧啶环都具有共轭双键，强烈吸收 260~290nm 波段的紫外光，其最高吸收峰接近 260nm。其吸光度（absorbance）以 A_{260} 表示，A_{260} 是核酸的重要性质，常用于核酸的定性及定量。核酸的光吸收值常比其各核苷酸成分的光吸收值之和少 30%~40%，双链 DNA 的光吸收值比单链 DNA 的光吸收值也少（见图 6-1）。这是在有规律的双螺旋结构中碱基紧密地堆积在一起造成的。核酸紫外吸收值顺序为：单核苷酸＞单链 DNA＞双链 DNA。

实验室常用核酸的这一性质对其纯度进行测定。因为蛋白质的最大吸收在 280nm 处，因此从 A_{260}/A_{280} 的比值即可判断样品的纯度。纯 DNA 的 A_{260}/A_{280} 比值应为 1.8，纯 RNA 应为 2.0。样品中如含有杂蛋白及苯酚，A_{260}/A_{280} 比值即明显降低。对于纯的核酸溶液，测定 A_{260}，即可利用核酸的比吸光系数计算溶液中核酸的量，核酸的比吸光系数是指浓度为 $1\mu g/mL$ 的核酸水溶液在 260nm 处的吸光度，天然状

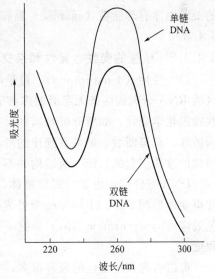

图 6-1 核酸的紫外吸收值

态的双链 DNA 的比吸光系数为 0.020，变性 DNA 和 RNA 的比吸光系数为 0.022。通常当 OD 值等于 1 时，双螺旋 DNA 为 $50\mu g/mL$，单螺旋 DNA（或 RNA）为 $40\mu g/mL$，寡核苷酸为 $20\mu g/mL$。这个方法既快速，又相当准确，而且不会浪费样品。不纯的样品通常不用紫外吸收法作定量测定，而是用琼脂糖凝胶电泳分离出区带后，经溴化乙锭染色而粗略地估

计其含量。

6.1.1.3 核酸的沉降特性

溶液中的核酸分子在重力场中可以下沉。不同构象的核酸（线形，开环，超螺旋结构）、蛋白质及其他杂质在超速离心机的强大重力场中，沉降的速率有很大差异，所以可以用超速离心法纯化核酸，或将不同构象的核酸进行分离，也可以测定核酸的沉降常数与分子量。

使用不同介质组成密度梯度进行超速离心分离，其效果更好。RNA 分离常用蔗糖梯度；DNA 分离常用氯化铯梯度。氯化铯在水中有很大的溶解度，可以制成浓度很高（8mol/L）的溶液。应用溴化乙锭-氯化铯密度梯度平衡超速离心，很容易将不同构象的 DNA、RNA 及蛋白质分开。

6.1.1.4 核酸的两性解离

核酸既含有呈酸性的磷酸基团，又含有呈弱碱性的碱基，故为两性电解质，可发生两性解离。但磷酸的酸性较强，在核酸中除末端磷酸基团外，所有形成磷酸二酯键的磷酸基团仍可解离出一个 H^+，其 pK 为 1.5；而嘌呤和嘧啶碱基为含氮杂环，又有各种取代基，既有碱性解离又有酸性解离的性质，解离情况复杂，但通常呈弱碱性。所以核酸相当于多元酸，具有较强的酸性，当 $pK>4$ 时，磷酸基团全部解离，呈多阴离子状态。

核酸是具有较强的酸性的两性电解质，其解离状态随溶液的 pH 而改变。当核酸分子的酸性解离和碱性解离程度相等，所带的正电荷与负电荷相等，即成为两性离子，此时核酸溶液的 pH 就称为等电点（isoelectric point，pI）。核酸的等电点较低，如酵母 RNA 的 pI 为 2.0～2.8。根据核酸在等电点时溶解度最小的性质，把 pH 调至 RNA 的等电点，可使 RNA 从溶液中沉淀出来。

根据核酸的解离性质，用中性或偏碱性的缓冲液使核酸解离成阴离子，置于电场中便向阳极移动，即电泳（electrophoresis）。凝胶电泳是当前核酸研究中最常用的方法。常用的凝胶电泳有琼脂糖（agarose）凝胶电泳和聚丙烯酰胺（polyacrylamide）凝胶电泳（详见6.4 节）。

6.1.1.5 核酸的变性、复性和杂交

（1）变性（denaturation） 过量的碱、酸或加热可使天然的双螺旋 DNA 和具有双螺旋区的 RNA 分离成两条无定形的多核苷酸单链，这一过程叫做变性。DNA 变性后会发生一些物理化学变化，如紫外吸收增加、黏度下降、比旋光值降低等。这是由于 DNA 双螺旋结构破坏、氢键断裂、碱基有规律的堆积破坏，双螺旋从松散变成单链线团。变性主要是二级结构的改变引起的，而一级结构并不发生改变（见图 6-2）。

DNA 变性后，由于双螺旋解体，碱基堆积已不存在，藏于螺旋内部的碱基暴露出来，使得变性后的 DNA 对 260nm 紫外光的吸光率比变性前明显升高（增加），这种现象称为增色效应（hyperchromic effect）。这一性质可用于跟踪 DNA 的变性过程，了解 DNA 的变性程度。

可以引起核酸变性的因素很多，如加热、极端的 pH、有机溶剂、酰胺、尿素等。由温度升高而引起的变性称热变性；由酸碱度改变引起的变性称酸碱变性。尿素是用聚丙烯酰胺凝胶电泳法测定 DNA 序列常用的变性剂。甲醛也常用于琼脂糖凝胶电泳法测定 RNA 的分子大小。

DNA 变性的特点是爆发式的。当 DNA 溶液被缓慢加热时，溶液的紫外吸收值在到达某温度时会突然迅速增加，并在一个很窄的温度范围内达到最高值，其紫外吸收可增加

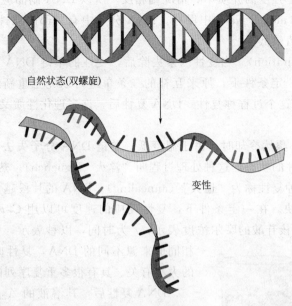

自然状态(双螺旋)

变性

图 6-2　DNA 的变性

40%。DNA 热变性时，其紫外吸收值到达总增加值一半时的温度，称为 DNA 的变性温度（见图 6-3）。由于 DNA 变性过程犹如金属在熔点的熔解，所以 DNA 的变性温度亦称为 DNA 的熔点或熔解温度（melting temperature），用 T_m 表示。DNA 的 T_m 值一般在 70～85℃。

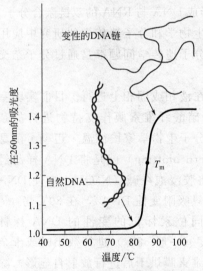

变性的DNA链

自然DNA

T_m

图 6-3　DNA 的变性及 T_m 值

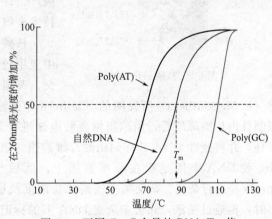

Poly(AT)

自然DNA

Poly(GC)

T_m

图 6-4　不同 G—C 含量的 DNA T_m 值

DNA 的 T_m 值大小与下列因素有关。

① DNA 的均一性：均一性越高的 DNA 样品，熔解的温度范围越小。

② G—C 的含量：G—C 含量越高，T_m 值越高（见图 6-4）。这是因为 G—C 对比 A—T 对更为稳定的缘故。所以测定 T_m 值可推算出 G—C 对的含量。其经验公式为：

$$(G—C)\% = (T_m - 69.3) \times 2.44$$

③ 介质中的离子强度：DNA 在离子强度较低的介质中熔解温度较低，熔解温度的范围

较宽。而在较高的离子强度的介质中，情况则相反。所以 DNA 制品应保存在较高浓度的缓冲液或溶液中。常在 1mol/L NaCl 中保存。RNA 分子中有局部的双螺旋区，所以 RNA 也可发生变性，但 T_m 值较低。

（2）复性（renaturation） 当变性因素去除后，变性的单链 DNA 在链内或链间会形成局部氢键结合区。在一定条件下，原来互补的二条单链可以完全重新结合，恢复到原来的 DNA 的双螺旋结构，这个过程称复性。DNA 复性后，许多理化性质又得到恢复，生物活性也可以得到部分恢复。

将热变性的 DNA 骤然冷却时，由于温度低，单链 DNA 分子失去碰撞的机会，因而不能复性，保持单链变性的状态，这种处理过程叫"淬火"（guench）。热变性 DNA 在缓慢冷却时，可以复性，这种复性称为"退火"（annealing）。DNA 的片段越大，复性越慢；DNA 的浓度越大，复性越快。在一定条件下，复性反应的速度可以用 $C_0 t$ 来衡量。C_0 为变性 DNA 的原始浓度，以核苷酸的摩尔浓度表示，t 为时间，以秒表示。实验证明，两种浓度相同但来源不同的 DNA，复性时间的长短与基因组的大小有关。具有很多重复序列的 DNA，复性也快。

DNA 复性后，其溶液的 A_{260} 值可恢复到变性前的水平，这现象称减色效应（hypochromic effect）。

（3）核酸的杂交（hybridization） 如果两条 DNA 链来源不同，不同变性 DNA 段之间，通过碱基互补配对进行复性，称为杂交（见图 6-5）。杂交不仅可以发生在 DNA 与 DNA 链间，还可以在 DNA 与 RNA 之间进行，形成 DNA 与 RNA 的双链杂合分子。核酸的杂交在分子生物学和分子遗传学的研究中应用极广。许多重大的分子遗传学问题都是通过分子杂交技术来解决的。

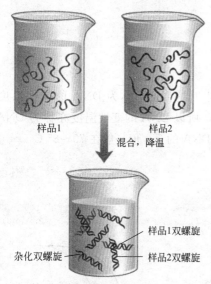
图 6-5　核酸的杂交

核酸杂交可以在液相或固相上进行。目前实验室中应用较广的是用硝酸纤维素膜作支持物进行的杂交。英国剑桥大学分子生物学家埃德温·迈勒·萨瑟恩（E. M. Southern）所发明的 Southern 印迹法（Southern blotting）就是将 DNA 样品经限制性内切酶降解后，用琼脂糖凝胶电泳进行分离。再将胶浸泡在碱（NaOH）中使 DNA 变性，并将变性 DNA 转移到硝酸纤维素膜（硝酸纤维素只吸附变性 DNA），在 80℃烤 4～6h，使 DNA 牢固地吸在纤维素膜上，然后与放射性同位素标记的变性的 DNA 探针（probe）进行杂交。杂交须在较高的盐浓度及适当的温度（一般 68℃）进行数小时或十余小时，再通过洗涤，除去未杂交 DNA 上的标记物，将纤维素膜烘干后进行放射自显影。除 DNA 外，RNA 也可用作探针。用 ^{32}P 标记核酸时（用作探针），可以在 3′-或 5′-端标记，也可用均匀标记。应用类似方法可分析 RNA，即将 RNA 变性后转移到纤维素膜上再进行杂交。此方法称 Northern 印迹法（Northern blotting），用类似方法分析蛋白质，称 Western 印迹法（Western blotting）。Northern 印迹法和 Western 印迹法均由美国斯坦福大学的乔治·斯塔克（George Stark）发明。

6.1.2　核酸的提取与制备

基因组 DNA 的提取通常用于构建基因组文库、Southern 杂交（包括 RFLP）及 PCR 分离基因等。利用基因组 DNA 较长的特性，可以将其与细胞器或质粒等小分子 DNA 分离。加入一定量的异丙醇或乙醇，基因组的大分子 DNA 即沉淀形成纤维状絮团漂浮其中，可用玻棒将其取出，而小分子 DNA 则只形成颗粒状沉淀附于壁上及底部，从而达到提取的目的。在提取过程中，染色体会发生机械断裂，产生大小不同的片段，因此分离基因组 DNA 时应尽量在温和的条件下操作，如尽量减少酚/氯仿抽提、混匀过程要轻缓，以保证得到较长的 DNA。一般来说，构建基因组文库，初始 DNA 长度必须在 100kb 以上，这样酶切后才能得到更多的两边都带合适末端的有效片段。而进行 RFLP 和 PCR 分析，DNA 长度可短至 50kb，在该长度以上，可保证酶切后产生 RFLP 片段（20kb 以下），并可保证包含 PCR 所扩增的片段（一般 2kb 以下）。

不同生物（植物、动物、微生物）的基因组 DNA 的提取方法有所不同，不同种类或同一种类的不同组织因其细胞结构及所含的成分不同，分离方法也有差异。常规实验中从细菌基因组上 PCR 扩增目的基因时，一般所用的 DNA 量较少，可以采用较简单的沸水浴裂解法制备少量的 DNA。在短时间的热脉冲下，细胞膜表面会出现一些孔洞，此时就会有少量的染色体 DNA 从中渗透出来，然后离心去除菌体碎片，上清液中所含的基因组 DNA 即可用于 PCR 模板。而对于大量的基因组 DNA 制备（如 Southern blotting，需大量基因组），可采用试剂盒抽提。

提取 DNA 基本的原则是：保证核酸一级结构的完整性；核酸样品中不应存在对酶有抑制作用的有机溶剂和过高浓度的金属离子；最大程度降低其他生物大分子如蛋白质、多糖和脂类分子的污染；尽量去除其他核酸分子，如 RNA。

6.1.2.1 大肠杆菌中染色体 DNA 的抽提

在制备 DNA 时通常利用化学方法去破碎细胞。所使用的试剂通常包括一种能够破坏细胞壁的成分和一种能够去除细胞膜的成分。对于大肠杆菌来说，常常使用溶菌酶（lysozyme）或者乙二胺四乙酸盐（EDTA）破坏细胞壁，或者二者结合起来使用。溶菌酶是一种在鸡蛋清中存在的酶，它能够消化掉细胞壁中的多聚物。EDTA 能够通过螯合除去对保护整个细胞外壁来说必不可少的钙离子，同时抑制细胞质中降解 DNA 的酶。在某些条件下，用溶菌酶或 EDTA 来削弱细胞壁足以导致细胞破裂，但通常还要加入一些去垢剂如十二烷基硫酸钠（SDS）导致细胞膜破裂，协助整个细胞外壁的溶解过程。

制备细胞提取物的最后一个步骤是通过离心去除细胞内的不溶性残余物，如部分消化的细胞壁碎片等成分。这些成分可以通过离心的方式聚集在离心管的底部，而细胞提取物则以上清液（supernatant）的形式得到分离。

具体方法如下。

① 大肠杆菌一级瓶培养过夜，以 10％的接种量接二级瓶培养 4～5h 后，培养物以 50mL/管离心收获（8000r/min，5min，4℃）。

② 菌体沉淀中加入 10mL Buffer A，旋涡振荡混匀，37℃保温 30min。

③ 取出后加入 10％ SDS 至最终浓度为 1％，轻轻混匀，37℃保温 30min。

④ 取出后加入 20mg/mL 的 ProK 至最终浓度为 5mg/mL，60℃保温 1h（染色体 DNA 结合蛋白的消化）。

⑤ 取出后加入预冷的 5mol/L NaCl 至最终浓度为 1mol/L，混匀后冰浴 30min（溶液要混合成为均相，并且冰浴要充分，时间可适当延长）。

⑥ 取出后 4℃，15000r/min 离心 30min（离心前样品管要进行平衡，以免离心机受损）。

⑦ 在上清液中加入 6mL 苯酚和 6mL 氯仿混合液，混匀，室温下 12000r/min 离心 30min。

⑧ 在上清液中加入 10mL 氯仿，混匀，室温下 12000r/min 离心 30min。

⑨ 取上清液，加一倍量异丙醇沉淀 DNA，冰浴放置 30min，15000r/min 离心 30min。

⑩ 75％ 冰乙醇洗涤 5min。

⑪ 晾干后，用 300mL 无菌双蒸水溶解染色体 DNA，在 37℃水浴中放置 30min。

⑫ 用 2～2.5 体积的无水乙醇沉淀（加入 0.1 体积 pH 5.5 的 KAc）。

⑬ 沉淀洗涤，抽干后用 ddH_2O 溶解，分装并保存于−20℃。

试剂与器材如下。

Buffer A：含 Tris-HCl（pH 8.0）10mmol/L，EDTA（pH 8.0）20mmol/L（使用前加入溶菌酶至终浓度 5 mg/mL）；

10％SDS；

ProK（蛋白酶 K）；

5mol/L NaCl；

酚饱和溶液［苯酚溶解后用 10mmol/L Tris（pH 8.0）平衡至上清液中的水相 pH 升至 8.0］；

氯仿；

异丙醇；

70％冰乙醇；

无水乙醇；

eppendorf 管，枪头；

移液枪；

水浴锅；

离心机；

摇床。

6.1.2.2　沸水浴制备染色体 DNA

① 在 Eppendorf 管中加入 $100\mu L$ 的 ddH_2O，挑入米粒大小的菌团，充分悬浮并混匀。

② 上述菌体悬浮液沸水煮 20s。

③ 迅速放置于常温下 15000r/min 离心 10min。

④ 用牙签挑去菌体碎片（白色沉淀），上清液待用。

6.1.2.3　碱溶法制备质粒 DNA

质粒 DNA 的制备与全细胞 DNA 的制备基本相同，在制备质粒 DNA 时，首先要收集包含质粒的细胞培养物，并制成细胞提取物。然后去除其中的蛋白质和 RNA，DNA 则用乙醇沉淀进行浓缩。在质粒制备过程中需要从大量的染色体 DNA 中分离出含量相对较少的质粒 DNA。

质粒 DNA 通常以超螺旋的形式存在于细胞中。超螺旋是在质粒复制过程中在拓扑异构酶的作用下形成的。超螺旋分子很容易同其他非超螺旋 DNA 分子相分离，利用这一特点，通过下面两种途径可以从细胞粗提物纯化出质粒 DNA。

具体方法如下。

① 取 1.5mL 过夜细菌培养液于 1.5mL 离心管中，于台式高速离心机中以 15000r/min，常温离心 30s，弃去上清液并将离心管倒扣在滤纸上。

② 在离心管中加入 100μL 溶液 I 悬浮菌体，涡旋振荡，以充分悬浮菌体成均匀悬浮液。

③ 加入 200μL 溶液 II，扣上离心管盖，立即轻轻混匀（来回颠倒数次），至溶液几乎澄清，成淡黄色透明黏液状。

④ 打开离心管盖，加入 150μL 溶液 III，轻轻混匀（来回颠倒数次），看到淡黄色消失，有大量白色沉淀生成，然后离心。

⑤ 常温 15000r/min 离心 10min，小心吸取上清液于另一离心管中。注意，不要把白色絮状物混入上清液中。

⑥ 清液中加入等体积的苯酚饱和溶液：氯仿混合溶液（1:1）（各 200μL），充分混匀，常温 15000r/min 离心 10min，小心将上清液转移至另一离心管。注意不要将下层有机相混入上清液中。

⑦ 在上清液中加入 -20℃ 冷冻的异丙醇 600μL，充分混匀，常温 15000r/min 离心 10min。

⑧ 倾去上清液，注意避免把离心管底的白色 DNA 沉淀也随同上清倒掉。加入 400μL 75% 的冰乙醇，再 15000r/min 离心 1min，倾去上清液，倒扣离心管于滤纸上，晾干。

⑨ 加入 100μL 无菌重蒸水溶解质粒 DNA，可在 37℃ 保温 5~10min。

⑩ 加入 2μL RNase，37℃ 保温 30min，取 5μL 电泳检查是否消化彻底（以电泳前端无 RNA 条带为准）。

⑪ RNase 消化完全后加入等体积的苯酚饱和溶液：氯仿混合溶液（1:1）（各 300μL），充分混匀，4℃、15000r/min 离心 15min，将上清液转移至另一离心管。

⑫ 在上清液中加入 0.1 倍溶液体积的 3mol/L、pH 5.5 的 KAc（约 40μL），400μL 的 -20℃ 冷冻的异丙醇，充分混匀，4℃、15000r/min 离心 20min。

⑬ 用 400μL 75% 的冰乙醇洗涤一次，再 15000r/min 离心 1min，倾去上清液，倒扣离心管于滤纸上，晾干，待用。

⑭ 如需定量或检测制备的质粒 DNA 的质量，可取适量质粒 DNA 进行适当稀释，测定 OD_{260} 和 OD_{280} 值，计算 OD_{260}/OD_{280} 的比值。质粒双链 DNA 量可以 $OD_{260}=50mg/mL$ 计算。OD_{260}/OD_{280} 应为 1.8 左右。

试剂与器材如下。

溶液 I：含葡萄糖 50mmol/L，Tris-HCl 50mmol/L，EDTA 10mmol/L，溶菌酶 5mg/mg；

溶液 II：含 NaOH 0.2mol/L，SDS 1.0%；

溶液 III（pH 5.5、3mol/L KAc）：含 5mol/L 乙酸钾 60mL，冰乙酸 11.5mL；

苯酚饱和溶液：苯酚溶解后用 10mmol/L Tris（pH 8.0）平衡至上清液中的水相 pH 升至 8.0；

氯仿；

异丙醇；

RNaseA（10mg/mL）；

3mol/L KAc（pH 5.5）；

70% 冰乙醇。

6.1.2.4 沸水浴法快抽大肠杆菌质粒 DNA

① 在 Eppendorf 管中加入 110μL 的 STET（使用前加入溶菌酶至终浓度为 5mg/mL）

溶液，挑入米粒大小的菌团，充分悬浮并混匀。

② 上述菌体悬浮液沸水煮 20s。

③ 迅速放置于常温下 15000r/min 离心 15min。

④ 用牙签挑去菌体碎片（白色沉淀），在上清液中加入 100μL 的异丙醇，充分混匀后 15000r/min 离心 15min。

⑤ 弃上清液，沿管壁四周加入 70％冰乙醇 400μL 洗涤上述所得 DNA 样品，完毕后弃去上清液，管子倒扣 10s 左右，然后将 DNA 沉淀晾干。

⑥ 沉淀晾干后用 50μL 无菌重蒸水溶解，样品可取 5μL 酶切电泳分析或待用。

STET 溶液：含蔗糖 8％，TritonX-100 5％，Tris-HCl（pH 8.0）50mmol/L，EDTA（pH 8.0）50mmol/L。

6.1.3 DNA 浓度的测定

在进行基因克隆实验时，确切知道 DNA 含量是十分关键的。DNA 浓度能够通过紫外分光光度（ultraviolet absorbance spectrophotometry）测定法进行测定。被 DNA 溶液吸收的紫外线的量能够正比于样品溶液中的 DNA 含量。通常测定 DNA 在 260nm 处的吸收值，在该波长情况下，1.0 的吸收值对应于 50ng/mL 双链 DNA。

紫外吸收还能被用来检测 DNA 制备物的纯度。对纯净的 DNA 样品，在波长 260nm 和 280nm 的吸收值之比应为 1.8。如果实际测量时，比值如小于 1.8，表明样品中含蛋白质或苯酚等杂质。

6.2 蛋白质的提取与制备

酶是微生物赖以生存的基础，能在细胞中十分温和的条件下，高效率地催化各种生物化学反应，促进细胞的新陈代谢、营养和能量转换，所有生物的营养和代谢都需要在酶的参与下才能正常进行。大多数酶由蛋白质组成（少数为 RNA）。

酶的分离纯化是研究酶蛋白的化学组成、结构及生物功能的基础。自然酶存在于复杂的混合体系中，而许多重要的酶在组织细胞内的量又极低，因此，在分离纯化过程中要以蛋白质（酶）的性质为根据，采用科学的方法，才能做到既把所需酶蛋白从复杂的体系中提取分离，又防止其空间构象的改变和生物活性的丧失。

6.2.1 蛋白质的理化性质

6.2.1.1 蛋白质的胶体性质

蛋白质是高分子化合物，如尿酶的分子量是 480kD，由 6 个亚基组成，每个亚基分子量为 80kD。由于蛋白质分子量大，分散在溶液中形成的颗粒直径为 1～100nm，在水中呈胶体性，具有亲水溶胶溶液的性质，如布朗运动、光散射现象、电泳、不能透过半透膜以及吸附能力等特征。蛋白质分子表面的水化膜和表面电荷是稳定蛋白质亲水溶胶的两个重要因素。

蛋白质颗粒大，在溶液中具有很大的表面。而且表面有很多极性基团如—NH_3^+、—COO^-、—$CONH_2$、—OH、—SH 等。这些极性基团与水有高度的亲和性。当蛋白质与水相遇时，水分子很容易被蛋白质吸引，在蛋白质颗粒外面形成一层密度较厚的水膜（水化层），水膜的存在使蛋白质颗粒之间保持距离，不会因碰撞而聚集成大颗粒。因此蛋白质在水溶液中比较稳定而不易沉淀。蛋白质能形成稳定的亲水胶体的另一个原因是在非等电状态下，蛋白质颗粒上带有同性电荷，使蛋白质颗粒之间相互排斥。保持一定距离而不致互相凝集沉淀。

在蛋白质的水溶液中加入少量的无机盐会增加蛋白质表面的电荷，增强酶蛋白与水的作用，从而使蛋白质在水中的溶解度增大，这种现象称为盐溶（salting in）。但是在高盐浓度的情况下，本来与蛋白质结合的自由水与盐解离产生的离子进行配位，蛋白质表面的水层被破坏，导致蛋白质之间的相互作用增大而发生凝集，这种现象称盐析（salting out）。

蛋白质的亲水意义十分重大。生物体最多的成分是水。蛋白质的催化作用是在水中进行的。少量的亲水胶体可与大量的水缔合形成流动性不同的胶体系统。各种组织和细胞之所以具有一定形状、弹性和黏度等性质也与蛋白质胶体的亲水性分不开。

6.2.1.2 蛋白质的带电性

蛋白质的分子可以看作是一个多价的离子。除了肽链 N-端和 C-端外，肽链上还有很多可解离的氨基酸侧链，如 ε-氨基、γ-COOH、β-COOH、咪唑基及胍基等，这些基团在一定的 pH 条件下都能解离成带电基团，使酶蛋白分子带电。这些可解离的基团在特定 pH 范围内解离产生正电荷基团，或负电荷基团。蛋白质所带的电荷量是各带电基团所带电荷之总和。一般来说，在酸性溶液中带正电荷的蛋白质多，而在碱性溶液中带负电荷的蛋白质多。蛋白质和氨基酸一样也是两性电解质，在水溶液中能解离，解离的程度和生成离子的情况由蛋白质可解离基团的数目和溶液的 pH 所决定。在不同 pH 下，蛋白质可分别成为阳离子、阴离子和两性离子。当在某 pH 下，蛋白质颗粒上所带的正电荷等于所带的负电荷，这时的 pH 就是该蛋白质的等电点（pI）。当溶液的 pH 小于 pI 时，蛋白质带正电荷，在电场中向阴极移动。相反，当溶液的 pH＞pI 时，蛋白质带负电荷向阳极移动。

等电点是蛋白质特有的，与所含的氨基酸的种类和数量有关，也就是与所含的碱性氨基酸和酸性氨基酸的比例有关。含碱性氨基酸多的蛋白质，其等电点偏碱；含酸性氨基酸多的蛋白质，其等电点偏酸。含酸性和碱性氨基酸残基数目相近的蛋白质，其等电点大多为中性偏酸，约 5.0 左右。蛋白质在等电点时，以两性离子形式存在，其净电荷为零，这样的蛋白质颗粒在溶液中因为没有相同电荷而互相排斥的影响，所以最不稳定，溶解度最小，最易沉淀。在蛋白质的分离提纯时常应用这一性质。同时在等电点时蛋白质的黏度、渗透压、膨胀性、导电能力均为最小。

6.2.1.3 蛋白质的紫外吸收性

由于蛋白质中存在含有共轭双键的色氨酸、酪氨酸和苯丙氨酸残基，它们具有吸收紫外光的性质，其吸收高峰在 280nm 波长处，且在此波长内吸收峰的光密度值 OD_{280} 与其浓度成正比关系，故可作为蛋白质定量测定的依据。

6.2.1.4 蛋白质的变性

蛋白质在某些理化因素的作用下，其特定的空间结构被破坏而导致其理化性质改变及生物活性丧失，这种现象称为蛋白质的变性。引起蛋白质变性的因素有：高温、高压、电离辐射、超声波、紫外线、有机溶剂、重金属盐及强酸强碱等。绝大多数蛋白质分子的变性是不可逆的。

6.2.2 蛋白质的提取与制备

蛋白质提取与制备主要根据五种性质，即分子大小、溶解度、电荷、吸附性、对配体分子的生物学亲和力等。如根据配体特异性进行分离，可采用亲和色谱法；根据蛋白质分子大小的差别进行分离，可采用透析/超滤、凝胶过滤等方法；根据蛋白质带电性质进行分离，可采用电泳法离子交换色谱、盐析、等电点沉淀、低温有机溶剂沉淀等方法。

蛋白质的"提取与制备"是在分离、纯化之前将经过预处理或破碎的细胞置于溶剂中，使被分离的生物大分子充分地释放到溶剂中，并尽可能保持原来的天然状态不丧失生物活性的过程。这一过程是将目的产物与微生物细胞中其他化合物和生物大分子分离，即由固相转入液相，或从细胞内的生理状况转入外界特定的溶液中。

要把酶蛋白从所存在的混合物中分离，首先要把蛋白与糖、脂肪、核酸及其他有机物分开，然后再把目的蛋白与其他蛋白分开。如果要研究酶蛋白的组成、结构及性质，需要纯化均一的酶；如果要研究酶的生物活性，需要把它与非生物活性物质分开，并且尽可能不使其失去生物活性。因此，在分离、纯化过程中要根据不同的要求和可能的条件选用不同的方法。

6.2.2.1 培养液的固液分离

微生物的新陈代谢、营养及能量转换都是在酶的催化作用下完成的。微生物的酶可分为胞外酶与胞内酶：胞外酶（extroenzyme）是细胞内合成而在细胞外起作用的酶，包括位于细胞外表面或细胞外质空间的酶，也指释放入培养基的酶。胞内酶（endoenzyme）在细胞内起催化作用，在细胞内常与颗粒体结合并有着一定的分布，如线粒体上分布着三羧酸循环酶系和氧化磷酸化酶系，而蛋白质合成的酶系则分布在内质网的核糖体上。一些胞内酶可能也会因细胞衰老、破裂而被释放到细胞外。因此，在分离微生物酶时首先要确定该酶属于哪一类酶。如果是胞外酶，可直接通过离心、过滤去除细胞，得到的滤液经减压蒸发浓缩、超滤等方法处理后，进一步分离纯化，或作为粗酶溶液与底物进行反应。如果是胞内酶，则要通过离心去除液体培养基及其他杂质，然后再用缓冲液对细胞进行清洗、破碎及进一步提取，或作为休止细胞与底物进行反应（见5.5节）。

细胞破碎（cell disruption）的方式主要有以下几种。

（1）高压均质器法　高压均质器法可用于酵母菌、大肠杆菌、假单胞菌甚至黑曲霉菌等细胞的破碎。其方法是将细胞悬浮液在高压下通入一个孔径可调的排放孔中，菌体从高压环境转到低压环境，细胞就容易破碎。菌悬液一次通过均质器的细胞破碎率在12%～67%。细胞破碎率与细胞的种类有关。要达到90%以上的细胞破碎率，起码要将菌悬液通过均质器两次。最好是提高操作压力，减少操作次数。但有人报道，当操作压力达到175MPa时，破碎率可达100%。当压力超过70MPa时，细胞破碎率上升较为缓慢。高压均质器的阀门是影响细胞破碎率的重要因素。丝状菌会堵塞均质器的阀门，尤其高浓度菌体时更是如此。在丰富培养基上比在合成培养基上生长的大肠杆菌更难破碎。

（2）超声波处理法　超声波处理法是用一定功率的超声波处理细胞悬液，使细胞急剧振荡破裂。用大肠杆菌制备各种酶，常选用50～100mg/mL菌体浓度，在1～10kG频率下处理10～15min，此法的缺点是在处理过程中会产生大量的热，应采取相应降温措施。对超声波敏感和核酸应慎用。

（3）反复冻融法　反复冻融法是将细胞在−20℃以下冰冻，室温融解，反复几次，由于细胞内冰粒的形成和剩余细胞液的盐浓度增高引起溶胀，使细胞结构破碎。

（4）化学处理法　有些动物细胞，例如肿瘤细胞可采用十二烷基硫酸钠（SDS）、去氧胆酸钠等将细胞膜破坏，细菌细胞壁较厚，采用溶菌酶处理效果更好。无论用哪一种方法破碎组织细胞，都会使细胞内蛋白质或核酸水解酶释放到溶液中，导致大分子生物降解。因此，需要严格控制反应条件。

6.2.2.2 盐析沉淀

上述实验得到的粗酶溶液或细胞提取液可通过盐析的方法进一步提取。

（1）蛋白质盐析的基本原理 中性盐对蛋白质的溶解度有显著影响，一般在低盐浓度下随着盐浓度升高，蛋白质的溶解度增加；当盐浓度继续升高时，蛋白质的溶解度不同程度下降并先后析出，将大量盐加到蛋白质溶液中，使本来与蛋白质结合的水被无机盐所解离的离子作为配位水而夺去，导致蛋白质表面的水层的破坏，蛋白质之间的相互作用增大而发生凝集。被盐析沉淀下来的蛋白质仍保持其天然性质，并能再度溶解回复其活性。由于各种蛋白质发生凝集的盐浓度不一样，因此利用这一性质来粗分离酶蛋白。盐析的效果与离子的种类有关：中性盐阴离子的价数越高，盐析效果越好。它们的盐析能力按下列顺序递减：$SO_4^{2-} > PO_4^{3-} > Ac^- > Cl^- > NO_3^- > I^-$；阳离子盐析能力按下列顺序递减：$NH_4^+ > Mg^{2+} > Li^+ > Na^+ > K^+$。其中应用最多的是硫酸铵，它的优点是价廉，温度系数小，溶解度大，而且不会使蛋白质变性。盐析时若使溶液 pH 在蛋白质等电点则效果更好。由于各种蛋白质分子颗粒大小、亲水程度不同，故盐析所需的盐浓度也不一样，因此调节混合蛋白质溶液中的中性盐浓度可使各种蛋白质分段沉淀。

（2）硫酸铵沉淀 硫酸铵沉淀通常以 $(NH_4)_2SO_4$ 的百分饱和度表示，例如大部分蛋白质可在 80% $(NH_4)_2SO_4$ 饱和度下沉淀。这是因为 $(NH_4)_2SO_4$ 加入的体积很大，会使最后的总体积发生改变，很难由浓度百分比来计算。

饱和硫酸铵溶液（SAS）的配制方法是取 760～800g $(NH_4)_2SO_4$，放入 1000mL 70～80℃蒸馏水中搅拌约 20 分钟，用 NH_4OH 调 pH 为 7.0，室温静置过夜，待硫酸铵结晶析出，上清液即为饱和硫酸铵。

$(NH_4)_2SO_4$ 饱和度随温度变化稍有差异，如 25℃时的饱和浓度为 4.1mol/L（硫酸铵767g/L）；0℃时的饱和浓度为 3.9mol/L（硫酸铵 676g/L）。0%～100%各饱和度的添加量要查"硫酸铵饱和度表"，而不是以 767g 或 676g 直接乘以其百分比值（%）。

各种蛋白质，因其表面的非极性区域分布不同，各在其特定的 $(NH_4)_2SO_4$ 饱和浓度下沉淀，分子量大的蛋白质先沉淀，分子量小的蛋白质后沉淀，如球蛋白的分子量 20 万～30万 D，白蛋白的分子量只有 6.9 万 D，所以 50%饱和度硫酸铵沉淀的是球蛋白，而白蛋白则留在上清液中；又如在尿酶抽提液中加入固体 $(NH_4)_2SO_4$，当饱和度达到 35%时，尿酶基本仍留在溶液中；当饱和度达到 55%时，尿酶大部分沉淀出来（见表 6-1）。

表 6-1 硫酸铵对尿酶的分级沉淀

项目	分级沉淀结果（25℃）				
硫酸铵饱和度（25℃）/%	0～25	25～35	35～45	45～55	55～65
沉淀物中酶活性/U	0	112	6850	3020	27

在进行硫酸铵沉淀时，一般用从低到高的 $(NH_4)_2SO_4$ 浓度去沉淀蛋白质，可直接在液体里加固体的 $(NH_4)_2SO_4$，加到一定的浓度离心沉淀，收集分子量较大的蛋白质；上清液继续加 $(NH_4)_2SO_4$，再离心沉淀，收集分子量稍小一些的蛋白质；上清液再加 $(NH_4)_2SO_4$，通过不断增加 $(NH_4)_2SO_4$ 浓度就可以得到不同分子量的蛋白质。

（3）盐析的影响因素　影响盐析的主要因素是温度、pH及蛋白质浓度。

温度：有些酶在较高温度下稳定性能较好，可在常温下进行盐析操作，而对于大多数酶，尽可能在低温下操作。

pH：pH的控制应从酶的溶解度与稳定性两个方面考虑。在酶等电点时其溶解度最小易沉淀，但有些酶在等电点时稳定性较差，因此要选择最佳pH值。一般要求在酶最稳定的pH值的前提下，再考虑最适宜酶沉淀的pH值。在操作中一旦确定了最佳pH值，应先用甲酸或碱调节好酶液的pH值，再添加硫酸铵，要尽量避免溶液pH值的波动，以免破坏酶的稳定性。

蛋白质浓度：蛋白质浓度高时，欲分离的蛋白质常常夹杂着其他蛋白质一起沉淀出来（共沉现象）。因此蛋白质含量应控制在2.5%～3.0%。

（4）透析　蛋白质在用盐析沉淀分离后，需要将蛋白质中的盐除去，最常用的方法就是透析（dialysis）。透析是利用半透膜将小分子与生物大分子分开的一种分离纯化技术。例如分离和纯化蛋白质、多肽、多糖等物质时，可用透析法除去无机盐、单糖、双糖等杂质。在蛋白质的分离与纯化过程中，透析主要用于除盐和浓缩。常用的半透膜是玻璃纸或称赛璐玢纸（cellophane paper）、火棉纸（celloidin paper）及其他改型纤维素材料。

半透膜具有使小分子或离子透过而蛋白质分子不能通过的特性。使用前一般先用蒸馏水冲洗透析袋（也可用玻璃纸），并用橡皮筋或细绳结扎透析袋的一端。检查无破口后，加入待脱盐的蛋白液，排出空气，再扎紧另一端。开始先用蒸馏水透析过夜（水量至少是蛋白液的50倍），然后移至磷酸缓冲液或生理盐水中，置4℃透析2～3d，每天换液二次以上。因透析所需时间较长，所以最好在低温中进行。如在袋外放吸水剂（如聚乙二醇）还可达到浓缩的目的。透析结束后用氯化钡溶液检查SO_4^{2-}，用奈氏（Nessler's）试剂检查NH_4^+。

蛋白质的透析分离如图6-6所示。

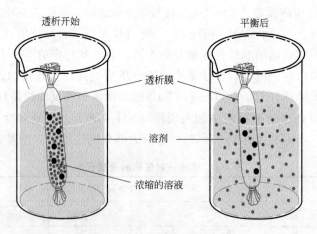

图6-6　蛋白质的透析分离

6.2.2.3　蛋白质的纯化

蛋白质提纯的总目标是设法增加制品纯度或比活性，对纯化的要求是以合理的效率、速度、收率和纯度，将需要蛋白质从细胞的全部其他成分特别是不想要的杂蛋白中分离出来，同时仍保留有这种多肽的生物学活性和化学完整性。

蛋白质在组织或细胞中一般都是以复杂的混合物形式存在，每种类型的细胞都含有成千种不同的蛋白质。蛋白质的分离和提纯工作是一项艰巨而繁重的任务，到目前为止，还没有一个单独的或一套现成的方法能把任何一种蛋白质从复杂的混合物中提取出来，但对任何一种蛋白质都有可能选择一套适当的分离提纯程序来获取高纯度的制品。

蛋白纯化就是利用各种蛋白间的相似性来除去非蛋白物质的污染，而利用各蛋白质的差异将目的蛋白从其他蛋白中纯化出来。每种蛋白间的大小、形状、电荷、疏水性、溶解度和生物学活性都会有差异，利用一种或几种性质差异，在兼顾收率和纯度的情况下，选择蛋白质提纯的方法。

样品经固液分离、盐析沉淀以后，大部分杂蛋白、非蛋白物质已被除去。在此基础上可使用色谱法包括凝胶过滤、离子交换色谱、吸附色谱以及亲和色谱等（见 6.5 节）进一步纯化。必要时还可选择等电聚焦电泳等（见 6.4 节）作为最后的纯化步骤。用于纯化的方法一般规模较小，但分辨率很高。

（1）凝胶过滤　凝胶过滤是根据分子大小分离蛋白质混合物最有效的方法之一。将蛋白质溶液添加到柱的顶部，任其往下渗漏，小分子蛋白质进入孔内，因而在柱中滞留时间较长，大分子蛋白质不能进入孔内而径直流出，因此不同大小的蛋白质得以分离（见图 6-7）。柱中最常用的填充材料是葡萄糖凝胶（sephadex gel）或琼脂糖凝胶（agarose gel）。

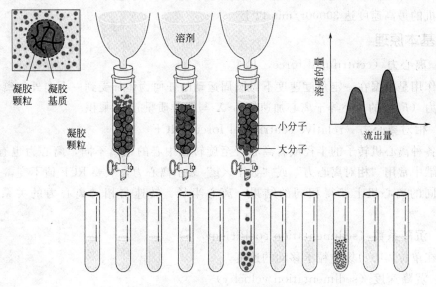

图 6-7　凝胶过滤原理

（2）离子交换色谱　离子交换剂有阳离子交换剂〔如羧甲基纤维素（carboxymethyl cellulose，CMC）〕和阴离子交换剂〔如二乙氨基乙基纤维素（diethylaminoethyl cellulose，DEAE）〕等，当被分离的蛋白质溶液流经离子交换色谱柱时，带有与离子交换剂相反电荷的蛋白质被吸附在离子交换剂上，随后用改变 pH 或离子强度的办法将吸附的蛋白质洗脱下来。

离子交换色谱的优点在于它能一次处理较多量的蛋白质，兼有浓缩蛋白质的功能，特别适用于经凝胶排阻色谱提纯后的样品的进一步纯化。

（3）等电聚焦电泳　等电聚焦电泳是利用一种两性电解质作为载体，电泳时两性电解质形成一个由正极到负极逐渐增加的 pH 梯度，当带一定电荷的蛋白质在其中泳动时，到达各自等电点的 pH 位置就停止，此法可用于分析和制备各种蛋白质。

（4）亲和色谱　在生物分子中有些分子的特定结构部位能够同其他分子相互识别并结合，如酶与底物的识别结合、受体与配体的识别结合、抗体与抗原的识别结合，这种结合既是特异的，又是可逆的，改变条件可以使这种结合解除。亲和色谱就是根据这样的原理设计的蛋白质分离纯化方法。

6.3　离心技术

在生物大分子的提取、纯化过程中，最经常使用的技术就是电泳、色谱和高速/超速离心。

离心技术（centrifugal technique）是利用物体高速旋转时产生强大的离心力，使置于旋转体中的悬浮颗粒发生沉降或漂浮，从而使某些颗粒达到浓缩或与其他颗粒分离之目的。这里的悬浮颗粒往往是指制成悬浮状态的细胞、细胞器、病毒和生物大分子等。离心机转子高速旋转时，当悬浮颗粒密度大于周围介质密度时，颗粒离开轴心方向移动，发生沉降；如果颗粒密度低于周围介质的密度时，则颗粒朝向轴心方向移动而发生漂浮。常用的离心机有多种类型，一般低速离心机的最高转速不超过 6000r/min，高速离心机在 25000r/min 以下，超速离心机的最高速度达 30000r/min 以上。

6.3.1　基本原理

6.3.1.1　离心力（centrifugal force，F_c）

离心作用是根据在一定角度速度下做圆周运动的任何物体都受到一个向外的离心力进行的。离心力（F_c）的大小等于离心加速度 $\omega^2 X$ 与颗粒质量 m 的乘积。

6.3.1.2　相对离心力（relative centrifugal force，RCF）

由于各种离心机转子的半径或者离心管至旋转轴中心的距离不同，离心力也有所不同，因此在文献中常用"相对离心力"或"数字×g"表示离心力，只要 RCF 值不变，一个样品可以在不同的离心机上获得相同的结果。离心半径、转速与相对离心力的关系如图 6-8 所示。

6.3.1.3　沉降系数（sedimentation coefficient，S）

颗粒在单位离心力场中粒子移动的速度。

6.3.1.4　沉降速度（sedimentation velocity）

沉降速度是指在强大离心力作用下，单位时间内物质运动的距离。

6.3.1.5　沉降时间（sedimentation time，T_s）

将某一种溶质从溶液中全部沉降分离出来所需的时间。

6.3.2　离心分离方法

6.3.2.1　差速离心法

差速离心（differential centrifugation）是利用不同的粒子在离心力场中沉降的差别，在同一离心条件下，沉降速度不同，通过不断增加相对离心力，使一个非均匀混合液内的大小、形状不同的粒子分步沉淀。操作过程中一般是在离心后用倾倒的办法把上清液与沉淀分开，然后将上清液加高转速离心，分离出第二部分沉淀，如此往复加高转速，逐级分离出所

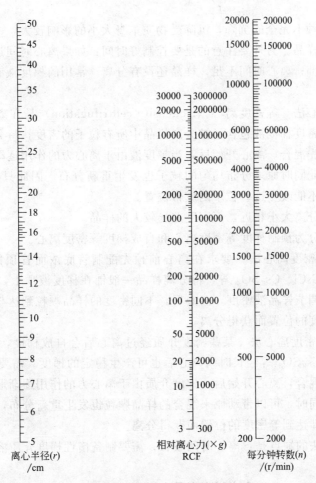

图 6-8 离心力的转换列线图

离心半径(r)/cm   相对离心力(×g)RCF   每分钟转数(n)/(r/min)

需要的物质。

差速离心的分辨率不高,沉淀系数在同一个数量级内的各种粒子不容易分开,常用于其他分离手段之前的粗制品提取,如分离大小悬殊的细胞或用于分离细胞器。在差速离心中细胞器沉降的顺序依次为:核、线粒体、溶酶体与过氧化物酶体、内质网与高基体,最后为核蛋白体。由于各种细胞器在大小和密度上相互重叠,而且某些慢沉降颗粒常常被快沉降颗粒裹到沉淀块中,一般重复2~3次效果会好一些。通过差速离心可将细胞器初步分离,常需进一步通过密度梯度离心再行分离纯化。

6.3.2.2 密度梯度离心法

密度梯度离心(density gradient centrifugation)是用一定的介质(如蔗糖、甘油等)在离心管内形成一连续或不连续的密度梯度,将细胞混悬液或匀浆置于介质的顶部,通过重力或离心力场的作用使细胞分层、分离。这类分离又可分为速度沉降和等密度沉降平衡两种。

(1)速率区带离心法 速率区带离心(rate zonal centrifugation)是在离心前于离心管内先装入密度梯度介质(如蔗糖、甘油、KBr、CsCl 等),待分离的样品铺在梯度液的顶部、离心管底部或梯度层中间,同梯度液一起离心。这种方法是根据分离的粒子在梯度液中沉降速度的不同,使具有不同沉降速率的粒子处于不同的密度梯度层内分成一系列区带,达

107

到彼此分离的目的。

由于此法是一种不完全的沉降，沉降受物质本身大小的影响较大，一般应用在物质密度相同而大小相异的样品。另外要注意的是要控制好时间：如果离心时间过长，所有的样品可全部到达离心管底部；离心时间不足，样品还没有分离。常用的梯度液有 Ficoll、Percoll 及蔗糖。

(2) 等密度离心法　等密度离心（isodensity centrifugation）是在离心前预先配制介质的密度梯度，此种密度梯度液包含了被分离样品中所有粒子的密度，待分离的样品铺在梯度液顶上或与梯度液先混合，离心开始后，当梯度液由于离心力的作用逐渐形成管底浓而管顶稀的密度梯度，与此同时原来分布均匀的粒子也发生重新分布。因此只要转速、温度不变，则延长离心时间也不能改变这些粒子的成带位置。

此法一般用于分离大小相近，而密度差异较大的样品。

等密度离心可分为预制梯度等密度离心和自成梯度等密度离心。

① 预制梯度等密度离心法　要求在离心前预先配制管底浓而管顶稀的密度梯度介质，常用介质有蔗糖、CsCl、Cs_2SO_4 等，待分离样品一般铺在梯度液顶上，如需挟在梯度液中间或管底部，则需调节样品液密度。离心后，不同密度的样品颗粒到达与自身密度相等的梯度层，即达到等密度的位置而获得分离。

② 自成梯度等密度离心法　某些密度介质经过离心后会自成梯度，例 Percoll，可迅速形成梯度，CsCl、Cs_2SO_4 等经长时间离心后也可产生稳定的梯度。需要离心分离的样品可和梯度介质先均匀混合，离心开始后，梯度介质由于离心力的作用逐渐形成管底浓而管顶稀的密度梯度，与此同时，可以带动原来混合的样品颗粒也发生重新分布，到达与其自身密度相等的梯度层里，即达到等密度的位置而获得分离。

密度梯度离心法的缺点是：离心时间较长；需要制备惰性梯度介质溶液；操作严格，不易掌握。

(3) 密度梯度介质　常用密度梯度介质有以下几种。

① 蔗糖：水溶性大，性质稳定，渗透压较高，其最高密度可达 1.33g/mL，且由于价格低容易制备，是现在实验室里常用于细胞器、病毒、RNA 分离的梯度材料，但由于有较大的渗透压，不宜用于细胞的分离。

② 聚蔗糖：商品名 Ficoll，常采用 Ficoll-400（相对分子质量为 400000）。Ficoll 渗透压低，但它的黏度却特别高，为此常与泛影葡胺混合使用以降低黏度。主要用于分离各种细胞包括血细胞、成纤维细胞、肿瘤细胞、鼠肝细胞等。

③ 氯化铯：是一种离子性介质，水溶性大，最高密度可达 1.91g/mL。由于它是重金属盐类，在离心时形成的梯度有较好的分辨率，被广泛地用于 DNA、质粒、病毒和脂蛋白的分离，但价格较贵。

④ 卤化盐类：KBr 和 NaCl 可用于脂蛋白分离，KI 和 NaI 可用于 RNA 分离，其分辨率高于铯盐。NaCl 梯度也可用于分离脂蛋白，NaI 梯度可分离天然或变性的 DNA。

根据被分离物质的浮力密度差别进行分离，所用的介质起始密度约等于被分离物质的密度，介质在离心过程中形成密度梯度，被分离物质沉降或上浮到达与之密度相等的介质区域中停留并形成区带。

6.3.3　密度梯度离心与差速离心比较

① 密度梯度离心中单一样品组分的分离是借助于混合样品穿过密度梯度层的沉降或上

浮来实现的；差速离心法是用不同强度的离心力使具有不同质量的物质分级分离。

② 密度梯度离心只用一个离心转速，而差速离心用两个甚至更多的转速。

③ 密度梯度离心的物质是密度有一定差异的，而差速离心适用于混合样品中各沉降系数差别较大组分。

6.4　电泳技术

生物大分子的分析测定方法主要有两类：即生物学和物理、化学的测定方法。

生物学的测定法主要有：酶的各种测活方法、蛋白质含量的各种测定法、免疫化学方法、放射性同位素示踪法等；物理、化学方法主要有：比色法、气相色谱和液相色谱法、光谱法（紫外/可见、红外和荧光等分光光度法）、电泳法以及核磁共振等。

电泳（electrophoresis）是指带电荷的粒子或分子在电场中向着与自身带相反电荷的电极移动的现象。大分子的蛋白质、多肽、病毒粒子，甚至细胞或小分子的氨基酸、核苷酸等在电场中都可作定向泳动，其泳动的大小程度称为泳动率（mobility）。泳动率与分子上电荷密度成正比，与其分子摩擦力成反比。摩擦力取决于此分子之大小、形状。分子量大摩擦力大，泳动率小；球形分子摩擦力较小，泳动率大。电泳系统中，电子由负极流向正极；带负电的分子往正极移动，带正电的分子往负极移动，不带电者则不易泳动。大部分电泳系统的 pH 定在 8.3，在此 pH 下，凡是 pI 小于 8.3 的分子均带负电荷，往正极移动。低胶体浓度（孔径大）、低浓度缓冲液、高电压、高电流、高温均可加大泳动率，反之则可降低泳动率。

电泳载体种类很多：如滤纸，各种纤维素粉，淀粉凝胶，琼脂和琼脂糖凝胶，醋酸纤维素薄膜，聚丙烯酰胺凝胶等。

6.4.1　电泳槽和电源

6.4.1.1　电泳槽

电泳槽是电泳系统的核心部分，根据电泳的原理，电泳支持物都是放在两个缓冲液之间，电场通过电泳支持物连接两个缓冲液，不同电泳采用不同的电泳槽，常用的电泳槽有以下几种。

① 圆盘电泳槽：有上、下两个电泳槽和带有铂金电极的盖。上槽中具有若干孔，孔不用时，用硅橡皮塞塞住。要用的孔配以可插电泳管（玻璃管）的硅橡皮塞。电泳管的内径早期为 5～7mm，为保证冷却和微量化，现在则越来越细。

② 垂直板电泳槽：垂直板电泳槽的基本原理和结构与圆盘电泳槽基本相同。差别只在于制胶和电泳不在电泳管中，而是在两块垂直放置的平行玻璃板中间。

③ 水平电泳槽：水平电泳槽的形状各异，但结构大致相同。一般包括电泳槽基座，冷却板和电极。

6.4.1.2　电源

要使荷电的生物大分子在电场中泳动，必须加电场，且电泳的分辨率和电泳速度与电泳时的电参数密切相关。不同的电泳技术需要不同的电压、电流和功率范围，所以选择电源主要根据电泳技术的需要。如琼脂糖电泳需要 80～100V 电压，聚丙烯酰胺凝胶电泳和 SDS 电泳需要 200～600V 电压。

6.4.2　琼脂糖电泳（agarose gel electrophoresis，AE）

琼脂糖凝胶电泳是用琼脂或琼脂糖作支持介质的一种电泳方法。对于分子量较大的样品，如大分子核酸、病毒等具有很高分离效率。由于琼脂糖制品中往往带有核糖核酸酶（RNase）杂质，所以分析 RNA 时，必须加入蛋白质变性剂，如甲醛等。

6.4.2.1　基本原理

琼脂糖凝胶电泳的分析原理与其他支持物电泳的最主要区别是：它兼有"分子筛"和"电泳"的双重作用。

琼脂糖凝胶具有网络结构，物质分子通过时会受到阻力，大分子物质在涌动时受到的阻力大，因此在凝胶电泳中，带电颗粒的分离不仅取决于净电荷的性质和数量，而且还取决于分子大小，这就大大提高了分辨能力。但由于其孔径相当大，对大多数蛋白质来说其分子筛效应微不足道，现广泛应用于核酸的研究中。

蛋白质和核酸会根据 pH 不同带有不同电荷，在电场中受力大小不同，因此跑的速度不同，根据这个原理可将其分开。电泳缓冲液的 pH 在 6～9，离子强度 0.02～0.05mol/L 为最适。常用 1% 的琼脂糖作为电泳支持物。琼脂糖凝胶约可区分相差 100 个碱基对（bp）的DNA 片段，其分辨率虽比聚丙烯酰胺凝胶低，但它制备容易，分离范围广。普通琼脂糖凝胶分离 DNA 的范围为 0.2～20kb。

DNA 分子在琼脂糖凝胶中泳动时有电荷效应和分子筛效应。DNA 分子在高于等电点的pH 溶液中带负电荷，在电场中向正极移动。由于糖-磷酸骨架在结构上的重复性质，相同数量的双链 DNA 几乎具有等量的净电荷，因此它们能以同样的速率向正极方向移动。

6.4.2.2　操作

琼脂糖凝胶电泳通常使用水平电泳槽。

（1）凝胶浓度　琼脂糖凝胶的浓度通常在 0.5%～2%，低浓度的用来进行大片段核酸的电泳，高浓度的用来进行小片段分析。低浓度胶易碎，操作时要特别小心，并使用质量好的琼脂糖；高浓度的胶可能使分子大小相近的 DNA 带不易分辨，造成条带缺失现象。如果需要分辨率高的电泳，特别是只有几个碱基对的差别，则应该选择聚丙烯酰胺凝胶电泳。

（2）缓冲液　常用的缓冲液有 TAE 和 TBE，而 TBE 比 TAE 有着更好的缓冲能力。电泳缓冲液可以多次使用，但多次使用可能会使离子强度降低，pH 值上升，缓冲性能下降，使 DNA 电泳产生条带模糊和不规则的 DNA 带迁移的现象。因此，使用新制的缓冲液电泳效果更好。

（3）电压和温度　电泳时电压不应该超过 20V/cm，电泳温度应该低于 30℃，对于巨大的 DNA 电泳，温度应该低于 15℃。如果电泳时电压和温度过高，可能导致出现条带模糊和不规则的 DNA 带迁移的现象。特别是电压太大可能导致小片段跑出胶而出现缺带现象。

（4）DNA 样品的纯度和状态　样品中含盐量太高和含杂质蛋白均可以产生条带模糊和条带缺失的现象。乙醇沉淀可以去除多余的盐，用酚可以去除蛋白。变性的 DNA 样品可能导致条带模糊和缺失，也可能出现不规则的 DNA 条带迁移。用 20mmol/L NaCl 缓冲液稀释可以防止 DNA 变性。

（5）DNA 上样　正确的 DNA 上样量是条带清晰的保证。DNA 上样量太多可能导致DNA 带型模糊；而 DNA 上样量太少则导致带信号弱甚至缺失。

（6）Marker 的选择　DNA 电泳一定要使用 DNA Marker 或已知大小的正对照 DNA 来估计 DNA 片段大小。

如果选择 λDNA/*Hind*Ⅲ 或者 λDNA/*Eco*RI 的酶切 Marker，需要预先 65℃加热 5min，冰上冷却后使用。

（7）凝胶的染色和观察　电泳结束后，将胶在荧光染料溴化乙锭（EB）的水溶液中染色（0.5μg/mL）。溴化乙锭为一扁平分子，很易插入 DNA 中的碱基对之间。DNA 与溴化乙锭结合后，在紫外光下可发出橙色可见荧光。溴化乙锭染色效果好，操作方便，十分灵敏（0.1μgDNA 即可被检测出来），但是稳定性差，且具有毒性。

根据紫外光下的荧光强度还可以大体判断 DNA 样品的浓度。若在同一胶上加一已知浓度的 DNA 作参考，则所测得的样品浓度更为准确（见图 6-9）。

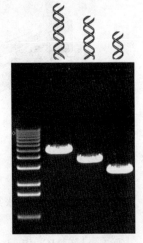

图 6-9　DNA 的琼脂糖电泳

6.4.2.3　样品回收

凝胶上的样品可回收进行进一步研究。回收的方法很多，最常用的方法是在紫外光下将胶上某一区带切割下来，放在盛有缓冲液的透析袋中，在水平电泳槽中进行电泳，使胶上的 DNA 释放出来，电泳 3～4h 后，将电极倒转，再通电 30～60s，使粘在透析袋壁上的 DNA 重又释放到缓冲液中。缓冲液用苯酚抽提 1～2 次，水相用乙醇沉淀。这样回收的 DNA 纯度很高，可供进一步进行限制酶分析、序列分析或作末端标记。其回收率可达到 50％以上。

6.4.3　聚丙烯酰胺凝胶电泳（polyacrylamide gel electrophoresis，PAGE）

聚丙烯酰胺凝胶电泳是以聚丙烯酰胺凝胶作为支持介质的一种常用电泳技术。由于这种凝胶的孔径比琼脂糖凝胶的要小，所以常用于分析蛋白质和分子量小于 1000bp 的 DNA 片段。聚丙烯酰胺中一般不含有 RNase，可用于 RNA 的分析。但仍要注意缓冲液及其他器皿中所带的 RNase。

6.4.3.1　基本原理

聚丙烯酰胺凝胶由单体丙烯酰胺和亚甲基二丙烯酰胺聚合而成，聚合过程由自由基催化完成。常用的催化聚合方法是以过硫酸铵（AP）为催化剂，以四甲基乙二胺（TEMED）为加速剂的化学聚合法。在聚合过程中，TEMED 催化过硫酸铵产生自由基，后者引发丙烯酰胺单体聚合，同时亚甲基二丙烯酰胺与丙烯酰胺链间产生亚甲基键交联，从而形成三维网状结构。根据蛋白质在不同 pH 环境中带电性质和电荷数量不同，将其分开。

蛋白质电泳的速度和方向取决于蛋白质分子上所带电荷的正负性、电荷的数目，以及颗粒的大小和形状等。由于各种蛋白质的等电点不同，颗粒大小不同，所以在同一 pH 下各具有不同的带电性。在电场中移动的方向和速度也不相同（见图 6-10）。颗粒小、形状为圆形的样品分子移动速度快；而颗粒大、形状不规则的分子通过凝胶孔洞时受到阻力大，移动速度慢，所以用此方法可以测定蛋白质分子的大小，并通过标准蛋白作对照计算其分子量。

聚丙烯酰胺凝胶电泳分连续系统和非连续系统两大类。连续系统电泳体系中缓冲液 pH 值及凝胶浓度相同，带电颗粒在电场作用下，主要靠电荷效应和分子筛效应。非连续系统中，凝胶分为浓缩胶和分离胶两种，凝胶中的离子浓度、离子种类和 pH 值各不相同，带电颗粒在电场中泳动不仅有电荷效应、分子筛效应，还具有浓缩效应，因而其分离条带清晰度

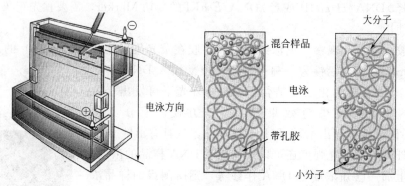

图 6-10　蛋白质的电泳

及分辨率均好于前者。

6.4.3.2　操作

聚丙烯酰胺凝胶电泳常用垂直板电泳槽。

（1）实验试剂

① 1mol/L HCl 48mL，Tris 36.6g，TEMED 0.23mL，加蒸馏水配成 100mL，pH 8.9。

② 1mol/L HCl 48mL，Tris 5.98g，TEMED 0.46mL，加蒸馏水配成 100mL，pH 6.7。

③ Acr 28g，Bis 0.735g，加蒸馏水配成 100mL。

④ Acr 10g，Bis 2.5g，加蒸馏水配成 100mL。

⑤ 核黄素 4mg，溶于 100mL 蒸馏水中。

⑥ 蔗糖 40g，加蒸馏水配成 100mL。

⑦ 电极缓冲液：Tris 6.06g，甘氨酸 28.52g，加蒸馏水配成 1000mL，pH 8.3，用时稀释 10 倍。

⑧ 过硫酸铵 0.14g，加蒸馏水配成 100mL。

⑨ 溴酚蓝 1mg 溶于 100mL 蒸馏水中。

⑩ 脱色溶液：甲醇 5mL，冰醋酸 9mL，加蒸馏水配成 100mL。

⑪ 蛋白质染色液：考马斯亮蓝（G-250）200mg，甲醇 100mL，冰醋酸 20mL，蒸馏水 80mL，溶解后混合。

⑫ 过氧化物酶染色液

a. 染色液甲：联苯胺-抗坏血酸染色液，染色数分钟。抗坏血酸 70.4mg，联苯胺溶液 20mL（2g 联苯胺溶于 18mL 加热的冰醋酸中，再加蒸馏水 72mL），0.6% 过氧化氢 20mL，蒸馏水 60mL。

b. 染色液乙：联茴香胺染色液，染色至少 1h。0.1mol/L 醋酸缓冲液，pH 5.5（0.82g 醋酸钠溶于 80mL 蒸馏水中，用醋酸调节至 pH 5.5，定容至 100mL）。30% H_2O_2 0.25mL 溶于 50mL 蒸馏水中。邻联茴香胺（o-dianisidine）100mg，溶于 100mL 醋酸缓冲液①中。用时取溶液②5mL，溶液③ 50mL，混合。

（2）凝胶的制备

① 清洗干净两块玻璃板，晾干后按要求装配好垂直电泳板，两块玻璃板的两侧及底部用 1% 的琼脂糖封边，防止封闭不严而使聚丙烯酰胺液漏出。

② 将装好的玻璃电泳板倾斜成 45°～60°角。把玻璃板在灌胶支架上固定好。

③ 分离胶：按①∶③∶⑧∶水＝1∶2∶4∶1的比例，先将贮备液①、③和水放在一小烧杯中，过硫酸铵贮备液放在另一小烧杯中，一起放在真空干燥器中，用真空泵抽气15min，取出将过硫酸铵溶液并入，用玻棒轻轻搅动使之混合，立即注于干洁的玻璃板中。玻璃板垂直放置，用滴管吸取混合液，沿管壁注入，注意不要进入气泡。胶液注到离玻璃板口2cm处，立即在其表面覆盖少量蒸馏水，静置1h左右，当见到水层下面有一清晰的界面时，则表明胶已聚合凝固，用吸水纸小心吸去上面水层。

④ 浓缩胶：按②∶④∶⑤∶⑥＝1∶2∶1∶4的比例，同上法制备浓缩胶，连续平稳加入浓缩胶至离边缘5mm处，迅速插入样梳，静置40min。

一般分离蛋白质用7.5%的聚丙烯酰胺凝胶。

（3）电泳

① 拔出样梳后，在上槽内加入缓冲液，没过锯齿时可拆去底端的琼脂糖。

② 用微量注射器距槽底1/3处进样，加样前，样品在沸水中加热3min，去掉亚稳态聚合。

③ 电泳槽中加入缓冲液，接通电源，进行电泳，开始电流恒定在10mA，当进入分离胶后改为20mA，溴酚蓝距凝胶边缘约5mm时，停止电泳。

④ 凝胶板剥离与染色：电泳结束后，撬开玻璃板，将凝胶板作好标记后放在大培养皿内，加入染色液，染色1h左右。

⑤ 脱色：染色后的凝胶板用蒸馏水漂洗数次，再用脱色液脱色，直到区带清晰。

⑥ 实验结果分析。

在电泳过程中，除一般电荷效应外，还有凝胶对样品的分子筛效应。

聚丙烯酰胺凝胶电泳有如下优点：①机械强度好，透明；②凝胶中的网络结构对生物大分子具有分子筛效应，分辨率高；③化学性质稳定，与蛋白质、核酸等不发生吸附作用和化学反应；④没有解离基团，没有电渗透效应；⑤可控制凝胶的浓度来制作有不同分子筛效果的凝胶；⑥制作简单，重复性好。所以聚丙烯酰胺凝胶成为最常用的电泳支持体。

6.4.4　SDS 聚丙烯酰胺凝胶电泳（SDS-polyacrylamide gel electrophoresis，SDS-PAGE）

SDS 聚丙烯酰胺凝胶电泳是指在十二烷基硫酸钠（SDS）存在下的聚丙烯酰胺凝胶电泳。SDS 是阴离子去污剂，作为变性剂和助溶试剂，它能断裂分子内和分子间的氢键，使分子去折叠，破坏酶蛋白分子的二、三级结构。SDS-聚丙烯酰胺凝胶电泳法可以同时测得组成蛋白质的各条肽链的分子量以及是否以二硫键相连接的情况。此法的优点是快速、微量，缺点是误差大。如果能严格掌握实验技术也可获得满意的结果。

SDS 聚丙烯酰胺凝胶电泳通常也用考马斯亮蓝（G-250）法染色。原理是 G-250 在酸性条件下与蛋白质结合后形成复合物，在 465～595nm 有最大吸收峰，其吸收值随着蛋白浓度的增高而增大。SDS 粘在蛋白质分子表面上，其分子的数量与肽链长度成正比。大部分蛋白质以相同比例连接 SDS，约 1.4g SDS/g 蛋白质，相当于一个 SDS 分子结合两个氨基酸残基。SDS 带有的负电荷量远远超过蛋白质的内在电荷，以至于用 SDS 处理过的蛋白质具有与分子量成正比的相同电荷。于是蛋白质的相对分子量便成为影响在电场中电泳速度的唯一因素。据此可用 SDS-PAGE 法测定蛋白质的分子量，亦可分离不同的蛋白质。

SDS 聚丙烯酰胺凝胶电泳是蛋白质分子量的常规测定方法。当分子量在 15～200kD

之间时，蛋白质的迁移率和分子量的对数呈线性关系。实际测定蛋白质分子量时，用标准蛋白和待测蛋白一起电泳，用标准蛋白质的分子量对数与相对迁移率作图，然后根据待测蛋白质的相对迁移率在直线上可找到它的相应的分子量。SDS 聚丙烯酰胺凝胶电泳经常应用于提纯过程中纯度的检测，纯化的蛋白质通常在 SDS 电泳上只有一条带，但如果蛋白质是由不同的亚基组成的，它在电泳中可能会形成分别对应于各个亚基的几条带。

6.4.5 等电聚焦电泳 (isoelectric focusing electrophoresis，IFE)

等电聚焦技术是一种根据样品的等电点不同而使它们在 pH 梯度中相互分离的一种电泳技术。等电聚焦的电泳需要有 pH 梯度的介质，其分布是从阳极到阴极，pH 值逐渐增大。蛋白质分子具有两性解离及等电点的特征，这样在碱性区域蛋白质分子带负电荷向阳极移动，直至某一 pH 位点时失去电荷而停止移动，此处介质的 pH 恰好等于聚焦蛋白质分子的等电点 (pI)。同理，位于酸性区域的蛋白质分子带正电荷向阴极移动，直到它们在等电点上聚焦为止。在等电聚焦技术中，等电点是蛋白质组分的特性量度，将等电点不同的蛋白质混合物加入有 pH 梯度的凝胶介质中，在电场内经过一定时间后，各组分将分别聚焦在各自等电点相应的 pH 位置上，形成分离的蛋白质区带。

等电聚焦技术的分辨率极高，因此在进行等电聚焦电泳时，要求样品不能过于复杂，一般应经其他方法（如色谱法）提纯后再进行等点聚焦，才能得到比较满意的结果。

6.5 色谱技术

色谱 (chromatography)，旧称层析，是利用混合物中各组分物理化学性质的差异（如吸附力、分子形状及大小、分子亲和力、分配系数等），使各组分在两相（一相为固定的，称为固定相；另一相流过固定相，称为流动相）中的分布程度不同，从而使各组分以不同的速度移动而达到分离的目的。

根据移动相种类的不同，分为液体色谱、气体色谱二种。用作固定相的有硅胶、活性炭、氧化铝、离子交换树脂、离子交换纤维等，或是在无活性的载体（硅藻土、纤维素等）上附着适当的液体。将作为固定相的微细粉末状物质装入细长形圆筒中进行的色谱称为柱色谱 (column chromatography)，在玻璃板上涂上一层薄而均的物质作为固定相的称为薄层色谱 (thin-layer chromatography)，后者可与用滤纸作为固定相的纸上色谱进行同样的分析，即在固定相的一端，点上微量试料，在密闭容器中，使移动相（液体）从此端渗入，移动接近另一端。通过这种展开操作，各成分呈斑点状移动到各自的位置上，再根据 R_f 值的测定进行鉴定。当斑点不易为肉眼观察时，可利用适当的显色剂，或通过紫外灯下产生荧光的方法进行观察（见第 5 章）。也可采用在第一种移动相展开后再用另一移动相进行展开（这时的展开方向应与原方向垂直），使各成分分离完全的双向色谱 (two-dimensional chromatography)。分离后，将斑点位置的固定相切取下来，把其中含有来自试料的物质提取进行定量分析。但为制备与定量，柱色谱则更为适宜。在柱色谱中，移动相从加入试料的一端展开到达另一端后，继续展开使各成分和移动相一起向柱外分别溶出，这一过程被称为洗提色谱 (elution chromatography)。

按照色谱的分离机理，又可将其分为凝胶色谱、离子交换色谱、吸附色谱、分配色谱、亲和色谱等。

6.5.1 凝胶色谱（gel chromatography）

凝胶色谱又称分子筛过滤、分子筛色谱或排阻色谱等。它的突出优点是色谱所用的凝胶属于惰性载体，不带电荷，吸附力弱，操作条件比较温和，可在相当广的温度范围下进行，不需要有机溶剂，并且对分离成分理化性质的保持有独到之处，对于高分子物质有很好的分离效果。凝胶色谱主要用于分离提纯、高分子物质分子量的测定、高分子溶液的浓缩及高分子（如蛋白质、核酸、多糖等）溶液中低分子量杂质的去除（脱盐）。

6.5.1.1 基本原理

凝胶是一种不带电的具有三维空间的多孔网状结构、呈珠状颗粒的物质，每个颗粒的细微结构及筛孔的直径均匀一致，像筛子。不同类型凝胶的筛孔的大小不同。如果将这样的凝胶装入一个足够长的柱子中，做成一个凝胶柱，当含有大小不同的蛋白质样品加到凝胶柱上时，这些物质即随洗脱液的流动而发生移动。大分子物质沿凝胶颗粒间隙随洗脱液移动，流程短，移动速率快，先被洗出色谱柱；而小分子物质可通过凝胶网孔进入颗粒内部，这样的小分子不但其运动路程长，而且受到来自凝胶珠内部的阻力也很大，所以越小的蛋白质，把它们从柱子上洗脱下来所花费的时间越长（见图 6-11）。各种不同相对分子质量的蛋白质分子，最终由于它们被排阻和扩散的程度不同，在凝胶柱中所经过的路程和时间也不同，从而彼此可以分离开来。在一定的分子量范围内，可呈线性关系：

$$lgM = K_1 - K_2 V_e$$

式中，V_e 为洗脱体积（从加样品算起到组分最大浓度峰出现时所流出的体积）；K_1、K_2 为常数（随实验条件而定）。

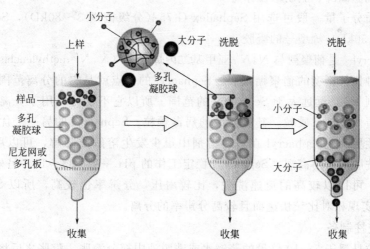

图 6-11 凝胶色谱原理

在实验中，只要测出几种标准蛋白质的 V_e，并以它们的分子量对数（lgM）对 V_e 作图得到一直线，再测出待测样品的 V_e，即可从图中确定它的分子量。凝胶过滤色谱法对待测样品纯度要求不高，只要它具有专一的生物活性，借助活性找出洗脱峰位置，确定它的洗脱体积即可测出它的分子量。

6.5.1.2 葡聚糖凝胶

葡聚糖凝胶是指由天然高分子——葡聚糖与其他交联剂交联而成的凝胶。葡聚糖凝胶主要由 Pharmacia Biotech 生产。常见的有两大类，商品名分别为 Sephadex 和 Sephacryl。

（1）Sephadex 系列　是葡聚糖与 3-氯-1，2 环氧丙烷（交联剂）相互交联而成，交联度由环氧氯丙烷的百分比控制。Sephadex 的主要型号是 G-10～G-200，后面的数字是凝胶的吸水率（单位是 mL/g 干胶）乘以 10。如 Sephadex G-50，表示吸水率是 5mL/g 干胶。Sephadex 的亲水性很好，在水中极易膨胀，不同型号的 Sephadex 的吸水率不同，它们的孔穴大小和分离范围也不同。数字越大的，排阻极限越大，分离范围也越大。Sephadex 中排阻极限最大的 G-200 为 8×10。

Sephadex 在水溶液、盐溶液、碱溶液、弱酸溶液以及有机溶液中都是比较稳定的，可以多次重复使用。Sephadex 稳定工作的 pH 一般为 2～10。强酸溶液和氧化剂会使交联的糖苷键水解断裂，所以要避免 Sephadex 与强酸和氧化剂接触。Sephadex 在高温下稳定，可以煮沸消毒，在 100℃ 下 40min 对凝胶的结构和性能都没有明显的影响。Sephadex 由于含有羟基基团，故呈弱酸性，这使得它有可能与分离物中的一些带电基团（尤其是碱性蛋白）发生吸附作用。但一般在离子强度大于 0.05mol/L 的条件下，几乎没有吸附作用。所以在用 Sephadex 进行凝胶色谱实验时常使用一定浓度的盐溶液作为洗脱液，这样就可以避免 Sephadex 与蛋白发生吸附，但应注意如果盐浓度过高，会引起凝胶柱床体积发生较大的变化。Sephadex 有各种颗粒大小（一般有粗、中、细、超细）可以选择，一般粗颗粒流速快，但分辨率较差；细颗粒流速慢，但分辨率高。要根据分离要求来选择颗粒大小。Sephadex 的机械稳定性相对较差，它不耐压，分辨率高的细颗粒要求流速较慢，所以不能实现快速而高效的分离。另外，Sephadex G-25 和 G-50 中分别加入羟丙基基团反应，形成 LH 型烷基化葡聚糖凝胶，主要型号为 Sephadex LH-20 和 LH-60，适用于以有机溶剂为流动相，分离脂溶性物质，例如胆固醇、脂肪酸激素等。

测定蛋白质分子量一般可选用 Sephadex G-75（分级范围 3～80kD），Sephadex G-100（分级范围 4～150kD）等型号的凝胶。

（2）Sephacryl　是葡聚糖与 N,N'-亚甲基二丙烯酰胺（N,N'-methylenebisacrylamide）交联而成，是一种比较新型的葡聚糖凝胶。Sephacryl 的优点就是它的分离范围很大，排阻极限甚至可以达到 10^8，远远大于 Sephadex 的范围。所以它不仅可以用于分离一般蛋白，也可用于分离蛋白多糖、质粒，甚至较大的病毒颗粒。Sephacryl 的另一个优点就是它的化学和机械稳定性更高：Sephacryl 在各种溶剂中很少发生溶解或降解，可以用各种去污剂、胍、脲等作为洗脱液，耐高温，Sephacryl 稳定工作的 pH 一般为 3～11。另外 Sephacryl 的机械性能较好，可以以较高的流速洗脱，比较耐压，分辨率也较高，所以 Sephacryl 相比 Sephadex 可以实现相对比较快速而且较高分辨率的分离。

6.5.1.3　凝胶柱制备

将干胶颗粒悬浮于 5～10 倍量的蒸馏水或洗脱液中充分溶胀，溶胀之后将极细的小颗粒倾泻出去。自然溶胀费时较长，加热可使溶胀加速，即在沸水浴中将湿凝胶浆逐渐升温至近沸，1～2h 即可达到凝胶的充分胀溶。加热法既可节省时间又可消毒。

凝胶的装填：将色谱柱与地面垂直固定在架子上，下端流出口用夹子夹紧，柱内充满洗脱液，在微微地搅拌下使凝胶下沉于柱内，直到所需高度为止。放置一段时间后进行流动平衡。平衡流速应低于色谱分离时所需的流速，在平衡过程中逐渐增加到色谱分离的流速，但不能超过最终流速。平衡凝胶床过夜，使用前要检查色谱床是否均匀，有无气泡。

6.5.1.4　加样与洗脱

一般样品体积不大于凝胶总床体积的 5%～10%。样品加入后打开流出口，使样品渗入凝胶床内，当样品液面恰与凝胶床表面相平时，再加入数毫升洗脱液冲洗管壁，使其全部进入凝胶床后，将色谱床与洗脱液贮瓶及收集器相连，分部收集洗脱液，并对每一馏分作定性、定量测定。

6.5.2 离子交换色谱（ion exchange chromatography）

离子交换色谱是以离子交换剂为固定相，依据流动相中组分离子与交换剂上平衡离子进行可逆交换时的结合力大小的差别而进行分离的一种色谱方法。离子交换色谱主要用于分离氨基酸、多肽及蛋白质，也可用于分离核酸、核苷酸及其他带电荷的生物分子。离子交换色谱最大的优点是一次能处理较多量的蛋白质，兼有浓缩蛋白质的功能，特别适用于经凝胶排阻色谱提纯后的样品的进一步纯化。

6.5.2.1 基本原理

离子交换色谱的基质是由带有电荷的树脂或纤维素组成。带有正电荷的，如羧甲基纤维素（carboxymethyl cellulose，CMC），称之阴离子交换树脂；而带有负电荷的，如二乙氨基乙基纤维素（diethylaminoethyl cellulose，DEAE），称之阳离子树脂。当被分离的蛋白质溶液流经离子交换色谱柱时，带有与离子交换剂相反电荷的蛋白质被吸附在离子交换剂上，随后用改变 pH 或离子强度的办法将吸附的蛋白质洗脱下来。结合较弱的蛋白质首先被洗脱下来。反之阳离子交换基质结合带有正电荷的蛋白质，结合的蛋白可以通过逐步增加洗脱液中的盐浓度或是提高洗脱液的 pH 值洗脱下来（见图 6-12）。

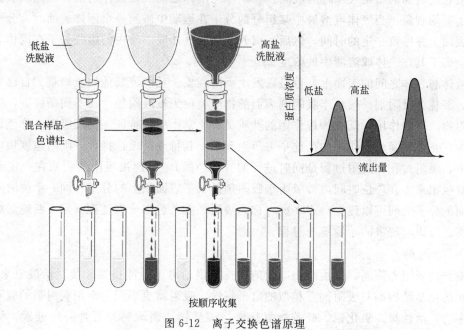

图 6-12 离子交换色谱原理

6.5.2.2 交换柱制备

首先用稀酸或稀碱处理溶胀好的交换剂，使之成为带 H^+ 或 OH^- 的交换剂型。阴离子交换剂常用"碱-酸-碱"处理，使最终转为—OH^- 型或盐型交换剂；对于阳离子交换剂则用"酸-碱-酸"处理，使最终转为—H^+ 型交换剂。

为了避免颗粒大小不等的交换剂在自然沉降时分层，要适当加压装柱，同时使柱床压紧，减少死体积，有利于分辨率的提高。柱子装好后再用起始缓冲液淋洗，直至达到充分平衡方可使用。

6.5.2.3 加样与洗脱

加样：色谱所用的样品应与起始缓冲液有相同的 pH 和离子强度，所选定的 pH 值应落在交换剂与被结合物有相反电荷的范围。为了达到满意的分离效果，上样量要适当，通常上样量为交换剂交换总量的 1%～5%。

洗脱：为了使复杂的组分分离完全，往往需要逐步改变 pH 或离子强度，其中最简单的方法是阶段洗脱法，即分次将不同 pH 与离子强度的溶液加入，使不同成分逐步洗脱。但这种洗脱 pH 与离子强度的变化较大，会使许多洗脱体积相近的成分同时洗脱，纯度较差，不适宜精细的分离。最好的洗脱方法是连续梯度洗脱，即控制流动相的组成或浓度，使其在色谱分离过程中发生连续的变化。

6.5.3 吸附色谱（adsorption chromatography）

吸附色谱指混合物随流动相通过固定相时，由于吸附剂对不同物质的不同吸附力，而使混合物分离的方法。它是各种色谱技术中应用最早的一类，至今仍广泛应用于各种天然化合物和微生物发酵产品的分离、制备。

6.5.3.1 吸附原理

吸附是表面的一个重要性质，任何两相都可以形成表面，其中一个相的物质或溶解在其中的溶质在此表面的密集现象称为吸附。在固体与气体之间或在固体与液体之间的表面上都可以发生吸附现象。当气体或溶液中某组分的分子在运动中碰到一个固体表面时，分子会贴在固体表面上并停留一定的时间，然后才离开。这时气体或溶液中的组分分子在固体表面的浓度就会高于其在气体或溶液中的浓度。

在液体与气体之间的表面上，也可以发生吸附现象。凡能将其他物质聚集到自己表面上的物质，都称为吸附剂。聚集于吸附剂表面的物质就称为被吸附物。在不同条件下，吸附剂与被吸附物之间的作用，既有物理作用的性质又有化学作用的特征。物理吸附又称范德华吸附，因为它是分子间相互作用的范德华力所引起的。其特点是无选择性，吸附速度快，在相同条件下，吸附过程和脱附过程是同时进行的（可逆的），因此被吸附的物质在一定条件下可以被解吸出来。在单位时间内被吸附于吸附剂的某一表面积上的分子和同一单位时间内离开此表面的分子之间可以建立动态平衡，称为吸附平衡。色谱分离过程就是不断地形成平衡与不平衡、吸附与解吸的矛盾统一过程。

6.5.3.2 吸附剂

吸附剂的吸附力强弱，是由能否有效地接受或供给电子，或提供和接受活泼氢来决定。被吸附物的化学结构如与吸附剂有相似的电子特性，吸附就更牢固。常用吸附剂的吸附力的强弱顺序为：活性炭＞氧化铝＞硅胶＞氧化镁＞碳酸钙＞磷酸钙＞石膏＞纤维素＞淀粉和糖。以活性炭的吸附力最强。吸附剂在使用前须先用加热脱水等方法活化。大多数吸附剂遇水即钝化，因此吸附色谱大多用于能溶于有机溶剂的有机化合物的分离，较少用于无机化合物。

6.5.3.3 洗脱溶剂

洗脱溶剂的解析能力的强弱顺序是：醋酸＞水＞甲醇＞乙醇＞丙酮＞乙酸乙酯＞醚＞氯仿＞苯＞四氯化碳和己烷。为了能得到较好的分离效果，常用两种或数种不同强度的溶剂按一定比例混合，得到合适洗脱能力的溶剂系统，以获得最佳分离效果。

6.5.4　分配色谱（partition chromtography）

分配色谱是基于混合物各组分在固定相与流动相之间的分配性质不同而实施分离的一种色谱方法。

6.5.4.1　分配原理

利用各物质在两相中扩散速度不同，产生不同的分配系数。分配色谱分离技术是利用各物质不同分配系数，使混合物随流动相通过固定相时而予以分离的方法。分配系数是指一种溶质在两种互不相溶的溶剂中的溶解达到平衡时，该溶质在两相溶剂中所具浓度的比例。不同物质因其性质不同而有不同的分配系数。

分配色谱的狭义分配系数表达式如下：

$$K = C_s / C_m = (X_s / V_s) / (X_m / V_m)$$

式中，C_s 为组分分子在固定相液体中的溶解度；C_m 为组分分子在流动相中的溶解度。

现在应用的分配色谱技术，大多数是以一种多孔物质吸着一种极性溶剂，此极性溶剂在色谱分离过程中始终固定在此多孔支持物上而被称为固定相。另用一种与固定相不相溶的非极性溶剂流过固定相，此移动溶剂称为流动相。如果有多种物质存在于固定相和流动相之间，将随着流动相的移动进行连续的、动态的不断分配，由于各种物质的分配系数相近，移动距离就必须相当长才能分开。反之，两种物质的分配系数相差越大，彼此分开时的移动距离就越短。因此，必须根据实际情况，选定作为固定相用的色谱柱或滤纸的长度。

分配色谱中应用最广泛的是以滤纸为多孔支持物的纸上分配色谱。其次是以硅胶、硅藻土、纤维素粉、淀粉、微孔聚乙烯粉等多孔支持物的分配色谱。还有直接使物质在两种不相溶的溶剂中进行分配的常压液相分配色谱和高压液相分配色谱。

6.5.4.2　固定相

固定相就是将一种极性或非极性固定液吸附在惰性固相载体上。如全多孔微粒硅胶吸附剂。根据极性不同色谱可分为以下几种。

（1）正相分配色谱　固定相载体上涂布的是极性固定液；流动相是非极性溶剂；可分离极性较强的水溶性样品；弱极性组分先洗脱出来。

（2）反相分配色谱　固定相载体上涂布的是非极性或弱极性固定液；流动相是极性溶剂；强极性组分先洗脱出来。液-液分配色谱固定相中的固定液体往往容易溶解到流动相中去，所以重现性很差，且不能进行梯度洗脱，已经不大为人们所采用。

6.5.4.3　纸上分配色谱

纸上分配色谱是以滤纸为惰性支持物的。滤纸纤维和水有较强的亲和力，能吸收22%的水，而且其中6%～7%的水是以氢键形式与纤维素的羟基结合，在一般条件下较难脱去。而滤纸纤维与有机溶剂的亲和力甚弱，所以一般的纸上分配色谱实际上是以滤纸纤维及其结合水作为固定相，以有机溶剂作为流动相。当有机相沿纸经过样品点时，样品点上的溶质在水相和有机相之间进行分配，一部分溶质离开原点随有机相移动，进入无机溶质区，此时又重新进行分配，一部分溶质从有机相移入水相。当有机相不断流动时，溶质也就不断进行分配，沿着有机相方向移动。溶质中各种不同组分有不同的分配系数，移动速率也不相同，从而使物质得以分离和提纯。

溶质在纸上移动的速率可用 R_f 值表示。

$$R_f = 样品点的中心处与点样处的距离/展开剂前沿与点样处的垂直距离$$

由于两相体积比在同一实验条件下是一常数，所以 R_f 值主要决定因素是分配系数，不同物质分配系数不同，R_f 值也不同。

6.5.5 亲和色谱（affinity chromatography）

亲和色谱是将具有特殊结构的亲和分子制成固相吸附剂放置在色谱柱中，当待分离的蛋白混合液通过色谱柱时，与吸附剂具有亲和能力的蛋白质就会被吸附而滞留在色谱柱中。那些没有亲和力的蛋白质由于不被吸附，直接流出，从而与被分离的蛋白质分开，然后再选用适当的洗脱液，改变结合条件（改变起始缓冲液的 pH 值、或增加离子强度、或加入抑制剂等因子）将被结合的蛋白质洗脱下来，这种分离纯化蛋白质的方法称为亲和色谱。亲和色谱具有高效、快速、简便等优点。

6.5.5.1 亲和原理

亲和色谱是一种吸附色谱，抗原（或抗体）和相应的抗体（或抗原）发生特异性结合，而这种结合在一定的条件下又是可逆的。所以将抗原（或抗体）固相化后，就可以使存在液相中的相应抗体（或抗原）选择性地结合在固相载体上，借以与液相中的其他蛋白质分开，达到分离提纯的目的。

6.5.5.2 亲和载体

亲和色谱中所用的载体称为基质，与基质共价连接的化合物称配基。具有专一亲和力的生物分子对主要有：抗原与抗体，DNA 与互补 DNA 或 RNA，酶与底物，激素与受体，维生素与特异结合蛋白，糖蛋白与植物凝集素等。

参 考 文 献

[1] 朱玉贤，李毅．现代分子生物学．第 3 版．北京：高等教育出版社，2002.

[2] 瞿礼嘉，顾红雅，胡苹等．现代生物技术．北京：高等教育出版社，2004.

[3] 陈启民，王金忠，耿运琪．分子生物学．天津：南开大学出版社，2001.

[4] 孙乃恩，孙东旭，朱德煦．分子遗传学．南京：南京大学出版社，1990.

[5] 高东．微生物遗传学．济南：山东大学出版社，1996.

[6] 齐义鹏．基因及其操作原理．武汉：武汉大学出版社，1998.

[7] 王有志．环境微生物技术．广州：华南理工大学出版社，2008.

[8] 杨柳燕，肖琳．环境微生物技术．北京：科学出版社，2003.

[9] 周少奇．环境生物技术．北京：科学出版社，2005.

[10] 赵寿元，乔守怡．现代遗传学．北京：高等教育出版社，2001.

[11] 高东．微生物遗传学．济南：山东大学出版社，1996.

[12] 齐义鹏．基因及其操作原理．武汉：武汉大学出版社，1998.

[13] 叶正祥．生物大分子离心分离技术．长沙：湖南科学技术出版社，1990.

[14] 金绿松，林元喜．现代分离科学与技术丛书：离心分离．北京：化学工业出版社，2008.

[15] 郭尧君．蛋白质电泳实验技术．北京：科学出版社，1999.

[16] 汪家政，范敏．蛋白质技术手册．北京：科学出版社，2000.

[17] 何忠效，张树政．电泳．北京：科学出版社，1999.

[18] 田亚平．生化分离技术．北京：化学工业出版社，2006.

[19] 郭勇．现代生化技术作．广州：华南理工大学出版社，2006.

[20] 丁益．生化分析技术实验．北京：科学出版社，2012.

[21] 赵永芳，黄健．生物化学技术原理及应用．第 4 版．北京：科学出版社，2008.

[22] 郭蔼光，郭泽坤．生物化学实验技术．北京：高等教育出版社，2007.

[23] Gerhardt P, et al. Methods for General and Molecular Bacteriology. Washington DC: American Society for Microbiology, 1994.

[24] Karp G. Cell and Molecular Biology: Concets and Experiments. New York: John Wiley&Sons, Inc, 1996.

[25] Sambrook J, et al. Molecular Cloning: A Laboratory manual. 2nd ed. New York: Cold Spring Harbor Laboratory, 1989.

[26] Smith J E. Biotechnology. 3rd ed. Cambridge: Cambridge University Press, 1996.

[27] Talaro K P, et al. Foundation in Microbiology. 5th ed. Boston: McGraw Hill, 2005.

[28] Winter P C, et al. Instant Notes in Biochemistry Oxford: Bios Scientific Publishers Limited, 1999.

[29] Winter P C, et al. Instant Notes in Genetics Oxford: Bios Scientific Publishers Limited, 1999.

[30] Whilte D. The Physiology and Biochemistry of Prokaryotes. New York: Oxford University Press, 1995.

7 微生物核酸分子生物学技术

分子生物学（molecular biology）是从分子水平研究生命本质为目的的一门新兴边缘学科，它以核酸和蛋白质等生物大分子的结构及其在遗传信息和细胞信息传递中的作用为研究对象，是当前生命科学中发展最快并正在与其他学科广泛交叉与渗透的重要前沿领域。

分子生物学主要包含以下三部分研究内容。

（1）核酸的分子生物学　核酸的分子生物学研究核酸的结构及其功能。由于核酸的主要作用是携带和传递遗传信息，是目前分子生物学内容最丰富的一个领域。研究内容包括核酸/基因组的结构、遗传信息的复制、转录与翻译，核酸存储的信息修复与突变，基因表达调控和基因工程技术的发展和应用等。遗传信息传递的中心法则（centraldogma）是其理论体系的核心。

（2）蛋白质的分子生物学　蛋白质的分子生物学研究执行各种生命功能的主要大分子——蛋白质的结构与功能。尽管人类对蛋白质的研究比对核酸研究的历史要长得多，但由于其研究难度较大，与核酸分子生物学相比发展较慢。近年来虽然在认识蛋白质的结构及其与功能关系方面取得了一些进展，但是对其基本规律的认识尚缺乏突破性的进展。

（3）细胞信号转导的分子生物学　细胞信号转导的分子生物学研究细胞内、细胞间信息传递的分子基础。构成生物体的每一个细胞的分裂与分化及其他各种功能的完成均依赖于外界环境所赋予的各种指示信号。在这些外源信号的刺激下，细胞可以将这些信号转变为一系列的生物化学变化，如蛋白质构象的转变、蛋白质分子的磷酸化以及蛋白与蛋白相互作用的变化等，从而使其增殖、分化及分泌状态等发生改变以适应内外环境的需要。信号转导研究的目标是阐明这些变化的分子机理，明确每一种信号转导与传递的途径及参与该途径的所有分子的作用和调节方式以及认识各种途径间的网络控制系统。

分子生物学的基础是生物大分子，特别是蛋白质和核酸结构功能的研究。本章重点讨论核酸的分子生物学的基本原理及其在环境科学中的应用。

7.1　核酸的扩增——PCR 技术

PCR 是聚合酶链式反应（Polymerase Chain Reaction）的缩写，是美国西图斯（Cetus）公司人类遗传研究室的科学家凯瑞·马尔思（Kary Mulis）于 1988 年开发的无细胞分子克隆系统（cell-free molecular cloning）。PCR 技术操作简单，容易掌握，结果也较为可靠，为基因的分析与研究提供了一种强有力的手段，是现代分子生物学研究中的一项富有革新性的创举，对整个生命科学的研究与发展都有着深远的影响。目前，PCR 技术不仅可以用来扩增与分离目的基因，而且在临床医疗诊断、胎儿性别鉴定、癌症治疗的监控、基因突变与检测、分子进化研究、司法鉴定及环境检测等诸多领域都有着重要的用途。

PCR 技术的基本原理类似于 DNA 的天然复制，是在 DNA 聚合酶催化下，以母链 DNA 为模板，以特定引物为延伸起点，通过变性、退火、延伸等步骤，体外复制出与母链模板

DNA 互补的子链 DNA 的过程。

7.1.1　DNA 复制

DNA 是遗传信息的载体，故亲代 DNA 必须以自身分子为模板准确地复制成两个子代 DNA，并分配到两个子细胞中去，完成其遗传信息载体的使命。而 DNA 的双链结构对于维持这类遗传物质的稳定性和复制的准确性都是极为重要的。

7.1.1.1　DNA 复制的特点

（1）半保留复制（semiconservative replication）　1958 年，哈佛大学教授马修·梅塞尔森（Matthew Meselson）和他的学生富兰克林·斯塔尔（Franklin Stahl）用同位素标记法和氯化铯密度梯度离心法证明了沃森和克里克的半保留复制模型，并提出半保留复制的假说。他们首先将大肠杆菌培养在含 ^{15}N 同位素的 NH_4Cl 培养基之中培养若干代。待这些细菌的 DNA 全部被 ^{15}N 标记之后，再放入含有 ^{14}N 的培养基中培养。培养 1 代后，抽取样本提取 DNA，再采用氯化铯密度梯度离心法分析。结果发现提取的 DNA 样本分子密度介于 ^{15}N 与 ^{14}N 之间。这说明第一代的 DNA 双链有一股是 ^{15}N 单链，而另一股是 ^{14}N 单链。^{15}N 单链是从亲代完全保留下来的，而 ^{14}N 单链则是完全新合成的。在普通培养液继续培养出的第二代，其 DNA 则是 "^{14}N" DNA 与中等密度 DNA 各占一半，也进一步证实其复制也还是半保留式的（见图 7-1）。

DNA 的半保留复制机制可以说明 DNA 在代谢上的稳定性。经过许多代的复制，DNA 的多核苷酸链仍可保持完整并存在于后代，而不被分解。DNA 与其他细胞成分相比要稳定得多，这与它的遗传功能是相符合的。但这种稳定性是相对的，在细胞内外各种物理、化学及生物因子的作用下，DNA 会发生损伤，在复制和转录过程中，DNA 也会有损耗，必须进行修复和更新。

（2）有一定的复制起点（origin of replication）　DNA 在复制时，需在特定的位点起始，这是一些具有特定核苷酸排列顺序的片段，即复制起始点。DNA 复制从起点开始双向进行直到终点为止，每一个这样的 DNA 单位称为复制子或复制单元（replicon）。在原核生物中，每个 DNA 分子上就有一个复制子；而在真核生物中，每个 DNA 分子有许多个复制子，每个复制子长约 50～200kb。

（3）需要引物（primer）　DNA 聚合酶必须以一段具有 $3'$-端自由羟基（$3'$-OH）的 RNA 作为引物，才能开始聚合子代 DNA 链。RNA 引物的大小，在原核生物中通常为 50～100 个核苷酸，而在真核生物中约为 10 个核苷酸。

（4）双向复制（bidirectional replication）　DNA 复制时，从一个单独的复制起始点上形成两个复制叉，然后相背而行，这种复制方式称为双向复制。真核细胞特别是人细胞 DNA 分子上存在很多复制起始点，故在每个复制起始点上所进行的双向复制可使复制时间大大缩短。但在低等生物中，也可进行单向复制。

（5）半不连续复制（semidiscontinuous replication）　在细胞内，DNA 的两条链都能作为模板，同时合成出两条新 DNA 链。由于 DNA 分子的两条链是反平行的，一条链的走向为 $5'\rightarrow 3'$，另一条链则为 $3'\rightarrow 5'$，但是 DNA 聚合酶的合成方向是 $5'\rightarrow 3'$。DNA 在复制时一条模板链的走向是 $3'\rightarrow 5'$，DNA 合成是随着解链方向从 $5'\rightarrow 3'$ 连续进行，称为前导链（leading strand）。另一条以 $5'\rightarrow 3'$ 走向为模板链，合成链走向与解链方向相反，称为随从链（lagging strand）。因为与解链方向相反，只能解开一段双螺旋复制一段，其合成是不连续

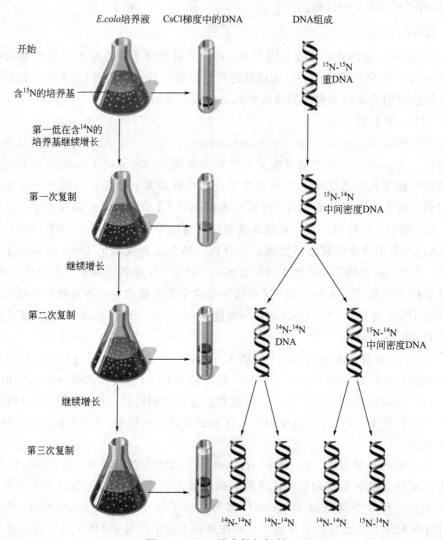

图 7-1　DNA 的半保留复制

的，先形成许多不连续的片断，最后连成一条完整的 DNA 链。这些由随从链所形成的代
DNA 短链称为冈崎片段（Okazaki fragment），是由冈崎令治与冈崎恒子夫妇在研究大肠杆
菌中噬菌体 DNA 复制时发现的。冈崎片段的大小，在原核生物中约为 1000～2000 个核苷酸；
而在真核生物中约为 100～200 个核苷酸。

在原核生物中，在 DNA 聚合酶Ⅰ催化下，通过 $5'→3'$ 外切降解作用除去 RNA 引物，
保留冈崎片段，同时修补除去 RNA 引物后的缺口，使冈崎片段延伸到邻近冈崎片段的 $5'$-
端，并由 DNA 连接酶连接成完整的 DNA 分子。在真核生物中，由核糖核酸酶 H 水解去掉
RNA 引物，再由 DNA 聚合酶延伸修补缺口。

7.1.1.2　DNA 复制的体系

DNA 复制的体系：底物、DNA 聚合酶、模板、引物及其他的酶和蛋白质因子。

（1）底物　以四种脱氧三磷酸核糖核苷酸（deoxynucleotide triphosphate）为底物，即
脱氧三磷酸腺苷（dATP）、脱氧三磷酸鸟苷（dGTP）、脱氧三磷酸胞苷（dCTP）和脱氧三
磷酸胸苷（dTTP）。

（2）DNA 模板（DNA template）　当亲代 DNA 的两条链解开后，分别以各单链 DNA 作为模板进行复制。

（3）酶　DNA 分子结构复杂，但它的复制速度快而准确。这是由于一系列酶和蛋白参加复制。

① DNA 聚合酶（DNA polymerase）　催化脱氧三磷酸核苷（dNTP）以核苷酸形式聚合到核酸链上的酶称为 DNA 聚合酶，因聚合要依赖原 DNA 的母链模板，因此也称依赖 DNA 的 DNA 聚合酶（DNA dependent DNA polymerase）或 DNA 指导的 DNA 聚合酶（DNA-directed DNA polymerase）。1958 年，由美国斯坦福大学的科恩伯格（A. Kornberg）首先在大肠杆菌发现 DNA 聚合酶 I。在试管内有模板、原料和引物，在 DNA 聚合酶 I 催化以下反应：

$$dNTP + (dNMP)_n \xrightarrow{Mg^+} (dNMP)_{n+1} + PPi$$

反应的机制是引物的 $3'$-OH 对脱氧三磷酸核苷底物的 α-磷原子进行亲核攻击，导致共价键的形成。聚合反应的特点是：以单链 DNA 为模板；以 dNTP 为原料；引物提供 $3'$-OH；聚合方向为 $5' \rightarrow 3'$（见图 7-2）。由于 DNA 聚合酶的发现，科恩伯格获得 1959 年诺贝尔生理学和医学奖。

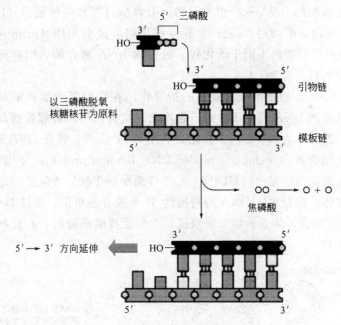

图 7-2　DNA 聚合酶的聚合反应

② DNA 连接酶（DNA ligase）　DNA 连接酶能把 DNA 双链结构中的一条单链缺口连接起来，从而完成 DNA 复制，同时它在 DNA 的修复和重组中也是不可缺少的（见图 7-3）。连接反应需要能量，大肠杆菌和其他细菌的 DNA 连接酶以酰胺腺嘌呤二核苷酸（NAD$^+$）作为能量来源。动物和噬菌体的 DNA 连接酶以三磷酸腺苷（ATP）作为能量来源。所有的 DNA 连接酶都需 Mg^{2+} 等二价阳离子作为激活剂。DNA 连接酶的作用机制就是利用 NAD$^+$ 或 ATP 中的能量催化两个核酸链之间形成磷酸二酯键。反应过程可分以下三步。

a. NAD$^+$ 或 ATP 将其腺苷酰基转移到 DNA 连接酶的一个赖氨酸残基的 ε-氨基上，形成共价的酶-腺苷酸中间物，同时释放出酰胺单核苷酸或焦磷酸；

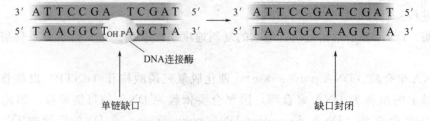

图 7-3 DNA 连接酶的连接反应

b. 将酶-腺苷酸中间物上的腺苷酰基再转移到 DNA 的 5′-磷酸基端，形成一个焦磷酰衍生物，即 DNA-腺苷酸；

c. 被激活的 5′-磷酰基端和 DNA 的 3′-OH 端反应，合成磷酸二酯键，同时释放出 AMP。DNA 连接酶所催化的整个过程是可逆的。

DNA 连接酶不能将两条游离的 DNA 分子连接起来。

③ 引物酶（primase） 引物酶又称依赖 DNA 的 RNA 聚合酶（DNA dependent RNA polymerase），能催化 RNA 引物的合成。因为 DNA 聚合酶不能起始合成新的 DNA 链，而仅能从 3′-OH 端延伸。因此在染色体复制的起始和每一个冈崎片段的起始，必须由引物酶催化合成十几个核苷酸的 RNA 片段作为引物。引物酶只有和 6 种蛋白（DnaB 蛋白、DnaC 蛋白、n′ 蛋白、n″ 蛋白、n‴ 蛋白、i 蛋白）相互作用组装成引发体（primosome），才能起合成 RNA 引物的作用。引物酶不同于催化转录过程的 RNA 聚合酶，引物酶不仅催化引物合成，还与复制部位的打开有关。

④ 解螺旋酶（helicase） 模板对复制的指导作用在于碱基的准确配对，而碱基却埋在双螺旋的内部，只有把 DNA 解开成单链，它才能起模板作用。解螺旋酶是最早发现的与复制有关的蛋白质，当时称为 rep 蛋白。作用是利用 ATP 供能，解开 DNA 双链。

⑤ 单链 DNA 结合蛋白（single stranded DNA binding protein，SSBP） 单链 DNA 结合蛋白曾被称为螺旋反稳定蛋白（HDP）。大肠杆菌单链 DNA 结合蛋白是由 177 个氨基酸残基组成的同四聚体，结合单链 DNA 的跨度约 32 个核苷酸单位。单链 DNA 结合蛋白与解开的 DNA 单链紧密结合，防止重新形成双链，并免受核酸酶降解，在复制中维持模板处于单链状态（见图 7-4）。

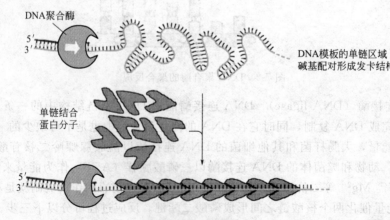

图 7-4 单链 DNA 结合蛋白

⑥ DNA 拓扑异构酶（topoisomerase）　DNA 拓扑异构酶可将 DNA 双链中的一条链或两条链切断，松开超螺旋后再将 DNA 链连接起来，从而避免出现链的缠绕。松弛 DNA 超螺旋有利于 DNA 解链。拓扑异构酶Ⅰ（topo Ⅰ）主要作用是切开 DNA 双链中的一股，使 DNA 解链旋转中不打结，DNA 变为松弛状态再封闭切口。拓扑异构酶Ⅱ（topo Ⅱ）能切断 DNA 双链，使螺旋松弛。在 ATP 参与下，松弛的 DNA 进入负超螺旋，再连接断端。

DNA 复制的整个体系如图 7-5 所示。

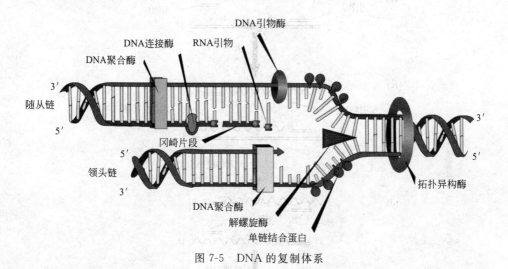

图 7-5　DNA 的复制体系

7.1.2　聚合酶链式反应（PCR）

聚合酶链式反应（PCR）是体外酶促合成特异 DNA 片段的一种方法，由高温变性、低温退火（复性）及适温延伸等几步反应组成一个周期，循环进行，使目的 DNA 得以迅速扩增，具有特异性强、灵敏度高、操作简便、省时等特点。它不仅可用于基因分离、克隆和核酸序列分析等基础研究，还可用于基因表达调控、基因多态性研究等许多方面。

7.1.2.1　PCR 技术的基本原理

PCR 技术是在模板 DNA、引物和四种脱氧核糖核苷酸存在下，依赖于 DNA 聚合酶的酶促合成反应。DNA 聚合酶以单链 DNA 为模板，借助一小段双链 DNA 来启动合成，通过一个或两个人工合成的寡核苷酸引物与单链 DNA 模板中的一段互补序列结合，形成部分双链。在适宜的温度和环境下，DNA 聚合酶将脱氧单核苷酸加到引物 $3'$-OH 末端，并以此为起始点，沿模板 $5' \rightarrow 3'$ 方向延伸，合成一条新的 DNA 互补链。

PCR 反应的基本成分包括：模板 DNA（待扩增 DNA）、引物、4 种脱氧核苷酸（dNTPs）、DNA 聚合酶和适宜的缓冲液。类似于 DNA 的天然复制过程，其特异性依赖于与靶序列两端互补的寡核苷酸引物。

PCR 由变性（denaturation）-退火（annealling）-延伸（extension）三个基本反应步骤构成。①模板 DNA 的变性：双链 DNA 分子在临近沸点的温度下（95℃左右）双链之间的氢键断裂，双链分开而成单链的过程。分开的两条单链 DNA 分别作为扩增的模板，为下轮反应作准备。②模板 DNA 与引物的退火：模板 DNA 经加热变性成单链后，温度降至 55℃左右，引物就会以碱基配对的原则与单链模板 DNA 的互补序列进行配对。③引物的延伸：在72℃的条件下，DNA 模板-引物结合物在 TaqDNA 聚合酶的作用下，以 dNTP 为反应原料，

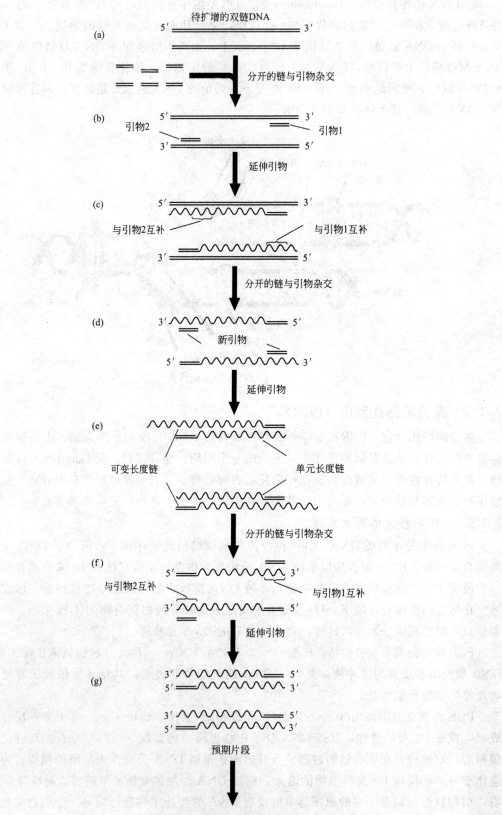

图 7-6　PCR 扩增的基本原理

靶序列为模板，按碱基配对与半保留复制原理，以 $5'\rightarrow3'$ 方向延伸，合成一条新的与模板 DNA 链互补的半保留复制链（见图 7-6）。重复循环变性-退火-延伸三过程，就可获得更多的"半保留复制链"，而且这种新链又可成为下次循环的模板。每完成一个循环需 2～4min，2～3h 就能将待扩目的基因扩增放大几百万倍。例如，经过 35 次循环，扩增倍数为 $2^{35}=10^7$，可将长 2kb 的 DNA 由原来的 1pg 扩增到 0.5～1μg。若经过 60 次循环，DNA 扩增倍数可达 $10^9\sim10^{10}$。

7.1.2.2 PCR 反应体系

PCR 反应体系中各种成分及含量如表 7-1 所示。

表 7-1 PCR 反应体系中各种成分及含量

成　　分	含　　量
10×扩增缓冲液	10μL
4 种 dNTP 混合物（终浓度）	各 100～250μmol/L
引物（终浓度）	各 5～20μmol/L
模板 DNA	0.1～2μg
Taq DNA 聚合酶	5～10U
Mg^{2+}（终浓度）	1～3mmol/L
总体积	100μL

① Mg^{2+}：终浓度为 1.5～2.0mmol/L，其对应 dNTP 为 200μmol/L，注意 Mg^{2+} 与 dNTPs 之间的浓度关系，由于 dNTP 与 Taq 酶竞争 Mg^{2+}，当 dNTP 浓度达到 1mmol/L 时会抑制 Taq 酶的活性。Mg^{2+} 能影响反应的特异性和产率。

② 底物（dNTPs）：dNTPs 具有较强酸性，其贮存液用 NaOH 调 pH 值至 7.0～7.5，一般存贮浓度为 10 mmol/L，各成分以等当量配制，反应终浓度为 20～200μmol/L。高浓度可加速反应，但同时增加错误掺入和实验成本；低浓度可提高精确性，而反应速度会降低。

③ Taq 酶：能耐 95℃高温而不失活，其最适 pH 值为 8.3～8.5，最适温度为 75～80℃，一般用 72℃。能催化以 DNA 单链为模板，以碱基互补原则为基础，按 $5'\rightarrow3'$ 方向逐个将 dNTP 分子连接到引物的 $3'$ 端，合成一条与模板 DNA 互补的新的 DNA 子链。无 $3'\rightarrow5'$ 的外切酶活性，没有校正功能。某种 dNTP 或 Mg^{2+} 浓度过高，会增加其错配率。用量一般为 0.5～5 个单位/100μL。

④ 模板：PCR 对模板 DNA 的纯度不要求很高，但应尽量不含有对 PCR 反应有抑制作用的杂质存在，如蛋白酶、核酸酶、TaqDNA 聚合酶抑制剂、能与 DNA 结合的蛋白质。模板 DNA 的量不能太高，否则扩增可能不会成功，在此情况下可适当稀释模板。

⑤ 引物：引物浓度一般为 0.1～0.5μmol/L，浓度过高会引起错配和非特异扩增，浓度过低则得不到产物或产量过低。引物长度一般 15～30 个碱基，引物过长或过短都会降低特异性。其 $3'$-末端一定要与模板 DNA 配对，末位碱基最好选用 A、C、G（因 T 错配也能引发链的延伸）。

引物（G+C）约占 45%～55%，碱基应尽量随机分布，避免嘧啶或嘌呤堆积，两引物之间不应有互补链存在，不能与非目的扩增区有同源性。

7.1.2.3　PCR 循环参数

预变性（initial denaturation）：模板 DNA 完全变性与 PCR 酶的完全激活对 PCR 能否成功至关重要，一般未修饰的 Taq 酶激活时间为 2min。

变性步骤：循环中一般 95℃、30s 足以使各种靶 DNA 序列完全变性。变性时间过长损害酶活性，过短靶序列变性不彻底，易造成扩增失败。

引物退火（primer annealing）：退火温度需要从多方面去决定，一般根据引物的 T_m 值为参考，根据扩增的长度适当调退火温度。然后在此次实验基础上作出预估。退火温度对 PCR 的特异性有较大影响。

引物延伸（primer extension）：引物延伸一般在 72℃进行（Taq 酶最适温度）。延伸时间随扩增片段长短而定。

循环数：大多数 PCR 含 25～35 循环，循环数决定 PCR 扩增的产量。模板初始浓度低，可增加循环数以便达到有效的扩增量。但循环数并不是可以无限增加的。一般循环数为 30 个左右，循环数过多易产生非特异扩增。

最后延伸：在最后一个循环后，反应在 72℃维持 10～30min。使引物延伸完全，并使单链产物退火成双链。

7.1.2.4　PCR 反应条件的控制

变性温度和时间：95℃，30s。

退火温度和时间：低于引物 T_m 值 5℃左右，一般在 45～55℃。

延伸温度和时间：72℃，1min/kb（10kb 内）。

T_m 值＝$4(G+C)+2(A+T)$。

7.1.2.5　PCR 产物分析

PCR 扩增产物通常使用以下方法进行分析。

（1）凝胶电泳分析　PCR 产物电泳，溴乙锭染色紫外光下观察，初步判断产物的特异性。PCR 产物片段的大小应与预计的一致。琼脂糖凝胶电泳通常应用 1‰左右的琼脂糖凝胶；聚丙烯酰胺凝胶电泳时，用 6％～10％聚丙烯酰胺凝胶。

酶切分析：根据 PCR 产物中限制性内切酶的位点，用相应的酶切、电泳分离后，获得符合理论的片段。

（2）分子杂交

① Southern 印迹杂交：在两引物之间另合成一条寡核苷酸链（内部寡核苷酸），标记后做探针与 PCR 产物杂交。

② 斑点杂交：将 PCR 产物点在硝酸纤维素膜或尼膜薄膜上，再用内部寡核酸探针杂交，观察有无着色斑点，主要用于 PCR 产物特异性鉴定及变异分析。

（3）核酸序列分析　核酸序列分析是检测 PCR 产物特异性的最可靠方法。

7.1.3　PCR 相关技术

PCR 技术的兴起是生物科学界的重要变革，它克服了原有技术的不足，使人类对微生物的研究有了大的进展。由于高度的特异性和敏感性，PCR 扩增技术已成为研究微生物的有力工具。随着 PCR 技术的成熟，一些更为先进和灵敏的方法应运而生，如逆转录 PCR、实时荧光 PCR、原位 PCR 等。

7.1.3.1　逆转录 PCR（reverse transcription PCR，RT-PCR）

由一条 RNA 单链转录为互补 DNA（cDNA）称作"逆转录"，由依赖 RNA 的 DNA 聚合酶（逆转录酶）催化完成。随后，DNA 的另一条链通过脱氧核苷酸引物和依赖 DNA 的 DNA 聚合酶催化完成，随每个循环倍增，即通常的 PCR。原先的 RNA 模板被 RNA 酶 H 降解，留下互补 DNA。

7.1.3.2　多重 PCR（multiples PCR）

一般 PCR 仅应用一对引物，通过 PCR 扩增产生一个核酸片段，多重 PCR 是在同一 PCR 反应体系里加上两对以上引物，同时扩增出多个核酸片段的 PCR 反应，其反应原理、反应试剂和操作过程与一般 PCR 相同。

7.1.3.3　反向 PCR（inverse PCR）

PCR 只能扩增两端序列已知的基因片段，反向 PCR 可扩增中间一段已知序列，而两端序列未知的基因片段不扩增。反向 PCR 的目的在于扩增一段已知序列旁侧的 DNA。

7.1.3.4　不对称 PCR（asymmetric PCR）

不对称 PCR 是用不等量的一对引物，分别称为非限制引物与限制性引物，其比例一般为（50～100）∶1。在 PCR 反应的最初 10～15 个循环中，其扩增产物主要是双链 DNA，但当限制性引物（低浓度引物）消耗完后，非限制性引物（高浓度引物）引导的 PCR 就会产生大量的单链 DNA（SSDNA）用于直接测序。

7.1.3.5　锚定 PCR（anchored PCR）

在未知序列一端加上一段多聚 dG 的尾巴，然后分别用多聚 dC 和已知的序列作为引物进行 PCR 扩增。

7.1.3.6　着色互补试验或荧光 PCR（color complementation assay or fluorescent PCR）

用不同荧光染粒，分别标记于不同寡核苷酸引物上，同时扩增多个 DNA 片段，反应完毕后，利用分子筛选去多余的引物。用紫外线照射扩增产物，就能显示某一 DNA 区带荧光染料颜色的组合，如果某一 DNA 区带缺失，则会缺乏相应的颜色。

7.1.3.7　双温 PCR（two-temperature PCR）

双温 PCR 仅仅执行两步温度程序。合并退火与延伸温度。一般常用温度是 94～95℃和 46～47℃。可以提高反应的速度和特异性。

7.1.3.8　实时荧光 PCR（real time-PCR）

实时荧光 PCR 融汇 PCR 技术、DNA 探针杂交技术（标记有荧光报告基团和荧光淬灭基团），结合先进的光谱检测技术发展起来的一项新技术。

主要原理是在待扩增区域结合上 DNA 探针，PCR 过程中，具有 $5'→3'$ 外切酶活性的 Taq 酶延伸引物链到 DNA 探针时，将 DNA 探针逐个降解，释放出荧光报告基团，这样 PCR 体系中荧光的强度与 PCR 产物量之间存在正比关系，可通过测定荧光强度而对 PCR 产物定量。此方法可以检测到扩增过程中任一时间反应物的变化。

7.1.3.9　原位 PCR（In situ PCR）

在组织或细胞标本片上直接进行 PCR，对细胞中的靶 DNA 进行扩增，通过掺入标记基团直接显色或结合原位杂交进行检测的方法。原位 PCR 可使扩增的特定 DNA 片段在分离细胞和组织切片中定位，从而弥补了 PCR 和原位杂交的不足（参见 8.2 节）。

7.1.4　PCR 技术在环境领域中的应用

PCR 技术应用于环境监测具有快速、灵敏、准确、简便、特异性强的特点，在水体、气体和土壤等污染环境的监测中被广泛应用。

7.1.4.1 环境微生物的检测

传统的检测方法需要对样品进行分离培养，往往要花上几天乃至数周的时间，而且有些微生物难以人工培养，给检测带来极大困难。PCR 技术不仅检测时间短、灵敏度高，还可以检测出一些依靠培养法不能检测的微生物种类。

7.1.4.2 环境中致病菌和指示菌的检测

在自然环境中，约有 1‰ 的微生物为病原微生物，这些有害微生物直接威胁着人类的健康。根据病原菌特定的遗传因子，应用 PCR 技术可检测土壤、水体和大气等环境中的致病菌。例如，以肠出血性大肠杆菌 O-157 携带的 Vero 毒素遗传因子为模板设计引物，通过 PCR 扩增，即使反应物中只有 10 个菌存在也可将其迅速检出。

7.1.4.3 环境中基因工程菌的检测

以基因工程菌的已知基因为模板设计引物，应用 PCR 技术可对基因工程菌进行检测。

7.2 DNA 测序及分析

DNA 序列即 DNA 的一级结构。DNA 测序（DNA sequencing）是指分析特定 DNA 片段的碱基序列，即腺嘌呤（A）、胸腺嘧啶（T）、胞嘧啶（C）及鸟嘌呤的（G）排列方式。DNA 测序对了解一个物种的分子进化、目的基因 DNA 片段的碱基组成、重组 DNA 的方向与结构，以及对突变进行定位和鉴定等方面都有着非常重要的意义。

7.2.1 核酸的分子结构

核酸是生物高分子聚合物。各类核酸中的核苷酸少则几十个，多则几亿个，而且都按照一定的排列顺序相互连接。核酸与蛋白质一样，具有一定的一级结构和高级结构。

7.2.1.1 核苷酸的连接方式

核酸是由众多核苷酸聚合而成的多聚核苷酸链，链中每个核苷酸的 $3'$-羟基和相邻核苷酸戊糖上的 $5'$-磷酸相连，因此核苷酸间的连接是 $3',5'$-磷酸二酯键。由相同排列的磷酸和戊糖构成核酸大分子的主链，而代表其特性的碱基则可以看成是有次序地连接在其主键上的侧链基团。主链上的磷酸呈酸性，在细胞正常 pH 条件下带负电荷，而嘌呤碱基和嘧啶碱基相对不溶于水而具有疏水性质。由于所有核苷酸间的磷酸二酯键有相同的走向，RNA 和 DNA 都有特殊的方向性。

核酸大分子中的磷酸二酯键在化学试剂或相关酶的水解作用下容易断裂。因水解部位和程度不同，可以得到核酸的短片段，或 $5'$-核苷酸等水解产物。

7.2.1.2 核酸的一级结构——核苷酸序列（nucleotide sequence）

核酸的一级结构是指核苷酸的组成和排列顺序。核苷酸的种类虽不多，但可因核苷酸的数目、比例和排列顺序的不同，构成多种结构不同的核酸。由于戊糖和磷酸两种组分在核酸主链上不断重复，也可以用碱基的顺序表示核酸的一级结构。

核酸链的两个末端分别是 $5'$-末端与 $3'$-末端。$5'$-末端含磷酸基团，$3'$-末端含羟基（见图 7-7）。核酸链内的前一个核苷酸的 $3'$-羟基与后一个核苷酸的 $5'$-磷酸形成 $3',5'$-磷酸二酯键，故核酸中的核苷酸被称为核苷酸残基（nucleotide residue）。通常将小于 50 个核苷酸残基的核酸称为寡核苷酸（oligonucleotide），大于 50 个核苷酸残基的称为多核苷酸（polynu-cleotide）。

DNA 一级结构具有以下特点。

① DNA 分子大而长。分子量在 10^6D 以上，如大肠杆菌 DNA 分子量为 $2.6×10^9$D，碱基对为 $3×10^6$，长度为 $1.4×10^6$ nm。

② DNA 分子可以线形也可以环状的形式存在。线形 DNA 具有极性，每个 DNA 分子都有一个与其他核苷酸相连的 $5'$-端与 $3'$-端。

③ 绝大多数 DNA 分子由两条碱基互补的单链构成。但也有极少数的 DNA 是单键 DNA，如噬菌体 ϕX174 DNA 等。

④ DNA 一般由 4 种脱氧核苷酸组成。嘌呤的摩尔数＝嘧啶的摩尔数。腺嘌呤与胸腺嘧啶的摩尔数相等 A＝T，鸟嘌呤与胞嘧啶的摩尔数相等 G＝C，且 A＋G＝T＋C。

⑤ DNA 在代谢上较稳定，不受营养条件、年龄等因素的影响。

⑥ DNA 分子具有可塑性。由于分子上局部区域受热力学作用，往往使 DNA 分子发生弯曲、缠绕或伸展。这种分子变形是由于多核苷酸链的骨架上共价键的转角改变引起的。

⑦ DNA 顺序组织。在 DNA 分子中往往可以划出不同的功能区域。有的区域编码特定的蛋白质或 RNA，有的区域起复制、转录及翻译调控作

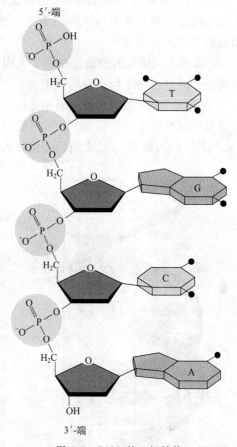

图 7-7　DNA 的一级结构

用。这些区域在 DNA 上的特定分布就构成了 DNA 顺序组织。真核生物与原核生物的 DNA 顺序组织有很大差别。

a. 在原核生物中，决定蛋白质结构的结构基因占 DNA 的大部分，而真核生物则相反。

b. 在原核生物中，功能相异的蛋白质结构基因往往组织在一起，并由同一 mRNA 转录，在真核生物中，这种情况却稀有。

c. 在原核生物中可看到基因重叠现象，即编码不同蛋白质的基因往往交错重叠于 DNA 某一区域。真核生物没有这种现象，而且在编码 RNA 和蛋白质之间还有插入顺序。

d. 真核生物中的 DNA 有许多重复序列。其中有的序列重复次数高达百万次。真核生物中 DNA 是单拷贝顺序和重复顺序相间排列。

e. 真核生物 DNA 有大量回文结构。

7.2.1.3　DNA 的二级结构——双螺旋结构（double helix structure）

20 世纪 50 年代初 Chargaff 等通过对多种生物 DNA 的碱基组成的分析，发现了碱基互补配对原则。在此基础上，沃森（Watson）和克里克（Crick）于 1953 年提出 DNA 双螺旋结构模型。DNA 双螺旋模型的提出不仅揭示了遗传信息稳定传递中 DNA 半保留复制的机制，而且是分子生物学发展的里程碑。

DNA 双螺旋结构特点如下。

① 两条 DNA 互补链反向平行。

② 由脱氧核糖和磷酸间隔相连而成的亲水骨架在螺旋分子的外侧，疏水的碱基对在螺旋分子内部，碱基平面与螺旋轴垂直，螺旋旋转一周正好为 10 个碱基对，螺距为 3.4nm，相邻碱基平面间隔为 0.34nm 并有一个 36°的夹角。

③ DNA 双螺旋的表面存在一个大沟（major groove）和一个小沟（minor groove），蛋白质分子通过这两个沟与碱基相识别。

④ 两条 DNA 链依靠彼此碱基之间形成的氢键而结合在一起。根据碱基结构特征，只能形成嘌呤与嘧啶配对，即 A 与 T 相配对，形成 2 个氢键；G 与 C 相配对，形成 3 个氢键（见图 7-8）。因此 G 与 C 之间的连接较为稳定。

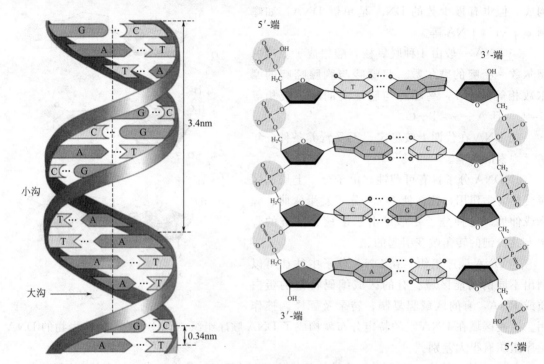

图 7-8 DNA 的双螺旋结构

⑤ DNA 双螺旋结构比较稳定。维持这种稳定性主要靠碱基对之间的氢键以及碱基的堆积力（stacking force）。

7.2.1.4 DNA 的三级结构——超螺旋结构（super helix structure）

DNA 在双螺旋结构基础上进一步扭曲就是 DNA 的三级结构。DNA 分子可以以线形分子形式存在，也可能是共价双链环状结构。环状结构又分两类：共价开环结构和共价闭环超螺旋结构。所以 DNA 三级结构有三类：线形结构、开环结构和超螺旋结构。其中超螺旋结构不仅出现于共价闭环结构，某些线形 DNA 与其他分子，特别与蛋白质相结合时也可能形成超螺旋构象，因此超螺旋具有普遍意义。开环双链 DNA 可看作由直线双螺旋 DNA 分子的两端连接而成的，其中一条链留有一缺口。超螺旋结构可以认为是 DNA 分子对应于某种张力而产生的一种扭曲（见图 7-9）。在 DNA 双螺旋结构中约每 10 个核苷酸就旋转一圈，这时双螺旋处于最低的能量状态。如果使这种正常的双螺旋 DNA 分子额外地多转几圈或少转几圈，就会使双螺旋内的原子偏离正常位置，产生相应的张力。如果双螺旋的末端是游离的，那么这种张力可以通过链的转动而释放出来，DNA 将恢复到正常的双螺旋状态。如果

DNA 两端是以某种方式固定的，或者是环状 DNA 分子，这些额外的张力不能释放到分子外，而只能通过 DNA 分子内部的原子重排来解决，这样 DNA 分子进一步扭曲，这种扭曲就是超螺旋。超螺旋有两种：右超螺旋（负超螺旋），左超螺旋（正超螺旋）。几乎所有天然 DNA 中都存在负超螺旋结构。超螺旋是 DNA 三级结构的一种常见形式。

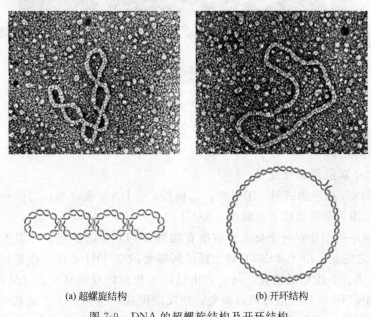

(a) 超螺旋结构　　　　　　(b) 开环结构

图 7-9　DNA 的超螺旋结构及开环结构

7.2.1.5　DNA 的四级结构——DNA 与蛋白质形成复合物

在真核生物中其基因组 DNA 要比原核生物大得多，如原核生物大肠杆菌的 DNA 约为 4.7×10^3 kb，而人的基因组 DNA 约为 3×10^6 kb，因此真核生物基因组 DNA 通常与蛋白质结合，经过多层次反复折叠，压缩近 10000 倍后，以染色体形式存在于平均直径为 $5\mu m$ 的细胞核中。线性双螺旋 DNA 折叠的第一层次是形成核小体（nucleosome）。犹如一串念珠，核小体由直径为 $11nm \times 5.5nm$ 的组蛋白核心和盘绕在核心上的 DNA 构成。核心由组蛋白 H_2A、H_2B、H_3 和 H_4 各 2 分子组成，为八聚体，146bp 长的 DNA 以左手螺旋盘绕在组蛋白的核心 1.75 圈，形成核小体的核心颗粒，各核心颗粒间有一个连接区，约有 60bp 双螺旋 DNA 和 1 个分子组蛋白 H_1 构成（见图 7-10）。平均每个核小体重复单位约占 DNA 200bp。DNA 组装成核小体其长度约缩短 7 倍。在此基础上核小体又进一步盘绕折叠，最后形成染色体。

7.2.2　DNA 一级结构的测定

DNA 一级结构的测定有两种方法：一种是剑桥大学的桑格（Frederick Sanger）等于 1977 年提出的酶法；另一种是哈佛大学的马克萨姆（A. M. Maxam）和吉利别尔特（W. Gilbert）提出的化学降解法。这两种方法都是生成互相独立的若干组带放射性标记的寡核苷酸，每组寡核苷酸都有固定的起点，但却随机终止于特定的一种或者多种残基上。由于 DNA 上的每一个碱基出现在可变终止端的机会均等，因此每一组产物都是一些寡核苷酸混合物，这些寡核苷酸的长度由某一种特定碱基在原 DNA 全片段上的位置所决定。只要把几组寡核苷酸加样于测序凝胶中若干个相邻的泳道电泳，即可从凝胶的放射自影片上直接读出

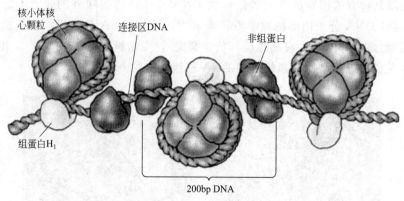

图 7-10　DNA 的四级结构

DNA 上的核苷酸顺序。

7.2.2.1　Sanger 双脱氧链终止法

Sanger 法 DNA 测序的试剂：①引物；②模板；③DNA 聚合酶；④四种脱氧核苷三磷酸（dNTP）；⑤四种双脱氧核苷三磷酸（ddNTP）。

Sanger 法测序的原理：每个反应含有所有四种 dNTP 使之扩增，并混入限量的一种不同的 ddNTP 使之终止。由于 ddNTP 缺乏延伸所需要的 3′-OH 基团，使延长的寡聚核苷酸选择性地在 G、A、T 或 C 处终止，终止点由反应中相应的双脱氧而定（见图 7-11）。每一种 dNTPs 和 ddNTPs 的相对浓度可以调整，使反应得到一组相差一个碱基一系列片断。它们具有共同的起始点，但终止在不同的核苷酸上。通过高分辨率变性凝胶电泳分离大小不同的片段，凝胶处理后可用 X-光胶片放射自显影或非同位素标记进行检测（见图 7-12）。

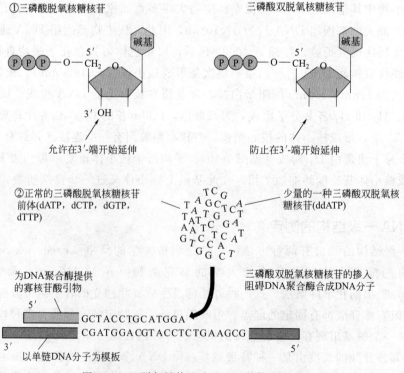

图 7-11　双脱氧链终止法 DNA 测序原理（一）

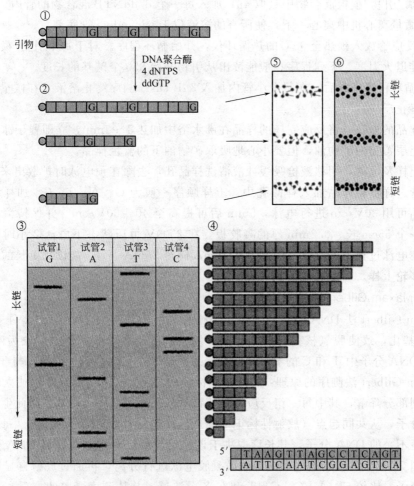

图 7-12　双脱氧链终止法 DNA 测序原理（二）

　　酶反应分四组进行，每组都包括：引物、模板、DNA 聚合酶、四种 NTP 及一种 ddNTP，如第一组反应中含有引物、模板、DNA 聚合酶、四种 dNTP 及 ddGTP。当引物与模板结合后，四种 dNTP 在 DNA 聚合酶的作用下，按照碱基互补的原则与模板配对。由于 ddGTP 可随机与模板 DNA 的 C 配对，使延长的寡聚核苷酸选择性地在 G 处终止，这样就会得到不同长度的以 G 结尾的 DNA 分子（见图 7-12）。其他三组中分别引入 ddATP、ddT-TP、ddCTP。四组结果投入聚丙烯酰胺凝胶电泳，按分子大小排列，最短的片段走的距离最长，并经放射自显影便可以读出 DNA 的碱基顺序。

　　（1）测序反应

　　① 对于每组测序反应，标记四个 0.5mL eppendorf 管（G、A、T、C）。每管加入 2μL 适当的 d/ddNTP 混合物（d/ddNTP Mix）。各加入 1 滴（约 20μL）矿物油，盖上盖子保存于冰上或 4℃备用。

　　② 对于每组四个测序反应，在一个 eppendorf 管中混合以下试剂：模板 DNA 2.1pmol；5×测序缓冲液 5μL；引物 4.5pmol；无菌 ddH$_2$O 至终体积 16μL。

　　③ 在引物/模板混合物中加入 1.0μL 测序级 Taq DNA 聚合酶（5U/mL）。用吸液器吸动几次混匀。

④ 从酶/引物/模板混合物中吸取 $4\mu L$ 加入每一个 d/ddNTP 混合物的管内。

⑤ 在微量离心机中离心一下，使所有的溶液位于 eppendorf 管底部。

⑥ 将反应管放入预热至95℃的热循环仪，开始循环程序。对于每个引物/模板组合都必须选择最佳退火温度。下列程序一般能读出从引物开始350个碱基的长度。

⑦ 热循环程序完成后，在每个小管内加入 $3\mu L$ DNA 测序终止溶液，在微量离心机中略一旋转，终止反应。

(2) 样品的制备　将反应完毕的样品在沸水浴中加热 $1\sim3min$，立即置于冰上。加样时不必吸去上层覆盖的矿物油，但要小心地吸取矿物油下的蓝色样品。

(3) 上样及电泳　用移液枪吸缓冲液清洗样品孔，去除在预电泳时扩散出来的尿素，然后用毛细管进样器将样品加入样品孔中。上样顺序一般为 G、A、T、C。加样完毕后立即电泳。开始可用 $30V/cm$ 进行电泳，5min 后可提高至 $40\sim60V/cm$，并保持恒压状态。一般来说，一个 55cm 长、0.2mm 厚的凝胶板，在 2500V 恒压状态下电泳 2 小时即可走到底部，同时在电泳过程中，电流可稳定地从 28mA 降至 25mA。为了能读到更长的序列，可采用两轮或多轮上样。

7.2.2.2　Maxam-Gilbert DNA 化学降解法

Maxam-Gilbert 法 DNA 测序的试剂：①硫酸二甲酯（DMS），使 DNA 分子中 G 上的 N^7 原子甲基化，致使脱氧核糖苷键不稳定，发生水解；②甲酸，断裂对象为嘌呤 G、A；③肼，使 DNA 分子中 T 和 C 的嘧啶环断裂；④肼＋NaCl，只断裂 C，而不与 T 反应。

Maxam-Gilbert 法测序的原理：一个末端标记的 DNA 片段在四组互相独立的化学反应中分别得到部分降解，其中每一组反应特异地针对某一种或某一类碱基。因此生成四组放射性标记的分子，从共同起点（放射性标记末端）延续到发生化学降解的位点。每组混合物中均含有长短不一的 DNA 分子，其长度取决于该组反应所针对的碱基在原 DNA 全片段上的位置（见图 7-13）。各组均通过聚丙烯酰胺凝胶电泳进行分离，再通过放射自显影来检测末端标记的分子。比较 G，A＋G，C＋T 和 C 各个泳道，并从测序凝胶的放射自显影片上读出 DNA 序列。

如在第一组反应中，加入硫酸二甲酯，使 DNA 分子中 G 上的 N^7 原子甲基化，并发生水解。由于水解随机发生在 DNA 链的 G 处终止，这样就会得到不同长度的以 G 结尾的 DNA 分子。Maxam-Gilbert 法测序原理如图 7-13 所示。

Maxam-Gilber 法所能测定的长度比 Sanger 法短一些，它对放射性标记末端250个核苷酸以内的 DNA 序列效果最佳。化学降解较之链终止法的最大优点是：所测序列来自原DNA 分子而不是酶促合成所产生的基因组。然而，由于 Sanger 法既简便又快速，因此是现今的最佳选择方案。事实上，目前大多数测序策略都是为 Sanger 法而设计的。2005 年 454 Life Sciences 公司推出的 454 FLX 高通量测序平台 （454 FLX pyrosequencing platform），就是在 Sanger 法的基础上建立起来的。

7.2.2.3　高通量测序 （High-throughput sequencing）

高通量测序技术又称"下一代"测序技术 （"Next-generation" sequencing technology），能一次并行对几十万到几百万条 DNA 分子进行序列测定，具有分析结果快速、准确、灵敏度高和自动化的特点。

该系统的测序原理是在 DNA 聚合酶、ATP 硫酸化酶、荧光素酶和双磷酸酶的协同作用下，将引物上每一个 dNTP 的聚合与一次荧光信号释放偶联起来。通过检测荧光信号释

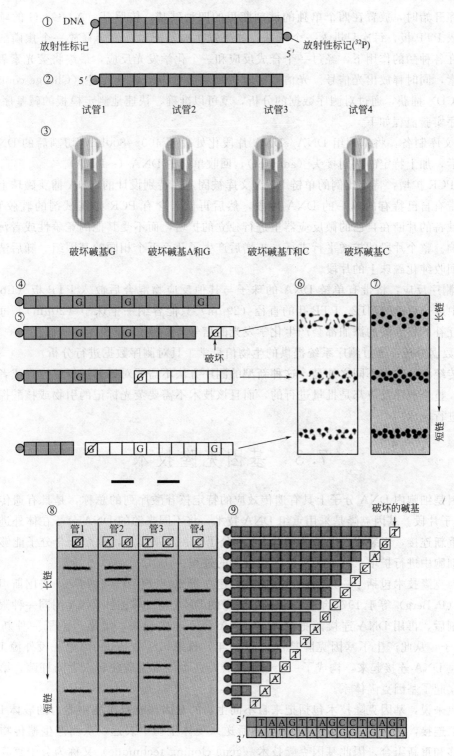

图 7-13 化学降解法测序原理

放的有无和强度，就可以对 DNA 序列进行实时测定。在测序时，使用了一种叫做"PTP"
（Pico TiterPlate）的平板，它含有 160 多万个由光纤组成的孔，孔中载有化学发光反应所需
的各种酶和底物。

测序开始时，放置在四个单独的试剂瓶里的四种碱基，依照 T、A、C、G 的顺序依次循环进入 PTP 板，每次只进入一个碱基。如果发生碱基配对，就会释放一个焦磷酸。这个焦磷酸在各种酶的作用下，经过一个合成反应和一个化学发光反应，最终将荧光素氧化成氧化荧光素，同时释放出光信号。光信号实时被高灵敏度电荷耦合元件（Charge-coupled Device，CCD）捕获，通过对测序数据的分析，就可以准确、快速地测定模板的碱基序列。

测序实验流程如下。

① 文库制备：将基因组 DNA/cDNA 片段化处理至 $400 \sim 800$bp，切割后的 DNA 经末端修复后，加上特定的共同接头（adapter），回收单链的 DNA（ssDNA）。

② PCR 扩增：特定比例的单链 DNA 文库被固定在特别设计的 DNA 捕获磁珠上，使每颗珠子带有自己特有的单一的 DNA 片段，然后再倒入含有 PCR 必需试剂的乳胶颗粒中，使每个独特的片断在自己的微反应器里进行独立的扩增，而不受其他的竞争性或者污染性序列的影响。整个片段的扩增平行进行。扩增后产生了几百万个相同的基因组。随后洗去乳胶物质，回收纯化磁珠上的片段。

③ 测序反应：将带有单链 DNA 的珠子与其他反应物混合后放入 PTP 板（fibre-optic slide）中进行后继的测序。PTP 孔的直径（29μm）只能容纳一个珠子（20μm）。每一个与模板链互补的核苷酸的添加都会产生化学发光的信号，并被 CCD 照相机所捕获。

④ 数据分析：通过测序系统提供的生物信息学工具对测序数据进行分析。

与传统测序技术不同之处是，这种新型的测序方法不需要对细菌进行亚克隆或者单个克隆处理，整个测序反应都是批量进行的，而且该技术不需要荧光标记的引物或核酸探针，也不需要进行电泳。

7.3　基因克隆技术

基因是细胞内 DNA 分子上具有遗传效应的特定核苷酸序列的总称，是具有遗传效应的 DNA 分子片段。基因克隆是采用重组 DNA 技术，将不同来源的 DNA 分子在体外进行特异切割，重新连接，组装成一个新的杂合 DNA 分子。在此基础上，这个杂合分子能够在一定的宿主细胞中进行扩增，形成大量的子代分子的过程。

基因克隆技术包括了一系列技术，它大约建立于 20 世纪 70 年代初期。美国斯坦福大学的伯格（P. Berg）等于 1972 年把一种猿猴病毒的 DNA 与 λ 噬菌体 DNA 用同一种限制性内切酶切割后，再用 DNA 连接酶把这两种 DNA 分子连接起来，于是产生了一种新的重组 DNA 分子，从此产生了基因克隆技术。1973 年，科恩（S. Cohen）等把一段外源 DNA 片段与质粒 DNA 连接起来，构成了一个重组质粒，并将该重组质粒转入大肠杆菌，第一次完整地建立起了基因克隆体系。

一般来说，基因克隆技术包括把来自不同生物的基因与有自主复制能力的载体 DNA 在体外人工连接，构建成新的重组 DNA，然后送入受体生物中表达，从而产生遗传物质和状态的转移和重新组合。因此基因克隆技术（gene cloning technique）又称为分子克隆、基因的无性繁殖、基因操作（gene manipulation）、重组 DNA 技术（recombination DNA technique）以及基因工程（gene engineering）等。

基因克隆技术所依托的物质基础是脱氧核苷酸，结构基础是 DNA 规则的双螺旋结构，传递与表达基础是遗传学"中心法则"。此外还依赖于限制性核酸内切酶和 DNA 连接酶、克隆载体及逆转录酶的发现。这些理论发现与技术发明使基因的转移已经不再限于同一类物种之间，动物、植物和微生物之间都可进行基因转移。遗传工程完全可以不受生物种类的限制，而按照人类的意愿去拼接基因，创造新品种或新的生物材料。

7.3.1　基因重组

基因重组（recombination）是指一个基因的DNA序列由两个或两个以上的亲本DNA的重新组合。基因重组是遗传的基本现象，病毒、原核生物和真核生物都存在基因重组现象。基因重组的特点是双DNA链间进行物质交换。真核生物，重组发生在减数分裂期同源染色体的非姊妹染色单体间，细菌可发生在转化或转导过程中。在基因克隆技术中经常使用的是原核微生物的转化和转导。

7.3.1.1　转化（transformation）

受体细胞直接吸收来自供体细胞的DNA片段，通过交换，把它整合到自己的基因组里，从而获得了供体细胞部分遗传性状的现象，称为转化。转化后的受体菌，称为转化子。来自供体的DNA片段称为转化因子。在肺炎链球菌、芽孢杆菌属、假单胞菌属、奈氏球菌属及某些放线菌和蓝细菌、酵母菌和黑曲霉中均发现有转化现象。遗传和变异物质基础的经典实验就是转化的突出例子。

两个菌种或菌株间能否发生转化，与它们在进化过程中的亲缘关系有着密切的联系。但即使在转化率极高的菌种中，不同菌株间也不一定都可发生转化。能进行转化的细胞必须是感受态的，即受体菌最易接受外源DNA片段并实现转化的生理状态。处于感受态的细胞，其吸收DNA的能力，有时可比一般细胞大1000倍。感受态的出现受该菌的遗传性、菌龄、生理状态和培养条件等因素的影响。如肺炎双球菌的感受态在对数期的后期出现（见图7-14），而芽孢杆菌属则出现在对数期末及稳定期。

7.3.1.2　转导（transduction）

通过温和噬菌体作为媒介，把供体细胞内特定的基因（DNA片段）携带至受体细胞中，使后者获得前者部分遗传性状的现象，称为转导（见图7-15）。

转导现象是1952年，黎德伯格（J. Lederberg）和他的学生津德（N. Zinder）在鼠伤寒沙门菌（*Salmonella typhimurium*）重组实验中首次发现的。而后在许多原核微生物中都陆续发现了转导，如大肠杆菌（*E. coli*）、芽孢杆菌属（*Bacillus*）、变形杆菌属（*Proteus*）、假单胞菌属（*Pseudomonas*）、志贺菌属（*Shigella*）及葡萄球菌属（*Staphylococcus*）等。

目前所知道的转导已有多种，现分别介绍如下。

（1）普遍性转导（generalized transduction）　由噬菌体随机地将细菌DNA包装在衣壳内所引起的。

（2）局限性转导（restricted 或 specialized transduction）　通过部分缺陷的温和噬菌体把供体菌的特定基因携带到受体菌中，并获得表达的转导现象，如λ噬菌体，可被转导的只是λ噬菌体在细菌染色体上插入位点两侧的基因。

7.3.2　基因克隆的主要工具

基因重组和克隆操作最重要的工具是限制性内切酶、连接酶、载体和宿主菌。

7.3.2.1　限制性内切酶（restriction endonuclease）

限制性内切酶也称限制性酶（restriction enzyme），是1979年由阿柏（W. Arber）、史密斯（H. Smith）和南施丝（D. Nathans）等从细菌中分离的一类酶。限制酶具有极高的专

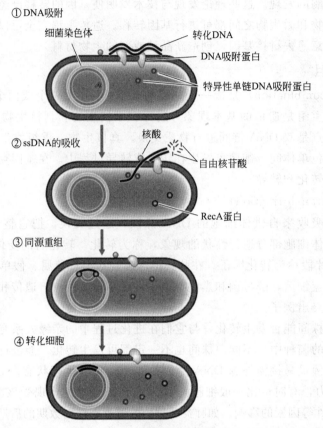

图 7-14 肺炎双球菌的转化过程

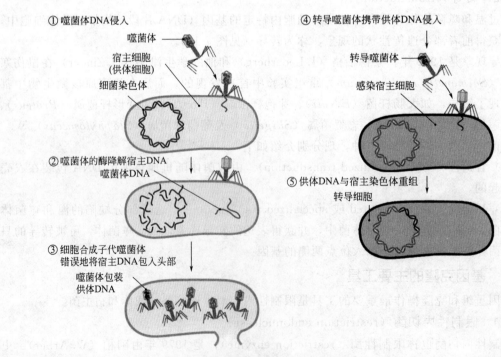

图 7-15 噬菌体的转导作用

一性，识别双链 DNA 上特定的位点，将两条链都切断，形成黏性末端或平滑末端。限制酶可以用来解剖纤细的 DNA 分子，在分析染色体结构、制作 DNA 的限制酶图谱、测定较长的 DNA 序列、基因的分离、基因的体外重组等研究中是不可缺少的工具。

限制性酶的生物学功能在于防御或"限制"入侵细胞的外来 DNA（如噬菌体 DNA）。原核生物利用它们独特的限制性内切酶把外来 DNA 切成无感染性的片段。但不能降解自身细胞中的染色体 DNA，因为细胞内的全酶兼有限制性内切酶和甲基化酶的活性。甲基化酶可修饰相应序列使之受到保护。

限制性内切酶可分成三类：Ⅰ类酶有特异的识别位点但没有特异的切割位点，而且切割是随机的，所以很少用于基因工程中。Ⅲ类酶可识别特定碱基顺序，并在这一顺序的 3'-端 24～26bp 处切开 DNA，所以它的切割位点也是没有特异性的。以上两类酶兼有切割和修饰（甲基化）的作用，并依赖于 ATP 的存在。Ⅱ类酶由两种酶组成，一种为限制性内切核酸酶，它的识别位点是一个回文对称结构，并且切割位点也在这一回文对称结构上（见图 7-16）。许多Ⅱ型酶切割 DNA 后，可在 DNA 上形成黏性末端，有利于 DNA 片段的重组。另一种为独立的甲基化酶，它修饰同一识别序列。至今已分离出 600 多种Ⅱ类酶。

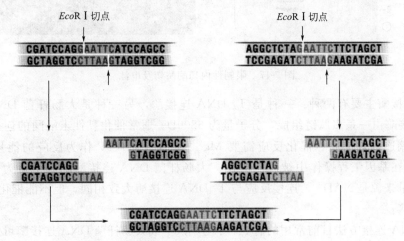

图 7-16 限制性内切酶 *Eco*R Ⅰ 的识别序列及切点

限制性内切酶所识别的特异核苷酸序列大多为 4～6bp。识别序列为 4bp 的限制性内切酶的平均消化长度为 $4^4 = 256bp$，如 SauⅢA-1 的识别序列为 GATC；识别序列为 6bp 的限制性内切酶的平均消化长度为 $4^6 = 4096bp$，如 BamH Ⅰ 的识别序列为 GGATCC。

在研究某一种 DNA 时，很重要的一点就是弄清楚这种 DNA 分子有哪些限制酶切点，即制作 DNA 的限制酶图谱（restriction map）。建立限制酶图谱是进一步深入分析此 DNA 的基础。

图谱的制作是将纯化的 DNA 用不同的限制酶切割，进行凝胶电泳分析。对环形 DNA 要先找出一个对该 DNA 只有一个切点的酶，以此点作为参考点。根据测量凝胶电泳图上各酶切片段的长度，就可以决定各切点的位置。有时，需要用两种酶相继降解，有时需要用一种酶部分降解才能决定其酶切位点的位置（见图 7-17）。

7.3.2.2 连接酶（ligase）

将不同的 DNA 片段连接在一起的酶叫 DNA 连接酶。DNA 连接酶催化两个双链 DNA 片段相邻的 5'-P 与 3'-OH 之间形成磷酸二酯键。

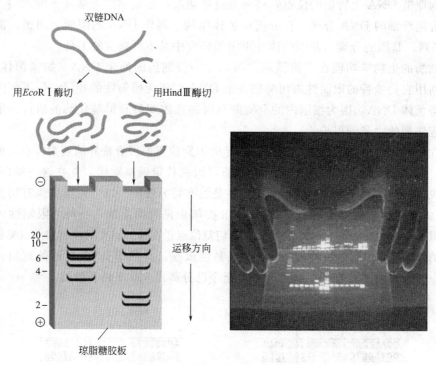

图 7-17　限制性内切酶酶切及电泳

DNA 连接酶主要有两种：一种是 T_4 DNA 连接酶，另一种是大肠杆菌 DNA 连接酶。T_4 DNA 连接酶由一条多肽链组成，分子量为 6800D。通常催化黏性末端间的连接效率要比催化平滑末端连接效率高。催化反应需要 Mg^{2+} 和 ATP，ATP 作为反应的能量来源。T_4 DNA 连接酶在基因工程操作中被广泛应用。大肠杆菌 DNA 连接酶的分子量为 7500D，连接反应的能量来源是 NAD^+，连接反应与 T_4 DNA 连接酶大致相同，但不能催化 DNA 分子的平滑端连接。

体外 DNA 连接方法目前常用的有三种：①用 T_4 或大肠杆菌 DNA 连接酶可连接具有互补黏性末端的 DNA 片段；②用大肠杆菌 DNA 连接酶连接具有平滑末端的 DNA 片段；③先在 DNA 片段末端加上人工接头，使其形成黏性末端，然后再进行连接（见图 7-18）。

7.3.2.3　载体（vector）

克隆载体（cloning vector）是把一个有用的目的 DNA 片段通过重组 DNA 技术，送进受体细胞中进行繁殖和表达的工具。又称载体（vector）。

作为克隆载体的基本要求：①能进行独立自主复制；②具有便于外源 DNA 的插入和限制酶作用的单一切割位点；③必须具有可供选择的遗传标记，如具有四环素（Tc^r）、氨苄青霉素（Amp^r）等抗性基因，便于对阳性克隆的鉴别和筛选。

基因工程中使用的载体基本上均来自微生物，主要包括 6 大类：质粒载体；λ 噬菌体载体；柯斯质粒载体；M_{13} 噬菌体载体；真核细胞的克隆载体；人工染色体。

7.3.2.4　宿主菌（host）

目前遗传工程所使用的原核微生物宿主菌主要有大肠杆菌、枯草杆菌及土壤农杆菌等。

大肠杆菌：遗传背景清楚，载体受体系统完备，生长迅速，培养简单，重组子稳定。但会产生结构复杂、种类繁多的内毒素。适用于外源 DNA 的扩增和克隆、原核生物基因的高

① 连接两个具有互补黏性末端的DNA片段

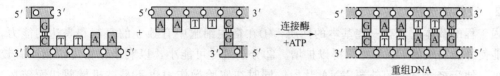

② 连接两个平滑末端的DNA片段

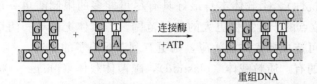

③ 连接一个平滑末端和一个黏性末端

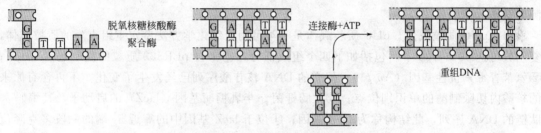

图 7-18　体外 DNA 的三种连接方式

效表达、基因文库的构建，是 DNA 重组实验和基因工程的主要受体菌。

枯草杆菌：遗传背景清楚，蛋白质分泌机制健全，生长迅速，培养简单，不产内毒素。但遗传欠稳定，载体受体系统欠完备。适用于原核生物基因的克隆、表达以及重组蛋白多肽的有效分泌。

农杆菌主要有两种：根癌农杆菌（*Agrobacterium tumefaciens*）和发根农杆菌（*Agrobacterium rhizogenes*）。在植物基因工程中以根癌农杆菌的 Ti 质粒介导的遗传转化最多。Ti 质粒上的 T-DNA 上有 8 个基因在植物细胞内表达，指导合成一种非常特殊的化合物冠瘿碱，进而引起转化细胞癌变。根癌农杆菌能在自然条件下趋化性地感染 140 多种双子叶植物或裸子植物的受伤部位，并诱导产生冠瘿瘤。

7.3.3　基因工程的基本操作

基因工程的基本操作包括：获取目的基因、构建表达载体、导入受体细胞、得到转基因生物、目的基因检测与鉴定等程序。

7.3.3.1　目的基因的获得

DNA 克隆的第一步是获得包含目的基因在内的一群 DNA 分子，这些 DNA 分子或来自于目的生物基因组 DNA 或来自目的细胞 mRNA 逆转录合成的双链 cDNA 分子。选择目的基因的途径有 3 种。①基因文库法（指某生物染色体基因组各 DNA 片段的克隆总体）：选择适宜的供体细胞，以便从中采集、分离到有生产意义的目的基因。由于基因组 DNA 较大，不利于克隆，因此有必要将其处理成适合克隆的 DNA 小片段，常用的方法有机械切割和核酸限制性内切酶消化。②cDNA 文库法（指某生物全部 mRNA 的 cDNA 克隆总体）：

通过反转录酶的作用由 mRNA 合成 cDNA（互补 DNA）。③用化学方法合成特定功能的基因。

7.3.3.2 载体的选择

基因工程的载体应具有一些基本的性质：①在宿主细胞中有独立的复制和表达的能力，这样才能使外源重组的 DNA 片段得以扩增。②分子量尽可能小，以利于在宿主细胞中有较多的拷贝，便于结合更大的外源 DNA 片段。同时在实验操作中也不易被机械剪切而破坏。③载体分子中最好具有两个以上的容易检测的遗传标记（如抗药性标记基因），以赋予宿主细胞的不同表型特征（如对抗生素的抗性）。④载体本身最好具有尽可能多的限制酶单一切点，为避开外源 DNA 片段中限制酶位点的干扰提供更大的选择范围。若载体上的单一酶切位点是位于检测表型的标记基因之内可造成插入失活效应，则更有利于重组子的筛选。

基因工程载体的种类很多，常用的有：质粒载体（plasmid），噬菌体载体（phage），柯斯质粒载体（cosimid），单链 DNA 噬菌体载体（ssDNA phage），噬粒载体（phagemid）及酵母人工染色体（YAC）等。根据载体的使用目的，载体可以分为克隆载体、表达载体、测序载体、穿梭载体等。

（1）pUC 质粒载体 pUC 质粒载体是一类可用组织化学方法鉴定重组克隆的质粒载体，复制数可达 500～700 个。包括如下四个组成部分：①来自 pBR322 质粒的复制起点（ori）；②氨苄青霉素抗性基因（Amp^r），但它的 DNA 核苷酸序列已经发生了变化，不再含有原来的核酸内切限制酶的单识别位点；③大肠杆菌 β-半乳糖酶基因（lacZ）的启动子及其编码 α-肽链的 DNA 序列，此结构称为 lacZ'基因；④位于 lacZ'基因中的靠近 $5'$-端的一段多克隆位点（MCS，multiple cloning sites）区，但它并不破坏该基因的功能。其特点是：有来自大肠杆菌的 lacZ 操纵子的 DNA 区段，编码 β-半乳糖苷酶氨基端的一个片段。异丙基-β-D-硫代半乳糖苷（IPTG）可诱导该片段的合成，而该片段能与宿主细胞所编码的缺陷性 β-半乳糖苷酶实现基因内部互补（α-互补）。当培养基中含有 IPTG 时，细胞可同时合成这两个功能上互补的片段，使含有此种质粒的上述受体菌在含有生色底物 5-溴-4-氯-3-吲哚-β-D-半乳糖苷（X-gal）的培养基上形成蓝色菌落。当外源 DNA 片段插入到质粒上的多克隆位点时，可使 β-半乳糖苷酶的氨基端片段失活，破坏 α-互补作用。这样，带有重组质粒的细菌将产生白色菌落。

（2）λ噬菌体载体 噬菌体克隆载体是基因工程中另一类常用的克隆载体，其主要优点为：①分子遗传学背景十分清楚；②载体容量较大，一般质粒载体只能容纳 10kb 左右，而 λ噬菌体载体却能容纳大约 23kb 的外源 DNA 片段；③具有较高的感染效率，其感染宿主细胞的效率几乎可达 100%，而质粒 DNA 的转化率却只有 0.1%。

λ-DNA 重组分子需在体外人工包装成有感染力的噬菌体重组颗粒，方可高效导入受体细胞。用于体外包装的蛋白质可直接从感染了 λ 噬菌体的大肠杆菌中提取，现已商品化。这些包装蛋白通常分为相互互补的两部分：一部分是头部基因发生了突变，噬菌体只能形成尾部；另一部分是尾部发生了突变，噬菌体只能形成头部。当这两部分包装蛋白与重组 λ-DNA 分子混合后，包装才能有效进行，任何一种蛋白包装液被重组 λ-DNA 污染后，均不能被包装成有感染力的噬菌体颗粒，这也是基于安全而设计的。

7.3.3.3 目的基因与载体 DNA 的体外重组

体外重组即体外将目的片断和载体分子连接的过程。大多数核酸限制性内切酶能够切割 DNA 分子形成有黏性末端，用同一种酶或同尾酶切割适当载体的多克隆位点便可获得相同的黏性末端，黏性末端彼此"退火"（5～6℃）。由于每一种限制性内切酶所切断的双链

DNA 片段和黏性末端有相同的核苷酸组分，所以当两者相混时，凡黏性末端上碱基互补的片段，就会因氢键的作用而彼此吸引，重新形成双链，这时，在外加连接酶的作用下，供体的 DNA 片段与质粒 DNA 片段的裂口处被"缝合"，形成一个完整的有复制能力的环状重组体，这种连接为黏末端连接。当目的 DNA 片断为平滑端，可以直接与带有平滑端载体相连，此为平末端连接，但连接效率比黏末端相连差些。有时为了不同的克隆目的，如将平端 DNA 分子插入到带有黏末端的表达载体实现表达时，则要将平端 DNA 分子通过一些修饰，如同聚物加尾、加衔接物或人工接头、PCR 法引入酶切位点等，可以获得相应的黏性末端，然后进行连接，这种连接为修饰黏末端连接。

在用限制性内切酶处理目的基因片段与载体 DNA 时，可使用单酶切，即用一种限制酶酶切目的基因和载体；亦可用双酶切，即用两种限制酶酶切分别处理目的基因片段和载体。单酶切易发生自身连接，因此需要用碱性磷酸酶对载体进行处理，其目的是去除 5′-端磷酸基团以抑制载体 DNA 的自身环化。这样就会形成目的基因片段的 5′-端磷酸与载体的 3′-端羟基连接成 2 个新的磷酸二酯键，而目的基因片段的 3′-端羟基却无法与已脱磷的载体连接，使重组 DNA 带有两个单链缺口。这种带有两个单链缺口的环状重组体在导入感受态细胞后可以被修复。双酶切不易发生自身连接，但两种酶必须具有同样的切口。

7.3.3.4　重组载体引入受体细胞

载体 DNA 分子上具有能被原核宿主细胞识别的复制起始位点，因此可以在原核细胞如大肠杆菌中复制，重组载体中的目的基因随同载体一起被扩增，最终获得大量相同的重组 DNA 分子。

将外源重组 DNA 分子导入原核宿主细胞的方法有转化（transformation），转染（transfection），转导（transduction）。重组质粒通过转化技术可以导入到宿主细胞中，同样重组噬菌体 DNA 可以通过转染技术导入。

重组质粒的转化可分为以下几步完成。

① 将保存的感受态细胞室温融化，立刻置于冰上；
② 将感受态细胞按 $50\mu L$ 每管分装于预冷的 1.5mL 灭菌离心管中；
③ 每管加入 DNA（适量的质粒或连接产物），轻轻混匀，冰浴 30min；
④ 将离心管置于 42℃ 水浴 90s，然后迅速冰浴 2min；
⑤ 加入 $400\mu L$ 预热到 37℃ 的 LB 液体培养基，37℃ 水浴 60min；
⑥ 在 LB-Amp 平板上均匀涂布 $7\mu L$ 20% IPTG 和 $40\mu L$ 20mg/mL X-gal，避光正面向上，放置 10min 以上；
⑦ 取 $100\mu L$ 转化物涂布于 LB-Amp 平板上；
⑧ 37℃ 倒置培养 12~20h；
⑨ 取出平板，4℃ 放置 1h，可使蓝色充分显现，便于观察。带有半乳糖苷酶活性蛋白的菌落呈现蓝色。

重组噬菌体 DNA 的转染效率不高，因此将重组噬菌体 DNA 或柯斯质粒体外包装成有浸染性的噬菌体颗粒，借助这些噬菌体颗粒将重组 DNA 分子导入到宿主细胞转导技术，这种转导技术的导入效率要比转染的导入效率高。

7.3.3.5　重组子的筛选

从不同的重组 DNA 分子获得的转化子中鉴定出含有目的基因的转化子，即阳性克隆的过程就是筛选。常用的筛选方法有以下几种。

（1）插入失活法　外源 DNA 片段插入到位于筛选标记基因（抗生素基因或 β-半乳糖苷酶基因）的多克隆位点后，会造成标记基因失活，表现出转化子相应的抗生素抗性消失或转化子颜色改变，通过这些可以初步鉴定出转化子是重组子或非重组子。常用的是 β-半乳糖苷酶显色法，即蓝白筛选法（白色菌落是重组质粒）。

（2）PCR 筛选和限制酶酶切法　提取转化子中的重组 DNA 分子作模板，根据目的基因已知的两端序列设计特异引物，通过 PCR 技术筛选阳性克隆。PCR 法筛选出的阳性克隆，用限制性内切酶切法进一步鉴定插入片段的大小。

（3）核酸分子杂交法　制备目的基因特异的核酸探针，通过核酸分子杂交法从众多的转化子中筛选目的克隆。目的基因特异的核酸探针可以是已获得的部分目的基因片段，或目的基因表达蛋白的部分序列反推得到的一群寡聚核苷酸，或其他物种的同源基因。

基因工程的基本操作如图 7-19 所示。

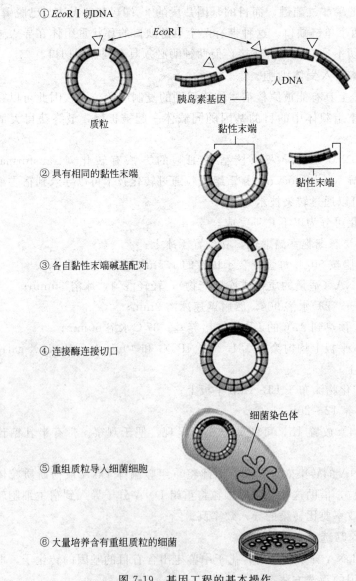

图 7-19　基因工程的基本操作

参 考 文 献

[1] 孙乃恩，孙东旭，朱德煦．分子遗传学．南京：南京大学出版社，1990.

[2] 高东．微生物遗传学．济南：山东大学出版社，1996.

[3] 陈坚．环境生物技术．北京：中国轻工业出版社，1999.

[4] 王建龙等．现代环境生物技术．第2版．北京：清华大学出版社，2013.

[5] 王有志．环境微生物技术．广州：华南理工大学出版社，2008.

[6] 杨柳燕，肖琳．环境微生物技术．北京：科学出版社，2003.

[7] 周少奇．环境生物技术．北京：科学出版社，2005.

[8] 沈萍．微生物遗传学．武汉：武汉大学出版社，1995.

[9] 齐义鹏．基因及其操作原理．武汉：武汉大学出版社，1998.

[10] 赵寿元，乔守怡．现代遗传学．北京：高等教育出版社，2001.

[11] 朱玉贤，李毅．现代分子生物学．第3版．北京：高等教育出版社，2002.

[12] 陈启民，王金忠，耿运琪．分子生物学．天津：南开大学出版社，2001.

[13] 盛祖嘉．微生物遗传学．第3版．北京：科学出版社，2007.

[14] 瞿礼嘉，顾红雅，胡苹等．现代生物技术．北京：高等教育出版社，2004.

[15] 李金明．实时荧光PCR技术．北京：人民军医出版社，2007.

[16] 萨姆布鲁克J，拉塞尔D W．分子克隆实验指南．第3版．黄培堂等译．北京：科学出版社，2008.

[17] 刘志国．基因工程原理与技术．第2版．北京：化学工业出版社，2011.

[18] 阮红，杨岐生．基因工程原理．杭州：浙江大学出版社，2007.

[19] 马建岗．基因工程学原理．第3版．西安：西安交通大学出版社，2013.

[20] 许煜泉等．基因工程：原理、方法与应用．北京：清华大学出版社，2008.

[21] 特纳等．分子生物学．第3版．刘进元等译．北京：社科学出版社．2010.

[22] 马文丽，宋艳斌．基因测序实验技术．北京：化学工业出版社，2012.

[23] 徐程．生物信息与数据处理．北京：高等教育出版社，2006.

[24] Gerhardt P，et al. Methods for General and Molecular Bacteriology. Washington DC：American Society for Microbiology，1994.

[25] Glazer A N Hikaido. 微生物生物技术．陈守文，喻子牛等译．北京：科学出版社，2002.

[26] Karp G. Cell and Molecular Biology：Concets and Experiments. New York：John Wiley&Sons, Inc.，1996.

[27] MICHAEL R. GREEN，JOSEPH SAMBROOK. Molecular Cloning：A Laboratory Manual. 3th edn. 北京：科学出版社，2013.

[28] Pickup R W，et al. Molecular Approaches to Environmental Microbiology. New Jersey：Prentice Inc.，1996.

[29] Ralph Mitchell. Environmental Microbiology. New York：Wiley liss，Inc.，1993.

[30] Rittman B E，Mc Cary P L. 环境生物技术：原理与应用．北京：清华大学出版社，2002.

[31] Robert F Weaver. 分子生物学．第5版．郑用琏等译．北京：科学出版社，2013.

[32] Sikyta B. Techniques in Applied Microbiology. Amsterdan：Elsevier，1995.

[33] Sambrook J，et al. Molecular Cloning：A Laboratory manual. 2nd ed. New York：Cold Spring Harbor Laboratory，1989.

[34] Smith J E. Biotechnology. 3rd ed. Cambridge：Cambridge University Press，1996.

[35] Talaro K P，et al. Foundation in Microbiology. 5th ed. Boston：McGraw Hill，2005.

[36] Winter P C，et al. Instant Notes in Biochemistry Oxford：Bios Scientific Publishers Limited，1999.

[37] Winter P C，et al. Instant Notes in Genetics Oxford：Bos Scientific Publishers Limited，1999.

8 微生物生态

生态系统 (ecosystem) 是指在一定区域内生活的生物 (包括动植物和微生物个体、种群、群落) 与其非生物环境 (包括光、水、土、气及其他生物因子) 通过能量流动和物质循环相互紧密结合而形成的系统。在这一系统中，物质、能量在生物与生物、生物与环境之间不断循环流动，形成一个能够自持的、相对稳定并具有一定独立性的统一体。相应的，研究生物与环境相互关系的科学即被称为生态学 (ecology)。

生态系统具有明显的三维空间结构，由于各处光照、温度及其他环境条件的差异，使各种生物群落在空间上有明显的垂直分布与水平分布。在生态系统中，生物群落和环境组成之间是息息相关，相互联系、相互依存、相互制约的有规律组合。作为自然界的基本功能单元，生态系统的功能主要表现在生物生产、能量流动、物质循环和信息传递，它们通过生态系统的核心——生物群落实现了上述四种功能的相辅相成与协同进行。

8.1 微生物生态系统

微生物生态系统 (microbial ecosystem) 是各种环境因子如物理、化学及生物因子对微生物区系 (及自然群体) 的作用，以及微生物区系对外界环境的反作用。微生物生态系统可分为土壤微生物生态系统，空气微生物生态系统，水体微生物生态系统。

由于微生物个体微小，比表面积非常大，且微生物细胞与环境直接接触，有利于营养物质的吸收与排泄，同时也容易受外界环境的干扰，因此，相比于其他生态系统它一般具有如下特性。

① 受微环境影响显著：由于微生物个体微小、繁殖迅速、数量巨大、代谢能力强速度快、易于突变，它们较其他生物更易适应环境。当环境条件发生变化，例如有新的化合物存在时，某些微生物能逐步发生改变以适应环境的变化。

② 微生物群落稳定性：微生物生态群落中的优势种群作为主导者对群落的稳定性贡献最大，而劣势种群虽然数量少但种类较多，其获取能源的代谢模式多样性是整个群落具有稳定性的基础。

③ 微生物群落适应性：由于微生物种群结构的复杂性，其可以通过改变种群的结构适应新环境，形成新的区别于原有主导微生物种群的生态系统。

8.1.1 微生物生态系统的构成

自然界中任何环境条件下的微生物，都不是单一的种群，微生物之间及其与环境之间有着特定的关系，它们彼此影响、相互依存，构成具有一定结构和功能的开放系统。微生物生态系统承担着物质循环、能量流动及信息传递的生态功能。与广义的生态系统不同之处在于微生物生态系统的生产者主要是藻及化能自养型微生物，而消费者主要是原后生动物，占据主导地位的则是种类繁多、数量巨大的分解及转化者。在一个特定的生态环境条件下的微生物生态系统，不仅起着其他生态系统如植物生态系统、动物生态系统等起不到的作用，尤其在环境受到污染时，微生物生态系统强大的分解能力可以起到有效消除污染物的净化作用。无论是何种生态系统，都具有以下共同的特性。

（1）自我调节能力　生态系统的构成越复杂，物种数越多，则自我调节能力越强，对所处环境变化的适应性也越强；但这种自我调节能力也是有限度的，超过一定限度即失去调节能力。

（2）能量流动、物质循环和信息传递的功能　生态系统内的能量流动是沿食物链单向的，而物质循环则是在系统内生物与非生物间循环，信息传递则包括营养、物理、化学信息及行为信息。物种组成的变化、环境因素的改变和信息系统的破坏是导致生态系统自我调节失效的三个主要原因。

（3）动态平衡特征　由于生态系统的开放性特性，当外界输入的物质与能量大于输出时，则生物量增加，反之则生物量减少。若输入输出在较长时间内趋于相等，则生态系统的组成、结构和功能将长期处于稳定状态。虽然各生物群落有各自的生长、发育、繁殖及死亡过程，但动物、植物和微生物等群落的种群、数量，它们之间的数值比均保持相对恒定。即使有外来干扰，生态系统能通过自行调节的能力恢复到原来的稳定状态（例如土壤和水体的自净），这就是生态系统的平衡，即生态平衡。任何生态系统都是一个动态的系统，要经历由简单到复杂、从不成熟到成熟的发育过程，且各个发育阶段有不同的特性。

8.1.2　微生物生态系统的种群多样性

在一个微生物生态群落中，优势微生物菌群主导着该生态群落的生态功能，而不占优势的种群则在很大程度上决定着在这个生态系统的营养水平和整个群落的种间多样性。如在废水生物处理活性污泥系统内，占优势的是能快速利用有机质的好氧异养微生物，而自养硝化微生物、反硝化微生物、聚磷微生物、产甲烷微生物等则是极度劣势的种群。一般来说，在一个群落中，当一个或少数种群达到高密度时，种间多样性即会下降；某一种群的高数量表明了这一种群的优势和成功的竞争作用。

成熟的生态系是一个复合体，高度多样性使得微生物生态系统内的种群间形成许多种间关系。在一个群落中，种间多样性反映了一个种群的遗传多样性。由于微生物对明显的物理化学胁迫的适应具有高度的选择性，因此物理化学的胁迫导致了大量具有较大适应性的种群的富集和联合。如果环境受到一个单向性因子的强烈影响，群落就很难维持其稳定性。在这种情况下，种群就减少，对于群落来说则只有少数种群占优势即种间多样性变小。

在受生物学性控制的环境中种间多样性相对较高，即种群之间相互作用的重要性要超过非生物性胁迫。许多生境如土壤中的微生物多样性一般比较高，但在受到胁迫或干扰的条件下，如受到农药或重金属离子的污染，多样性就会明显降低。

种间多样性在演替过程中随之增加，而在胁迫情况下会减少。种群多样性低的受胁迫的群落对于环境的进一步变化的适应性差，而具高多样性且在生物学上适应胁迫的群落则能较好地适应环境波动。一个微生物群落的遗传多样性指数可用整个微生物群落的DNA的异源性表示，从样品中获得整个微生物群落的总DNA，代表了这个群落的总基因库。大多数可生长于琼脂平板上的种群是具有高生长速率和生长于高浓度营养的选择性种群。

8.1.3　微生物生态系统的功能

生态系统是自然界的基本功能单元，其功能主要表现在生物生产、能量传输、物质循环及信息传递方面，且这些功能是通过生态系统中的核心主体——生物群落实现的。自然界中，生物所需的各种化学元素通过生命活动一方面被合成为有机物组成生物体，另一方面这些有机物又被分解成无机物而返回自然。这样，元素不断地从非生命元素转变为生命元素，再从生命元素转变为非生命元素，如此构成了生物地球化学循环。其中，那些对生命体最基本的元素，即所谓的生命必需元素如 C、H、O、N、P 和 S，是最有规律地进行生物地球化学循环的。

营养元素的这种循环使用也叫生物地球化学循环（biogeochemical cycling），它描述了物质通过生化活性在整个地球大气、水体和陆地中的运动与转化。生物地球化学循环包括物理转化，如溶解、沉淀、蒸发和固定；化学转化，如生物合成、生物降解、氧化还原生物转化；以及各种物理、化学变化的结合。这些物理和化学转化可引起物质空间位置的改变，如从水相到淤泥或从土壤到大气。所有生物都参与了生物地球化学循环，但是微生物充当了最重要的角色。

作为地球生态系统的分解者，微生物是生物地球化学循环的主要推动者，它们能将有机物分解成无机化合物，在此过程中微生物获得能量及营养物质以合成自身细胞，然后成为其他生物，特别是浮游生物的食物。此外，很多自养微生物还可以利用无机化合物和光能合成自身细胞而进入食物链，所以说微生物在营养元素的循环及食物链中起着非常重要的作用。微生物在有机物矿化中的重要作用与其生理生态特性有关，如微生物惊人的繁殖速度和代谢强度可以使动植物遗体得到及时分解；微生物代谢类型的多样性保证了各种天然有机物都能被分解；微生物超强的适应性使其能适应不同的环境广泛分布，且能通过易变性适应人工合成的有机物使其分解矿化。

8.1.3.1 碳循环

碳是构成生命体的基本元素，约占细胞干物质的 $40\%\sim50\%$，在自然界主要以二氧化碳、甲烷、糖类、脂肪、蛋白质等形式存在。在地球化学循环中，最重要的环节就是碳循环，它以二氧化碳为中心，通过光合作用或化能自养作用被植物及微生物合成为有机碳（淀粉、纤维素、蛋白质、脂肪、糖、有机酸等），这部分有机碳一部分被消费者转化为有机碳和二氧化碳，一部分被生产者自身通过呼吸获得能量而转化为二氧化碳，而绝大部分直接被分解者分解转化为有机碳和二氧化碳。微生物在碳素循环中，具有非常重要的作用，体现在两个方面：通过光合作用固定 CO_2（还有少量化能自养微生物通过非光合作用形式固定 CO_2）和通过分解作用再生 CO_2。

二氧化碳是地球上自养生物（植物、藻类、光合细菌、化能自养微生物等）合成有机碳的唯一来源，若以大气中含量 0.032% 计算，则其储量达 6.0×10^{11} 吨，而全球自养生物每年消耗大气中二氧化碳的量达 $6.0\times10^{10}\sim7.0\times10^{10}$ 吨，约十年即可将大气中的二氧化碳耗尽。然而由于地球上生物产能代谢而释放出的二氧化碳能源源不断的补充，在过去的近10000 年时间内，大气中二氧化碳浓度变化极小。值得注意的是，随着人类社会的发展，对能源消耗的需求日益扩张，导致原本未参与地球化学循环的煤及石油资源大量消耗，释放出的二氧化碳日益增加，使大气中的二氧化碳浓度明显增加。

8.1.3.2 氮循环

氮在自然界中的稳定价态可以从 -3（NH_3）到 $+5$（NO_3^-），表现为不同的氧化还原状态，但绝大部分的氮以 N_2 形式存在于大气中（79%）。所有动植物和大多数微生物都不能直接利用分子态氮，而只能利用离子态氮（NH_4^+、NO_3^- 等）。然而它们在自然界中为数很少，远远不能满足地球上生物的需要，只有将分子态氮进行转化和循环，才能满足需要。这同时也说明含氮有机物的相互转化和利用，在各种生物的生命活动中是十分重要的。

作为核酸和蛋白质等生物大分子的主要化学成分，氮是构成生命体的基本元素，其生物循环主要围绕氮固定和再生展开，涉及三种存在形式和四种作用，即分子氮、有机氮化合物、无机氮化物与氨化作用、硝化作用、反硝作用及固氮作用。大气中的分子态氮，被固氮微生物（如根瘤菌、弗兰克菌、光合细菌等）固定形成氨，可被微生物和植物吸收利用转化为有机氮化合物，或在微生物和植物的协同作用下转变为 NO_3^-，供植物吸收利用。存在于植物和微生物体内的有机氮化合物，为动物食用、摄取而转化为动物含氮有机化合物。在此过程中，动物也可将部分的有机氮转变成为氨，当动植物和微生物中的有机氮化物（尸体、排泄物）被微生物分解时，其中的有机氮部分转化为微生物有机氮化物，大部分以氨的形式释放出来，以再供植物和微生物利用，或被硝化细菌氧化为硝酸盐；硝酸盐可被植物或微生物经过同化硝酸盐还原作用合成有机氮化物，或在厌氧条件下由反硝化细菌的异化硝酸盐还原作用（反硝化作用）还原为气态氮返回大自然，完成整个氮循环。在氮循环过程中，微生物担负着固氮作用、氨同化作用、氨化作用、硝化作用、同化硝酸盐还原作用及异化硝酸盐还原作用，其中的固氮作用和异化硝酸盐还原作用对于整个氮素循环而言是极为关键的，也是其他动植物无法替代的。

8.1.3.3　磷循环

磷是所有生物都必需的营养元素，细胞中的核酸、磷脂等都含有磷，在细胞能量代谢中ATP、ADP的转变也是通过高能磷键完成的。在能量过剩时，细胞以多聚磷形式贮存能量，当缺少能量时又可以分解多聚磷提供能量。

磷在自然环境下主要以含磷有机物、无机磷酸盐及还原态磷化氢三种形式存在，其中的磷酸盐又依其生物可利用性而区分为可溶性磷酸盐和不溶性磷酸盐。磷元素在生态系统中的贮量并不丰富，且植物、微生物并不能直接利用含磷有机物和不溶性的磷酸盐，因此，在磷的生物地球化学循环中，溶解性磷起着至关重要的作用。含磷火成岩经侵蚀作用成为不溶性的无机磷酸盐，与自然界中已存在的可溶性无机磷，共同沉淀形成含磷丰富的沉积物，不溶性磷酸盐可在产酸微生物作用下溶解形成可溶性磷酸盐，并被植物和微生物吸收合成不溶性有机磷（核酸，磷脂等），动物食用植物和微生物后再将部分有机磷转化为自身生存必需的有机磷。有机磷可经微生物腐败作用转化为可溶性无机磷，而动物体在代谢过程中也可将部分不溶性有机磷转化为可溶性有机磷，继而经微生物腐败作用形成可溶性无机磷，完成完整的磷循环。由此可见，微生物在不溶性磷酸盐向可溶性磷酸盐的转化中以及有机磷向可溶性无机磷转化中都承担了无可替代的作用，是生物地质化学磷循环的核心。在有机磷矿化过程中，涉及的微生物主要有芽孢杆菌属（*Bacillus*）的蜡状芽孢杆菌（*Bacillus cereus*）、巨大芽孢杆菌（*Bacillus megaterium*）及假单胞菌属（*Pseudomonas*）中的部分菌；而在不溶性磷的溶解过程中，涉及的微生物主要有酵母菌、霉菌、芽孢杆菌、短杆菌及自养型硝化细菌、硫化细菌。

8.1.3.4　硫循环

硫同样是构成生命体的基本元素，是一些必需氨基酸、维生素及辅酶的组成元素，其在生物体的需求量约是氮素的1/10，磷的1/2。作为一种还原性元素，硫的稳定价态可以从 -2（H_2S）到 $+6$（SO_4^{2-}），是地壳中最丰富的十种元素之一。自然界中的硫主要以单质硫、还原态硫（硫化物或有机硫）和硫酸盐的形式存在，其中硫酸盐约占总量的10%～

25％，还原态有机硫约占 50％～75％。

在硫的生物地球化学循环过程中，微生物主要起着同化作用、分解作用、氧化还原作用。

在有氧条件下，还原性硫化物（H_2S、S^0）可以支持化能自养微生物的生长代谢。这类微生物有：贝氏硫菌属（*Beggiatoa*）、辫硫菌属（*Thioploca*）、发硫菌属（*Thiothri*）和嗜热丝菌属（*Thermothrix*）等。

在无氧条件下，很多微生物可以氧化态硫化物为电子受体，氧化有机物或 H_2 以获得维持其生长的能量。例如，乙酸氧化脱硫单胞菌（*Desulfuromonas acetoxidans*）；热变形菌属（*Thermoproteus*），热棒菌属（*Pyrobaculum*）和热网菌属（*Pyrodictium*）等极端嗜热厌氧古细菌等。

8.1.3.5　其他元素循环

自然界中的微生物，除了参与及推动上述元素的生物地球化学循环之外，还以多种方式进行着许多元素的同化代谢和异化代谢，与其他生物协同作用，完成这些元素的生物地球化学循环，如氢、氧、铁、钙、锰、硅等。微生物在这些元素的生物地球化学循环中所起的作用主要有以下几种反应类型。

① 有机物的分解作用；
② 无机离子的固定作用或同化作用；
③ 无机离子和化合物的氧化作用；
④ 氧化态元素的还原作用。

各种元素的生物地球化学循环，不是独立进行的，而是相互作用、相互影响、相互制约、相辅相成的，构成非常复杂的关系，如氢、氧循环与碳、氮循环密不可分，又如铁循环与硫循环也相互交织在一起。

8.2　微生物群落结构分析

微生物群落是广泛存在于生态系统中的一种结构单位和功能单位，群落中各种不同的种群以有规律的方式共处，同时它们具有各自明显的营养和代谢类型。微生物群落结构的特征主要表现在种类组成、群落外貌、垂直结构和水平结构方面。群落的生物种类是群落结构的基础；群落的外貌和结构是群落中微生物之间、微生物与环境之间相互关系的标志。群落中的不同的种群对周围的生态环境都有一定的要求，周围环境起了变化，它们就会产生相应的反应，表现为群落中生物的种类和数量的增减；群落外貌、垂直结构和水平结构也随之发生变化。微生物群落结构可以决定生态功能的特性和强弱，群落结构的高稳定性是实现生态功能的重要因素，群落结构变化是环境变化的重要标记。因此，研究微生物群落结构和多样性对于开发微生物资源、阐明微生物群落与其生境的关系、揭示群落结构与功能的联系等都具有重要意义。

常用的微生物群落结构及多样性解析技术主要有以下几种。

8.2.1　传统培养分离法

传统培养分离方法是最早的认识微生物群落结构和多样性的方法，自 1880 年发明以来一直到现在仍被广泛使用。传统培养分离方法是将定量样品接种于培养基中，在一定的温度下培养一定的时间，然后对生长的菌落计数和计算含量，并通过在显微镜下观察其形态构造，结合培养分离过程生理生化特性的观察鉴定种属分类特性。传统培养分离方法虽然可以检测环境中的活细胞，并且对微生物生态学的发展起了很重要的作用，但由于培养分离方法采用配比简单的营养基质和固定的培养温度，同时还忽略了气候变化和生物相互作用的影响，使得可培养的种类大大少于自然界中存在的种类（仅占环境微生物总数的 0.5% ～ 5%）。而且，这种方法繁琐耗时，不能真实地反映出种群结构的动态变化。

8.2.2 群落水平生理学指纹法（CLPP）

微生物所含的酶与其丰度或活性是密切相关的。酶分子对于所催化的生化反应特异性很高，不同的酶参与不同的生化反应。如果某一微生物群落中含有特定的酶可催化利用某特定的基质，那么这种酶-底物可作为此群落中某种微生物群存在的生物标记。群落水平生理学指纹方法（CLPP）就是通过检测微生物样品对底物利用模式来反映种群组成的酶活性分析方法。CLPP 分析方法可以通过检测微生物样品对多种不同的单一碳源基质的利用能力，来确定哪些基质可以作为能源，从而产生对基质利用的生理代谢指纹。

由 BIOLOG 公司开发的 BIOLOG 氧化还原技术，使得 CLPP 方法快速方便。商业供应的 BIOLOG 微平板分两种：GN 和 MT，二者都含有 96 个微孔，每一微孔平板的干膜上都含有培养基和氧化还原染料四唑。其中，BIOLOG 的 GN 微平板含有 95 种不同碳源和一个无碳源的对照孔，而 MT 微平板只含有培养基和氧化还原染料，允许自由地检测不同的碳源基质。检测的方法是：将处理的微生物样品加入每一个微孔中，在一定的温度下温育一定的时间（一般为 12h）；在温育过程中，氧化还原染料四唑被呼吸链产生的 NADH 还原，颜色变化的速率取决于呼吸速率，最终检测一定波长下的吸光率进行能源碳的利用种类及其利用程度的分析。BIOLOG 方法能够有效地评价土壤和其他环境区系的微生物群落结构，其优点是操作相对简单、快速，而且少数碳源即能区别碳素利用模式的差别。然而，BIOLOG 体系仅能鉴定快速生长的微生物，而且，测试盘内近中性的缓冲体系、高浓度的碳源及有生物毒性的指示剂红四氮唑（TTC）使得测试结果的误差进一步增大。

8.2.3 生物标记物法（biomakers）

生物标记物通常是生物细胞的生化组成成分，其总量与相应生物量呈正相关。由于特定结构的标记物标志着特定类型的微生物，因此一些生物标记物的组成模式（种类、数量和相对比例）可作为指纹估价微生物的群落结构。由于生物标记物是从混合微生物群落中提取的生化组成成分，潜在地包括所有的物种，因而具有一定的客观性。常用于研究微生物群落结构的生物标记物法包括：醌指纹法（quinones profiling）和脂肪酸谱图法（PLFAs，WCFA-FAMEs）。测定时，首先使用合适的提取剂提取环境微生物样品中的这些化合物并加以纯化，然后用合适的溶剂制成合适的样品用 GC 或 LC 检测，最后用统计方法对得到的生物标记物谱图进行定性定量分析。

8.2.3.1 醌指纹法（quinones profiling）

呼吸醌广泛存在于微生物的细胞膜中，是细胞膜的组成成分，在呼吸链中起着重要作用，而且醌的含量与土壤和活性污泥的生物量呈良好的线性关系。微生物细胞内有两类主要的呼吸醌：泛醌（ubiquinone，UQ）即辅酶 Q 和甲基萘醌（menaquinone，MK）即维生素 K。醌可以按分子结构在类（UQ 和 MK）的基础上，依据侧链含异戊二烯单元的数目和侧链上使双键饱和的氢原子数进一步区分。研究表明，每一种微生物都含有一种占优势的醌，而且不同的微生物含有不同种类和分子结构的醌。因此，醌的多样性可定量表征微生物的多样性，醌谱图（即醌指纹）的变化可表征群落结构的变化。用醌指纹法描述微生物群落的参数主要有：①醌的类型和不同类型的醌的数目；②占优势的醌及其摩尔分数含量；③总的泛醌和总的甲基萘醌的摩尔分数之比；④醌的多样性和均匀性；⑤醌的总量等。对两个不同的群落，由上述分析所得数据可以计算出另一个参数——非相似性指数（D），用于定量比较两个群落结构的差异。醌指纹法具有简单、快速的特点，近几年来广泛用于各种环境微生物样品（如土壤、活性污泥和其他水生环境群落）的分析。然而，醌指纹法也存在一定的局限性，它不能反映具体属或种的变化。

8.2.3.2　脂肪酸谱图法（PLFAs，WCFA-FAMEs）

从微生物细胞提取的脂肪类生化组分是重要的生物量标记物，例如，磷脂、甘油二酯可分别作为活性和非活性生物量的标记物。更重要的是，提取脂类的分解产物——具有不同分子结构的混合的长链脂肪酸，隐含了微生物的类型信息，其组成模式可作为种群组成的标记。脂肪酸谱图法被广泛用于土壤、堆肥和水环境微生物群落结构的分型和动态监测。其中，常用的脂肪酸谱图法有：磷脂脂肪酸（PLFAs）谱图法和全细胞脂肪酸甲酯（WCFA-FAMEs）谱图法。二者分析的对象实质上都是脂肪酸甲酯，不同之处在于提取脂肪酸的来源不同。磷脂脂肪酸（PLFAs）谱图法提取的脂肪酸主要来源于微生物细胞膜磷脂（仅限活细胞），全细胞脂肪酸甲酯（WCFA-FAMEs）谱图法提取的脂肪酸来源于环境微生物样品中所有可甲基化的脂类（包括活细胞和死细胞）。因此，磷脂脂肪酸（PLFAs）谱图法的优点在于准确、可靠；全细胞脂肪酸甲酯（WCFA-FAMEs）谱图法的优点在于提取简捷，所需样品量少。对多个环境微生物样品分析而言，先用 WCFA-FAMEs 谱图法预先筛选再用 PLFAs 法进行分析是提高效率的较佳选择。脂肪酸谱图分析主要采取 2 种方法：一种采用 GC 分析仪分离不同结构的脂肪酸分子；另一种是采用 GC-MS 分析仪对不同分子的脂肪酸甲基化产物——脂肪酸甲酯进行分离和鉴定。对样品中磷脂脂肪酸的常规分析可以与放射标记的特定菌种结合起来应用，再对放射性的 PLFAs 进行分析。此技术可提供微生物放射性标记的指纹图谱，可用于研究生物群落中代谢选择的自然生物和非生命物质的混合物。目前 PLFA 技术还不能很好地对微生物群落进行准确分类，只能粗略分为几个大的类群（细菌、真菌、革兰阳性菌和革兰阴性菌等），因为一些微生物也可能含有差别不大的 PLFA，这成为应用此技术的一大障碍。

美国商品化的 MIDI 系统（microbial identification system）拥有许多常见微生物的特征磷脂脂肪酸谱图，增强了磷脂脂肪酸谱图法的定性能力，而且应用此系统只需 GC 分析即可描述种群结构并对某些特征菌属进行识别鉴定。

脂肪酸异丙酯（FAPEs）谱图法是最近发展的一种脂肪酸谱图法。脂肪酸异丙酯谱图法采用强度更低的试剂（酸性异丙醇）和更简便的处理方法，将提取脂肪酸异丙基化，分析的对象是脂肪酸异丙酯。

脂肪酸谱图法对微生物的分类不够精确，不能鉴定到种。另外，复杂的环境微生物样品中不同微生物种属之间脂肪酸组成的重叠和外来生物污染也限制了脂肪酸谱图法对种群结构解析的可靠性。

8.2.4　现代分子生物学方法

现代分子生物学方法以微生物基因组 DNA 的标记序列为分类依据，通过对不同 DNA

分子的序列分析来反映微生物的种群结构。用于微生物群落结构分析的基因组 DNA 的序列信息包括：核糖体操纵子基因序列（rRNA）、已知功能基因的序列、重复序列和随机基因组序列等，其中最常用的标记序列是核糖体操纵子基因（rRNA）。rRNA 在细胞中相对稳定，同时含有保守序列及高可变序列，是微生物系统分类的一个重要指标。如用于原核微生物分类、鉴定的 16S rRNA，其分子大小适中（约 1.5kb），既能体现不同菌属之间的差异，又宜于利用测序技术而得到有关生物进化和系统发育的充足信息（详见第 4 章微生物菌种鉴定）。利用 DNA 对微生物菌种进行鉴定可精确到种（species），甚至株（strain）的水平。另外，与生物标记物一样，DNA（RNA）是微生物都含有的生化组成成分，能够比较客观地反映微生物群落的组成情况。

现代分子生物学方法包括群落水平总 DNA 分析方法、核酸杂交技术、克隆文库分析法及基因指纹图谱方法等。

8.2.4.1 群落水平总 DNA 分析方法

群落水平总 DNA 分析方法是将由环境微生物样品提取的总 DNA 视为一个整体，在整体水平上衡量群落结构和多样性。群落水平总 DNA 分析方法可分为三种：①两个群落的总 DNA 杂交技术——以其中一个样品的总 DNA 为模板，将另一样品的总 DNA 作探针，使二者杂交，杂交的程度可反映出群落结构相似的程度。此技术不适合检测 DNA 序列相似性较高的群落之间的差别。②总 DNA 的热变性和复性动力学技术——DNA 热变性后与同源单链发生重组行为，复性 DNA 的比例通常可以表达为核苷酸浓度（C_0）和反应时间（t）的积函数（C_0t），在特定的条件下，半数 DNA 发生复性时的 C_0t 1/2 值与总 DNA 的复杂度呈正比。C_0t 1/2 被用作评价土壤菌群的基因多样性指数，也被用于评价外来化合物对土壤菌群的影响。③密度梯度法——测定群落总 DNA 的碱基组成百分数方法，此方法使用插入剂二苯并咪唑与（A+T）碱基对结合，可放大因不同的（G+C）含量而引起的 DNA 分子质量的差别。将提取的群落总 DNA 在二苯并咪唑存在的条件下进行 CsCl 密度梯度离心，产生了群落总 DNA 的（G+C）％分布的指纹图，表征种群结构的组成。

群落水平总 DNA 分析技术的主要局限性在于要从整个的群体 DNA 中提取目的基因，并且要进行高度纯化，这些大大限制了本技术的应用范围与前景。

8.2.4.2 核酸杂交技术（hybridization）

核酸杂交技术是基于碱基互补配对的原理，用特异性的 DNA 探针（用放射性元素或荧光染料标记）与待测样品的 DNA（RNA）杂交形成杂合分子，杂交后的信号由仪器检测并定量。近年来，由于核酸分子杂交的高度特异性及检测方法的高度灵敏性，使得核酸分子杂交技术广泛应用于微生物多样性的研究中，定性定量分析它们的存在、分布和丰度。对于环境微生物样品解析而言，最有意义的核酸杂交技术是"原位"杂交技术（in situ hybridization）。原位杂交分为三个层次。第一，对环境样品直接原位杂交。可获得自然环境下微生物多样性的大量信息，如微生物的种类、形态特征和丰度以及在样品上的空间分布和动态。第二，对培养菌落做原位杂交。可进行微生物的鉴定和计数。第三，对提取的 DNA 或 PCR 扩增的 rDNA 产物做原位杂交，即电泳凝胶平板的原位。在原位杂交技术中，应用最广泛的是荧光原位杂交技术（FISH）。FISH 技术安全、简便、灵敏、快速，可同时检测几种微生物。高灵敏度检测仪器的使用也增加了 FISH 的分析能力，例如电荷耦合相机（CCD）和相应的图像分析软件使得图像数字化，方便用于微生物的计数；共焦激光扫描显微镜（CLSM）能除去焦外荧光，使得图像强度高，适用于较浓稠或有较高背景值的样品（如活性污泥）；流式细胞计（FCM）可以对混合的微生物种群进行单细胞分类和计数，分析自动化，适用于对水生微生物群落的组成和动态进行快速和频繁的监测。原位 PCR 技术和 DNA 微阵技术的引入增强了核酸杂交技术解析微生物群落结构和多样性的能力。原位 PCR 技术在细胞内进行 PCR，使目的片段扩增，然后用 FISH 法检测靶序列或者在 PCR 时掺入标记的引物而直接检测，此法检测的灵敏度高，可检测出基因组中单复制的基因，已用于海水、河水和生物膜的微生物群落研究。DNA 微阵技术含多种不同 DNA 探针，可测定结构和多样性已知的群落的变化，更因其高度并行性、微型性、自动化和快速检测的特点，显示出广阔的应用前景。总之，核酸杂交技术适于鉴定和定量环境微生物群落中特定分类单位（科、属、种、亚种）的微生物，也可监测特定种群或种类的变化，但不适于描述群落结构和总体多样性，因为实际中使用的探针种类或引物的套数是有限的。

8.2.4.3 克隆文库分析法

克隆文库分析的第一步是 PCR 产物的克隆，然后进行克隆文库的随机测序。序列分析可以鉴定出初始 PCR 产物中的优势产物，将这些序列与 GeneBank 数据库中相似序列作比较，就可以对新序列进行鉴定或分析其与已知物种的关系，并可通过构建系统发育树从分子序列库中推断出生物发育的关系。克隆文库分析法是广泛使用的一种方法。但是，只有在分析的克隆数目足够多的情况下，才可以比较完整地认识种群组成的情况。而且 PCR 和克隆策略引入的误差会对克隆出的 rDNA 序列及其鉴定产生重要影响。因此，种群多样性从总体上讲并不真实。另外，克隆文库分析法成本高，工作量大，分析时间长，不适合对微生物群落结构变化进行动态跟踪研究。

8.2.4.4 基因指纹图谱方法

基因指纹图谱是用 PCR 扩增环境微生物样品总 DNA 的标记序列，然后用合适的电泳技术将其分离而成的具有特定条带特征的图谱。基因指纹模式的不同就反映种群结构的不同。按分离依据不同，基因指纹图谱可分为 DNA 长度多态性分析图谱和变性梯度凝胶电泳图谱。

（1）单链构象多态性分析（SSCP） 单链构象多态性分析（single-strand conformation polymorphism，SSCP）可以检测 DNA 序列之间的不同。在低温条件下，单链 DNA 呈现一种由内部分子相互作用形成的三维构象，它影响了 DNA 在非变性凝胶中的迁移率。相同长度但不同核苷酸序列的 DNA 由于在凝胶中的不同迁移率而被分离。迁移率不同的条带可被银染或者荧光标记引物检测，然后用 DNA 自动测序进行分析。用 PCR-SSCP 技术可以进行序列差异的测定，而敏感度会随着片段长度的增加而降低。但是只要条带被凝胶电泳分离开就可以进行系统发育的研究。有研究表明，一个单链也许包括多种序列，电泳条件也会因此影响基因结构的确定进而影响生物多样性的研究。

（2）末端限制性片段长度多态性分析（T-RFLP） 末端限制性片段长度多态性分析（terminal-restriction fragment length polymorphism，T-RFLP）采用限制性内切酶识别双链 DNA 分子中特异的断裂，在特定的位点将 DNA 切开，来自不同个体基因组的含同源序列的酶切片段具有不同的长度。通过非变性的聚丙烯酰胺凝胶电泳和毛细管电泳分离，不同长度的片段停留在不同的位置，即形成了限制性片段长度多态性指纹图谱。T-RFLP 是一种高效可重复的技术，它可以对一个生物群体的特定基因进行定性和定量测定。T-RFLP 的优点是可以检测微生物群落中较少的种群。另外，系统发生分类也可以通过末端片段的大小推断出来。本技术的局限包括假末端限制性片段的形成，它可能导致对微生物多样性的过多估计。引物和限制酶的选择对于准确评估生物多样性也很重要。

（3）核糖体间隔基因分析（RISA）和自动核糖体间隔基因分析（ARISA）　核糖体间隔基因分析（ribosomal intergenic spacer analysis，RISA）是利用 rRNA 操纵子中 16S 和 23S 之间 DNA 序列进行 PCR 扩增。因 16S～23S rRNA 基因间隔区（intergenic spacer region，ISR）具有相当好的保守性和可变性，故常用于种以下水平的分类鉴定。对 16S～23S rRNA 基因的 ISR 进行扩增所用的引物往往是根据 16S rRNA 和 23S rRNA 基因两侧高度保守的区域进行设计的。RISA 技术可以揭示片段长度的不同。长度不同的扩增产物可以通过聚丙烯酰胺凝胶电泳分离然后银染显象。RISA 技术可以准确评估指纹结构群体，每一条带至少代表一个物种。自动核糖体间隔基因分析（automated ribosomal intergenic spacer analysis，ARISA）是在 RISA 技术基础上发展起来的，它可以更快、更高效地评估生物群体的多样性。16S～23S 之间区域的 PCR 扩增用的是荧光标记的快速引物，此引物可使自动毛细管电泳的进度得到直观检测。ARISA 中可以分辨的荧光峰的总数代表被分析样品中物种的总体数目，片段的大小也可以与基因库中的数据进行比较，以得到更多生物信息。

（4）随机扩增多态 DNA 分析（RAPD）　随机扩增多态 DNA 分析（random amplification of polymorphic DNA，RAPD）使用一系列单链随机引物（通常 10bp），在不严格的 PCR 条件下（低退火温度）对基因组 DNA 随机扩增，其扩增产物电泳而产生了长度多态性指纹图谱。若遗传特性发生变化，对每一随机引物单独进行 PCR 后，则导致一系列 PCR 产物表现其差异性，由于使用一系列引物，几乎整个基因组差异就会显露出来。其中利用一个随机引物对严谨性较低的多态 DNA 进行扩增时，引物可以和靶 DNA 的不同位点进行不太严谨的退火，也就是说引物和 DNA 的结合部位的序列不是严格的互补。分散的 DNA 带也可以经过引物的退火在适于扩增的反向位置上进行扩增。RAPD 方法克服了 RFLP 方法的局限性，不需了解 DNA 序列，而且对少量完整性较差的 DNA，也能得到分辨率较好的指纹图谱。尽管 RAPD 分析快速、方便，但是它的可重复性差，甚至 Tap 聚合酶或者 buffer 的很小的改变就能影响结果。因此 RAPD 技术的应用条件必须被优化后，才能发挥最大的作用（参照 8.4 节）。

（5）变性梯度凝胶电泳（DGGE）和温度梯度凝胶电泳（TGGE）　变性梯度凝胶电泳（denaturing gradient gel electrophoresis，DGGE）和温度梯度凝胶电泳（temperature gradient gel electrophoresis，TGGE）常用于微生物群体多样性的检测及其动力学变化的监测。用这两种方法可以对生物多样性进行定性或者半定量测定。DGGE 和 TGGE 分别通过逐渐增加化学变性剂的线性浓度梯度和线性温度梯度，把长度相同但只有一个碱基不同的 DNA 片段分离开。

从理论上讲，DGGE/TGGE 指纹图谱上的一个条带就代表一个微生物类群（分类水平可达到种）。因而，指纹图谱直观反映了微生物群落的结构和多样性，还方便判断出优势菌或功能菌。回收某一条带的 DNA 片断，经 PCR 再扩增后测定其序列，通过与基因序列数据库中的已知序列比较，可以确定其种系发育位置。经过序列检定的基因序列，还可设计成探针，以荧光原位杂交技术监测微生物群落中特定类型的微生物的变化。DGGE/TGGE 被引入环境微生物学领域以来，已广泛用于分析微生物的区系结构组成及动态变化。此方法的局限性在于扩增序列的长度不能过大，因为超过 500bp 以上就不能高效地分离（参照 8.3 节）。

基因指纹方法具有同时分析多个样品、快速直观等优点，适合于研究微生物、分析微生物群落的结构组成与动态变化。但是，基因指纹图谱方法也存在一些共有的问题：①DNA

的提取方法及质量会影响分析结果的准确性和稳定性；②PCR 技术可能导致对菌群结构的歪曲认识；③电泳固有的技术问题也限制微生物群落结构和多样性的定性；④由于一些微生物群落固有的复杂性，也导致了复杂的图谱，使数据难以分析。

8.2.4.5 高通量测序技术 (high-throughput sequencing)

DGGE 等分子指纹图谱技术，在其实验结果中往往只含有数十条条带，只能反映出样品中少数优势菌的信息。而且，由于分辨率的误差，部分电泳条带中可能包含不止一种 16S rDNA 序列，因此要获悉电泳图谱中具体的菌种信息，还需对每一条带构建克隆文库，并筛选克隆进行测序，实验操作相对繁琐。近几年，随着分子生物学的发展，尤其是高通量测序技术的研发及应用，为研究微生物群落结构提供了新的技术平台。

目前使用较多的高通量测序仪器有：大规模平行签名测序 (massively parallel signature sequencing，MPSS)、聚合酶克隆 (polony sequencing)、454 焦磷酸测序 (454 pyrosequencing)、Illumina (solexa) sequencing、ABI SOLID sequencing、离子半导体测序 (ion semiconductor sequencing)、DNA 纳米球测序 (DNA nanoball sequencing) 等。

454 测序技术是由 4 种酶催化的同一反应体系中的酶级联化学发光反应，不需要凝胶电泳，也不需要对 DNA 样品进行任何特殊形式的标记和染色，具备同时对大量样品进行测序分析的能力。它可以在 4 小时内测出 2500 万个碱基，其准确率可达到 99%。这种新型的测序方法的第一步就是将基因组 DNA 进行随机切割，而不需要在细菌进行亚克隆或者处理单个克隆，整个测序反应都是批量进行的。切割后的 DNA 会加上特定的共同接头 (adapter)，然后 DNA 吸附到各自的珠子上，倒入乳胶状物质，之后每滴乳胶颗粒上发生测序的 PCR 反应。

高通量测序技术无需培养分离菌群，可直接从环境样本中扩增核糖体 RNA 高变区进行测序，解决了大部分菌株不可培养的难题。此外，还具有严格控制 PCR 循环数，客观还原样品本身的菌群结构及丰度比例等优点。因此，高通量测序技术又被称为下一代测序技术 (next generation sequencing)。

8.3 聚合酶链反应-变性梯度凝胶电泳 (PCR-DGGE)

变性梯度凝胶电泳 (denaturing gradient gel electrophoresis，DGGE) 是一种根据 DNA 片段的熔解性质而使之分离的凝胶系统。核酸的双螺旋结构在一定条件下可以解链，称之为变性。核酸 50% 发生变性时的温度称为熔解温度 (T_m)。T_m 值主要取决于 DNA 分子中 G—C 含量的多少。DGGE 将凝胶设置在双重变性条件下：温度 $50 \sim 60$℃，变性剂 $0\% \sim 100\%$。当一双链 DNA 片段通过一变性剂浓度呈梯度增加的凝胶时，此片段迁移至某一点变性剂浓度恰好相当于此段 DNA 的低熔点区的 T_m 值，此区便开始熔解，这种局部解链的 DNA 分子迁移率发生改变，达到分离的效果。T_m 的改变依赖于 DNA 序列，即使一个碱基的替代就可引起 T_m 值的升高或降低。一般总是错配碱基部分的异源双链 T_m 最低，最容易解链，其次是富含 A—T 碱基对的部位，富含 G—C 碱基对的部位 T_m 值较高所以解链较难。因此，DGGE 可以检测 DNA 分子中的任何一种单碱基的替代、移码突变以及少于 10 个碱基的缺失突变。

DGGE 的成功有赖于双链 DNA 内部低温解链部分变性后迁移率的改变。但在相当于最高 T_m 的变性剂浓度的位置，相应的 DNA 片段可能全部解链，使实验无法检出存在于高

T_m DNA 片段中的碱基替换。为了解决此问题，可以在一个 PCR 引物的 $5'$-端设计一段富含 G—C 的尾巴，从而使 PCR 扩增产物的一端富含 G—C 碱基对（30～40bp），保证了绝大多数 DNA 片段不会发生完全解链，在最高变性剂浓度区域仍然可以分辨出部分解链的异源双链，这一改进使 DGGE 的突变检出率接近 100%。

变性梯度凝胶电泳和 FISH 一样，也是一个常用的分子生物学实验，在环境生物技术领域常用于分析微生物群落的多样性。DGGE 实验的大体操作流程如下。

8.3.1 16S rDNA-V3 区的 PCR 扩增

8.3.1.1 PCR 扩增体系

PCR 扩增体系如表 8-1 所示。

表 8-1 PCR 扩增体系中各种成分及含量

成　分	含　量
10×扩增缓冲液	5μL
4 种 dNTP(10mmol/L)	1μL
引物(10μmol/L)	各 0.5μL
Mg^{2+}	2.5μL
模板 DNA	100ng
Taq DNA 聚合酶	2.5U
BSA(牛血清白蛋白 1mg/mL)	5μL
总体积	50μL

与普通 PCR 不同之处是 Primer 上要加一个 GC 夹（GC Clamp），GC 夹的序列为：

CGCCCGCCGCGCGCGGCGGGCGGGGCGGGGGC

8.3.1.2 PCR 引物

常用的细菌 16S 通用引物为 341FGC/518R，其序列如下：

341FGC：$5'$-(GC Clamp) ACGGGGGGCCTACGGGAGGCAGCAG-$3'$

518R：$5'$-ATTACCGCGGCTGCTGG-$3'$

PCR 扩增产物采用 1.2%～1.5% 琼脂糖凝胶电泳进行检测。

8.3.2 变性梯度凝胶电泳

8.3.2.1 制备聚丙烯酰胺凝胶（PAG）

需要的准备的试剂如下。

① 新鲜配制的 Ammonium Persulfate Solution（APS） 0.1g 在 1mL H_2O 中。

② 四甲基乙二胺（TEMED）。

③ 0% 和 100% 变性剂（100% 的变性剂不容易溶解，可以用 80% 的来代替），配制方法见表 8-2～表 8-5。

表 8-2 顶层胶成分及含量

成　分	含　量
0%变性剂	4mL
TEMED	4mL
APS 溶液	40mL

表 8-3　底层胶成分及含量

成　分	含　量
80%变性剂	1mL
TEMED	4mL
APS 溶液	40mL

如果 DGGE 需要的变性剂梯度为 40%~60%，需要配制 40%和 60%变性剂凝胶溶液各约 13mL。

表 8-4　40%变性剂凝胶溶液成分及含量

成　分	含　量
0%变性剂	6.5mL
80%变性剂	6.5mL
TEMED	13mL
APS 溶液	130mL

表 8-5　60%变性剂凝胶溶液成分及含量

成　分	含　量
0%变性剂	3.25mL
80%变性剂	9.75mL
TEMED	13mL
APS 溶液	130mL

8.3.2.2　电泳

取 10μL PCR 产物，加入 10μL 变性剂（95%甲酰胺，10mmol/L EDTA，0.02%溴酚蓝）、30μL 石蜡油，煮沸 5min，取出立刻放入冰浴中，2min 后即可上样。开始在 300V 电压下电泳 5min，然后在 120V 电泳 8h。电泳后取下 PAG 板，将其浸在含 0.5μg/mL 溴化乙锭的 1×TBE 缓冲液中染色 30min，紫外灯下观察，或进行银染。

8.3.2.3　优势条带的回收

① PAG 板在手提式紫外分析仪照射下进行 DNA 条带的切割。

② 切下的 DNA 条带分别放入 EP 管中，加入 0.5mL 的去离子水冲洗、离心、去上清（2~3 次），加入 50μL ddH$_2$O，4℃过夜保存。

③ 12000r/min 离心 10min，上清液作为模板进行 PCR 扩增。

DGGE 具有如下优点：

① 突变检出率高。DGGE 的突变检出率为 99%以上。

② 检测片段长度可达 1kb，尤其适用于 100~500bp 的片段。

③ 非同位素性。DGGE 不需同位素掺入，可避免同位素污染及对人体造成伤害。

④ 操作简便、快速。DGGE 一般在 24h 内即可获得结果。

⑤ 重复性好。

但是，该方法需要特殊的仪器，而且合成带 GC 夹的引物也比较昂贵。

8.4　随机扩增的多态性 DNA（RAPD）

分子标记是一类建立在分子水平上的遗传标记，它同样具有遗传标记的两个特点，即可遗传性和可识别性。DNA 分子标记通常是一些小分子量的 DNA 片段（几十到 2000bp 左右），它们大量存在于真核生物的基因组内，能够通过特定的技术和方法进行检测。多数情况下，这些 DNA 片段（即分子标记）本身并不是基因，也不是基因的一个部分，但它们往往与目的基因（目的性状）有连锁关系。利用这种连锁关系，就可以对目的基因进行识别和分离。DNA 分子标记的种类很多，常用的有 RAPD（随机扩增多态性 DNA）、RFLP（限制性片段长度多态性）、AFLP（扩增片段长度多态性）、SSR（简单序列重复）等。

RAPD（random amplified polymorphic DNA）技术是建立在 PCR 基础之上的一种可对整个未知序列的基因组进行多态性分析的分子技术。其以基因组 DNA 为模板，以单个人工合成的随机多态核苷酸序列（通常为 10bp）为引物，在热稳定的 DNA 聚合酶（Taq 酶）作用下，对所研究的基因组 DNA 进行单引物扩增。模板 DNA 经 90～94℃变性解链后在较低温度（36～37℃）下退火，这时形成的单链模板会有许多位点与引物互补配对，在 72℃下，通过链延伸，形成双链结构，完成 DNA 合成。重复上述过程，即可产生片段大小不等的扩增产物，通过电泳分离和显色便可得到许多不同的条带，从中筛选出特征性条带。扩增产物片段的多态性可反映出基因组 DNA 的多态性。进行 RAPD 分析时，可用引物的数量很大，虽然对每个引物而言，其检测基因组 DNA 多态性的区域是有限的，但是利用一系列引物则可以使检测区域几乎覆盖整个基因组。因此，RAPD 可以对整个基因组 DNA 进行多态性检测。RAPD 片段克隆后还可作为 RFLP 的分子标记进行作图分析。

8.4.1　环境 DNA 的制备

① 取 1.5mL 离心管加入 0.2g 玻璃珠（1mm）。

② 取 0.2g 污泥。

③ 加 10μL 脱脂牛奶（0.2g/mL），250μL ET 缓冲液，50μL 10% SDS，5μL RNase A（10 mg/mL）。

④ 剧烈振荡 1min。

⑤ 加 150μL 苄基氯。

⑥ 漩涡振荡 2min。

⑦ 50℃水浴 60min。

⑧ 加 150μL 3mol/L 醋酸钠，旋涡振荡。

⑨ 冰浴 15min。

⑩ 15000r/min 离心 10min，上层移至另一离心管。

⑪ 加异丙醇沉淀。

DNA 干燥后加入适量 TE 溶解，在紫外分光光度计上测定 DNA 纯度及估计模板浓度。

8.4.2　RAPD 扩增

RAPD 扩增体系如表 8-6 所示。

表 8-6　RAPD 扩增体系中各种成分及含量

成　分	含　量
10×扩增缓冲液	2.5μL
4 种 dNTP(10mmol/L)	2μL
引物(10μmol/L)	1μL
Mg^{2+}	2.5μL
模板 DNA	50ng
Taq DNA 聚合酶	2U
总体积	25μL

PCR 反应程序为 95℃预变性 5min，94℃变性 30s，36℃复性 30s，72℃延伸 1min，35 个循环后，72℃延伸 5min，循环结束后反应产物置于 4℃保存。

扩增产物以 1.2%琼脂糖凝胶电泳分离，溴化乙锭染色，观察、拍照。

RAPD 技术具有以下优点。

① 不使用同位素，减少了对工作人员健康的危害；

② 可以在物种没有任何分子生物学研究的情况下分析其 DNA 多态性；

③ 对模板 DNA 的纯度要求不高；

④ 技术简单，无需克隆 DNA 探针，无需进行分子杂交；

⑤ 灵敏度高，可提供丰富的多态性；

⑥ RAPD 引物没有严格的种属界限，同一套引物可以应用于任何一种生物的研究，因而具有广泛性、通用性。

但是，RAPD 技术重复性较差，其影响因素主要有：模板的质量和浓度，短的引物序列，PCR 的循环次数，基因组 DNA 的复杂性，技术设备等。

参 考 文 献

[1] 沈德中. 污染环境的生物修复. 北京：化学工业出版社，2002.
[2] 翁稣颖，戚蓓静等. 环境微生物学. 北京：科学出版社，1985.
[3] 池振明. 微生物生态学. 济南：山东大学出版社，1999.
[4] 焦瑞身. 微生物工程. 北京：化学工业出版社，2003.
[5] 施莱杰 H G. 普通微生物学. 陆卫平，周德庆，郭杰炎等译. 上海：复旦大学出版社，1990.
[6] 陈华葵，樊庆笙. 微生物学. 北京：农业出版社，1979.
[7] 陈駉声. 近代工业微生物学. 上海：上海科学技术出版社，1982.
[8] 杨家新. 微生物生态学. 北京：化学工业出版社，2004.
[9] 张素琴. 微生物分子生态学. 北京：科学出版社，2005.
[10] 池振明. 现代微生物生态学. 第 2 版. 北京：科学出版社，2010.
[11] 宋福强. 微生物生态学. 北京：化学工业出版社，2008.
[12] 刘志恒. 现代微生物学. 北京：科学出版社，2002.
[13] 周德庆. 微生物学教程. 第 2 版. 北京：高等教育出版社，2002.
[14] 闵航. 微生物学. 北京：科学技术文献出版社，2003.
[15] 沈萍，陈向东. 微生物学. 第 2 版. 北京：高等教育出版社，2006.
[16] 黄秀梨. 微生物学. 第 2 版. 北京：高等教育出版社，2003.
[17] 诸葛健，李华钟. 微生物学. 北京：科学出版社，2004.
[18] 沈萍. 微生物学. 北京：高等教育出版社，2000.

［19］ Prescott L M，Harley J P and Klein D A. 微生物学．第 5 版．沈萍，彭珍荣译．北京：高等教育出版社，2003.

［20］ 阿喀莫 E. 微生物学．林雅兰等译．北京：科学出版社，2002.

［21］ 马迪根 M T，马丁克 J M，帕克 J. 微生物生物学．杨文博等译．北京：科学出版社，2001.

［22］ Atlas R M and R Bartha. Microbial Ecology：Fundamentals and Applications，Addison-Wesley，Massachusetts，1981.

［23］ Holland K T，Knapp J S and Shoesmith J G. Anaerobic Bacteria，Blackie，Glasgowand London，1987.

［24］ Lavy J，Campbell J J R and Blackburn T H. Introductory Microbiology，John Wiley，NewYork，1973.

［25］ Pelczar Jr M J and Chan E C S. Elements of Microbiology，McGraw-Hill，NewYork，1981.

［26］ Pickup R W，et al. Molecular Approaches to Environmental Microbiology. New Jersey：Prentice Inc，1996.

［27］ Ralph Mitchell. Environmental Microbiology. New York：Wiley liss，Inc. ，1993.

［28］ Singleton P and Sainsbury D. Dictionary of Microbiology and Molecular Biology（2nd edn），JohnWiley，Chichester，1987.

［29］ Kostic A D，Gevers D，et al. Genomic analysis identifies association of Fusobacterium with colorectal carcinoma. Genome Research，2012，22：292-298.

［30］ Amann R I，Ludwig W，Schleifer K H. Phylogenetic identification and in situ detection of individual microbial cells without cultivation. Microbiological Reviews，1995，59：143-169.

［31］ Annette M，Ulfb G. Fluorescence in situ hybridization（FISH）for direct visualization of microorganisms. Journal of Microbiological Methods，2000，41：85-112.

［32］ Atlas R M，Horwitz A，Krichevsky M，et al. Response of microbial populations to environmental disturbance. Microbial Ecology，1991，22：249-256.

［33］ Baldrian P，Kolařík M，Stursová M，et al. Active and total microbial communities in forest soil are largely different and highly stratified during decomposition. The ISME Journal，2012，6（2）：248-258.

［34］ Borneman J，Triplett E W. Molecular microbial diversity in soils from eastern Amazonia：evidence for unusual microorganisms and microbial population shifts associated with deforestation. Appl Environ Microbiol，1997，63：2647-2653.

［35］ Calderon F J，Jackson L E，Scow K M，et al. Microbial responses to simulated tillage incultivated and uncultivated soils. Soil Biology and Biochemistry，2000，32：1547-1559.

［36］ Craig E Nelson，Stuart J Goldberg，et al. Coral and macroalgal exudates vary in neutral sugar composition and differentially enrich reef bacterioplankton lineages. The ISME Journal，2013，7：962-979.

［37］ Jami E，Israel A，et al. Exploring the bovine rumen bacterial community from birth to adulthood. The ISME Journal，2013. 2：1-11.

［38］ Rosenvinge E C，Song Y，et al. Immune status，antibiotic medication and pH are associated with changes in the stomach fluid microbiota. The ISME Journal，2013，33：1-13.

［39］ Glucksman A M，Skipper H D，Brigmon R L，et al. Use of the MIDI-FAME technique to characterize groundwater communities. Journal of Applied Microbiology，2000，88：711-719.

［40］ Green C T，Scow K M. Analysis of phospholipid fatty acids（PLFA）to characterize microbial communities in aquifers. Hydrogeology Journal，2000，8：126-141.

［41］ Griffiths B S，Ritz K，Glover L A，et al. Broad-scale approaches to the determination of soil microbial community structure：application of the community DNA hybridization technique. Microbial Ecology，1996，31：269-280.

［42］ Hill G T，Mitkowski N A，Aldrich W，et al. Methods for assessing the composition and diversity of soil microbial communities. Applied Soil Ecology，2000，15：25-36.

［43］ Holben W E，Harris D. DNA-based monitoring of total bacterial community structure in environmental samples. Molecular Ecology，1995，4：627-631.

［44］ Hoshino T，Noda N，Tsuned A S，et al. Direct detection by in situ PCR of the amoA gene in biofilm resulting from a nitrogen removal process. Applied Environmental Microbiology，2001，67：5261-5266.

［45］ Hu H Y，Lim B R，Goto N，et al. Analytical precision and repeatability of respiratory quinones for quantitative study of microbial com munity structure in environmental samples. Journal of Microbiological Methods，2001，47：17-24.

[46] Ibekwe A M, Kennedy A C. Phospholipid fatty acid profiles and carbon utilization patterns for analysis of microbial community structure under field and greenhouse conditions. FEMS Microbiology Ecology. 1998, 26: 151-163.

[47] Insam H. A new set of substrates proposed for community characte-rization in environmental samples. In: INSAM H, RANGGER A, Eds. Microbial Communities. Heidelberg: Springer, 1997: 259-260.

[48] Peay K G, Baraloto C, et al. Strong coupling of plant and fungal community structure across western Amazonian rainforests. The ISME Journal, 2013, 7: 1852-1861.

[49] Amato K R, Yeoman C J, et al. Habitat degradation impacts black howler monkey (Alouatta pigra) gastrointestinal microbiomes. The ISME Journal, 2013, 7: 1344-1353.

[50] Margulies M, Egholm M, Altman W E, et al. Genome sequencing in microfabricated high-density picolitre reactors. Nature, 2005, 437 (7057): 376-380.

[51] Muyzer G. DGGE/TGGE: a method for identifying genes from natural ecosystems. Current Opinion in Microbiology, 1999, 2: 317-322.

[52] Saitou K, Nagasaki K, Yamakawa H, et al. Linear relation between the amount of respiratory quinones and the microbial biomass in soil. Soil Science Plant Nutrition, 1999, 45: 775-778.

[53] Schmalenberger A, Schwieger F, Tebbe C C. Effect of primers hybridizing to different evolutionarily conserved regions of the small-subunit rRNA gene in PCR-based microbial community analyses and genetic profiling. Applied Environmental Microbiology, 2001, 67: 3557-3563.

[54] Scott T Bates, Jose C Clemente, Gilberto E Flores. et al. Global biogeography of highly diverse protistan communities in soil. The ISME Journal, 2013, 7: 652-659.

[55] Sigler W V and Zeyer J. Microbial diversity and activity along the forefields of two receding glaciers. Microb. Ecol, 2002, 43: 397-407.

[56] Sigler W V, Crivii S and Zeyer J. Bacterial succession in glacial forefield soils characterized by community structure, activity and opportunistic growth dynamics. Microb. Ecol, 2002, 44: 306-316.

[57] Song X H, Hopke P K. Pattern recognition of soil samples based on the microbial fatty acid contents. Environmental Science & Technology, 1999, 33: 3524-3530.

[58] Torsvik V, Goskyr J, Daae F L. High diversity in DNA of soil bacteria. Applied Environmental Microbiology, 1990, 56: 782-787.

[59] Chaudhry V, Rehman A, et al. Changes in bacterial community structure of agricultural land due to long-term organic and chemical amendments. Microb Ecol, 2012, 64: 450-460.

[60] Victorio L, Gilbride K A, Allen D G, et al. Phenotypic fingerprinting of microbial communities in wastewater treatment systems. Water Research, 1996, 30: 1077-1086.

[61] Vivesrego J, Lebaron P, Nebevon C G. Current and future applications of fow cytometry in aquatic microbiology. FEMS Microbiology Reviews, 2000, 24: 429-448.

[62] Werker A G, Becker J, Huitema C. Assessment of activated sludge microbial community analysis in full-scale biological wastewater treatment plants using patterns of fatty acid isopropyl esters (FAPEs). Water Research, 2003, 37 (9): 2162-2172.

[63] Zhao J, Schloss P D, et al. Decade-long bacterial community dynamics in cystic fibrosis airways. Proc Natl Acad Sci USA, 2012, 109 (15): 5809-5814.

9 环境激素的生物降解

1996 年 *Our Stolen Future* 一书的出版引起了人们对环境激素的关注。雌性海蜗牛在三丁基锡的作用下发生了雄性化，海蜗牛对这种物质十分敏感，由于三丁基锡的广泛使用继而导致了全世界范围内，该物种的局部数量骤减甚至灭绝。以二氯二苯基二氯乙烯（DDE）导致的鸟类蛋壳变薄为代表，内分泌干扰物对欧洲及北美大部分的猛禽的繁殖造成影响，导致数量急剧下降。美国佛罗里达州由于大量的杀虫剂倾入湖内，导致该湖的鳄鱼性器官的发育及性功能受到影响，通过实验研究发现与其卵暴露于二氯二苯基三氯乙烷（DDT）下有一定关系。处于食物链上层的海豹，繁殖与免疫力均受到了多氯联苯的影响，受到影响的哺乳动物还有野兔、水貂、豚鼠、北极熊。环境激素作为影响野生动物繁殖、威胁人类健康的因素之一，已经日渐成为人们关注的焦点。

人体的内分泌系统是由各种激素、分泌这些激素的腺体和存在于器官组织中相应激素的受体所组成。而激素（hormone）是指在生物体内分泌的，调节其生长发育、繁殖和行为的，具有特殊生理功能的微量物质。环境激素（environmental hormone），即环境荷尔蒙，又被称为环境内分泌干扰物（environmental endocrine disruptors，EEDs）、雌激素等，是一类能进入动物和人体内部、具有类似雌性激素的作用、危害动物和人类正常激素分泌的化学物质。目前已报道约 67 种化学污染物有引起内分泌紊乱的作用，都属于环境激素。环境激素的研究已成为国际上环境科学的前沿和热点研究。环境激素可分为天然雌激素和合成雌激素、植物雌激素、具有雌激素活性的环境化学物质三类。

（1）天然雌激素和合成雌激素　天然雌激素是从动物和人尿中排出的一些性激素。合成激素包括与雌二醇结构相似的类固醇衍生物，也包括结构简单的同型物。环境雌激素（environmental estrogens）通常包括类似于雌激素的外源化学物质如壬基酚、双酚 A、己烯雌酚、17α-乙炔基雌二醇等和环境中的内源性雌激素如 17α-雌二醇、17β-雌二醇、雌三醇、雌酮。

（2）植物雌激素　这类物质是某些植物产生，具弱激素活性的化合物，以非甾体结构为主。这些化合物主要有异酮类、木质素和拟雌内醇。产生这些化合物的植物有豆科植物、茶和人参等。这些植物激素对内源雌激素和脂肪酸的代谢及其生物活性产生影响，如抗激素活性、抗癌和抗有丝分裂作用等，还可导致牛羊不育不孕和肝脏疾病。

（3）具有雌激素活性的环境化学物质　许多人工合成的化学物质具有激素活性，广泛存在于环境之中，这些物质具有弱雌激素活性，也是工业废水和生活污水中常见污染物。这类物质主要包括：杀虫剂，多氯联苯（PCBs），多环芳烃（PAHs），非离子表面活性剂中烷基苯酚化合物，食品添加剂（抗氧化剂）。1996 年，*Our Stolen Future* 一书列出 50 种，美国环境保护署列出 60 种，美国疾病防治中心列出 48 种，1997 年世界野生动物基金会（WWF）扩至 68 种，1997 年日本环境厅《关于外因性扰乱内分泌化学物质问题的研究班中间报告》列出 65 种。世界自然基金会所列的环境激素主要种类包括工业有机化合物：如苯并芘、双酚 A、肽酸酯类、烷基酚类、多氯联苯类、三丁基锡；农药：如氯丹、狄氏剂、林丹等、杀真菌剂、除草剂、杀线虫剂；金属：如镉、铅、汞和砷。

9.1 环境激素受体的作用机理

9.1.1 受体

受体（receptor）是指存在于靶细胞膜上或细胞内的一类特殊蛋白质分子，它们能识别特异性的配体并与之结合，产生各种生理效应。根据受体的亚细胞定位分为以下几类。

（1）细胞膜受体 这类受体是细胞膜上的结构成分，一般是糖蛋白、脂蛋白或糖脂蛋白。多肽及蛋白质类激素、儿茶酚胺类激素、前列腺素以及细胞因子通过这类受体进行跨膜信号传递。

（2）细胞内受体 这类受体位于细胞液或细胞核内，通常为单纯蛋白质。此型受体主要包括类固醇激素受体，维生素 D_3 受体（VDR）以及甲状腺激素受体（TR）。根据受体的分子结构分为以下几类。

① 配体门控离子通道型受体：此型受体本身就是位于细胞膜上的离子通道，其共同结构特点是由均一性的或非均一性的亚基构成一寡聚体，而每个亚基则含有 4～6 个跨膜区。此型受体包括烟碱样乙酰胆碱受体（N-AchR）、A 型 γ-氨基丁酸受体（GABAAR）、谷氨酸受体等。

② G 蛋白偶联型受体：此型受体通常由单一的多肽链或均一的亚基组成，其肽链可分为细胞外区、跨膜区、细胞内区三个区。大多数常见的神经递质受体和激素受体是属于 G 蛋白偶联型受体。G 蛋白是由 α、β、γ 亚基组成的三聚体，存在于细胞膜上，其 α 亚基具有 GTPase 活性。当配体与受体结合后，受体的构象发生变化，与 α 亚基的 C-端相互作用，G 蛋白被激活，此时，α 亚基与 β、γ 亚基分离，可分别与效应蛋白（酶）发生作用。此后，α 亚基的 GTPase 将 GTP 水解为 GDP，α 亚基重新与 β、γ 亚基结合而失活。

③ 单跨膜 α 螺旋型受体：此型受体只有一段 α 螺旋跨膜，受体本身具有酪氨酸蛋白激酶活性，或当受体与配体结合后，再与具有酪氨酸蛋白激酶活性的酶分子相结合，进一步催化效应酶或蛋白质的酪氨酸残基磷酸化，也可以发生自身蛋白酪氨酸残基的磷酸化，由此产生生理效应。此型受体主要有表皮生长因子受体（EGFR）、胰岛素受体（IR）、血小板衍生生长因子受体（PDGFR）等。此型受体的主要功能与细胞生长及有丝分裂的调控有关。

④ 转录调控型受体：此型受体分布于细胞浆或细胞核内，其配体通常具有亲脂性。结合配体的受体被活化后，进入细胞核作用于染色体，调控基因的开放或关闭。受体的分子结构有共同特征性结构域，即分为高度可变区-DNA 结合区及铰链区-激素结合区。a. 高度可变区，不同激素的受体此区的一级结构变化较大，其功能主要是与调节基因转录表达有关；b. DNA 结合区及铰链区，此区的功能是与受体被活化后向细胞核内转移（核转位）并与特异的 DNA 顺序结合有关；c. 激素结合区，一般情况下，此区与一种称为热休克蛋白 90（Hsp90）的蛋白质结合在一起而使受体处于失活状态。

9.1.2 环境激素受体的作用机理

固醇类环境激素受体的作用机理如图 9-1 所示。

首先，环境激素作为配体通过主动渗透作用进入细胞并与受体结合形成配体受体复合

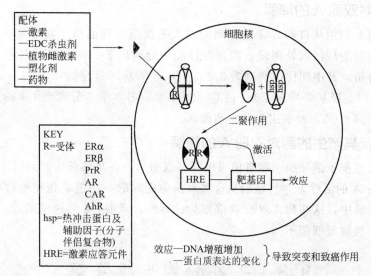

图 9-1　固醇类环境激素受体的作用机理

物。随后，配体受体复合物经历一个转变或激活过程，这时热激蛋白（hsp90）便与配体受体复合物脱离，配体受体复合物经聚合形成同型二聚复合物。这种同型二聚复合物对某些特殊的 DNA 即激素响应片断（hormpne response element，HRE）具有很强的亲和能力。HRE 与靶基因如细胞色素 P-450 基因相邻，一旦有活性的同型二聚复合物与 DNA 结合就会导致 DNA 弯曲，染色体破裂并激活 P450 基因，加速 P450 基因的信使 RNA（mRNA）转录，随之，P450 蛋白合成增加并诱导 P450 酶活性增加，然后产生一系列生物学反应和毒性效应，如细胞和体液免疫抑制、雄性雌性化、雌性生育能力下降、基因突变、生成肿瘤、器官（尤其是肝脏）受损等。

　　人工合成的雌激素药物，如乙炔基雌二醇在体内的稳定性高于雌二醇等天然雌激素，但低于杀虫剂等人工合成的雌激素类化合物。烷基酚类（APEs）经过下水道及污水处理厂后，其降解率约为 60%，但又生成了难以降解的中间代谢产物，其最终生物降解过程非常缓慢。已有雌酮（E_1）、雌二醇（E_2）、雌三醇（E_3）、17α-乙炔基雌二醇（EE_2）和乙炔雌二醇三甲醚（$MeEE_2$）在污水处理厂和河流中降解行为及浓度变化的报道，当河流中 E_2 浓度为 $100 \sim 500\mu g/L$ 时，可在 $4 \sim 5h$ 内生物降解至 $100\mu g/L \sim 100ng/L$，而 E_1 的半衰期约为 $4 \sim 5h$，大部分进入河流中，特别是在河流的枯水期对水生生物的影响更大。硝化细菌对 EE_2 的降解不需要预处理过程，但其降解率较低，并不能彻底降解。单一菌株很难降解邻苯二甲酸二甲酯，而二种或三种组合菌可在 7 天内将 $500mg/L$ 的底物彻底降解。

9.2　双酚 A 的生物降解

　　双酚 A 是一种人工合成的化学物质，原本在自然界中并不存在。但近年在世界各地各种水体中都有发现。据日本环境厅的调查，日本各地的河川和港湾淤泥中都检测到了双酚 A。在韩国工业中心蔚山海湾及其附近也检出了双酚 A，其淤泥中，每千克干物质里双酚 A 含量为 54ng。欧洲的北海、易北河支流中也发现了双酚 A。在易北河的水样中双酚 A 可高达 776ng/L，而在淤泥中，每千克干物质里双酚 A 含量为 66～343mg。

9.2.1 细菌对双酚 A 的降解

微生物降解是利用从自然界筛选得到的或人工改造得到的微生物对其进行降解。1992年，从 1 家塑料制造厂污水处理设备的污泥样品中分离出了一株可降解双酚 A 的革兰阴性好氧菌。通过分析，其中间代谢产物为 2,2-二（4-羟苯基)-1-丙醇、2,2-二（4-羟苯基)-1,2-丙二醇、2,2-二（4-羟基-3-甲苯基)-1-丙醇。2002 年，日本学者分离出了 2 株双酚 A 高效降解菌，降解率达到 90%，经鉴定为假单胞菌属。

9.2.2 真菌及其产生的酶对双酚 A 的降解

日本学者发现担子菌类的一些真菌可以降解双酚 A。在足够长的时间后，真菌可以完全清除溶液中双酚 A 的活性，并且他们从这些真菌中提取的一些过氧化物酶对双酚 A 有降解作用，在体外实验中，这些酶将双酚 A 降解为己雌酚、苯酚、4-异丙基苯酚、4-异丙烯基苯酚，可见其降解机制与细菌不同。

9.3 壬基酚的生物降解

壬基酚（nonyl phenol，NP）是一类主要由对壬基酚组成的各种异构体的混合物，羟基和壬烷基在苯环上的位置主要是对位，其次是邻位。在水中 NP 的溶解度为 5.43mg/L，正辛醇-水分配系数为 4.48，NP 是壬基酚聚氧乙烯醚（NP_nEO）在环境中经降解所产生的。NP_nEO 是一种非离子表面活性剂，作为洗涤剂、乳化剂、润湿剂、分散剂和农药助剂等得到广泛应用，主要用于医药、纺织、造纸、洗涤剂和化妆品等行业。因此，NP 有着来源广泛、产生量大等特点。全世界每年约有 50 万吨的 NP 进入环境介质。我国 NP_nEO 的年产量约 5 万～6 万吨。NP_nEO 使用后进入环境的主要途径是城市污水处理系统和工业废水，有部分直接排放到环境中。进入环境后 NP_nEO 在生物作用下，逐步降解成短链产物 NP_2EO、NP_1EO 和稳定产物 NP。

9.3.1 壬基酚的降解途径

从 20 世纪 80 年代，NP_nEO 在全球性得到了广泛使用。以前只针对 NP_nEO 表面活性剂自身的降解进行研究，对它的降解产物（NP_2EO、NP_1EO 和 NP）在环境中能否进一步降解研究较少。由于发现 NP 具有环境内分泌干扰物的毒性和生物积累性，于是 NP 的降解更为引起人们的关注。在实验室对 NP 的降解进行了研究，发现与 NP_nEO 相比，在有氧的条件下 NP 也难于降解。研究表明 NP 在有氧环境和 60℃下可以被微生物所降解，在无氧条件下，NP 难于降解。对瑞士和加拿大城市生活污水处理厂处理后的污水和淤泥进行检测，发现经过两级处理后，水中 NP 含量仍在 $1\sim57\mu g/L$，采样点不同的淤泥中 NP 的含量达 1100mg/kg，处理过的污水中 NP 含量仍较高。含 NP 的污水不经处理直接排入河道，会对自然水体造成严重污染，危害人体健康，自然环境中 NP 主要来自城市污水，因此必须对城市污水进行处理。

NP 结构上的苯环和它的长链烷基造成了 NP 的难降解，微生物降解 NP 的可能途径是苯酚的苯环开环和烷基苯的壬烷基断链。苯酚和直链烷基苯的微生物降解途径如下。

① 苯酚的生物氧化：在单加氧酶的作用下苯酚氧化成儿茶酚（邻苯二酚），儿茶酚经苯环的邻位或间位裂解后开环而进一步降解。

② 直链烷基苯的生物氧化：在单加氧酶的作用下烷基氧化成烷羧基，生成苯烷酸，经 β

氧化断开烷羧基链，生成乙酰辅酶 A 和苯乙酸（偶数链烷基）或苯丙酸（奇数链烷基），苯乙酸或苯丙酸逐步降解为二氧化碳和水。

研究显示 4-NP 在麦芽糖假丝酵母作用下进行分解氧化，首先对烷基链进行氧化，然后使苯环打开。NP 被鞘氨醇单胞菌所降解是从苯环的断裂开始的。NP 被假单胞菌所降解是从烷基的断链开始的。NP 被冷适应假单胞菌所降解是在单加氧酶作用下从苯酚氧化，裂解后开环降解。

9.3.2　壬基酚在环境中的生物降解及影响因素

NP 降解途径可能受到污染物结构、微生物特性及环境条件等多方面因素的影响，可能产生多种中间产物。

污泥中的 NP 最终将进入土壤环境。施用污泥的瑞典和加拿大土壤中 NP 含量为 2mg/kg。研究发现，在污泥施用量很大的农田中，NP 的浓度仍在 1.4mg/kg，在大量施用污泥的耕作土壤中，离地面 50~60cm 土层中 NP 的浓度为 0.5mg/kg，由此造成地下水的污染。

（1）NP 的厌氧、好氧降解　实验证明 NP 在好氧条件下才能降解。用同位素 C^{14} 标记 4-n-NP 并将其加入到污泥中，发现在好氧条件下，当污泥与土壤混合均匀时，4-n-NP 在 38 天就可完全降解，如果混合不均匀，4-n-NP 在 3 个月还不能完全降解。

（2）温度对 NP 降解的影响　NP 降解的重要影响因子是温度。研究表明在 25~28℃下有利于细菌对 NP 的降解，此温度是细菌生长的适宜温度，有利于 NP 降解菌的生长和 NP 降解酶发挥降解作用。在实验室将 NP 加到农用土壤中，30℃培养 10 天后，土壤中剩余的 NP<2%。若温度降至 10℃，培养 45 天后，剩余 NP 比 30℃剩余量还高。20℃以上 NP 的降解才能达到较快速率。研究发现 NP 在深层土壤中的降解速率比实验室要小很多，因为环境温度比实验室温度低。分离筛选出能降解 NP 的嗜冷菌和冷适应菌，嗜冷菌的最适生长温度为 10℃，在 0℃ 也能生长。冷适应菌不能在 4℃ 以下生长，其最适生长温度为 14~22℃，所筛选的一株假单胞菌在 14℃ 对 NP 的最高降解率为 4.40mg/(L·d)。冷适应菌降解 NP 表明在寒冷地区和低温季节也能发生 NP 的生物降解。

（3）植物对 NP 降解的影响　植物对 NP 的降解也有影响。在油菜生长的土壤中，施加含有 NP 的污泥，研究 NP 进入土壤后的降解及在油菜中的富集，发现油菜可以促进土壤中 NP 的降解。把厌氧污泥施加到土壤中，30 天后土壤中 NP 的残存比例为 13%，没有油菜的土壤中 NP 残存 26%。研究发现 NP 并没有在油菜中积累，因此降解率的提高并非 NP 通过油菜富集而被去除。该研究尚未阐明油菜对促进 NP 降解的原因。有关 NP 在土壤和植物中迁移转化的研究结果并不完全相同，因此其迁移转化的机理需进一步研究。

（4）各种 NP 同分异构体的降解性　NP 的同分异构体有 10 多种，在好氧条件下，NP 的各种同分异构体的生物降解性不同。研究表明 NP 支链短的壬基取代基较易降解，NP 支链长的壬基取代基难以生物降解。NP 壬基为直链比壬基为支链的更容易与土壤中的有机质接触，因而更容易吸附在土壤中。从 NP 污染的土壤中所分离的鞘胺醇假单胞菌优先降解对位 NP。在 NP 的混合同分异构体中，生物降解对位 NP 达 98%，降解邻位 NP 仅 30%~60%。支链烷基末端为叔丁基的烷链抑制了微生物对烷基的进攻，因而限制了它的生物转化。在环境中不同结构 NP 的降解存在差异，影响因素多，需进一步研究。

（5）NP 在不同介质中的生物降解　污水中 NP 易被吸附在有机污泥上影响了微生物对

它的降解利用，虽然 NP 在环境中的含量较少，但在污泥或沉积物中半衰期长，由于 NP 低浓度长时间的暴露，引起机体正常内分泌功能的紊乱，表现为内分泌干扰物的特性。评估了实验室微生态系统中 NP 半衰期，发现水中 NP 半衰期小于 1.2 天，沉积物中 NP 半衰期为 28～104 天，大型植物中 NP 半衰期为 8～13 天。在污泥和沉积物中 NP 半衰期大于水中 NP 半衰期，由于污泥或沉积物对 NP 的物理吸附作用降低了水中 NP 的浓度，而影响了微生物对 NP 的生物降解作用。

（6）pH 对 NP 的生物降解的影响　微生物对有机物的降解能力还受 pH 的影响。环境中的 pH 可影响微生物酶促反应的速度。如果水体介质中的 H^+ 或 OH^- 的质量浓度不在微生物生存的适宜范围内，可导致微生物的细胞膜和质膜上的电荷发生变化，影响物质的通透性和吸收转化，从而影响酶活性及降解性。

（7）NP 浓度对降解微生物的活性的影响　NP 降解在微生物降解菌的作用下具有毒性阈值，在阈值范围内，生物降解速率随其初始浓度的升高而升高。因为 NP 在此浓度范围内对降解菌没有毒性，可为降解菌的生长繁殖提供必要的营养。起始浓度越大，微生物数量也就越多。随着微生物数量增加，降解效率也就越高。当 NP 浓度超过阈值时，显示出对降解菌的毒性，微生物的降解速率会直线下降。

9.4　多氯联苯的生物降解

1966 年首次报道了环境中多氯联苯（polychlorinated biphenyls，PCBs）的污染，从此，PCBs 的存在程度和持久性已成为关注的问题。现在处理 PCBs 污染的方法主要是物理或化学技术，其中都存在价格昂贵或产生二次污染的问题。现在微生物处理技术作为经济、有效的方法而被各国采纳并进行了研究。

9.4.1　多氯联苯的生物转化

微生物针对不同的污染物会分泌不同的酶参与反应，从而改变有机污染物的结构，将其降解成为简单的化合物，降低其不利方面的影响。在 PCBs 的降解过程中存在着两种不同的作用模式：厌氧脱氯作用和好氧生物降解作用。

生物降解的发生受到环境因素的影响，环境条件影响着污染物的去除率。这些要素包括：污染物的结构、取代基在污染物原子上的取代位置、化合物的溶解度和污染物的浓度等。对于微生物降解卤化芳香族化合物，其卤化程度越高则需要用更大的能量去打断其稳定的碳卤键。氯原子作为取代基改变了芳香族化合物原来的性质和一些特殊点的电子云密度，增强了其生物氧化降解的稳定性。另外，被氯原子取代的位置有了立体结构，从而影响酶和其底物的亲和力。

9.4.2　PCBs 的厌氧脱氯反应

9.4.2.1　PCBs 厌氧脱氯的途径及机理

高氯代联苯的脱氯是以厌氧条件下的还原脱氯为主，因为 Cl 原子强烈的吸电子性使环上的电子云密度下降，当 Cl 的取代个数越多，环上电子云密度越低，氧化越困难，表现出的生化降解性能低。相反，在厌氧或缺氧的条件下，环境的氧化还原电位低，电子云密度较低的苯环在酶的作用下越容易受到还原剂的亲核攻击，Cl 容易被取代。

在厌氧微生物降解过程，存在不同的脱氯方式（见表 9-1）。

表 9-1　PCBs 的部分厌氧还原脱氯反应

过程	脱氯特性	主要产物
H	一个或两个相邻位已被取代的对位氯	2,3-CB、2,5,3′-CB
LP	相邻位未被取代的对位氯	2,2′-CB
M	一个相邻位已被取代或未被取代的间位氯	2,2′-CB、2,6-CB、2,6,4′-CB、2,4′-CB
N	一个相邻位已被取代的间位氯	2,6,4′-CB、2,4,4′-CB、2,4,2′-CB、2,4,2′,4′-CB
P	一个相邻位已被取代的对位氯	2,4-CB、2,5,-CB、2,3,5,-CB
Q	一个相邻位已被取代或未被取代的对位氯	2,2′-CB、2,6′-CB、2,3′-CB、2,5,2′-CB

Aroclor 1242、1248、1254 和 1260 的生物脱氯反应，表明一氯和二氯混合物其间位和对位的脱氯反应作用明显。用 2,5,3′,4′-四氯联苯进行预先驯化培养微生物，发现其可以选择性地使多氯联苯的对位氯原子发生脱氯反应。例如，2,3,4-、2,3,5-、2,3,4,5-多氯联苯的脱氯反应，相应生成 2,3-、2,5-、2,3,5-多氯联苯。通过驯化沉积物中的土著微生物也可以对 Aroclor 进行间位的脱氯反应。用 2,3,4,5,6-五氯联苯驯化微生物，也可以使 Aroclor 的间位和对位氯原子发生持续的脱氯反应。通过研究九氯联苯可以发生对位脱氯反应产生六氯联苯，再经过微生物的进一步作用，可以使其间位发生脱氯反应，使其产物为三氯或是四氯联苯（见表 9-1）。

对多氯联苯中邻位氯原子的脱氯反应报道比较少，有报道邻位氯原子的脱氯反应过程。2,3,5,6-四氯联苯在 37 周内被降解为 2,5-CB（21％），2,6-CB（63％）和 2,3,6-CB（16％）。

9.4.2.2　厌氧脱氯反应的影响因素

微生物对于多氯联苯的脱氯反应要受到外界环境的影响，包括温度、pH、表面活性剂等。研究影响微生物作用的条件对于更好地进行多氯联苯的脱氯反应，修复多氯联苯污染的地域有着重要意义。

有关温度影响脱氯反应的研究表明，温度对于微生物的生长和酶的接触反应活性有显著的影响。研究发现 Aroclor 1260 发生脱氯反应的边缘温度为 8～34℃和 50～60℃，其最佳反应温度为 18～30℃。在 8～34℃和 50～60℃，发现侧面的间位氯原子发生脱氯反应，而非侧面的对位脱氯反应只在 18～34℃发生。双面的非侧面对位氯原子只在 18～34℃发生反应。对于 2,3,4,6-四氯联苯的最佳氯原子取代温度为 20～27℃。非侧面间位氯原子的脱氯反应温度为 8～30℃。在归纳了 2,3,4,6-四氯联苯在微生物的作用下，不同温度下发生脱氯反应的途径，如图 9-2 所示。

pH 对于沉积物中 PCBs 降解的影响比较复杂。因为 pH 影响脱卤微生物和非脱卤微生物的群落，PCBs 的生物利用率受到 PCBs 溶解度和有机体吸附量之间平衡的影响。首先加入 2,3,4,6-四氯联苯作为驯化剂，然后在脱氯反应的适宜温度下观察其在 pH 5.0～8.0 的脱氯反应，其中发生脱氯反应的最适宜 pH 为 7.0～7.5。侧面间位脱氯反应在 pH 5.0～8.0 进行，非侧面的对位脱氯反应发生在 pH 6.0～8.0，邻位脱氯反应发生在 pH 6.0～6.5。邻位脱氯反应主要发生在 15℃，pH 为 7.0 的条件下。当 pH 为 8.0，温度为 25℃的条件下，非侧面的对位脱氯反应就会占主导地位。所有氯原子发生脱氯反应的最佳 pH 值为 6.6～7.5。

研究发现，有机底物作为电子受体也可以提高 Aroclor 1242 的脱氯效率。醋酸盐、丙酮、甲醇和葡萄糖每种底物都呈现相似的脱氯模式。但是每种底物中脱氯的效率还是不同

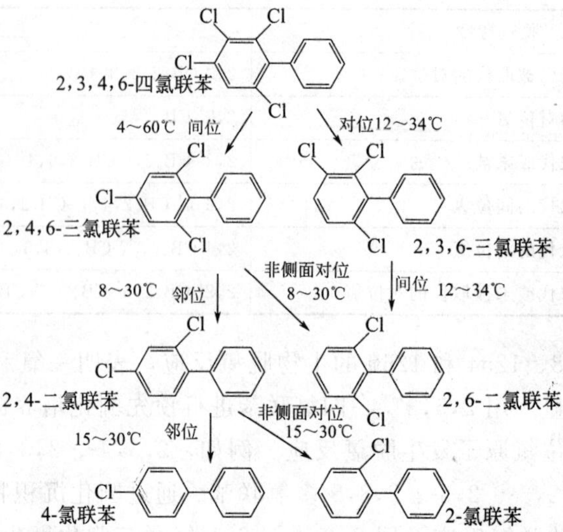

图 9-2　温度对微生物还原脱氯反应途径的影响

的，不同的底物中脱氯效率高低依次为：甲醇、葡萄糖、丙酮和醋酸盐。

电子受体的存在也影响着氯原子的去除。电子受体的存在降低了电位电势，作为多氯联苯的竞争电势，可以为不同微生物群落提供生长电势，从而抑制了脱氯微生物的生长。如今已经发现硫酸盐、溴乙烷和磺酸盐都会抑制脱氯反应的发生。但是当 CO_2 和氮作为电子受体时却可以提高脱氯反应的发生。

在受 PCBs 污染的沉积物中加入 $FeSO_4$ 也几乎可以彻底完成 Aroclor 1242 中 PCBs 的间位和对位上氯原子的脱氯反应。$FeSO_4$ 的加入刺激了脱硫微生物的增长从而有利于 PCBs 的脱氯反应。但是 Fe^{2+} 的增加降低了硫化物的生物利用率，并且反应生成的 FeS 沉淀是有毒的。

9.4.3　PCBs 的好氧生物处理

9.4.3.1　PCBs 好氧生物降解的途径和机制

低氯联苯其连续的酶反应机制，包括其生物降解过程都形成了共识，其代谢途径见图 9-3。

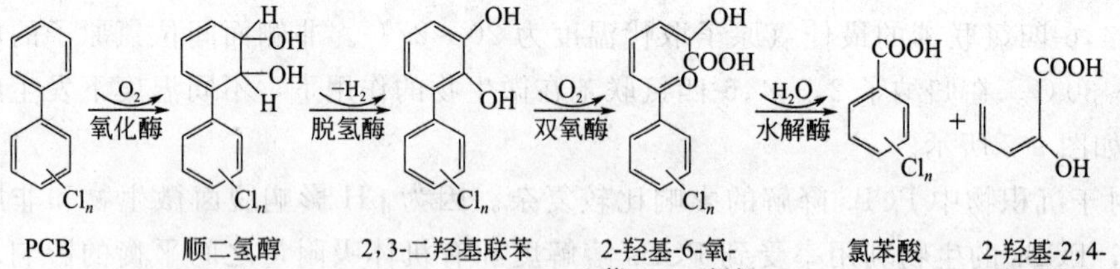

图 9-3　PCBs 转化成氯苯甲酸的主要步骤

通过双加氧酶的作用，分子氧在 PCBs 的无氯环或带较少氯原子环上的 2，3 位发生反应，形成顺二氢醇混合物（2,3-二羟基-4-苯基-4,6-二烷烃）。二氢醇经过二氢醇脱氢酶的脱氢作用，形成 2,3-二羟基联苯；然后 2,3-二羟基联苯通过 2,3-二羟基联苯的双氧酶的作用使其在 1，2 位置断裂，产生间位开环混合物（2-羟基-6-氧-6-苯-2,4-二烯烃）。间位开环混合物由于水解酶的作用使其发生脱水反应生成相应的氯苯酸。

PCBs的完全降解需要不同系列微生物的协同作用，这些微生物可以利用不同的PCBs降解产物。氯原子的位置和数量也影响着微生物氧化攻击的效率。假设出PCBs的氧化机制，对于*A. eutrophus* sp. 和*P. putida* sp. 等微生物是对多氯联苯2,3位的亲核攻击。对于*Corynebacterium* sp. 降解混合物的反应是对污染物3，4位的亲核攻击，如图9-4所示。

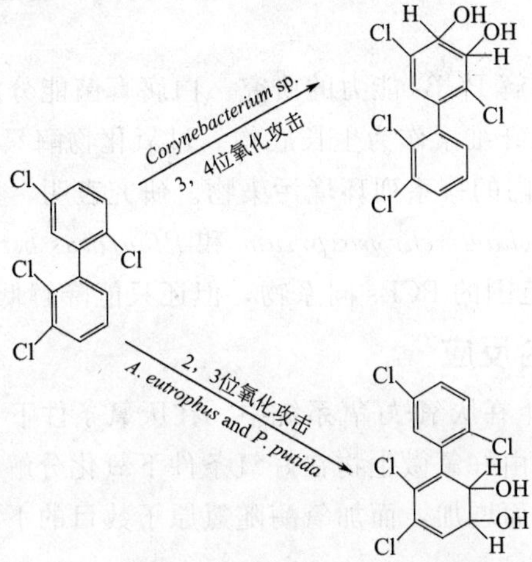

图9-4　微生物降解PCBs的机制

研究了在SIRAN固定床上，将*Pseudomonas* sp. 细菌细胞固定化。对于2,4,4′-三氯联苯的降解是一种首先对氯原子较少环上的2，3位进行氧化亲核攻击，利用*Pseudomonas* sp. 生成代谢物3-氯-2-羟基-6-氧-6-苯-2,4-二烯酸，最终生成2,4-二氯-苯甲酸。如图9-5所示。

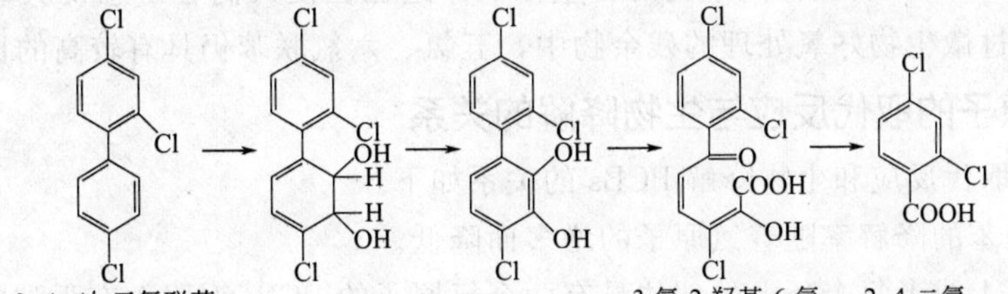

2,4,4′-三氯联苯　　3-氯-2-羟基-6-氧-6-苯-2,4-二烯酸　　2,4-二氯-苯甲酸

图9-5　2,4,4′-三氯联苯的酶降解途径

微生物也可以用双氧化酶以平行方式氧化两个苯环的3，4位，从而形成非氯代苯甲酸类的其他代谢产物。对于2,2′,5-三氯联苯可以通过3，4位的氧化亲核攻击，如图9-6所示，生成2,5-双氯乙酰苯、三氯二羟基联苯和2,5-二氯苯酸。

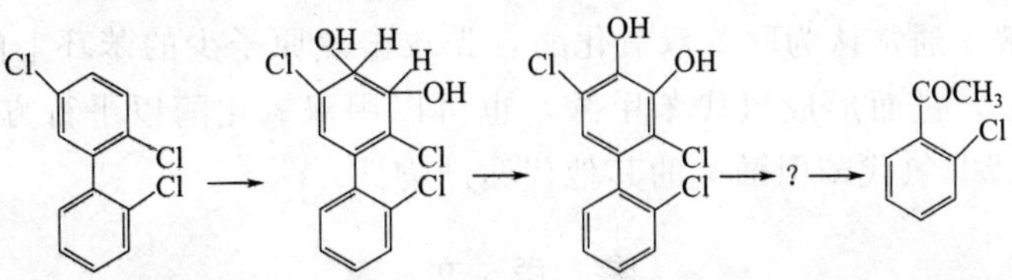

2,2′,5-三氯联苯　　2′-氯乙酰苯

图9-6　2,2′,5-三氯联苯在发生3，4位氧化亲核攻击途径

9.4.3.2 降解 PCBs 的基因工程菌及真菌

由于从自然界中筛选的 PCBs 降解菌株有很多缺陷，现在研究通过基因构建的方法改造已有的降解菌株以提高其修复效率。现在已弄清假单胞菌 LB400 中表达 2,3-联苯双氧酶、2,3-二氢双醇脱氢酶、2,3-二羟基联苯 1,2-双加氧酶及 2-羟基-6-苯基-2,4-二烯水解酶的基因序列，并利用 2,3-双氧酶途径和宽宿主范围的质粒构建了重组菌株，4 个 PCBs 降解酶基因的长度为 12.4kb。

进行了大量白腐真菌降解 PCBs 能力的研究。白腐真菌能分泌出一系列过氧化酶将木质素分解成短链的纤维素并将纤维素作为生长底物。过氧化物酶只有在碳源和氮源受限制时才产生且能破坏包括 PCBs 在内的一系列环境污染物。研究表明，真菌可比细菌降解更宽范围的 PCBs 同系物。*Phanaerochaete chrysosprium* 和 *Pleurotus ostreatu* 已经显示出可降解从 Arochlor 1242~1260 较宽范围的 PCBs 同系物，但还只能降解低氯代多氯联苯。

9.4.4 厌氧-好氧的联合反应

PCBs 的有效降解是发生在厌氧-好氧系统中。在厌氧条件下，由厌氧微生物还原脱氯生成低氯代的多氯联苯，然后由好氧微生物在好氧条件下氧化分解。这主要是由于还原脱氯难度随氯原子取代数目的下降而增加，而加氧酶随氯原子数目的下降越来越容易从苯环上获得电子进行反应。

研究分别用好氧及厌氧-好氧协同作用对 Aroclor 1248 污染的土壤进行修复，厌氧微生物使用的是土壤泥浆微生物群，Aroclor 1248 的初始质量分数为 10^{-4}，有机碳的质量分数为 0.6％。在这一过程中首先进行 79 周的厌氧脱氯，然后再加入假单胞菌属 LB400，好氧过程维持 19 周，厌氧-好氧协同作用使 PCBs 的质量分数降低 70％，而单独的好氧降解使 PCBs 的质量分数降低了 67％。值得注意的是，Aroclor 1248 中绝大多数是易被好氧微生物降解的低氯代 PCBs，高氯代同系物的含量很低，这往往使人们容易忽视厌氧的作用。研究显示：单独经过微生物好氧处理的残余物中，五氯、六氯联苯仍具有较高的比例。

9.4.5 氯原子的取代反应与生物降解的关系

氯原子的取代反应和生物降解 PCBs 的关系如下。

① 多氯联苯的降解率随着氯原子的增多而降低。

② 单个环上或者每个环上的邻位具有两个氯原子的 PCBs 对降解有强烈的抑制作用。

③ 具有相同的氯原子数，全部分布在一个环上的多氯联苯要比分布在两个环上的多氯联苯降解速率要快。

所有实验室所研究的 PCBs 降解微生物都是来自沉积污泥，既作为微生物的来源，又是微生物的主要生长基质。生长在不同 PCBs 污染地的微生物具有独特的脱氯酶，各自存在唯一的脱氯途径，能选择特定的物质进行反应。这些脱氯途径也存在着相似性，对位和间位的取代反应要比邻位氯原子的取代反应容易得多。对于带四个和四个以下氯原子的多氯联苯，可以进行好氧降解，通常认为联苯双氧化酶首先攻击氯原子少的苯环上的 2,3 位，形成儿茶酚，再进行降解，进而形成氯代苯甲酸，也可以用双氧化酶以平行方式氧化两个苯环的 3,4 位，从而形成非氯代苯甲酸类的其他代谢产物。

参 考 文 献

[1] 王小存，赵晓祥. 环境激素双酚 A 释放及降解进展. 环境科学导刊，2007，26（1）：17-20.

[2] 董加涛，赵晓祥．环境中壬基酚的生物降解研究进展．科技信息，2007，30：349．

[3] 赵晓祥，任昱宗，庄惠生．多氯联苯的生物降解研究．环境科学与技术，2007，30（10）：94-97．

[4] Colborn T，Dumanoski D，Meyers J P. Our Stolen Future. New York：Penguin Books，1996.

[5] Legler J，Dennekamp M，Vethaak A D，et al. Detection of estrogenic activity in sediment-associated compounds using in vitro reporter gene assays. Science of the Total Environment. ，2002，293（1-3）：69-83.

[6] 王宏，沈英娃．烷基酚聚氧乙烯醚类物质的环境雌激素效应．中国环境科学，1999，19（5）：427-431.

[7] Vader J S，Ginkel C G，Sperling F M，et al. Degradation of ethinyl estradiol by nitrifying activated sludge. Chemosphere，2000，41（8）：1239-1243.

[8] 顾继东，王莹莹．环境激素类有机污染物的微生物降解和药物类化合物的残留问题．生态科学，2003，22（1）：1-5.

[9] 梁增辉，何世华，孙成均等．引起青蛙畸形的环境内分泌干扰物的初步研究．环境与健康杂志，2002，19（6）：419-421.

[10] Lobos J H，Leib T K，Su T M. Biodegradation of bisphenol A and other bisphenols by a gram-negative aerobic bacterium. Appl Environ Microbiol，1992，58（6）：1823-1831.

[11] Tsutsumi Y，Haneda T，Nishida T. Removal of estrogenic activities of bisphenol A and nonylphenol by oxidative enzymes from lignin-de-grading basidiomycetes. Chemosphere，2001，42（3）：271-276.

[12] Nishiki M，Tojima T，Nishi N，Sakairi N. Beta-cyclodextrin-linked chitosan beads：preparation and application to removal of bisphenol a from water. Carbohydr Lett，2000，4（1）：61-67.

[13] 林兰，黄秀梨．现代微生物与实验技术．北京：科学出版社，2000，204-213.

[14] Gioia D，Michelles A，Pierini M，Bogialli S，Fava F，Barberio C. Selection and characterization of aerobic bacteria capable of degrading commercial mixtures of low-ethoxylated nonylphenols. Journal of Applied Microbiology，2008，104（1）：231-242.

[15] Staples C，Williams J，Blessing R，Varineau P. Measuring the biodegradability of nonylphenol ether carboxylates，octylphenol ether carboxylates，and nonylphenol. Chemosphere，1999，38（9）：2029-2039.

[16] Banat F A，Prechtl S B，Bischof F. Aerobic thermophilic treatment of sewage sludge contaminated with 4-nonylphenol. Chemosphere，2000，41（3）：297-302.

[17] Kvestak R，Ahel M. Occurrence of toxic metabolites from nonionic surfactants in the Krka River estuary. Ecotoxicol Environ Saf，1994，28（1）：25-34.

[18] Ahel M，Conrad T，Giger W. Persistent organic chemicals in sewage effluents：Determinations of nonylphenoxy carboxylic acids by high-resolution gas chromatography/mass spectrometry and high-performance liquid chromatography. Environmental Science & Technology，1987，21（7）：697-703.

[19] Corvini P F，Schaffer A，Schlosser D. Microbial degradation of nonylphenol and other alkylphenols. Applied Microbiology and Biotechnology，2006，72（2）：223-243.

[20] Ferguson P，Iden C，Brownawell B. Distribution and Fate of Neutral Alkylphenol Ethoxylate Metabolites in a Sewage-Impacted Urban Estuary. Environmental Science & Technology，2001，35（12）：2428-2435.

[21] Corti A，Frassinetti S，Vallini G，et al. Biodegradation of nonionic surfactants. I. Biotransformation of 4-（1-nonyl）phenol by a Candida maltosa isolate. Environmental Pollution，1995，90（1）：83-87.

[22] Tanghe D，Dhooge W，Verstraete W. Isolation of abacte rialstrainable to degrade branched nonylphenol. Appl. Environ. Microbiol，1999，65（2）：746-751.

[23] Yuan S Y，Yu C H，Chang BV. Biodegradation of nonylphenol in river sediment. Environmental Pollution，2004，127（3）：425-430.

[24] Soares A，Guieysse B，Delgado O，Mattiasson B. Aerobic biodegradation of nonylphenol by cold-adapted bacteria. Biotechnology Letters，2003，25（9）：731-738.

[25] Jorgen V，Marianne T，Lars C. Phthalates and nonylphenols in profiles of differently dressed soils. Science of the Total Environment，2002，296（1-3）：105-116.

[26] Hesselsoe M，Jensen D，Skals K，et al. Degradation of 4-nonylphenol in homogeneous and nonhomogeneous mixtures of soil and sewage sludge. Environ Sci Technol，2001，35（18）：3695-3700.

[27] Topp E，Starratt A. Rapid mineralization of the endocrine-disrupting chemical 4-nonylphenol in soil. Environmental Toxicology and Chemistry，2000，19（2）：313-318.

[28] Tanghe T，Devriese G，Verstraete W. Nonylphenol degradation in lab scale activated sludge units is temperature dependent. Water Research，1998，32（10）：2889-2896.

[29] Mortensen G，Kure L. Degradation of nonylphenol in spiked soils and in soils treated with organic waste products. Environmental Toxicology and Chemistry，2003，22（4）：718-721.

[30] During R A，Krahe S，Gath S. Sorption Behavior of nonylphenol in terrestrial soils. Environmental Science & Technology，2002，36（19）：4052-4057.

[31] Liber K，Knuth M L，Stay F S. An integrated evaluation of the persistence and effects of 4-nonylphenol in an experimental littoral ecosystem. Environmental Toxicology and Chemistry，1999，18（3）：357- 362.

[32] 吴伟，瞿建宏，陈家长，胡庚东. 水体中的微生物对壬基酚聚氧乙烯醚的生物降解. 安全与环境学报，2003，3（3）：17-21.

[33] Borja J，Taleon D M，Auresenia J，Gallardo S. Polychlorinated biphenyls and their biodegradation. Process Biochemistry，2005，40（6）：1999-2013.

[34] Wiegel J，Wu Q. Microbial reductive dehalogenation of polychlorinated biphenyls. FEMS Microbiology Ecology，2000，32（1）：1-15.

[35] 艾尼瓦尔，王栋. 降解多氯联苯的微生物特性研究进展. 上海环境科学，2000，19（11）：519-522.

[36] Quensen J，Boyd S，Tiedje J. Dechlorination of Four Commercial Polychlorinated Biphenyl Mixtures（Aroclors）by Anaerobic Microorganisms from Sediments. Applied and Environmental Microbiology，1990，56（8）：2360-2369.

[37] Bedard D，Bunnell S，Smullen L. Stimulation of microbial para-dechlorination of polychlorinated biphenyls that have persisted in housatonic river sediment for decades. Environmental Science & Technology，1996，30（2）：687-694.

[38] Dort MH. Reductive ortho and meta dechlorination of a polychlorinated biphenyl congener by anaerobic microorganisms. Appl Environ Microbiol，1991，57（5）：1576-1578.

[39] Bedard D，Dort H，May R，Smullen L. Enrichment of microorganisms that sequentially meta，para-dechlorinate the residue of Aroclor 1260 in Housatonic River sediment. Environmental Science & Technology，1997，31（11）：3308-3313.

[40] Dort H M，Smullen L A，May R J，Bedard D L. Priming microbial meta-dechlorination of polychlorinated biphenyls that have persisted in housatonic river sediments for decades. Environmental Science & Technology，1997，31（11）：3300-3307.

[41] Morris P，Mohn W，Quensen J，Tiedje J，Boyd S. Establishment of polychlorinated biphenyl-degrading enrichment culture with predominantly meta dechlorination. Applied and Environmental Microbiology，1992，58（9）：3088-3094.

[42] Sullivan J，Krieger G. Hazardous Materials Toxicology. Baltimore：Williams and Wilkins Publishing Corp，1992.

[43] Nies L，Vogel T. Effects of Organic Substrates on Dechlorination of Aroclor 1242 in Anaerobic Sediments. Applied and Environmental Microbiology，1990，56（9）：2612-2617.

[44] Zwiernik M J，Quensen J F，Boyd S A. FeSO$_4$ amendments stimulate extensive anaerobic PCB dechlorination. Environmental Science & Technology，1998，32（21）：3360-3365.

[45] Sylvestre M，Massé R，Ayotte C，Messier F，Fauteux J. Total biodegradation of 4-chlorobiphenyl（4 CB）by a two-membered bacterial culture. Applied Microbiology and Biotechnology，1985，21（3）：192 -195.

[46] Unterman R，Bedard D，Brennan M，et al. Biological approaches for polychlorinated biphenyl degradation. Basic Life Sci，1988，45：253-269.

[47] Komancová M，Jurová I，Kochánková L，Burkhard J. Metabolic pathways of polychlorinated biphenyls degradation by Pseudomonas sp. Chemosphere，2003，50（4）：537-543.

[48] Erickson B，Mondello F. Nucleotide sequencing and transcriptional mapping of the genes encoding biphenyl dioxygenase，a multicomponent polychlorinated-biphenyl-degrading enzyme in Pseudomonas strain LB400. Journal of Bacteriology，1992，174（9）：2903-2912.

[49] Brenner V，Arensdorf J，Focht D. Genetic construction of PCB degraders. Biodegradation，1994，5（3）：359-377.

[50]　Lajoie C，Layton A，Sayler G. Cometabolic oxidation of polychlorinated biphenyls in soil with a surfactant-based field application vector. Applied and Environmental Microbiology，1994，60（8）：2826-2833.

[51]　Bumpus J，Tien M，Wright D，Aust S. Oxidation of persistent environmental pollutants by a white rot fungus. Science，1985，228（4706）：1434-1436.

[52]　Kubátová A，Erbanová P，Eichlerová I，et al. PCB congener selective biodegradation by the white rot fungus Pleurotus ostreatus in contaminated soil. Chemosphere，2001，43（2）：207-215.

[53]　Montgomery L，Assaf-Anid N，Nies L，Anid P J，Vogel T M. Biological degradation and bioremediation of toxic chemicals. New York：Chapman and Hall，1994.

10 阻燃剂对环境影响的持久性及生物降解性

阻燃剂由不同的化学物质组成，并被广泛应用到很多领域，包括电子设备制造、纺织业、塑料聚合物及汽车制造业，目前阻燃剂的年消耗量超过150万吨。阻燃剂的主要用途是保护材料预防火灾。美国国家标准局（国家标准技术局）对阻燃塑料和非阻燃塑料进行了室内燃烧测试，通过对比表明阻燃剂材料具有更长的逃逸时间，释放热量更少，产生烟雾更少，并且会释放出更低浓度的有毒气体，这些实验结果都可以归因于材料燃烧量的减少。

阻燃剂的种类超过175种，通常主要分为四种：无机阻燃剂、有机磷阻燃剂、含氮阻燃剂和卤代有机阻燃剂（见图10-1）。无机阻燃剂包括金属氢氧化物（如氢氧化铝和氢氧化镁）、聚磷酸铵、硼盐、无机锑、锡、锌、钼化合物以及红磷，用作聚合物中的填充剂，与加入阻燃剂中的有机物相比无机阻燃剂较为稳定。有机磷阻燃剂主要是磷酸酯，有可能也包含氯或者溴原子，其被广泛应用在聚合物和纺织纤维素中。含氮阻燃剂能够抑制可燃性气体的形成，主要应用在含氮聚合物如聚氨基甲酸乙酯与聚酰胺中，其中最重要的氮基阻燃剂是三聚氰胺及其衍生物。卤代有机阻燃剂通常含有氯原子和溴原子，由于溴系阻燃剂具有高效性，而且溴原子比氯原子重，因此在高温下分解产物溴化物的挥发性低于氯系阻燃剂的分解产物，因而溴系阻燃剂的数量更多。卤代阻燃剂按结构分为三组，即脂肪族化合物、环酯化合物和芳香族化合物，分别以二溴新戊二醇、六溴环十二烷和四溴双酚A为代表。

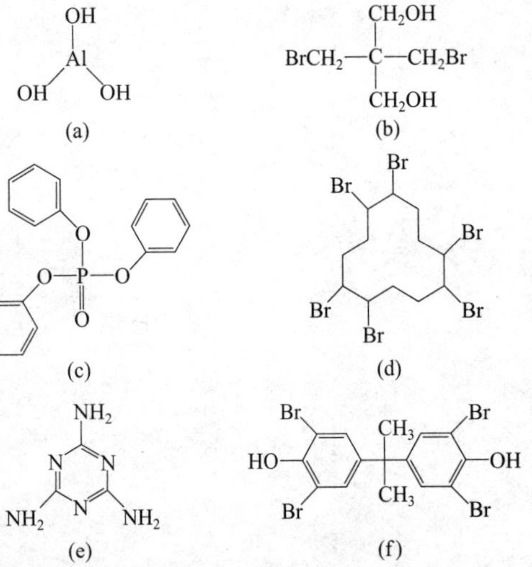

图 10-1 不同阻燃剂（FR）的化学结构

尽管阻燃剂的化学性质彼此并不相同，但可以从不同种类的阻燃剂中划分出具有一般作用机理的阻燃剂。一般来讲，阻燃剂可分为气相阻燃剂和凝聚相阻燃剂，凝聚相的阻燃机理比气相阻燃机理更为常见，还可将物理或者化学作用机理作为依据进行更具体的划分。尽管化学作用机制通常会伴随一种或更多种物理作用机制，且几种机制的结合具有协同作用，但是有些阻燃剂（例如金属氢氧化物中的氢氧化铝）基本上仅仅依赖于物理作用机制。气相阻燃剂的化学作用机理包括清除由剧烈分支连锁反应在火焰中产生的自由基，而气相中的物理作用机制将会产生大量的不可燃气体，这将会稀释可燃气体并且通过吸热来降低温度。最常见的凝聚相阻燃方式是炭化，阻燃剂和塑料聚合物可以通过化学相互作用，或者将塑料聚合物滞留在凝聚相中来进行阻燃。

通过将阻燃剂加入聚合材料的方式可将其分为两个类型，即反应型或添加型。反应型阻燃剂是以化学方法加入塑料中，如氯菌酸、四溴双酚 A、二溴新戊二醇或不同种类的有机磷化合物。添加型阻燃剂数量更多，也更为常用，它们与聚合物混合，因此更有可能滤出产物，如六溴环十二烷、氢氧化铝、氢氧化镁和磷酸酯。

阻燃剂可通过多种方式进入环境，如通过生产工业设施和制造产品设施的废水排出，在制造或使用期间通过挥发从产品中滤出，处理产品时通过垃圾填埋浸出、燃烧分解成泡沫以及回收废弃物和粉尘的吸附作用等方式。此外，添加型阻燃剂被认为比反应型阻燃剂更易释放到环境中。阻燃剂一旦进入环境，就可随颗粒物在水中进行运输或传递给沉积物或最终通过大气中的粉尘传播至距生产或始发地很远的地方。因此，在距离阻燃剂生产和使用地很远的不同地方的陆地、淡水和海洋生态系统（也就是大气、水、土壤和沉积物）都发现了阻燃剂的痕迹（卤代和含有机磷阻燃剂）。

如今，由于溴系阻燃剂成本低且具有高效性，已经占据阻燃剂中最大的市场。因此，我们将主要着眼于此类化合物对环境的影响。

10.1　溴系阻燃剂

溴系阻燃剂在户内和户外的多种产品中都有着广泛的应用，包括电视机、电脑、微波炉、复印机、灯罩、纺织品和家具，占产品组成的 5%～30%，全球市场对溴系阻燃剂的需求持续增长且估计全球每年生产的溴系阻燃剂超过 200000 吨。在世界范围内使用的种类众多的溴系阻燃剂中，四溴双酚 A、六溴环十二烷和多溴联苯醚是主要的溴系阻燃剂商品。所有溴系阻燃剂主要针对气体燃烧时发生的激烈连锁机制进行化学干扰。

一般来说，卤素取代基具有的一些特征都可影响此化合物的化学反应，如拉电子能力、体积大小及形状。卤素取代基的体积大小及形状可能会在生物降解时延迟细胞对它的摄取和酶的进攻，该有机化合物的卤素部分可增加脂类溶解度并降低水中溶解度。此外，卤素取代基及其衍生代谢物氯氟碳化合物也可能增加化合物的遗传毒性。因此，很多溴系阻燃剂由于含有溴取代基而在环境中具有毒性（急性和慢性）、持久性及生物累积性。19 世纪 70 年代初以来，越来越多的证据表明不同种类的溴系阻燃剂积存于很多地区的环境中，即使这些地区远离生产或使用溴系阻燃剂的地区（最新刊物甚至显示在北极溴系阻燃剂的含量也达到一定水平），这些都引起了对于环境方面大量的关注。在室内和室外的大气与灰尘样品中、水中、土壤、沉积物及污水淤泥中均检测到不同浓度的溴系阻燃剂，在植物、整个食物链的野生动物、从事相关职业人群（即从事生产溴系阻燃剂或生产、回收及处理含溴系阻燃剂产品的个体）和普遍人群的组织、血清及母乳中都检测到了溴系阻燃剂。此外，尽管一些溴系阻燃剂被检测出具有毒性（急性和慢性）和生态毒性效应，包括免疫毒性、细胞毒性、神经毒性、内分泌干扰性、基因毒性、致突变性、致癌性和致畸性，但是对于很多溴系阻燃剂，特别是有关其对野生动物和人体的反应效应、环境归宿及生物降解的潜在性这些方面可利用的信息十分有限。

图 10-1 为不同阻燃剂（FR）的化学结构。(a) 无机阻燃剂：氢氧化铝；(b) 有机磷阻燃剂：磷酸三苯酯；(c) 含氮阻燃剂：三聚氰胺；(d-f) 卤代有机阻燃剂；(d) 脂肪族阻燃剂：二溴新戊二醇（DBNPG）；(e) 环酯阻燃剂：六溴环十二烷（HBCD）；(f) 芳香族阻燃剂：四溴双酚 A（TBBPA）。

10.2　溴系阻燃剂的环境归宿

正如大部分卤代有机化合物一样，溴系阻燃剂普遍具有有限生物降解性和持久性，易于在环境中积累。然而，在某些环境条件下，一定量的非生物作用和生物作用能够发生。非生物作用即物化作用，包括存在于环境中的光降解、干湿沉降、高温分解、与其他化合物或自由基（如羟基、金属等）的化学反应，由于环境因素如温度和 pH 的变化，进而使化合物的特性发生改变。生物作用可定义为生化过程，包括生物积累并进入食物链、生物转化及生物降解，由于这些情况可改变化合物的特性，包括迁移率、生物利用度及毒性，所以当探讨溴系阻燃剂的环境归宿、对污染地区的修复和风险估计时，这些过程与环境是最为重要的，因此，一种化合物对动植物和人体毒性的大小是可以改变的。

光降解是存在于环境中自然发生的物理过程，不同种类的多溴联苯醚如十溴联苯醚可在有机溶剂和水体系中、土壤和沉积物中被光化学降解（UV 或阳光），降解可导致更少溴取代的联苯醚的形成，即更具持久性和低毒性的低溴代联苯醚的生成。据估计进入低对流层的90％低溴代联苯醚如 $2,2',4,4'$-四溴联苯醚（BDE-47）在沉降前可以被光分解，干湿沉降可消除95％以上的十溴联苯醚（BDE-209）。此外，沉降过程能够抑制大气中 BDE-209 的损耗，这也是世界各地湖泊河流沉积物样品中 BDE-209 含量增加的原因。此外四溴双酚 A 暴露在紫外光下同样能够进行光化学分解。这些分解产物分别对应于不同的溴代有机化合物，如二溴苯酚、2,4,6-三溴苯酚和二溴及三溴双酚 A。

这些研究表明在热应力下，PBDEs 和 TBBPA 可转变为二噁英类化合物、多溴二噁英（PBDDs）和多溴二苯并呋喃（PBDFs）。

由于环境的变化，另一种过程可通过改变化合物的溶解度进而改变化合物的生物利用度。例如在中性 pH 中，TBBPA 的溶解度非常低，而且它在土壤中的迁移率达到最小。然而，在更高的 pH 中（如一些干旱土壤地区），TBBPA 的溶解度增加，使得它的土壤迁移率和地下水的潜在污染性将显著增加。

生物累积是一种重要的生物过程，能够影响化合物对环境的潜在生态毒性。越来越多的证据表明一些溴系阻燃剂如 PBDE 和 HBCD 能够在食物链中积累，正如在食物链位置较高的物种如浮游动物、无脊椎动物、鱼类和海洋哺乳动物体内发现了更高浓度的溴系阻燃剂。溴系阻燃剂在食物链中的生物累积性是人类接触溴系阻燃剂的途径之一，即通过饮食，食用被污染的鱼类、肉类、鸡蛋、奶制品等。

10.3　生物降解和生物修复

对环境中有机化合物所进行的实验来说，生物降解是最有效的方法之一。生物修复的过程（很大程度上）是由微生物促进环境中有机污染物的减少或完全消除。在理论上，环境中化合物的生物降解将会导致完全的矿化作用，然而情况并不总是这样，特别是对于复杂化合物来说。对于除溴系阻燃剂之外的卤代有机化合物的好氧及厌氧生物降解已经被频繁地报道过。微生物利用卤代有机化合物的方式共有四种，即作为碳源和可氧化物质，在卤素去除即脱卤素步骤是生物降解卤代有机化合物中反应的关键，一些脱卤酶机制的发生被认为是好氧和厌氧的，可被许多不同的微生物修复。通常脱卤素可以减少生物降解的抗性并在随后的新陈代谢步骤中降低形成的中间产物的毒性。然而情况并不总是这样,特别是如果转化没有使化合物发生完全矿化作用以至于溴取代基仍然保留。

10.3.1 生物好氧降解

最近已经开展了几项针对于生物降解不同溴系阻燃剂的研究。目前筛选得到的好氧菌株可进行甲基化、羟基化或在芳香烃接合处发生键断裂等反应,从而生成新的溴代化合物。这些新生成的溴代化合物可作为微生物生长的碳源,在外加酶的作用下开环降解,进入三羧酸循环(TCA)或彻底分解成 CO_2 和 H_2O,从而降解低溴代联苯醚。有研究证明从污水处理厂活性底泥中分离到 1 株能利用低溴代联苯醚作为生长碳源的鞘氨醇单胞菌(*Sphingomona ssp. PH-07*),发现该菌株能利用 4--溴联苯醚和 2,4-二溴联苯醚作为生长碳源,在体内代谢成溴苯酚、溴儿茶酚和 2-羟基黏糠酸,最后进入 TCA 循环,从而彻底降解低溴代联苯醚。但该菌种对 $4,4'$-二溴联苯醚和 2,4,6-三溴联苯醚的降解程度的影响很小,甚至几乎不降解。

此外已经证明在有氧条件下,来源于某污染场地土壤沉积物中的混合菌可对两种脂肪族溴系阻燃剂二溴新戊二醇和三溴新戊醇进行生物降解,该生物降解过程同时伴随由细菌进行的脱溴反应,即在培养中释放溴化物(见图 10-2),该混合菌群被认为是脱卤细菌。在不同

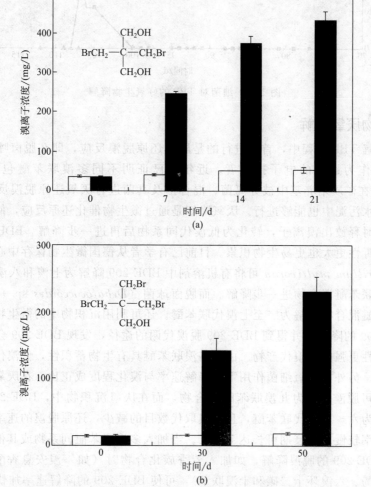

图 10-2 混合菌对二溴新戊二醇(DBNPG)和三溴新戊醇(TBNPA)的脱溴作用

反应系统中加入被污染的沉积物和浓缩的由工业废弃物处理驯化的生物量来进行培养并测定，目的是对含有机溴化合物包括 TBBPA 和 TBP 的混合废弃物进行生物处理。尽管在多种氧化还原条件和不同碳源情况下进行了测定，但是没有观察到 TBBPA 的生物降解。另一方面还发现 TBP 在模拟的活性污泥作用下，易于被好氧细菌降解（见图 10-3），这与溴化物不断积累并释放到 TBP 分解后的液体中有关。同时还发现了 TBP 也经历了不同细菌如 *Achromobacter piechaudii*、*Desulfovibrio stain* TBP-1 及 *Ochrobacterium* sp. strain 的厌氧降解。

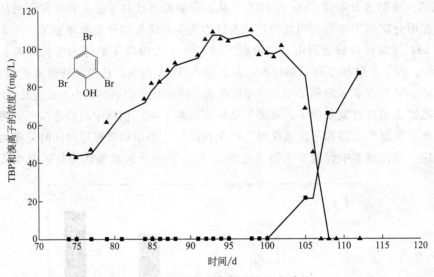

图 10-3　细菌对 TBP 的好氧生物降解

10.3.2　生物厌氧降解

在生物降解 TBP 过程中，首先进行的是厌氧还原脱溴反应，即在脱卤呼吸中卤代有机化合物被用来作为最后的电子接受者。近年来已证明不同多溴联苯醚包括十溴联苯醚（BDE-209）可在矿质培养基中被分离菌、混合菌及真菌进行厌氧还原脱溴反应，除此之外在沉积物和污水污泥中也能够进行。厌氧降解是通过微生物催化还原反应，使高溴代同系物得到电子的同时释放出溴离子，转化为低溴代同系物后再进一步降解。BDE-209 生物降解后生成的产物毒性更大也更易生物积累。目前已有学者从德国微生物保存中心得到的厌氧菌株 *Sulfurospirillum multivoran* 可将有机溶剂中 BDE-209 降解为七溴和八溴代联苯醚，但不能将八溴代联苯醚混合物进一步降解。而脱卤球菌（*Dehalococcoides* sp.）可将有机溶剂中八溴代联苯醚混合物降解为二至七溴代联苯醚。还可利用沉积物中的微生物和生物模拟系统研究 BDE-209 的降解，并得到 BDE-209 脱溴代谢的途径，发现 BDE-209 会在微生物体内脱溴降解为毒性更强的低溴代产物。由于多溴联苯醚具有生物蓄积性，低溴代产物会大量蓄积在生物体内。另外在厌氧细菌作用下，降解速率与溴化程度成正比。在厌氧微生物的作用下，BDE-209 可脱溴降解为九溴联苯醚混合物，而在厌氧沉积物中，BDE-209 可被土著微生物还原脱溴为六～九溴代联苯醚，且随溴取代数目的减少，还原脱溴的速率降低。厌氧还原脱溴反应速率较慢，半衰期可长达 700 天。当加入多溴联苯醚同系物或其他芳香族化合物时，可促进 BDE-209 的脱溴降解。如加入芳香族化合物时（如 4-溴安息香酸、2,6-二溴联苯、五溴联苯酚、六溴环十二碳和十溴联苯），可使 BDE-209 的降解速率加快。此外还有研究结果表明，吐温 80、环糊精等溶剂使微生物更易接触溴代阻燃剂，从而增强其生物利用性，促进 BDE-209 的降解；但吐温 80 和环糊精的浓度较高时却抑制了 BDE-209 的降解。

此外，在土壤和水体沉积物中也可对 HBCD 进行好氧及厌氧降解，在此过程中，HBCD 伴随脱卤机制即二卤消除而进行脱溴，每一步中相邻碳原子脱去两个溴，随后在两个相邻碳原子间生成双键。在厌氧条件下 TBBPA 可经还原脱溴反应生成双酚 A（BPA）（即一种雌激素化合物及可能致畸物）。BPA 可经 *Sphingomonas* 属的革兰阴性好氧菌 WH1 通过好氧矿化作用降解。

图 10-2 为混合菌对二溴新戊二醇（DBNPG）和三溴新戊醇（TBNPA）的脱溴作用。(a) 在 DBNPG 富集培养液中的溴离子浓度。(b) 在 TBNPA 富集培养液中的溴离子浓度。表明在两种培养液中溴离子浓度均有所增加（黑色），与对照组的数值进行对比（白色）。

环境中的化合物也可发生除生物降解之外的其他生物转化反应。在沉积物中发现的二甲基化的 TBBPA 衍生物可能是源于微生物对 TBBPA 的甲基化作用。事实上，实验已证明在有氧条件下，*Rhodococcus* sp. strain 1395 能够使 TBBPA 发生氧甲基化，反应产物具有高度的亲脂性，使得衍生物比 TBBPA 具有更高的生物累积性。

采用物化方法来修复污染场地不仅昂贵而且耗费人力，并且经常会导致有毒物质在不同地方进行迁移。在生物降解基础上，通过微生物对化合物进行集中、定向的生物处理成为解决此问题的一种可行的方法。事实上在水溶液中微生物能够利用某种化合物，但这并不能保证在某种复杂的环境基质如土壤、含水层或沉积物等所有与天然有机物相关的环境中，同种微生物也能够对该化合物进行降解。对于污染场地的卤代有机化合物的生物降解已经开展了一系列的相关研究，因此扩大我们的知识面以及开发工具是很有必要的，这将有助于更好地理解并模拟自然环境条件，以便加强对溴系阻燃剂污染场地的生物修复。

图 10-3 TBP 为在模拟的活性污泥作用下，通过好氧细菌进行好氧降解。在反应器中当溴化物浓度（▲）增加时，TBP 浓度（■）降低。溴化物的积累表明这是一个脱溴反应。

10.4 发展前景

阻燃剂是一类数量大且种类多样的人为环境污染物，其被广泛应用到包括电子设备制造业、纺织业、塑料聚合物及汽车产业，主要是用来保护材料、预防火灾。在不同的阻燃剂类别中，由于溴系阻燃剂的高效性和低成本，已经占据阻燃剂中最大的市场。近年来的报道显示溴系阻燃剂在远离其生产地的大气、水体、土壤、废水及沉积物中均存在不同的含量。此外，在动植物甚至人体样本中也检测到溴系阻燃剂的痕迹，因此近年来有关一些溴系阻燃剂具有持久性、生物累积性及毒性的报道引起了巨大的关注。尽管可以利用有关溴系阻燃剂分布的信息，但是仍然暴露出来很多问题，毒理学、新陈代谢、环境事件及行为仍需更多研究。如今考虑到可利用的信息有限，有必要对环境中阻燃剂归宿及其影响进行更多地研究。由于某些非生物和生物作用能够改变化合物的特性，使得它们更具持久性、毒性更大，研究并详细了解生化转化与降解途径、参与的微生物以及可能产生的衍生物及中间物是非常重要的。

参 考 文 献

[1] Segev O, Kushmaro A, Brenner A. Environmental Impact of Flame Retardants (Persistence and Biodegradability). International Journal of Environmental Research and Public Health，2009，6（2）：478-491.

[2] 才满，李艳玲，杜克久．十溴联苯醚环境修复技术的研究进展．化工环保，2014，34（3）：219-223.

11   生物法降解偶氮染料

近年来，随着国民经济发展，企业单纯追求经济效益，而忽视环境保护，导致环境污染日益严重。水资源是人类可持续发展不可或缺的重要因素之一。我国水资源短缺，总量不足且分布不均匀，染料行业废水排放到环境中对水体造成污染，使生态环境遭到破坏，水资源面临前所未有的污染。目前我国的染料产量为 42 万吨，约占世界总产的 45%，居世界第一位。据统计，全国印染废水排放量约为（300～400）×10⁴ m³/d，是各行业中排污量较大之一，污染物排放总量居高不下已成为我国各大水域的重要污染源。

自 1863 年，成功研制首例商品化偶氮染料（azo dye），染料行业迈进了崭新的时代。由于偶氮染料色谱齐全、成本低、色牢度高，几乎能染所有纤维，使其在印刷、纺织、皮革、液晶显示屏等行业得到广泛应用。偶氮染料约占有机染料产品总量的 60%～70%，偶氮染料废水成分复杂，具有色度高、COD$_{Cr}$高、处理难度大及生化性能差等特点，成为公认的难降解废水。生物法能够有效处理偶氮染料废水，且成本低，近年来，得到国内外学者的广泛关注。

11.1   偶氮染料对环境及人体的危害

11.1.1   偶氮染料

分子中含有偶氮基（—N＝N—）结构的染料称为偶氮染料。偶氮基常与一个或者多个芳香环体系连接构成共轭体系，可以吸收可见光，作为偶氮染料的发色体。偶氮染料分子除了含有偶氮基以外，通常还含有苯基、萘基，而苯基和萘基上又会连接—NH$_2$、—NO$_2$、—SO$_3$、—Cl、—OH 等基团，构成各式各样的偶氮染料。基团位置影响脱色率，偶氮染料如果含有羟基，脱色率为邻位＞间位＞对位，如果同时含有羟基和磺酸基时，脱色率为对位＞间位＞邻位，偶氮染料如果含有硝基，其脱色率则不受基团位置影响。根据其含偶氮基的数量分为单偶氮染料、双偶氮染料及多偶氮染料。偶氮染料的种类通常分为酸性染料、中性染料、活性染料、分散染料、阳离子染料和媒染等。

11.1.2   偶氮染料对环境的危害

偶氮染料对环境造成的不利影响主要有以下两个方面：①偶氮染料废水排放到水体中，染料增加水体的色度，吸收和反射太阳光，降低水体透光率，导致水生生物光合作用受到抑制，严重破坏水生生态系统平衡，使生物多样性下降；②偶氮染料具有抗碱、抗酸、抗光以及抗微生物的特性，能够较长时间滞留在环境中，难以去除，会引起慢性的水生生物中毒，还会降低某些植物的发芽率，使土地盐碱化。近年来，许多含氮、磷的化合物大量用于印染各道工序，使废水中总氮、总磷含量增高，排放导致水体富营养化。研究发现，偶氮染料 Tropaeolin O 对淡水微生物有一定的毒性，削弱微生物对有机化合物的矿化作用。染料吸附于微生物的细胞上，且吸附染料的复合体可能经过上一级生物的吞食作用进入食物链。

11.1.3 偶氮染料对人体的毒性作用

偶氮染料本身并不具有直接的致癌作用，但如果色牢度不好，就会转移到皮肤上，经吸收进入人体，在特殊情况下分解产生 20 多种致癌芳香胺，活化后改变人体 DAN 结构，可致癌、致畸、致突变。例如，4,4′-二氨基二苯甲烷，对肝部有损伤，可导致中毒性肝炎。3,3′-二甲基联苯胺，损坏肾功能，可导致肾衰竭。对氯苯胺对眼睛有刺激，有致癌性。联苯胺长期接触会导致膀胱肿瘤和膀胱癌。

1972—1977 五年内累计专业工龄一年以上的 1972 名接触联苯胺男工的膀胱癌发病率和死亡率，发病率比普通人高出 25 倍，死亡率高出 17 倍。

研究表明，偶氮还原开裂是偶氮染料在人及动物体内主要的代谢反应，多发生在肝脏与胃肠道内，但并不是所有偶氮染料致癌的活化途径。偶氮染料只要在人及动物体内代谢为芳氮烯正离子，就会诱发癌变。

11.2 偶氮染料生物处理方法

由于染料工业的逐步发展，已开发出越来越多新型的偶氮染料，因此，国内外对新型处理工艺进行了大量研究。偶氮染料废水的处理主要包括两个方面：废水中色度的去除，以及有机污染物的降解。现阶段偶氮染料废水常规处理方法主要有物理法、化学法、生物法等。常用的物理法有吸附法、膜分离法及超声波气振法等。化学法主要包括 Fenton 法、湿式氧化法、零价铁还原法、臭氧氧化法及电絮凝法等。物理和化学法虽然对印染废水的脱色及降解有一定的效果，但其处理成本高，很难被企业采用。我国对印染废水的处理方法主要为生物法，并伴有物理法及化学法。生物脱色是利用微生物酶氧化还原染料分子，破坏发色基团。脱色微生物首先吸附和富集染料分子，接着进行生物降解，通过氧化、还原、水解、化合等，最终将染料分子降解成简单无机物，如甲烷和二氧化碳等，或转化为各种营养物质及原生质。生物法操作简单，运行费用低，并且无二次污染，现已成为一种有效的印染废水处理方法。

11.2.1 常规生物处理法

11.2.1.1 厌氧法

厌氧微生物在无氧条件下，通过新陈代谢作用分解废水中的有机物质，偶氮染料分子的偶氮双键被打开，进一步转变为小分子的无机物，达到偶氮染料废水脱色、降解的目的。单纯的厌氧过程对染料废水的色度具有很好的去除效果，但厌氧过程后，染料多被还原为胺类化合物，其生物毒作用较大，且废水中有机物也得不到彻底的去除，出水 COD 较大。

利用驯化的强化厌氧污泥对甲基橙进行高效、快速、彻底的降解，厌氧污泥对甲基橙的浓度耐受也很高，1000mg/L 的甲基橙 144h 可降解 98%。从活性污泥中分离出特定菌株，在厌氧脱色过程中加入氧化还原介质、复合材料等来探讨 KE-3B 的脱色效果。通过中高温两套厌氧系统考察了活性红 KE-3B 的厌氧脱色性能，并且从盐度、产气量、VFAs、生物气组分、吸附性能等角度进行分析，得到结论：活性红 KE-3B 表现出较好的脱色效果。中温条件下，染料浓度为 80mg/L 时，112h 脱色率可达到 98%，而高温仅需要 40h。当盐度高于 600mmol/L 时，64h 脱色率达到 90% 以上。活性红 KE-3B 没有出现氧化回色现象，脱色产物较稳定。其浓度越高，吸附脱色率越低，并且这种影响在高温时更为明显。KE-3B 在厌氧脱色过程中，中温时吸附为主，高温时生化降解为主。采用吸附/共价耦合的方法，将氧化还原介体蒽醌-2-磺酸（AQS）固定在无机陶粒表面（醌基陶粒），并研究了无氧条件下强化偶氮染料的化学脱色特性。研究结果表明，无氧条件下，Na_2S 浓度为 3.2mmol/L，pH 为 6.0 时，醌基陶粒强化酸性金黄 G 化学脱色达到最佳，可达 98%。此种新型的固定化介体材料醌基陶粒在偶氮染料废水处理方面具有潜在的应用价值。

用厌氧法处理活性黑 5 染料废水，未加硫化物时，35℃条件下，反应时间 72h，脱色率达到 94%。用蒽醌-2,6-二磺酸盐作催化剂，采用 UASB 法降解偶氮染料活性红 2 和刚果红，脱色率高达 90%。研究发现添加氧化还原介质对偶氮染料废水的处理有很好的效果。

11.2.1.2　好氧法

好氧法是在有氧条件下，废水中的有机物经过活性污泥的吸附、氧化、还原、合成，降解成简单无机物。但耗能较多，污泥产量较大，后续处理困难。单纯的好氧法在处理印染废水上有一定的局限性，通常结合其他方法具有很好的出水效果。

采用全混合生物污泥法（介于活性污泥法与生物接触氧化工艺之间），处理后的废水 COD 去除率可达 93.6%，BOD_5 去除率可达 93.9%，出水水质能够满足《纺织染整工业水污染物排放标准》（GB 4287—1992）二级标准。且该工艺具有基建费用低，空气氧转化利用率高，容积负荷和污泥负荷高，剩余污泥量少，抗冲击负荷能力强等优点。张雷采用好氧生化处理工艺，废水水质：COD 为 400～1000mg/L，均值 549mg/L，色度为 400 倍。处理后 COD 去除率为 95%，色度去除率为 90%，水质符合排放标准，达标排放。

从印染废水中提取好氧菌群，可有效降解活性蓝 59（RB59），并对不同浓度的活性蓝 59 进行降解，好氧菌群降解负荷可达 5.0g/L。并发现偶氮还原酶和细胞色素 P-450 起主导作用，最终将偶氮染料降解为无毒小分子。采用微生物燃料电池，利用好氧生物反应器将偶氮染料酸性橙 7 降解为低毒中间体。酸性橙 7 载量范围为 70～210g/(m³·d)。色度及 COD 去除率大于 90%。用专性嗜碱菌 *Bacillus cohnii* MTCC 3616 好氧降解偶氮染料印染废水中的直接红 22，在温度 37℃，pH＝9，直接红 22 浓度为 5000mg/L 条件下，反应 4 小时，染料色度去除率可达 95%。

11.2.1.3　厌氧兼好氧法

偶氮染料的脱色发生在厌氧阶段，但并不涉及芳环的裂解，因此废水的 COD 去除率不高。而好氧阶段则是微生物将有机物氧化，最终开环矿化为小分子 CO_2 等，此阶段 COD 大幅下降。因此，厌氧/好氧组合工艺可实现对偶氮染料的脱色无毒降解。

利用厌氧/好氧方式运行的 SBR 反应器，研究了活性污泥系统去除偶氮染料的效果，以及活性污泥胞外聚合物（extracellular polymeric substances，EPS）含量及组分的变化。EPS 的产生会影响活性污泥系统出水水质。结果表明，当进水染料浓度为 5～40mg/L 时，EPS 含量随染料浓度增加而增加；当染料浓度超过 40mg/L 时，EPS 含量却随染料浓度增加而降低。

采用循环厌氧好氧法降解活性紫 5。发现随循环 SBR 厌氧阶段时间延长，脱色率明显提高，处理时间分别为 3h、6h、9h，对应脱色率为 71%、87%、92%。总 COD 去除率超过 84%，且随厌氧阶段时间增加而增加。酸性红 18 在厌氧/好氧序批固定化床生物膜反应器中可脱色和生物降解。71.3% 的 1-甲萘胺-4-磺酸在好氧反应阶段被去除，1-甲萘胺-4-磺酸是酸性红 18 的主要磺化芳香成分，反应遵循一级反应动力学。研究了偶氮染料刚果红和活性黑 5 在连续厌氧/好氧反应体系的脱色及 COD 去除效果。厌氧反应温度为 27℃，水力停留时间 24h；好氧反应采用 24h 循环批处理模式。厌氧阶段，刚果红和活性黑 5 脱色率分别为 96.3%（400mg/L）和 75%（200mg/L）。好氧阶段，COD 去除率分别为 52% 和 85%。结果表明对刚果红的生物降解主要发生在厌氧阶段，而活性黑 5 可在厌氧/好氧条件下被降解，降低偶氮染料毒性。

11.2.2　微生物技术

微生物技术是利用微生物的生物氧化、分解、吸附印染废水中有机物，从而达到净化废水的目的。净化废水的微生物主要包括真菌、细菌、藻类等。真菌等各类微生物的种类与数量常与污水水质及其处理工艺有密切关系，在特定污水中会形成与之相适应的微生物群落。微生物不断进行繁殖及其他生命活动，必须有必要的能源、碳源和其他无机元素。目前研究者致力于调节微生物代谢过程中所需要的碳源、氮源等，期望找到一种清洁、高效处理废水的方法。

11.2.2.1　真菌

真菌技术主要是利用白腐真菌对染料废水进行降解，具有广谱、低耗、高效、适应性强的生物降解能力。白腐真菌是一种丝状真菌，分布广泛，种类繁多，对难降解的多环芳香烃，包括偶氮染料具有广谱降解作用。当白腐真菌的主要营养物质（碳、氮、硫）受到限制时产生木质素降解酶系：木质素过氧化物酶（Lip）、锰过氧化物酶（Mnp）和漆酶（Laccase）。由于这两种过氧化物酶只提供电子转移，并不直接与化合物结合，不易受污染物毒性的影响，具有广泛的脱色降解作用。漆酶是一种含铜的多酚氧化酶，可以催化氧化酚类和芳胺类化合物，脱去羟基上的电子或质子，形成自由基。

白腐菌漆酶对木质素和与木质素结构相似的许多环境污染物的降解作用，越来越受到学者的广泛关注，尤其在有机染料脱色、工业废水处理、纸浆生物漂白和高分子催化合成等方面，表现出了很大的研究价值及应用潜力。但是国内外至今还尚未有漆酶规模化生产的研究报道，漆酶的产量还不能满足工业应用的需要，并且价格比较昂贵。将白腐菌（*Panus conchatus*）在 7.5L 机械搅拌式发酵罐中扩大培养，加入麦麸和硫酸铜能显著提高漆酶产量，并缩短发酵周期，发酵液中漆酶活力最高可达 196.1U/mL，最佳发酵条件为通气量 1.0m³/(m³·min)，温度 30℃，转速 300r/min。

利用白腐真菌漆酶，对活性黑 KN-B 和刚果红两种偶氮染料进行脱色实验。结果表明，活性黑 KN-B 和直接大红脱色适宜条件为：反应时间 30min，加酶量 8U/mL，pH＝7，染料浓度分别为 50mg/L 和 80mg/L，温度 40~45℃。Fe^{2+} 对漆酶脱色有较强的抑制作用；Cu^{2+} 对漆酶催化活性黑 KN-B 促进作用较大，对刚果红影响较小。

在无营养条件下，利用白腐真菌绒毛栓孔菌（*Trametes pubescens*）菌丝体对染料进行脱色，可以减少实验成本，并提高染料处理的实用性。在染料浓度 80mg/L，初始 pH 为 2.0，温度 30℃，盐度为 2.5%（质量浓度），150r/min 转速下培养 7d 后，对偶氮染料刚果红有较好的脱色效果，脱色率可达 80.52%。此过程中，菌丝体可被连续使用两次。

对白腐真菌灵芝菌 EN3 进行深入研究发现，EN3 能分泌胞外漆酶，但没有检测出木质素过氧化物酶和锰过氧化物酶。在以甘油为碳源、蛋白胨为氮源，并添加 2mmol/L Cu^{2+} 的条件下，能显著地提高 EN3 菌株分泌漆酶的能力。在添加铜离子第 7 天漆酶的酶活可以达到 13000U/L 左右。EN3 菌株生长降解不同种类的染料，对酸性橙 7、活性橙 16、日落黄、丽春红等磺基化的偶氮染料的脱色率在 96h 均能达到 90% 以上。EN3 粗酶液对偶氮类染料也有明显的降解效果，在小分子介体丁香醛的介导作用下 6h 之内脱色率也可达到 90%以上。

用嗜热真菌对有毒的高温染料废水进行生物降解，将苯胺蓝、刚果红、雷玛唑亮蓝等偶氮染料混合，探索不同温度及染料浓度的降解情况，发现灭活真菌的脱色效果比活性真菌好。真菌（*Thermomucor indicae-seudaticae*）在可以快速高效地对染料进行脱色，染料浓度 1000mg/L，温度 55℃，反应时间 12h 时，脱色率可达 74.93%。

11.2.2.2 细菌

近年来研究者从染料废水处理厂的污泥或土壤中，发现多种可降解偶氮染料的细菌菌株，有好氧菌、厌氧菌，也有兼性厌氧菌。细菌对偶氮染料的脱色就是将偶氮染料分子中的发色基团偶氮基（—N=N—）还原断裂，形成无色的芳香胺分子，其中起主要作用的是细菌产生的偶氮还原酶和其他还原性小分子物质。此外，细菌也可以以生物吸附方式对染料进行脱色，但该方法不能长期有效处理废水，因为吸附后的菌体仍需进一步处理。

漆酶在自然界中广泛分布于真菌、细菌和植物中。真菌漆酶一般具有较高的活性，如漆酶高产菌株 *Trametes* sp. 420 的漆酶活性可达 7.87×10^3 U/L，在高密度发酵条件下，重组漆酶 rLacDx 产量可达 2.39×10^5 U/L。虽然真菌漆酶活性较高，但通常在酸性或中性条件下进行催化，与真菌漆酶相比，细菌漆酶可以在高温及碱性条件下催化降解偶氮染料。

通过定向驯化、多步分离、逐级筛选、纯化技术从印染废水中筛选出能高效降解偶氮类染料的细菌菌株，分别为蜡状芽孢杆菌（*Bacillus cereus*），热带念珠菌（*Candida tropicalis*）和粪肠球菌（*Enterococcus faecalis*）。发现将三种菌株共同培养对直接蓝处理 2d，去除率达 92.38%，混合菌株脱色能力高于单菌株，且对偶氮染料具有广谱有效的降解脱色能力。

从印染厂的污泥中分离筛选出高效脱色光合细菌 HL，在不同 pH、碳源和氮源的条件下对 5 种染料进行脱色实验。结果表明，菌落呈鲜红色、圆形、稍突起、光滑、湿润、边缘整齐，直径 0.5~2.0mm；个体呈螺旋状，革兰染色为阴性，含叶绿素 a，可进行光合作用。对活性艳红和直接胡蓝脱色效果显著，对直接胡蓝脱色率达到 100%。

在厌氧-好氧生物反应器中用 16S rDNA 方法探索细菌对染料废水的降解。构建 16S rDNA 文库，对细菌进行筛选。研究发现，厌氧生物反应器中细菌可使染料完全脱色，对 COD 的降解率约为 35%。

11.2.2.3 藻类

小球藻、蛋白核小球藻、斜生栅藻及颤藻等，能通过光合作用为好氧菌输送氧气，还能降解偶氮染料，使其脱色，最终矿化至简单的无机物或二氧化碳。有研究表明蛋白核小球藻脱色率高，能较好生长，成为优势菌种。

研究了藻、菌及藻菌共存系统对偶氮染料的降解机理。用 50 多种偶氮染料进行实验，结果表明大多数偶氮染料可被培养驯化后的藻、菌或二者共存系统降解。藻也能单独降解偶氮染料，降解过程推测与细菌类似：偶氮染料首先被偶氮还原酶还原，偶氮双键发生断裂，产生芳香胺类化合物，进一步被氧化成酚类化合物，再被开环生成脂肪烃类化合物，最终被氧化分解产生 CO_2 和水。

棕色微藻（*Nizamuddina zanardini*）可有效降解偶氮染料酸黑 1。温度（27±2）℃，pH=2，微藻生物量为 1g/L，反应时间 90min 时，对酸黑 1 的最大吸附容量可达 29.97mg/g。反应 pH 对微藻吸附容量影响最大。生物量表面的羟基和胺基是吸附酸黑 1 染料的重要官能团。

研究了棕色微藻（*Stoechospermum marginatum*）在不同 pH、温度、生物量、初始染料浓度、反应时间等条件对三种酸性偶氮染料的生物吸附。对酸蓝 25、酸橙 7 及酸黑 1 的生物吸附分别为 22.2mg/g、6.37mg/g 和 6.57mg/g。

11.3　偶氮染料降解的好氧和厌氧机制

有一些关于细菌降解偶氮染料的机理的假设，采用任意细胞内的胞内酶、胞外酶或非特异性胞外酶还原。在厌氧条件下偶氮染料脱色的两种机制已被提出。在分解代谢产生 ATP 过程中产生的电子可以诱导偶氮键断裂。另一机制是由于最终产品，例如无机化合物，通过分解反应裂解着色剂。因此，在非氧化条件下，许多细菌具有能够脱色的能力，这个过程就是毒性和致癌产品的偶氮键的非特异性断裂。为了缓解这一问题，已经提出了在缺氧条件下产生的终端有毒的副产品可以需氧分解的厌氧-好氧处理系统。通过使用厌氧-好氧系统的菌株可以完全还原多磺化偶氮染料。

在需氧条件下通过电子传递链的最终电子受体的电子移动，偶氮染料被还原，从而脱色，黄素核苷酸再氧化。如果发生在细胞内，还原染料的分子必须穿过细胞膜扩散，磺酸酯基团的降解与通过膜分子的传递有关。虽然有关的传递系统还没有被确定，但已经提出可以传递其他磺化基团的系统，如对甲苯磺酸盐、牛磺酸或烷基磺酸盐。介质经常被用于促进染料分解，在真菌中藜芦基醇经常被使用。偶氮染料通过鞘氨醇菌的降解是在氧化还原介体蒽醌磺酸的存在下增强的。同样的，大肠杆菌的脱色仅发生在醌存在的情况下。在鞘藻内发现两种偶氮还原酶，表明一个保持与膜结合，另一个是在细胞质中的。特性测试证实，这些还原酶实际上是可变的，对抑制剂的反应不同。同样的，一个以上的还原酶已从蜡状芽孢杆菌、枯草芽孢杆菌和芽孢杆菌中分离出来。

有人研究了易于生物降解的染料，提出了两个磺化染料，使得它们更容易被酶氧化攻击（着色剂被转换为阳离子自由基使其容易受到亲核攻击），从而促进该化合物的完全分解。真菌和放线菌过氧化物酶测试能够在短短 2h 内完全脱色染料。为了分析对偶氮键及其生物降解性的影响合成了几个不同配置的化合物，发现在对羟基位置比邻位更有利于降解。此外，甲基的邻位相对于羟基更容易被分解。总体而言，磺酸基团被羧基取代导致染料的降解，在此操作之前不能被降解。在一般情况下，这使得结构类似于天然化合物（在这种情况下邻甲氧基苯酚或二甲氧基苯酚类木质素亚基的添加）通过微生物的攻击增强易感性。另一个研究小组筛选了能够矿化"绿色生物染料"的组合的真菌菌株，并确定云芝是最有效的。使用这种染料的行业在生物处理后将产生无危险的终端产品。重要的是，这些染料的混合物可以被一种正常生物群落而又是罕见的单一菌株进行生物转化。

11.4　偶氮染料降解涉及的生物氧化酶

显而易见的是，对于染料的生物降解，还原酶是普遍确认的。然而，也有一些案例中氧化酶被分离出来，链霉菌产生过氧化物酶，木质素降解菌的漆酶。从番薯属植物中分离出了一种新的耐盐性漆酶，在氧化还原介质存在的条件下能够降解偶氮染料橙Ⅱ90%的毒性。证明了 *S. chromofuscus* 过氧化物酶能够降解磺化染料，而且能够阐明其降解途径。研究表明

$S.krainskii$ 中的木质素过氧化物酶、NADHDCIP-和 MR-还原酶能在 24h 内完全降解活性蓝 59。由 $S.psammoticus$ 生产的漆酶导致活性艳蓝 R 的完全脱色程度比甲基橙、碱性棕和酸性橙低。木质素过氧化物酶和 $P.desmolyticum$ 中的漆酶无氧条件下在 72h 内与直接蓝 6 的降解有关。在活性橙中的 ADR 芽孢杆菌属的酚氧化酶和 NADHDCIP 还原酶联合参与了上述的降解。

11.5 发展前景

偶氮染料废水的处理对保护水环境具有重要意义。偶氮染料是典型的精细化工产品，具有多品种、小批量的特点，其结构复杂，且生产流程长，从原料到成品往往伴随有氧化、还原、硝化、缩合、重氮化、耦合等单元操作，副产物多，产品回收率低，废水有机物成分复杂。染料生产的化学反应过程和分离、精制、水洗等工序都是以水为溶剂，用水量很大。随着排放标准日益严格，要突破偶氮染料废水色度高、COD$_{Cr}$高、处理难度大及生化性能差等特点，各国学者对技术的改造还需进行深入研究。微生物对染料的降解无污染，且投资小，但其降解机理目前研究得还不是很完善。生物降解是一项涉及多学科的技术，需要将微生物学、现代分子生物学、仪器分析技术等多门学科联用。相信随着这些学科的发展以及研究的深入，偶氮染料的生物降解会有更广阔的发展空间。

参 考 文 献

[1] 王天广. 活性红 KE-3B 的厌氧脱色研究. 河南：河南大学，2012.
[2] 赵德丰，尹志刚. 非诱变偶氮染料的研究进展（Ⅰ）——偶氮染料诱变性研究方法及其致癌机理. 化工进展，2000，19（1）：36-40.
[3] Park J Y, Hirata Y C, Hamada K. Relationship between the dye/additive interaction and inkjet ink droplet formation. Dyes and Pigments，2012，95（3）：502-511.
[4] Koha J, Greaves A J. Synthesis and application of an alkali-clearable azo disperse dye containing a fluorosulfonyl group and analysis of its alkali-hydrolysis kinetics. Dyes and Pigments，2001，50（2）：117-126.
[5] Vijayaraghavana R, Vedaramanb N, Surianarayananb M, Macfarlane D R. Extraction and recovery of azo dyes into an ionic liquid. Talanta，2006，69（5）：1059-1062.
[6] Gray G W. Dyes and liquid crystals. Dyes and Pigments，1982，3（2）：203-209.
[7] Umape PG, Patil VS, Padalkar VS, Phatangare KR, Gupta VD, Thate AB, Sekar N. Synthesis and characterization of novel yellow azo dyes from 2-morpholin-4-yl-1, 3-thiazol-4（5H）-one and study of their azo-hydrazone tautomerism. Dyes and Pigments，2013，99（2）：291-298.
[8] Alamrani W A, Lim P E, Seng C E, Wanngah W S. Factors affecting bio-decolorization of azo dyes and COD removal in anoxic-aerobic REACT operated sequencing batch reactor. Journal of the Taiwan Institute of Chemical Engineers，2014，45（2）：609-606.
[9] 崔岱宗. 偶氮染料脱色细菌的脱色特性及偶氮还原机理的研究. 哈尔滨：东北林业大学，2012.
[10] 陈刚. 偶氮染料废水生物脱色及典型脱色产物好氧降解性能研究. 上海：东华大学，2012.
[11] 古晓旭. 偶氮染料降解菌的分离鉴定和脱色降解研究. 哈尔滨：东北林业大学，2012.
[12] 张志轩. 超腐蚀铝系合金对偶氮染料的快速降解研究. 济南：山东大学，2013.
[13] 王梦姝. 乙酰丙酮光氧化降解偶氮染料的性能研究. 南京：南京大学，2013.
[14] Ghodake G, Jadhav S, Dawkar V, Govindwar S, Biodegradation of diazo dye Direct brown MR by Acinetobacter calcoaceticus NCIM 2890. International Biodeterioration & Biodegradation，2009，63（4）：433-439.
[15] Michaels G B, Lewis D L. Sorption and toxicity of azo and Triphenylmethane dyes to aquatic microbial populations. Environment Toxicology and Chemisliy，1985，4（1）：45-50.

［16］ 洪炳财，陈向标，赖明河，刘小红．纺织品禁用偶氮染料检测预处理及其注意事项．轻纺工业与技术，2012，41（5）：21-23.

［17］ Pinheiro H M，Touraud E，Thomas O. Aromatic amines from azo dye reduction：status review with emphasis on direct UV spectrophotometric detection in textile industry wastewaters. Dyes and Pigments，2004，61（2）：121-139.

［18］ 章杰．禁用染料和环保型染料．北京：化学工业出版社，2001，1-16.

［19］ 杨有铭．一类致癌性偶氮染料的 SERS 研究．长春：吉林大学，2012.

［20］ 毕文芳，Richafd B H，冯佩文等．中国联苯胺作业工人职业性膀胱癌发病率和死亡率流行病学调查．卫生研究，1992，21（2）：57-60.

［21］ 黄玉．偶氮染料废水的处理方法及研究进展．宜宾学院学报，2007，6：54-57.

［22］ 王鹤．生物炭催化过硫酸盐降解偶氮染料废水．长春：吉林大学，2013.

［23］ 刘梅红．印染废水处理技术研究进展．纺织学报，2007，28（1）：116-120.

［24］ 张旋，姜洪雷，曲和玲．印染废水处理技术的研究进展．山东轻工业学院学报，2007，21（1）：73-76.

［25］ Liou M J，Lu M C，Chen J N. Oxidation of explosives by Fenton and photo-Fenton processes. Water Res，2003，37（13）：3172-3179.

［26］ 高志谨，秦兵杰，赵丽等．高级氧化技术治理偶氮染料废水．化工中间体，2013，4：7-10.

［27］ Garg A，Mishra I M，Chand S. Catalytic wet oxidation of the pretreated synthetic pulp and paper mill effluent under moderate conditions. Chemosphere，2007，66（9）：1799-1805.

［28］ 史玲，董社英，柏世厚，白雪莲．常温常压催化湿式氧化降解偶氮染料废水的研究．环境工程学报，2011，5（6）：1325-1329.

［29］ 陈郁，全燮．零价铁处理污水的机理及应用．环境科学研究，2000，13（5）：24- 26.

［30］ 王昶，梁晓霞，豆宝娟，王俊海．γ-Al_2O_3 催化臭氧氧化降解偶氮染料橙黄 G 的研究．水污染防治，2014，4：41-45.

［31］ 张莹，龚泰石．电絮凝技术的应用与发展．安全与环境工程，2009，16（1）：38-39.

［32］ 丁春生，曾海明，黄燕等．电絮凝法处理偶氮染料废水的脱色试验研究．印染助剂，2012，29（3）：39-41.

［33］ 廉雨．典型染料废水电-Fenton 处理技术及污染物降解机理研究．邯郸：河北工程大学，2012.

［34］ 朱虹，孙杰，李剑超．印染废水处理技术．北京：中国纺织出版社，2004.

［35］ 许玫英，郭俊，岑英华．染料的生物降解研究．微生物学通报，2006，33（1）：138-143.

［36］ 任南琪，周显娇，郭婉茜，杨珊珊．染料废水处理技术研究进展．化工学报，2013，64（1）：84-94.

［37］ 李国芳，赵敏，崔岱宗等．厌氧污泥法处理偶氮染料废水的初步研究．黑龙江医药，2012，25（1）：55-57.

［38］ 吕红，袁守志，张海坤等．醌基陶粒强化偶氮染料化学脱色的特性研究．高校化学工程学报，2012，26（6）：1060-1065.

［39］ Kim S Y，An J Y，Kim B W. The effects of reductant and carbon source on the microbial decolorization of azo dyes in an anaerobic sludge process. Dyes and Pigments，2008，76（1）：256-263.

［40］ Costa M C，Mota S，Nascimento R F，Dossantos A B. Anthraquinone-2,6-disulfonate（AQDS）as a catalyst to enhance the reductive decolourisation of the azo dyes Reactive Red 2 and Congo Red under anaerobic conditions. Bioresource Technology，2010，101：105-110.

［41］ 俞宁，李纯茂．高效好氧生物处理印染废水的方法与实践．工业水处理，2009，29（5）：87-89.

［42］ 张雷．好氧生化法处理印染废水工程调试．水处理技术，2009，35（12）：111-113.

［43］ Kolekar Y M，Nemade H N，Markad V L，et al. Decolorization and biodegradation of azo dye, reactive blue 59 by aerobic granules. Bioresource Technology，2012，104：818-822.

［44］ Fernando E，Keshavarz T，Kyazze G. Complete degradation of the azo dye Acid Orange-7 and bioelectricity generation in an integrated microbial fuel cell，aerobic two-stage bioreactor system in continuous flow mode at ambient temperature. Bioresource Technology，2014，156：155-162.

［45］ Arunprasad A S，Bhaskararao K V. Aerobic biodegradation of Azo dye by Bacillus cohnii MTCC 3616；an obligately alkaliphilic bacterium and toxicity evaluation of metabolites by different bioassay systems. Environmental Biotechnology，2013，97：7469-7481.

[46] 操家顺，朱哲莹，方芳等．活性污泥处理偶氮染料废水过程中胞外聚合物特性研究．环境科学学报，2013，33（9）：2498-2503.

[47] Yasar S，Cirik K，Cinar O. The effect of cyclic anaerobic-aerobic conditions on biodegradation of azo dyes. Bioprocess Biosyst Eng，2012，35：449-457.

[48] Koupaie E H，Moghaddam M R A，Hashemi S H. Evaluation of integrated anaerobic/aerobic fixed-bed sequencing batch biofilm reactor for decolorization and biodegradation of azo dye Acid Red 18：Comparison of using two types of packing media. Bioresource Technology，2013，127：415-421.

[49] Dasilva M E R，Firmino P I M，Desousa M R，Dossantos A B. Sequential Anaerobic/Aerobic Treatment of Dye-Containing Wastewaters：Colour and COD Removals，and Ecotoxicity Tests. Appl Biochem Biotechnol，2012，166：1057-1069.

[50] 边名鸿，叶光斌，杨跃寰．白腐菌处理染料废水的研究进展．四川理工学院学报，2013，26（4）：1-4.

[51] 尹亮，陈章和，赵树进．微生物对偶氮染料的脱色及其基因工程研究进展．生物技术，2007，17（6）：86-89.

[52] 郑力文，李彦春，吴渝玉等．皮革染料的生物降解研究进展．中国皮革，2012，41（11）：54-58.

[53] 傅恺．真菌漆酶高产菌株的发酵产酶及其对有机染料脱色的研究．广州：华南理工大学，2013.

[54] 杨波，杜丹，孙也，汪旭明．漆酶对活性黑 KN-B 和直接大红染料的脱色性能．环境工程学报，2013，7（12）：4835-4840.

[55] 司静，闫志辉，崔宝凯，张忠民．绒毛栓孔菌菌丝体在无营养条件下对偶氮染料刚果红的脱色作用．微生物学通报，2014，41（2）：218-228.

[56] 靳凤珍，杨洋，张晓呈．白腐真菌 EN3 产漆酶条件优化及其对偶氮类染料脱色的研究．2012 年鄂粤微生物学学术年会．武汉：2012，74-79.

[57] Taha M，Adetutu E M，Shahsavari E，et al. Azo and anthraquinone dye mixture decolourization at elevated temperature and concentration by a newly isolated thermophilic fungus，Thermomucor indicae-seudaticae. Journal of Environmental Chemical Engineering，2014，2：415-423.

[58] Sharma P，Goel R，Capalash N. Bacterial laccases. World Journal of Microbiology and Biotechnology，2007，23（6）：823-832.

[59] Tong P G，Hong Y Z，Xiao Y Z，et al. High production of laccase by a new basidiomycete，Trametes sp. Biotechnology Letters，2007，29（2）：295-301.

[60] 周宏敏，洪宇植，肖亚中等．栓菌漆酶在毕赤酵母中高效表达及重组酶的性质．生物工程学报，2007，23（6）：1055-1059.

[61] 徐腾飞，卢磊，赵敏等．一株产漆酶细菌的分离鉴定及酶学性质研究．微生物学通报，2013，40（3）：434-442.

[62] 杨丽卿．偶氮染料派脱色菌的选育及脱色效果研究．长春：吉林大学，2013.

[63] 李彦芹，昌艳萍，李春青等．染料高效脱色光合细菌的分离与分析．河北大学学报，2012，32（4）：399-405.

[64] Dafale N，Agrawal L，Kapley A，et al. Selection of indicator bacteria based on screening of 16S rDNA metagenomic library from a two-stage anoxic-oxic bioreactor system degrading azo dyes. Bioresource Technology，2010，101：476-484.

[65] 卢婧，余志晟，张洪勋．微生物降解偶氮染料的研究进展．工业水处理，2013，33（1）：15-19.

[66] 刘厚田，杜晓明，刘金齐等．藻菌系统降解偶氮染料的机理研究．环境科学学报，1993，13（3）：332-338.

[67] Esmaeli A，Jokar M，Kousha M，et al. Acidic dye wastewater treatment onto a marine macroalga，Nizamuddina zanardini（Phylum：Ochrophyta）. Chemical Engineering Journal，2013，217：329-336.

[68] Daneshvar E，Kousha M，Sohrabi MS，et al. Biosorption of three acid dyes by the brown macroalga Stoechospermum marginatum：Isotherm，kinetic and thermodynamic studies. Chemical Engineering Journal，2012，195：297-306.

[69] Chengalroyen M D，Dabbs E R. The microbial degradation of azo dyes：minireview. World J Microbiol Biotechnol，2013，29：389-399.

12 农药的微生物降解

农药是重要的生产资料，在农业生产中发挥了积极的作用。据有关资料统计，由于农药的使用，每年挽回的粮食作物约为总产量的 7%。由于农业结构的调整、作物品种增多以及种植方式的多样化，为病虫草害的发生与蔓延提供了更为有利的环境条件。对多数病虫草害，使用化学农药仍将是最有效和不可替代的防治方法，但随着农药使用量和使用年限的增加，农药残留逐渐加重，对生态环境的破坏也越来越严重。因此，了解农药的基本性质及其对环境的污染，确定有效的治理措施，对保护生态环境具有重要意义。

12.1 农药的分类

农药是指在农业生产中，为保障、促进植物和农作物的成长，所施用的杀虫、杀菌、杀灭有害动物（或杂草）的一类药物的统称。特指在农业上用于防治病虫以及调节植物生长、除草等药剂。

根据化学结构不同分为：有机磷类、有机氯类、拟除虫菊酯类；根据用途不同分为：杀虫剂、杀菌剂、杀螨剂、杀鼠剂、除草剂、特异剂和植物生长调节剂等；根据来源不同分为：矿物农药、植物性农药、有机农药、微生物农药；根据作用方式不同，杀虫剂杀死害虫通常有触杀、胃毒、熏蒸和内吸四种作用方式；根据剂型不同可分为：老剂型乳油、悬浮剂、水乳剂即浓乳剂和微乳剂、可湿性粉剂、水性化剂型及水分散粒剂等。农药大多数是液体或固体形态，少数是气体。根据害虫或病害的各类以及农药本身物理性质的不同，采用不同的用法。常见农药种类如表 12-1 所示。

表 12-1　常见农药种类

项目	有机磷类	有机氯类	拟除虫菊酯类	氨基甲酸酯类
杀虫剂	久效磷、甲基异硫磷、治螟磷、磷胺、地虫硫磷、灭克磷（益收宝）、水胺硫磷、氯唑磷、硫线磷、杀扑磷、特丁硫磷、克线丹、苯线磷、甲基硫环磷、杀螟硫磷、特普、二甲硫吸磷、乐果、氧化乐果、乙拌磷、甲胺磷、甲拌磷（3911）、内吸磷（1059）、敌敌畏、敌百虫、对硫磷（1065）、甲基对硫磷（甲基1605）、三唑磷、杀螟松、马拉硫磷、吡虫啉、吡虫清、杀扑磷、嘧啶磷、二嗪磷、乙酰甲胺磷	DDT、六六六、六氯苯、林丹、甲氧滴滴涕、乙滴涕、硫丹、氯丹、七氯、艾氏剂、狄氏剂、异狄氏剂、硫丹、碳氯特灵、毒杀芬	溴氰菊酯（敌杀死）、氯氰菊酯（兴棉宝）、戊氰菊酯（速灭杀丁）、甲氰菊酯、灭百可（安绿宝）	涕灭威、克百威、灭多威、丁硫克百威、丙硫克百威、西维因、叶蝉散、呋喃丹、涕灭威
杀菌剂	稻瘟净、异稻瘟净、乙基稻瘟净、甲基立枯磷、敌瘟磷、吡菌磷	五氯硝基苯、百菌清、稻丰宁		霜霉威、乙霉威、多菌灵、异丙菌胺、苯噻菌胺、霜霉威、磺菌威

12.2 农药污染的现状、危害及原因

12.2.1 农药污染的现状

我国是农药生产和使用大国，每年大约要施用 80 万～100 万吨化学农药，农药施用面积在 2.8 亿公顷以上，农药使用量较大的是上海、浙江、山东、江苏和广东等地。以小麦为主要农作物的北方干旱地区施药量小于南方水稻产区，蔬菜、水果的用药量明显高于其他农作物。常用农药在土壤中的半衰期如表 12-2 所示。

表 12-2 常用农药在土壤中的半衰期

有机氯杀虫剂	半衰期	有机磷杀虫剂	半衰期	除草剂	半衰期
氯丹	5 年	二嗪农	12 周	2,4-D	4 周
DDT	4 年	马拉硫磷	1 周	2,4,5-T	20 周
艾试剂	3 年	对硫磷	1 周	茅草枯	8 周
林丹	3 年	氧化乐果	2～3 天	西玛津	48 周
七氯	2 年	三唑磷	3～28 天	莠去津	40 周
				扑灭津	1.5 年

近年来我国的农药使用量有增加的趋势，如 1990 年农药使用量为 73.3 万吨，1995 年为 109.0 万吨，2000 年达到 128.0 万吨，2003 年达到 133.0 万吨。其中上海和浙江用药量最高，分别达 10.80kg/hm² 和 10.41kg/hm²。更为严重的是，由于农药的大量使用，害虫的天敌或其他有益生物迅速减少，造成追加使用农药的恶性循环。

近年来，农药污染事件频繁发生，危害也越来越严重。主要表现在土壤和水体、粮食、蔬菜、水果等与人类的生产、生活密切相关产品的污染上。农药残存在农作物体内形成一定的积累，造成人畜中毒；农药在杀灭有害生物的同时，也会破坏农田的生物多样性和生态平衡。

12.2.2 农药污染的危害

12.2.2.1 农药对农产品的污染

应用化学农药防治病虫害，不仅寄主植物本身吸附大量农药，而且通过渗透进入植物内部，造成农药残留，进而对农产品产生污染，尤其是蔬菜、水果、粮食等农产品农药残留将直接危害人类身体健康，甚至危害生命。2009 年，据武汉市质量技术监督局对蔬菜农药残留量抽查结果表明：农药检出率达 36.7％；农药残留量超标率 23.3％，还检出了国家明令禁止或限用的农药甲胺磷、对硫磷、毒死蜱、氧化乐果、敌敌畏等。

12.2.2.2 农药对人体健康的影响

农药既是重要的农业生产资料，又是对生物体有有害作用的化学物质，即具有毒物的属性。在整个生态系统中，农药不断地通过生物富集与食物链的传递，逐级浓缩，人类处于食物链的最顶端，受害也最严重。据调查，我国每年发生农药急性中毒约 1.3 万例，死亡 1000 例以上。农药可经消化道、呼吸道和皮肤三条途径进入人体而引起中毒，其中包括急性中毒、慢性中毒等。急性农药中毒往往容易引起人们的重视，而慢性中毒则往往被人忽视。农药进入人体后，参与人体生理代谢过程，导致内分泌系统紊乱和神经系统功能失调，而且大多数农药具有"致畸、致癌、致突变"的"三致"作用，这是目前各类危险性病害居高不下的主要原因。

12.2.2.3 农药对环境的污染

在科学发展的今天，农药对生态环境的污染尤为严重。如果污染物的含量超过本底值，并达到一定数值就称为污染。污染物浓度超过卫生标准或生物标准，一般称之为污染或严重污染。这些都危害着人体健康，危害着生物和环境。

（1）农药对水环境的污染 农药对水体污染的主要途径有直接向水体施药、农田施用的农药随雨水或灌溉水向水体的迁移、农药生产加工企业废水的排放、大气中的残留农药随降雨进入水体、农药使用过程中的雾滴或粉尘微粒随风飘移沉降进入水体以及施药工具和器械的清洗等，其中农田农药流失为最主要途径。农药除污染地表水体以外，还使地下水源遭受严重污染。一般情况下，水体中农药污染范围较小，但随着农药的迁移扩散，污染范围逐渐扩大，不同水体遭受农药污染的程度由高到低依次为农田水、河流水、自来水、深层地下水、海水。

据1998年对全国109700km河流进行检测评价，有70.6％的河流被农药所污染。黄河水资源保护研究所1986—1988年连续3年对黄河三门峡到花园口河段的农药污染现状进行的调查显示，"六六六"的检出率为100％。水体被农药污染后，会使其中的水生生物大量减少，破坏生态平衡；而地下水中生物量较少，水温低，又无光照，受到农药污染后极难降解，易造成持久性污染，其治理难度更大。若被当作饮用水源，将会严重危害人体健康。

（2）农药对大气的污染 农药对大气的污染途径主要来源于农药生产企业排出的废气、农药喷洒时的扩散、残留农药的挥发等，而农药厂排出的废气为最主要途径。大气中的残留农药漂浮物或被大气中的飘尘所吸附，或以气体与气溶胶的状态悬浮于空气中。空气中残留的农药，随着大气的运动而扩散，使污染范围不断扩大，一些高稳定性的农药（如有机氯农药）进入到大气层后传播到很远的地方，污染区域更大，对其他地区的作物和人体健康造成危害。

由于农药污染的地理位置和空间距离的不同，且污染程度不同，空气中农药的量分布为三个带。第一带是导致农药进入空气的药源带。在这一带的空气中农药的浓度最高，之后由于空气流动，使空气中农药逐渐发生扩散和稀释，并迁离使用带。此外，由于蒸发和挥发作用，被处理目标上的和土壤中的农药向空气中扩散。由于这些作用，在与农药使用区相邻的地区形成了第二个空气污染带。在此带中，因扩散作用和空气对流，农药浓度一般低于第一带。但是，在一定气象条件下，气团不能完全混合时局部地区空气中农药浓度亦可偏高。第三带是大气中农药迁移最宽和农药浓度最低的地带。因气象条件和施药方式的不同，此带距离可扩散到离药源数百公里，甚至上千千米远。

农药对大气污染的程度还与农药品种、农药剂型和气象条件等因素有关。易挥发性农药、气雾剂和粉剂污染相当严重，长残留农药在大气中的持续时间长。在其他条件相同时，风速起着重大作用，高风速增加农药扩散带的距离和进入其中的农药量。

（3）农药对土壤的污染 随着农业的发展和农药使用量的增多，农药对土壤的污染越来越成为一个很严重的问题，它不仅发生在发达国家，而且在发展中国家也相当严重。目前，我国约有87万～107万公顷的农田土壤受到农药污染。土壤是农药在环境中的"贮藏库"与"集散地"，施用于农田的农药大部分残留于土壤环境介质中。有关研究表明，使用的农药有80％～90％最终进入土壤。土壤中的农药主要来源有农业生产过程中防治农田病、虫、草害直接向土壤施用；农药生产加工企业废气排放和农业上采用喷雾时，粗雾粒或大粉粒降落到土壤上；被污染植物残体分解以及随灌溉水或降水带入到土壤中；农药生产加工企业废水、废渣向土壤的直接排放以及农药运输过程中的泄漏事故等。进入土壤中的农药将被土壤胶粒及有机质吸附，土壤对农药的吸附作用降低了土壤中农药的生物学活性，降低了农药在土壤中的移动性和向大气中的挥发性，同时它对农药在土壤的残留性也有一定影响。农田土壤中残留的农药可通过降解、移动、挥发以及被作物吸收等多种途径逐渐从土壤中消失，但其速度有的往往滞后于农业生产周期。

（4）农药对生物的污染　农药作为外来物质进入生态系统后，可能改变生态系统的结构和功能，影响生物多样性，导致某些生物种类减少，最终破坏生态平衡。众所周知，农药可直接杀伤天敌，引起害虫的再猖獗，也可通过杀伤中性昆虫而影响天敌的作用。一些农药还具有刺激害虫（如褐飞虱）生殖的效应。滥用和乱用农药还会使害虫的抗药性不断增强，农药的杀虫效果大大下降，从而导致农药追加的恶性循环。吴进才等研究发现，农药的施用还会改变水稻植株生理生化物质的含量，从而导致水稻抗虫性下降。同时，由于食物链的富集作用，起始浓度不高的农药会在生物体内逐渐积累，愈是上层的营养级，生物体内农药的累积量愈高，而人处于食物链的终端，因此受到的危害最为严重。另外，农药对环境的影响还表现在一些农药（如铜制剂和含汞农药）的大量使用，致使重金属元素在土壤中富集，引起植物中毒。因此，农药对环境的影响是多方面的。

12.3　农药的微生物降解

防治农药污染，除了发展高效、低毒、低残留的"绿色农药"和制定农药安全合理使用制度外，农药污染降解技术是近年来发展的一种解决农药污染的新方法。农药污染降解技术可分为热降解、光降解、化学降解和生物降解。所谓生物降解就是通过生物的作用将农药分解为小分子无毒或低毒化合物，并最终降解为水、CO_2 和矿物质的过程。相对于物理、化学降解技术，生物降解特别是微生物降解具有高效、彻底、无二次污染的优势，已经成为研究的热点。

12.3.1　降解农药污染的微生物

自然界微生物资源极其丰富。根据自然变异的原理，在受农药长期严重污染或人为多次施药的土壤、水体、污泥、高温堆肥等特殊环境采样，经在以农药为唯一碳源或氮源的培养基中富集、驯化，再分离纯化、鉴定，便可获得降解农药污染微生物（见表 12-3）；再以此原始菌种为基础，根据遗传学理论和方法，采用诱变育种、杂交育种、原生质体融合和基因工程等技术，人为引起菌种遗传变异或基因重组，获得高效降解菌种。

目前，已分离到多种降解农药污染的微生物，包括细菌、放线菌、真菌和藻类，其中细菌和真菌最多，而又以细菌研究得较为透彻。

表 12-3　降解农药污染的微生物类别

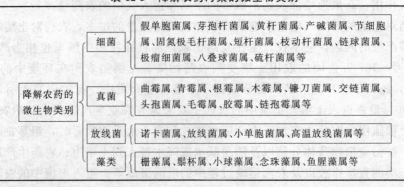

降解农药的微生物类别	细菌	假单胞菌属、芽孢杆菌属、黄杆菌属、产碱菌属、节细胞属、固氮极毛杆菌属、短杆菌属、枝动杆菌属、链球菌属、极瘤细菌属、八叠球菌属、硫杆菌属等
	真菌	曲霉属、青霉属、根霉属、木霉属、镰刀菌属、交链菌属、头孢菌属、毛霉属、胶霉属、链孢霉属等
	放线菌	诺卡菌属、放线菌属、小单胞菌属、高温放线菌属等
	藻类	栅藻属、鬃杯属、小球藻属、念珠藻属、鱼腥藻属等

12.3.2　微生物降解农药污染的机理

微生物降解农药污染常见的作用方式有以下 2 种。

① 矿化作用。指微生物将农药作为生长基质利用，完全将农药分解成为 CO_2 和 H_2O 等无机物的过程。尽管矿化作用是清除农药污染的理想方式，但研究表明，自然界中此类微生物的种类和数量还很少。

② 共代谢作用。指微生物在有可利用的生长基质存在时，对原来不能利用的农药也可分解代谢的现象。共代谢反应中产生的既能代谢转化生长基质又能代谢转化农药污染的非专一性酶，是微生物共代谢反应的关键。共代谢作用在农药污染的微生物降解过程中发挥着主要的作用，某一特定菌株以共代谢的方式实现对农药污染的转化作用，同一环境中的其他微生物则以联合代谢的方式最终完成对它的完全降解。

目前对于各种杀虫剂的微生物降解途径已比较清楚，表 12-4 列举了几种主要的降解途径。

表 12-4　微生物降解农药的主要途径

降解途径	作用机理	适用对象
水解作用	在微生物作用下，酯键和酰胺键水解，使得农药脱毒	如马拉硫磷、敌稗、毒死蜱等
脱卤作用	卤代烃类杀虫剂，在脱卤酶的作用下，其取代基上的卤被 H、羧基等取代，从而失去毒性	如 DDT 降解变为 DDE；二氯苯等
氧化作用	微生物通过合成氧化酶，使分子氧进入有机分子，尤其是带有芳香环的有机分子中，插入 1 个羟基或形成 1 个环氧化物	如多菌灵和 2,4-D
硝基还原	在微生物的作用下，农药中的 NO_2 转变为 NH_2	如 2,4-二硝基酚，其降解产物为 2-氨基-4-硝基酚和 4-氨基-2-硝基酚；对硫磷转为氨基对硫磷；2,4-二硝基苯酚
甲基化	有毒酚类加入甲基使其钝化	如四氯酚、五氯酚
去甲基化	含有甲基或其他烃基，与 N、O、S 相连，脱去这些基团转为无毒	如敌草隆的降解即脱去两个 N-甲基；苯脲
去氨基	脱氨无毒	如醚草通、莠去津

应当指出，农药污染的降解过程是非常复杂的。一种农药在其降解过程中常常包含多种不同类型的化学反应（或降解作用）。例如，杀虫剂乙酰基磷酸酯（毒虫畏）的微生物降解历程如下：在微生物的作用下，母体物（Ⅰ）生成脱乙基毒虫畏（Ⅱ），或者由水解或氧化作用经由一个中间体生成 2,4-二氯苯乙酮（Ⅳ），再还原为 1-(2,4-二氯苯基) 乙醇（Ⅴ），再氧化为二醇（Ⅵ），从Ⅵ起可能有第二条途径，即异构化为环氧化物 2,4-二氯苯环氧乙烷（Ⅶ），然后Ⅵ和Ⅶ氧化生成对氯苯甲酸（Ⅷ）。

12.3.3　影响微生物降解农药污染的因素

微生物降解农药污染的速率决定于内因和外因，内因包括农药本身因素和微生物本身因素，外因是环境的物理、化学及生物学条件。

① 环境因素。农药污染及其降解微生物所处环境的温度、湿度、pH 值、含 C 和 N 等有机质的含量、盐度、基质的吸附作用、黏度及通气量等，均可影响微生物对农药污染的降解能力。大多数微生物有最适生长温度，降解酶也有最适反应温度，温度的改变可以影响微

生物的代谢作用、降解酶的酶活性，甚至还能影响农药污染的物理状态，从而影响降解速率。一般来说，pH 偏酸性时，利于真菌繁殖，pH 偏碱性或中性时，利于细菌繁殖。pH 偏碱性的情况下，有机磷、有机氯农药本身易于被降解，残留低。在湿润、有机质含量丰富、通气良好的环境下，有利于好氧或兼性厌氧微生物的生长。莫测辉等指出，堆肥中微生物降解多环芳烃的活性与氧的浓度和水分含量密切相关，当堆肥中氧的含量小于 18%、水分含量大于 75% 时，堆肥就从好氧条件转化为厌氧条件，进而影响多环芳烃的降解效果。有关报道指出，在堆肥与被多环芳烃污染的土壤混合的情况下，堆肥中有机基质含量对于农药污染降解的作用要大于堆肥中生物的含量对于农药污染降解的作用；营养对于以共代谢作用降解农药污染的微生物更加重要，因为微生物在以共代谢的方式降解农药污染时，并不产生能量，需其他的碳源和能源物质补充能量。

② 农药本身的因素。污染农药的化学结构、分子排列和空间结构、化学官能团、分子间的吸引和排斥、溶解性、污染农药的使用量，影响农药污染的生物可得性，最终影响微生物对农药污染的降解速率。一般来说，结构简单、分子量小的农药污染易降解；污染农药分子中的链烃比环烃易降解；不饱和烃比饱和烃易降解；支链越多，降解越难；主链上取代基或官能团的位置、数量、种类也影响降解程度。在同类化合物中，影响其降解速率的因素有：化合物取代基的种类、数量、位置以及取代基团的大小。苯类化合物中，不同取代基对各种微生物抗分解的顺序为：$-NO_2 > -SO_3H > -OCH_3 > -NH_2 > -COOH > -OH$。同类化合物中，取代基的数量愈多，基团的分子愈大，就愈难分解。例如，两种除草剂 2,4-D 与 2,4,5-T 在土壤或水中的降解速度相差很大。由于 2,4,5-T 在第 5 位碳原子处增加了 1 个氯原子，降解时间由原来的 4 周增加到了 20 周，成为一种十分难降解的化合物。苯环上的取代基为羧基或烃基的化合物易降解，而卤族为取代基（如氯苯、二氯苯）时很难降解。

微生物只能降解特定结构的农药，所以农药结构决定降解该农药的微生物种类，只有对污染环境农药的结构充分了解，才能有效地对其进行生物降解。

③ 微生物自身的因素。微生物的种类、代谢活性、适应性等都直接影响到对农药污染的降解与转化，不同的微生物种类或同一种类的不同菌株对同一农药污染的反应都不同。王倩如等从活性污泥中分离出一株蜡状芽孢杆菌和一株嗜中温假单胞菌，混合菌比单一菌降解率高，对甲胺磷的去除率可达 95.5%~97.4%。

微生物因其自身的生活习性不同，对不同农药的降解有着完全不同的结果，这也是研究人员普遍关心的问题，随着人们对微生物了解的深入，农药降解的研究也会取得长足发展。

12.3.4　微生物降解农药污染存在的问题

虽然农药污染的微生物降解研究已经取得了很大的进展，而且也有了一些应用的实例，但研究大多局限在实验室中，农药污染降解菌完全走出实验室到实际应用中还有一段路要走。农药污染微生物降解的问题主要有以下几方面。

① 单一微生物不适应自然界复杂的环境条件。现阶段，农药污染的微生物降解研究主要是在实验室单一菌种纯培养的条件下进行的，在实验室内获得纯培养的菌株，然后研究它的特性、降解机理等，这与自然生态中农药污染的降解行为相差较远。农药污染往往存在于土壤、农副产品、废弃物等复杂环境中，自然状态下，是多种微生物共存，通过微生物之间的共同作用把农药污染降解，故很可能出现一株菌的降解活性在实验室内显得很强，但到了复杂条件下可能无法生存或起不到期望作用的情况。活性微生物在自然界的生存能力和降解

活性都需要进一步研究，必须确定所筛选的菌种是否属于常驻优势菌种。

② 农药污染降解产物对环境的影响是不同的。有些剧毒农药污染，一经降解就失去了毒性；而另一些农药污染，虽然自身的毒性不大，但它们的分解产物毒性很大；还有一些农药，其本身和代谢产物都有较大的毒性。所以在评价一种农药污染是否对环境有害时，不仅要看污染农药本身的毒性，而且还要注意其代谢产物是否具有潜在危害。土壤中农药污染降解生化途径的研究有助于确定农药污染是否被有效地清除掉而不仅仅是从一种毒性物质转变为另一种不能被所有的分析方法检测的毒性物质。分析方法的局限性导致农药污染检测方法的不完善，中间产物难以检测。故亟待进一步深入研究农药污染的微生物降解机理、代谢途径。

③ 农药污染环境的多样性问题。农药污染的环境包括土壤、水体、空气及蔬菜瓜果等食品。对于农药污染的土壤和水体，有降解特性的微生物较容易与污染物接触，从而发挥它们的降解功能。但是，有降解作用的微生物很难与存在于食品内部的农药污染接触，此时只可能降解残留在食品表面的农药污染，而无法利用微生物降解食品内部残留的农药污染。而且水体中存在的农药污染往往为微量浓度，目标化合物的浓度是否能使微生物生长，在此条件下微生物的增殖无疑是一个很大的问题。另外，农药污染环境的化合物组分很不稳定，波动很大，这给以工程措施利用微生物降解农药污染化合物带来困难。所以，扩大微生物降解农药污染的应用范围也是需要尽快解决的问题。

12.3.5 微生物降解农药污染的新技术和新方法

（1）固定化微生物技术在农药降解中的应用 自 20 世纪 70 年代后期以来，固定化微生物的研究迅速发展，其应用范围很广。其中，应用固定化微生物技术降解污水中的农药，成为一个新的研究领域。利用海藻酸钙固定微生物，对蝇毒磷的降解进行试验，取得了满意的结果，其降解能力优于未固定化微生物。用蜂窝状航空陶瓷包埋固定无色杆菌 *Achromobacter* sp.，制成流动床来降解 2,4-D，去除率达 87.9%～100%。

由于固定化细胞对底物和氧气扩散有阻碍，使细胞酶活性降低，通过基因工程手段制备高效工程菌是解决该问题的关键。克隆抗性库蚊酯酶基因并在大肠杆菌中高效表达，用海藻酸钠包埋固定此工程菌，并处理有机氯农药三氯杀虫酯和菊酯类农药溴氰菊酯，结果表明，固定化工程菌能高效降解这两种农药。

（2）农药降解酶制剂的研制及应用 如果用微生物产生的酶来处理农药残留而不是直接使用微生物菌株，那么对环境造成威胁或潜在威胁的风险即可降低。研究表明，一些酶比产生这类酶的微生物菌体更能忍受变异的环境条件，如对硫磷水解酶可耐受高达 10% 的盐浓度和 50℃的温度，而产生这种酶的假单胞菌在这种条件下却不能生长。固化酶对环境条件有较宽的忍受范围，可用于农药及类似结构的环境污染物的净化。用降解酶净化农药具有良好的效果，能否应用取决于稳定性及固定化技术的实用性，降解酶的获得可通过生物技术对降解农药的基因进行克隆、基因的高效表达来实现。

（3）降解基因的克隆、表达及基因工程菌的构建 分子生物学的迅猛发展为农药降解菌从实验室走向实际应用提供了可能。人们寄希望通过基因工程技术将农药降解酶基因或降解质粒克隆到合适的宿主菌中并使其高效表达，构建"高效农药降解菌"，为农药的微生物降解开辟一条新途径。这一领域已成为当今环境生物技术的研究热点之一，也是今后工作的重点。例如，构建的带有有机磷水解酶基因的工程大肠杆菌能够快速降解有机磷农药。采用三亲接合法成功地将带有 lux A B 基因的 Ptr102 质粒转入甲基 1605 降解菌 DLL-1 中，获得的接合子荧光非常强，而且标记质粒非常稳定。此外，除草剂 2,4-D 降解质粒、莠去津降解酶基因等已成功地克隆表达。

12.3.6 微生物降解农药污染的应用

目前，在我国市场上已有各类农药污染降解菌（酶）制剂研制成功的报道。有的已通过了专家组的技术鉴定；有的已进入了"中试阶段"，建立了试验示范基地；有的已将技术专利交给了生产企业，且大批量面市并申报了商品名称。如南京农业大学研制的"佰绿得"农药污染微生物降解菌剂，目前有四种型号：Ⅰ号可降解有机磷类"农残"；Ⅱ号可降解氯氰菊酯类"农残"；Ⅲ号可降解氰戊菊酯类"农残"；Ⅳ号可降解除草剂类"农残"，它们均已在江西、江苏、福建的水稻、茶叶、小枣、韭菜、蜜橘等中使用，取得了良好的效果。中国农科院生物技术研究所从被有机磷农药污染的土壤中筛选出能够降解多种有机磷农药污染的细菌，从中克隆出了有机磷降解酶的编码基因，并成功利用"毕赤酵母"高效表达了有机磷降解酶，表达量为 6g/L，酶活性为 1.6×10^4 U/mL，该成果已在 3t 发酵罐的中试水平上确立了基因工程酵母菌生产有机磷降解酶的稳定的发酵工艺，其商品"比亚蔬菜瓜果农药污染降解酶"生物制剂也已进入市场。

参 考 文 献

[1] 王雪芳. 农药污染与生态环境保护. 广西农学报，2004，（2）：21-24.

[2] 杜蕙. 农药污染对生态环境的影响及可持续治理对策. 甘肃农业科技，2010，（11）：24-28.

[3] 刘建利. 利用微生物降解农药污染. 生物学教学，2010，35（4）：5-9.

[4] 邢秋格. 农药污染的现状、原因及防止对策. 河北林业科技，2010，4（2）：45-47.

[5] 刘娜. 农药污染的危害. 剑南文学：管理观察，2010，（8）：217.

[6] 李岩，蒋继志，刘翠芳. 微生物降解农药研究的新进展. 生物学杂志，2007，24（2）：59-62.

[7] 杨明伟，叶非. 微生物降解农药的研究进展. 植物保护，2010，36（3）：26-29.

[8] Yang L，Yang Q，Liu P，et al. Expression of the Hsp24 gene from Trichoderma harzianum in Saccharomyces cerevisiae. Journal of Thermal Biology，2008，33（1）：1-6.

13　微生物絮凝剂

絮凝剂是一种可使不易沉降的悬浮颗粒物凝聚沉降的物质。它广泛应用于工业生产过程包括工业废水处理、食品生产及发酵工业等。传统絮凝剂一般可分为 3 类：无机絮凝剂，如硫酸铝、聚合氯化铝、硫酸亚铁、明矾等；有机合成高分子絮凝剂，如聚氧化乙烯、聚苯乙烯磺酸盐以及聚丙烯酰胺衍生物、聚乙烯亚胺等；天然有机高分子絮凝剂，如纤维素、淀粉、聚氨基葡萄糖、藻蛋白酸钠和微生物絮凝剂等。其中许多无机絮凝剂和有机合成高分子絮凝剂由于其良好的絮凝效果和较低成本，已经被广泛应用。但是研究发现这些絮凝剂在使用的过程中存在较大的安全隐患和潜在的二次污染的问题，而天然高分子絮凝剂也存在着絮凝性较弱和使用成本高等缺点，这就给它们的开发应用带来了问题，同时促使人们寻找和研究一类新的絮凝剂来解决这些问题，并且进一步应用到生产中。

20 世纪 80 年代后期，伴随着生物技术的兴起和发展，微生物絮凝剂应运而生。1981年，欧洲生物技术联盟（EFB）将控制污染的微生物絮凝剂定为环境生物技术的一种，我国在《生物技术中长期发展纲要》中将开发微生物絮凝剂作为明确研究方向之一。

微生物絮凝剂是一种由微生物产生的可使液体中不易降解的固体悬浮颗粒、菌体细胞及胶体粒子等凝集、沉淀的特殊高分子代谢产物。它是通过微生物发酵、分离提取而得到的一种新型、高效、无毒、廉价的水处理剂。

13.1　微生物絮凝剂的概述

13.1.1　微生物絮凝的优点

由于微生物絮凝剂具有能够克服传统无机絮凝剂及高分子絮凝剂不足的特性，因而成为一种新型絮凝剂。微生物絮凝剂具有以下独特的优点。

① 易于固液分离，形成沉淀物少；

② 易被微生物降解，无毒无害，安全性高；

③ 无二次污染；

④ 使用范围广；

⑤ 具有除浊和脱色性能等；

⑥ 有的微生物絮凝剂还具备不受 pH 条件影响、热稳定性强、用量小等特点；

⑦ 菌体细胞成本低，能进行大规模培养生产，并且发酵培养液中的胞外微生物絮凝剂易于再生回用。

13.1.2　微生物絮凝剂的发展史

微生物絮凝剂的研究开始于 1876 年法国 Louis Pasteur 在酵母菌 *Levurecasseeuse* 中发现微生物的絮凝作用。在 20 世纪 70—80 年代，微生物絮凝剂的研究迅速发展。由于在研究中发现微生物絮凝剂在使用过程中具有高效、安全、不污染环境等优点，在医药、食品加工、生物产品分离等领域也具有巨大的潜在应用价值，而且对环境和人类具有无毒无害等特点，使微生物絮剂的研究更是快速发展。表 13-1 列出了微生物絮凝剂研究过程的一些重大事件。

表 13-1　微生物絮凝剂研究过程中的重大事件

时间	重大事件
1876 年	LouisPasteu 在酵母菌 *Levurecasseeuse* 中发现絮凝作用
1935 年	Butterfield 从活性污泥中分离出一株细菌,并发现该菌的培养液具有一定的絮凝能力
1937 年	Butterfield 再次发现从活性污泥中分离出的细菌的培养基有絮凝作用
1971 年	Zajic 和 Knetting 从煤油中分离出一株棒状杆菌
1975 年	Junji Nakamura 对 214 株微生物进行了分离筛选,最终得到 19 株产絮凝剂的微生物,包括细菌 5 株、放线菌 5 株、霉菌 8 株、酵母菌 1 株,其中以酱油曲霉(*Aspergillussojae*)产生的絮凝剂 AJ7002 效果最佳
20 世纪 80 年代	日本的仓根隆一郎从日本的旱土土壤中分离筛选得到红平红球菌 S-1(*Rhodococcuserythropolis sp.*),并将菌株产生的微生物命名为 NOC-1
1985 年	Hironki Takagi 等对分离出的拟青霉菌 I-1(*Paecilomyces sp.*)产生的微生物絮凝剂 PF101 特性研究表明,它对各种微生物细胞都有絮凝沉淀作用,并且可以除去溶液中几乎所有的悬浮颗粒,包括有机物和无机物,如血红细胞、炭粉、纤维素、硅藻土等
1986 年	Ryuichiro Kurane 等研究了微生物絮凝剂对家畜废水的处理情况,发现红平红球菌产生的絮凝剂能够有效去除猪尿和粪便

13.2　微生物絮凝剂的分类

按照来源不同，微生物絮凝剂主要可分为以下为 3 类。

① 直接利用微生物细胞作为絮凝剂。如某些细菌、霉菌、放线菌和酵母，它们大量存在于土壤、活性污泥和沉积物中。

② 利用微生物细胞壁提取物作为絮凝剂。如酵母细胞壁的葡聚糖、甘露聚糖、蛋白质和 *N*-乙酰葡萄糖胺等成分均可用作絮凝剂。

③ 利用微生物细胞代谢产物作为絮凝剂。微生物细胞产生的具有絮凝活性的代谢产物中，有的储藏在胞内作为内源代谢物，有的则分泌到胞外或者黏附在菌细胞表面，或者脱离菌体，游离于发酵液中。微生物细胞中分泌到细胞外的代谢产物主要是细菌的荚膜和黏液质，除水分外，其主要成分为多糖及少量的多肽、蛋白质、脂类及其复合物。可用作絮凝剂的主要是多糖，这种分泌到细胞外的具有絮凝活性的高聚物称为胞外生物高聚物絮凝剂（extracellular biopolymeric flocculants，简称 EBF）。现今对第三种絮凝剂的研究最多。

13.3　微生物絮凝剂产生菌

目前已报道的可产生絮凝性物质的微生物有很多，包括细菌、霉菌、放线菌、酵母菌等。至今发现的具有絮凝性的微生物多达 32 个种，它们广泛分布于各种土壤、污水中，其中细菌 18 种，分别为粪产碱菌属（*Alcaligenes faecalis*）、协腹产碱杆菌（*Alcaligenes latus*）、渴望德莱菌（*Alcaligenes cupidus*）、芽孢杆菌属（*Bacillus* sp.）、棒状杆菌（*Corynebacterium brevicale*）、暗色孢属（*Dematium* sp.）、草分枝杆菌属（*Mycobacterium phlei*）、红平红球菌（*R. erythropolis*）、铜绿假单胞菌属（*Pseudomonas aeruginsa*）、荧光假单胞菌属（*Pseudomonas fluorescens*）、粪便假单胞菌属（*Pseudomonas faecalic*）、发酵乳杆菌（*Lactobacillus fermentum*）、嗜虫短杆菌（*Brevibacterium insectiphilum*）、金黄色葡萄球菌（*Staphylococcus aureus*）、土壤杆菌属（*Agrobacterium* sp.）、环圈项圈蓝细菌（*Acinetobacter* sp.）、厄氏菌属（*Oerskwvia* sp.）和不动细胞属（*Acinetobacter* sp.）。真菌 9 种，分别为酱油曲霉（*Aspergillus sojae*）、棕曲霉（*Aspergillus ochraceus*）、寄生曲霉（*Aspergillus parasiticus*）、赤红曲霉（*Monacus anka*）、拟青霉属（*Paecilomyces* sp.）、棕腐真菌（*Brown rot fungi*）、白腐真菌（*White rot fungi*）、白地霉（*Georrichum candidum*）和栗酒裂殖酵母（*Schizosaccharomyces pombe*）。放线菌 5 种，分别为椿象虫诺卡菌（*Nocardia restriea*）、红平诺卡菌（*Nocardia rhodnii*）、石灰壤诺卡菌（*Nocardia calcarca*）、灰色链霉菌（*Streptomyces griseus*）和酒红链霉菌（*Streptomyces vinaceus*）。表 13-2 列出了较常见的絮凝剂产生菌。

表 13-2 较常见的絮凝剂产生菌

菌种类别	菌种名称
革兰阳性菌	*R. erythropolis*（红平红球菌） *Nocardia restriea*（椿象虫诺卡菌） *Nocardia rhodnii*（红平诺卡菌） *Nocardia calcarca*（石灰壤诺卡菌） *Corynebacterium brevicale*（棒状杆菌）
革兰阴性菌	*Alcaligenes latus*（协腹产碱杆菌） *Alcaligenes cupidus*（渴望德莱菌）
真菌	*Aspergillus sojae*（酱油曲霉） *Paecilomyces* sp.（拟青霉属） *White rot fungi*（白腐真菌）
其他	*Agrobacterium* sp.（土壤杆菌属） *Oerskwvia* sp.（厄氏菌属） *Pseudomonas* sp.（假单胞菌属） *Acinetobacter* sp.（不动细胞属） *Dematium* sp.（暗色孢属）

这些已经鉴定的絮凝微生物大量存在于土壤、活性污泥和沉积物中，从这些微生物中分离出来的絮凝剂不仅可以用于处理废水和改进活性污泥的沉降性能，还能用在微生物发酵工业中进行微生物细胞和产物的分离。

13.4 微生物絮凝剂的化学成分及结构

生物絮凝剂属于结构复杂的高分子物质，按其化学组成分类，主要包括蛋白质、多糖、脂类和 DNA 类等大分子物质，现将一些研究较为深入的絮凝剂的结构组成、相对分子质量、结构属性归纳于表 13-3。

表 13-3　微生物絮凝剂组成、相对分子质量、结构属性

絮凝剂产生菌的名称	絮凝剂名称	组成	相对分子质量	结构属性
Rhodococcus erythropo	NOC-1	多肽、脂质		蛋白类
Pacecilomyces sp. I-1	PF-101	85%半乳糖胺、23%乙酰基、5.7%甲酰基、氮化半乳糖胺	$3×10^5$	黏多糖类
A spergillus sojue	AJ70022	0.9%的半乳糖、0.3%葡糖胺、35.3% 2-酮葡糖酸、27.5%蛋白质	$>2×10^5$	蛋白质、己糖、2-葡糖、酮酸的聚合物
Nocardia anerueukl	Fix	主要组成为多肽，含25.6%甘氨酸、13.8%丙氨酸、12.3%丝氨酸		蛋白质类
A lcaligenes cupids KT201	AL-201	4.25%糖、36.38%半乳糖、8.52%的葡糖醛酸、10.3%的乙酸	$>2×10^6$	多聚糖类
A spergillus parasiticus	AHU 7165	半乳糖胺、55%~65%的氮未取代的半乳糖胺残基	$3×10^5 \sim 1×10^6$	多糖类
R -3mixed microbes	APR-3	葡糖、半乳糖、琥珀酸、丙酮酸物质的量比为 5.6∶1∶0.6∶2.5	$>2×10^6$	酸性多糖
*A nabenopsis ciculariie*1	Pcc6720	丙酮酸、蛋白质、脂肪酸		杂多糖类
Arcuadendron sp. TS-49		定性分析表明含有氨基乙糖、糖醛酸、中性糖、蛋白质		杂多糖类
Sporolactobacillus sp.				核蛋白
Aeromonas sp.				糖蛋白
Anabaena sp. PC-1		中性糖、糖醛酸、蛋白质		多聚糖蛋白
Pseudomnas sp. A-99		酸性蛋白、少量半乳糖醛酸、葡萄糖、半乳糖		酸性糖蛋白
Enterobacter sp. BY-29		半乳糖醛酸、葡萄糖、半乳糖、戊醛糖	$2.5×10^6$	酸性多聚糖
Klebsiella pneumoniae H12		56.04%半乳糖、25.92%葡萄糖、10.92%半乳糖醛酸、3.71%甘露糖、3.37%葡萄糖醛酸		多聚糖
Klebsiella sp. S11		半乳糖∶葡萄糖∶甘露糖= 5∶2∶1(物质的量比)	$>2×10^6$	酸性多聚糖
Pestalotiopsis sp. KCTC8637	Pestan	葡萄糖∶葡(萄)糖胺∶葡萄糖醛酸∶鼠李糖=100∶3.5∶1.6∶1.3(物质的量比)		多聚糖
*Xanthomonas*1		黄原胶		

通过对大多数生物絮凝剂的红外光谱分析，结果表明其化学结构中含有羧基、羟基、氨基和磷酸基，这些官能团被确知有助于黏土的絮凝作用。大多数研究者认为羧基是发生絮凝作用的主要基因，但还有一些人认为是氨基和磷酸基团起主要作用。

13.5 微生物絮凝剂的絮凝机理

相对经典的胶体体系的絮凝机理而言，生物体系的絮凝机理目前还不是很清楚。目前，絮凝理论主要有荚膜学说、菌体外纤维素纤丝学说、电性中和学说、疏水学说和聚合物桥联学说等，其中桥联学说最为流行。

13.5.1 "桥联作用"机理

絮凝剂借助离子键、氢键和范德华力，同时结合多个颗粒分子，在颗粒间起到中间桥梁的作用，把这些颗粒连接在一起，从而使之形成网状结构沉淀下来。其中胞外聚合物架桥学说认为细菌体外的聚合物是絮凝产生的物质基础，这些物质与颗粒表面相互作用，从而导致絮凝的发生。具有絮凝功能的微生物表面主要有黏多糖、蛋白质、脂类、糖蛋白、纤维素、核酸以及离子化的葡聚糖和核酸等物质，当微生物高分子絮凝剂从颗粒表面伸展到溶液的距离远远大于颗粒之间产生电荷排斥作用的距离时，则产生桥联作用。通过这种方式微生物高分子聚合物吸附其他颗粒形成絮状体。这个机理可以解释不带电和带同种电荷的微生物絮凝剂的絮凝作用。有实验表明，絮凝剂絮凝膨润土过程时，通过测定等温线和 Zeta 电位发现絮凝剂确实是以桥联方式絮凝的。

桥联作用的有效性主要来自生物高聚物絮凝剂（EBF）的分子量、聚合物和颗粒的电荷、悬浮液的离子强度以及混合物的形成性质。当细胞外物质为酸性时，离子键结合是主要吸附形式；当胞外物质为中性时，氢键结合是主要方式。根据国外提出的胞外高分子聚合物/架桥的絮凝模型理论，高分子聚合物通过桥联作用使悬浮物絮凝时，可使絮凝剂分子和颗粒之间以离子键结合而促使絮凝发生。絮凝是由于细胞壁上的磷酸二酯的搭桥作用，但有人认为起到搭桥作用的是羧基，并且絮凝效果和细胞表面上羧基暴露的多少有直接的关系。

13.5.2 "电性中和"机理

水中胶体颗粒一般带有负电荷，当带有一定量正电荷的链状生物大分子絮凝剂或其水解产物靠近这种胶粒时，将中和其表面的部分电荷，使其表面电荷密度降低，从而颗粒之间能够充分地相互靠拢，从而使胶粒之间、胶粒与絮凝剂分子之间易产生互相碰撞，通过分子间作用力凝聚而沉淀。在实验中加入金属离子或调节 pH 即可影响其絮凝效果，这主要是通过影响其带电性而起作用的。

13.5.3 "化学反应"机理

生物大分子中某些活性基团与被絮凝物质的相应基团发生了化学变化，从而聚集成较大分子沉淀下来，通过对生物大分子进行改性处理，使其添加或丧失某些活性基团，其絮凝活性将会受到较大影响。有些学者认为这些絮凝剂的絮凝活性主要依赖于活性基团，而温度主要通过影响其化学基团活性来影响其化学反应，从而影响其絮凝效果。

13.6 影响微生物絮凝剂的絮凝作用的因素

影响微生物高聚物絮凝剂的产生和絮凝过程的因素有很多，包括遗传、生理和环境等方面的因素，环境方面因素又包括物理、化学和生物因素。另外发酵罐培养基的组成、碳和氮的含量（C/N），培养基的 pH，温度以及搅拌速度、通气状况等都将影响胞外微生物高聚物絮凝剂的产率。

13.6.1　物化因素对絮凝剂的絮凝作用的影响

影响微生物絮凝活性和絮凝能力的物化因素很多，主要包括微生物絮凝剂分子量、分子结构、温度、pH 以及金属离子浓度等。

13.6.2　微生物高聚物絮凝剂分子量和分子结构对絮凝活性的影响

絮凝过程中的桥联作用在絮凝机理中所占比重是与 EBF 的形体大小相关的。与低分子量 EBF 相比，分子量大的 EBF 在絮凝过程中具有更多的吸附点和更强的桥联作用，因此具有更高的絮凝活性。EBF 的相对分子质量范围为 $1\times10^5\sim2.5\times10^6$。具有线性结构的大分子絮凝剂的絮凝效果较好，如果分子结构是交联或支链结构，其絮凝效果较差。另外，絮凝剂分子中的一些特殊基团，由于其在絮凝剂分子中的特殊作用，对絮凝活性的影响也很大。如某些絮凝剂分子结构中的氨基，被氧化释放出氨后，絮凝剂的活性就会消失。

13.6.3　pH 对微生物高聚物絮凝剂絮凝活性的影响

微生物絮凝剂的絮凝活性是随 pH 变化而变化的。这主要是因为 pH 能通过改变酸碱度来改变絮凝剂大分子和胶体颗粒的表面电荷、带电状态及中和电荷能力，从而影响它们之间的距离和吸附行为。不同的絮凝剂对同一被絮凝物存在不同的最适 pH，同一种絮凝剂对不同的被絮凝物也存在最适 pH。在一定 pH 范围内，胶体颗粒的表面电荷有所降低，使得颗粒之间的相互斥力减弱，从而有利于絮凝剂与颗粒之间的桥联作用，促进架桥形成和颗粒的沉淀，因而微生物絮凝剂在此 pH 范围内表现出良好的絮凝活性。

13.6.4　温度对微生物高聚物絮凝剂絮凝活性的影响

结构上具有蛋白质或肽链的絮凝剂一般都是热不稳定的，高温可使这些高分子物质的空间结构改变，导致变性，从而使絮凝活性下降。这主要是因为具有絮凝活性的功能基团在高温处理后结构发生改变，不能与胶体颗粒结合，不能保持其絮凝活性。但是当絮凝剂的结构为多糖时，温度对其絮凝作用的影响极小，有时可能还会有略微的促进作用，这是因为糖的结构在温度下较为稳定。因此可以通过温度的变化来检测微生物絮凝剂的絮凝性能是否稳定，这可以作为初步判断该絮凝剂是否具有多糖结构的依据。

13.6.5　金属离子对微生物高聚物絮凝剂絮凝活性的影响

有些微生物絮凝剂中含有金属离子，金属离子可以加强生物絮凝剂的桥联作用和中和作用，其中阳离子能通过中和稳定残余的带负电荷的官能团以及在微粒之间形成架桥来激发絮凝活性，二价和三价离子的作用是通过减少聚合物和颗粒的负电荷来增强生物高聚物对悬浮颗粒的最初吸附，以此来增强絮凝剂的絮凝活性。金属离子还可以调节 pH 值。因此在添加絮凝剂时一般会相应地加入助凝剂以提高絮凝剂的絮凝效果。但是助凝剂的加入量对絮凝剂的絮凝效果也有很大的影响。一般来讲，助凝剂的添加量越多絮凝剂的效果越好，但是其添加至一定量时，其对絮凝效果影响不大。

13.7　生物因素对絮凝剂絮凝作用的影响

絮凝剂产生菌的培养基的组成、碳和氮的含量（C/N），培养基的 pH，温度以及搅拌速度、通气状况等都将影响胞外生物高聚物絮凝剂的产率。由于胞外生物高聚物絮凝剂的产量和分布都与培养条件密切相关，所以对这些因素进行最优化是非常重要的。对于某一特定菌，细胞生长的营养条件往往不同于絮凝剂的产生条件。

13.7.1　微生物高聚物絮凝剂产生菌的培养条件

由于只有在微生物进入内生阶段才出现微生物絮凝剂，这些结果表明 EBF 的分泌大多出现在培养期的后期。此外，不同菌种在不同的时间阶段分泌的絮凝剂产量一般是不同的。据各种研究和相关文献表明，胞外絮凝剂的分泌处于菌细胞生长的对数增长期以及稳定期，尤其集中在对数期中后期和稳定期初期、中期，在此之前絮凝剂处于不分泌或少分泌状态（少数例外）；而在此之后，絮凝活性将不再有上升趋势。

13.7.2　培养基组成对微生物高聚物絮凝剂产生的影响

一般来说，营养丰富的培养基有利于絮凝剂的产生，但不同的絮凝剂产生菌营养要求不同，有些甚至差别很大。培养基的具体组成对 EBF 产生有较大影响，包括培养基碳源、氮源的成分，碳氮比（C/N），以及培养基中的金属离子、微量生长因子等。

13.7.2.1　碳源和氮源对微生物高聚物絮凝剂产生的影响

碳源和氮源以及碳氮比（C/N）对微生物高聚物絮凝剂的产生十分重要。以葡萄糖和果糖作为碳源，以尿素和硫酸铵作为无机氮源，以酵母膏和酪蛋白水解物作为有机氮源可以促进 *R. erythropolis* 菌体细胞的伸长和絮凝剂的分泌；在某些无机氮化合物（如氯化铵、硝酸铵、硫酸铵）存在的情况下，菌丝体的生长是很微弱的，絮凝活性也是难以观察到的。将蔗糖作为碳源时，细胞保持短小和杆状；山梨醇、甘露醇和乙醇是对 *R. erythropolis* 菌体的生长和絮凝剂的分泌具有特殊促进作用的碳源。

乙醇是工业应用中作为生产絮凝剂的一种良好碳源。罐头厂废水和酿酒厂酒糟都是可供选择的廉价碳源。尿素、硫酸铵、酵母膏以及酪蛋白氨基酸都是生产微生物高聚物絮凝剂所需的良好氮源。

碳氮比（C/N）对微生物高聚物絮凝剂分泌有非常明显的影响作用。葡萄糖浓度确定在 25g/L 时，降低碳氮比（C/N<38）能够使 *Z. ramigera* 絮凝剂分泌量增加。对于 *Zoogloea* MP6 来说，其在生长过程中碳源和氮源的缺乏会使 EBF 的分泌量稍微减少，但在相对低碳的条件下聚合物和细胞将保持一定的比率。

13.7.2.2　培养基中金属离子对微生物高聚物絮凝剂产生的影响

微生物高聚物絮凝剂的产生受培养基中金属离子的影响较大。对于不同的絮凝剂产生菌来讲，培养基中的金属离子对其影响不同，而且不同的金属离子及其浓度对同一种的絮凝剂产生菌种也有不同影响。

在菌株 S-4K 的培养基中加入 Fe^{2+} 和 Ca^{2+}，会使其分泌的絮凝剂活性受到严重抑制。对于黄质菌属，Ca^{2+}、Mn^{2+} 和 Ba^{2+} 的存在能激发其絮凝剂的分泌，但 Mg^{2+} 则会抑制这种功能。Ca^{2+} 既能促进 *Paecilomyces* sp. 细胞的伸长长大又能增强它的絮凝活性，而 Fe^{2+} 和 Cu^{2+} 只能起到相反的作用。培养基组成对微生物高聚物絮凝剂也产生影响。诸如 Ca^{2+} 等二价离子能增强 *Sac. cerevisiae* 分泌的 EBF 絮凝活性；如果培养基中的 Ca^{2+} 被螯合剂 EDTA 去除，则其絮凝作用被抑制。在 *K. cryocrescens* 的培养基中存在低浓度 Ca^{2+} 的条件下，絮状物产生情况良好；但如果没有 Ca^{2+}，则不能形成絮状物。这些结果表明 Ca^{2+} 和细胞表面成分都是生成微生物絮凝剂的重要因素。金属离子如 Co^{2+}、Sr^{2+}、Mg^{2+}、Mn^{2+}、Al^{3+} 和 Ca^{2+} 都能增强 *K. marxianus* 细胞的絮凝性能，而 Fe^{2+} 和 Sn^{2+} 则无此效用。

某些离子低浓度时能提高絮凝活性，高浓度时反而抑制絮凝剂的产生。例如，0.25％的 KNO_3，0.01％$Al_2(SO_4)_3$ 以及低浓度的 $CaCl_2$、$CaCO_3$、$MgSO_4$ 均能促进 C-62 菌株产生絮凝剂；但若离子浓度超过 0.5％，絮凝活性反而下降。

在培养基中加入微量生长因子，如酪蛋白氨基酸、蛋白胨、酵母膏、酪蛋白、丙氨酸和谷氨酸等，均可促进絮凝剂的产生。

培养基中的其他物质，如 EDTA、苹果酸、柠檬酸、多聚赖氨酸、小牛血清蛋白等对微生物絮凝剂的形成也有不同的影响。这些物质影响微生物絮凝活性的原因主要有两个方面：一是调节絮凝基因的表达；二是对微生物产生的絮凝剂进行了物理或化学修饰。

13.7.3 培养基 pH 对微生物高聚物絮凝剂产生的影响

培养基的初始 pH 会影响 EBF 的产生分泌。合成絮凝剂的最佳 pH 一般为中性至偏碱性，过酸或过碱均不利于絮凝剂的产生。菌体在发酵过程中，pH 将发生较明显的升降变化，最后趋于稳定。

培养基的初始 pH 还会影响絮凝剂的分布位置。我国台湾学者研究 C-62 菌株产生的絮凝剂时，发现当培养基的初始 pH>7 时，发酵终了时的菌体细胞的絮凝活性高于发酵液的絮凝活性；当培养基初始 pH 降至 6 时，最终发酵液的絮凝活性则高于菌体细胞。可见，C-62 菌株产生的絮凝剂随培养基初始 pH 的不同在不同位置的分布比例发生变化。当发酵培养基的初始 pH 高于 7 时，絮凝剂主要被菌体细胞吸附，因而菌体发酵液表现较低的絮凝活性；而在初始 pH 为 6 的条件下培养时，絮凝剂被释放到培养基中，游离于产生菌细胞外。

13.7.4 培养基温度对微生物高聚物絮凝剂产生的影响

温度是影响 EBF 产生的另一个重要物理因素。不同絮凝剂产生菌有各自最适的培养温度。一般在 30℃左右。

对某些菌来讲，絮凝剂合成的最佳温度与菌体生长的最适温度不同。

13.7.5 通气量对微生物高聚物絮凝剂产生的影响

在研究通气量对 *R. erythropoli* sp. S-1 菌体生长以及絮凝剂合成的影响时，发现在发酵过程中停止通气，仅仅维持搅拌，菌体的絮凝率比维持通气时有所提高。另外也有报道称通气量加大会刺激某些细菌产生絮凝剂或对絮凝剂产生没有影响。可见对于不同的絮凝剂产生菌，通气量对其影响是不同的。

13.7.6 其他因素对微生物高聚物絮凝剂产生的影响

混合培养基中不同微生物之间的相互作用是对细胞聚集和分泌微生物高聚物絮凝剂起积极作用的又一生物参数。相关研究发现在含有不同种属的 *Oerskovia*，*Acinetobacter*，*Agrobacterium* 以及 *Enterobacter* 的混合培养基 R-3 中，高效絮凝剂的产生归因于不同菌种之间的相互作用。值得注意的是，这些菌种单独存在时均不能产生絮凝剂。

13.8 微生物絮凝剂的应用

13.8.1 回收废水中有效成分及去除污染物

食品产业及餐饮业废水中往往含有大量可回收再利用成分，由于微生物絮凝剂具有无毒、无二次污染等优点，可达到满意的废水处理效果。如邓述波利用自己筛选的菌株 A-9

对淀粉废水进行处理，废水中 SS、COD$_{Cr}$去除率分别达 85.5%、68.5%，效果明显优于化学絮凝剂，且可收回其蛋白质成分作为饲料。

13.8.2　活性污泥性能改善和污泥脱水处理

微生物絮凝剂能有效地清除污泥膨胀，改善其沉降性能。如在甘草制药废水处理时，将 NOC-1 加入到已发生膨胀的污泥中，污泥的 SVI 由 290 降至 50，活性污泥恢复正常。也可将絮凝基因引入无絮凝性菌株中进行污泥的脱水处理。

13.8.3　发酵液后处理及对生物细胞的絮凝

由于许多发酵液常呈胶体状态，给过滤带来困难，若采用絮凝技术与其他常规方法配合，可有效地使生物细胞和发酵产物从发酵液中分离出来。例如，絮凝剂 PF-101 发酵液稀释 10^9 倍后仍可对 *E. coli* 细胞表现出高絮凝活性。*A. spergillus* sp. JS-42 絮凝剂也可有效地絮凝水中微生物。

13.8.4　橡胶产业用于提高脱脂橡胶的产量

从天然橡胶乳液离心排出物中分离出 *A. cinetobacter* sp.，其分泌物可有效地将脱脂橡胶从脱脂乳中凝结出来。研究实验发现，当投加 6.4g/L 的菌体时，脱脂橡胶产出率为 8%，剩余液中 COD 浓度仅为 0.4mg/L，而对照组采用化学絮凝方法的脱脂橡胶产出率只有 7%，COD 浓度为 2.2mg/L。

微生物絮凝剂还可对城市污水，医院废水，乳化液分离，畜产、屠宰废水，染料废水等进行脱色处理。

13.9　微生物絮凝剂的研究动向和新的研究方法

① 选择替代性培养基，降低生产成本的研究。例如，在红平红球菌的优化培养中选用了多种自然界中广泛存在的物料作为培养基的替代成分，已经取得很大进展，从而可以大幅度降低微生物絮凝剂的成本。

② 对絮凝基因和转基因的研究。目前在这方面已取得一些突破和进展，如研究认为酵母菌中絮凝基因 flo1、flo5、flo8、tup1 等定位于染色体上，把 *Saccharomyces cerevisiae* 396-9-6V 的 flo1 基因导入一株无絮凝性的菌株的 URA3 位点上，使其获得絮凝性（FSC27 菌株），再引入 URA3 的菌株，FSCU-L18 的絮凝性能及产率比原菌株都好。另外，有人成功地通过杂交方式把絮凝基因引入无絮凝菌株中，这样就能够大量生产生物絮凝剂，而且可以培养出多功能的絮凝剂，还可以使一些处理水的工程微生物具有产生絮凝剂的功能，得到更好的处理效果。

③ 研究絮凝的新手段和方法，例如，显微操纵术可以测量细胞的变形及破裂等，可以比较清楚地观察和研究絮凝过程、生物细胞的凝结和自絮凝过程。另外，计算机模拟絮凝过程方法也是一个很好的研究手段，可为我们的研究和实验提供思路和方向。例如采用计算机模拟絮凝过程来确定胶体中的直链结构以及在整个絮凝胶体分子中所占比例对絮凝作用具有一定的影响。

13.10　微生物絮凝剂的开发和存在的问题

到目前为止，对于微生物絮凝剂的开发并将其用于生产的并不多，对絮凝剂的研究也不够清楚，到最终实现工厂化生产还有许多问题需要研究和解决，如絮凝剂的分子结构及功能基团的研究、絮凝机理的探讨、絮凝基因的定位、高产絮凝剂工程菌的组建、培养基成本问题以及工业发酵的可行性研究等。

但是随着人们环保意识和对水质要求的提高以及生物絮凝剂所具备的优点及对其的深入研究，相信生物絮凝剂在不久的将来能够大量应用于实际中。

参 考 文 献

[1] 陈坚，任洪强，堵国成，华兆哲．环境生物技术应用与发展．北京：中国轻工业出版社，2001．

[2] Zajic J E, Knetting E. Developments in industrial microbiology. Washington D. C：American institute of biological science, 1971：87-98.

[3] Nakamura J, Miyashiro S, Hirose Y. Screening isolation and some properties of microbial cell flocculants. Agric boil chem, 1976, 40 (2)：377-383.

[4] Takagi H, Kadowaki K. Flocculan production by *peacilomyces* sp. Taxonomic studies and culture conditions for production. Agric. biol. chem. , 1985, 49 (11)：3151-3157.

[5] Kurane R, Takeda K, Suzuki T. Screening for and characteristics of microbial flocculants. Agricbiolchem, 1986, 50 (9)：2301-2307.

[6] 吴键，戴桂馥．微生物细胞的絮凝剂与微生物絮凝剂．环境污染与防治，1994 (6)：27-32．

[7] 傅旭庆等．微生物絮凝剂及其絮凝机理．污染防治技术，1998，1 (1)：6-9．

[8] 黄民生，沈荣辉，夏觉等．微生物絮凝剂研制和废水净化研究．上海大学学报：自然科学版，2001，7 (3)：244-248．

[9] Yokoi H, Yoshida T. Biopolymer Flocculant Produced by an Enterobacter sp. Biotechnology Letters, 1997, 19 (6)：569-557.

[10] 姜彬慧．二株曲霉产生絮凝剂的培养条件及其絮凝特性研究．辽宁大学学报，2001，28 (2)：184-188．

[11] 胡筱敏，邓述波，罗茜．酱油曲霉的絮凝特性研究．中国有色金属学报，1998，9 (8)：548-550．

[12] 张兰英，郑敏，程金平．微生物絮凝剂产生菌的筛选及产絮凝剂的周期研究．环境科学与技术，2001，24 (2)：2-15．

[13] 刘紫鹃，刘志培，杨惠芳．一株产微生物絮凝剂菌株的分离鉴定及特性．微生物学通报，2001，28 (1)：5-8．

[14] 宋秀兰，王红．微生物絮凝剂培养条件的研究．太原理工大学学报，2001，32 (3)：312-313．

[15] 黄民生．微生物絮凝剂净化废水实验研究．工业水处理，2000，20 (5)：13-15．

[16] Kurane R, Kakuno T, et al. Purification and Characterization of Lipid Bioflocculant Produced by Rhodococcus erythropolis, Bioscience Biotechnology and Biochemistry, 1994, 58 (11)：1977-1982.

[17] Smit G, Kijine J W, et al. Flocculence of Saccharomyces Cerevisiae Cells is Induced by Nutrient Limitation, with Cell Surface Hydrophobicity as a Major Determinant. Applied and Environmental Microbiology, 1992, 58 (11)：3709-3714.

[18] Amory D E, Rouxhet P G, Dufour J P. Flocculence of Brewery Yeasts and Their Surface Properties：Chemical Composition, Electrostatic Charge and Hydrophobicity. Journal of the Institute of Brewing, 1988, 94：79-84.

[19] 李桂娇，尹华，彭辉．生物絮凝剂的研究与开发．工业水处理，2002，22 (3)：10．

[20] Sousa M, Teixeira J, Mota M. Difference in flocculation mechanism of Kluyveromyces marxianus and Saccharomyces cerevisiae. Biotechnol Lett, 1992, 14：213-218.

[21] Smit G, Straver M H, Lugtenberg B J, Kijne J W. Flocculence of Saccharomyces cerevisiae cells is induced by nutrient limitation, with cell surface hydrophobicity as a major determinant. Applied and Environmental Microbiology, 1992, 58 (11)：3709-3714.

[22] Levy N. Physico-chemical aspects in flocculation to nitesuspensions by a cyanobacterial bioflocculat. Water research, 1992, 26 (2)：239-254.

[23] Beavan M J, Belk D M, Stewart G G, Rose A H. Changes in electrophoretic mobility and lytic enzyme activity associated with development of flocculating ability in Saccharomyces cerevisiae. Can J Microbiol, 1979, 25 (8)：

888-895.

[24] Jayatissa P M，Rose A H. Role of Wall Phosphomannan in Flocculation of Saccharomyces cerevisiae. Journal of General Microbiology，1976，96：165-174.

[25] Zhen W. Screening of flocculant-producing microorganisms and some characteristics of flocculants. Biotechnology techniques，1994，8（11）：831-836.

[26] 邵青. 高效脱色絮凝剂脱色絮凝机理浅探及其应用. 工业水处理，2000，20（2）：831-836.

[27] 武道吉. 紊流絮凝动力学初探. 工业水处理，1999，19（6）：6-7.

[28] Levin S，Friesen W T. Flocculation of colloid particles by water soluble polymers：Flocculation in biotechnology and separation systems. Amsterdam：Elsevier，1987，3-20.

[29] Kurane R，Nohata Y. Microbial flocculation of waste liquids and oil emulsion by a bioflocculant from Alcaligeneslatus. Agric Biol Chem，1991，55：1127-1129.

[30] Nakamura J，Miyashiro S，Hirose Y. Conditions of production of microbial cell flocculant by Aspergillus sojae AJ-7002. Agric Biol Chem，1976，40：1341-1347.

[31] Kurane R，Toeda K，Takeda K，Suzuki T. Culture condition for production of microbial flocculant by Rhodococcus erythropolis. Agric. Biol. Chem，1986，50：2309-2323.

[32] Thomas C R，et al. Micro manipulation measurements of biological materials. Biotechnology Letters，2000，22（7）：531-537.

[33] Serge S，et al. Computer Simulation of Flocculation Processes：The Roles of Chain Conformation and Chain/Colloid Concentration Ratioin the Aggregate Structures. Journal of Colloid and Interface Science，1998，205（2）：290-304.

14　生物表面活性剂及其在重金属污染修复中的应用

最近几十年来，由于全球工业化，致使大量具有潜在毒性的物质排放到生物圈，其中就包括重金属。据粗略统计，过去 50 年中，全球排放到环境中的 Cd 2.20×10^4 t，Cu 9.39×10^5 t，Pb 7.83×10^5 t 和 Zn 1.35×10^6 t。此外据估测，全世界平均每年约排放 Hg 1.5×10^4 t、Cu 340×10^4 t、Pb 500×10^4 t、Mn 1500×10^4 t、Ni 100×10^4 t。据我国农业部进行的全国污灌区调查，在约 140×10^4 hm^2 的污水灌区中，遭受重金属污染的土地面积占污水灌区面积的 64.8%，其中轻度污染的占 46.7%，中度污染的占 9.7%，严重污染的占 8.4%。我国每年因重金属污染而减产粮食 1000 多万吨，被重金属污染的粮食每年多达 1200×10^4 t。这些重金属可能通过各种途径进入土壤、河流、地下水中。进入土壤的重金属可能影响农作物的产量和质量，并且通过食物链危及人类健康。

重金属是很难控制的污染物，其潜伏期长、危害呈慢性积累、不易被人们察觉，而且具有不可降解性，一旦进入环境中将产生持久的、一系列的污染，不易被除去。因此治理重金属污染一直是国内外瞩目的热点和难点研究课题。传统的物理化学修复技术最大的弊端就是重金属去除不彻底，易导致二次污染。近年来，已经出现利用表面活性剂和螯合剂去除、分离环境中重金属的技术。但是，传统的化学表面活性剂与螯合剂去除重金属不彻底，容易导致二次污染。生物表面活性剂（biosurfactant）环境相容性好、化学结构多样、成本低廉且易于回用，是前景很好的重金属污染修复剂，正成为重金属污染环境修复的重要发展对象。

14.1　生物表面活性剂

14.1.1　生物表面活性剂的定义及分类

生物表面活性剂（biosurfactants）是微生物在代谢过程中分泌的具有一定表面和界面活性，同时含有亲水基和疏水基的两性化合物。其亲水基团主要有单糖、双糖、多糖和多肽链，憎水基团则一般由一个或几个碳链长度不同的饱和或不饱和脂肪酸构成。生物表面活性剂主要分为糖脂类、脂多肽和脂蛋白类、磷脂和脂肪酸类、聚合表面活性剂类和微粒表面活性剂类 5 大类。生物表面活性剂一般由植物、动物或微生物产生。生物表面活性剂在重金属污染修复方面的作用已越来越受到关注。其中研究较多的是来源于微生物和植物的生物表面活性剂。

14.1.2　生物表面活性剂的结构和性能

生物表面活性剂的分子结构中既有极性基团又有非极性基团，是一类中性两极分子。亲水基团可以是离子或非离子形式的单糖、二糖、多糖、羧基、氨基或肽链；疏水基团则由饱和脂肪酸、不饱和脂肪酸或带羟基的脂肪酸组成。对于像蛋白质-多糖复合物等一些分子量较大的生物表面活性剂分子，其亲水部分和疏水部分可以由不同的分子组成。生物表面活性剂能在两相界面定向排列形成分子层，能降低界面的能量，即表面张力，多数生物表面活性剂可将表面张力减小至 30mN/m。它们在决定界面的流变学特性以及在两相间物质传递方面起着十分重要的作用。

生物表面活性剂具有良好的热稳定性及化学稳定性，如由地衣芽孢杆菌产生的脂肽在 75℃时至少可耐热 140h。生物表面活性剂在 pH 5.5～12.0 保持稳定，当 pH 小于 5.5 时，会逐渐失活。生物表面活性剂还具有良好的抗菌性能，这是一般化学合成的表面活性剂难以匹敌的，如日本的实验室从 *Pseudomonas* sp. 得到的糖脂具有一定的抗菌、抗病毒和抗支原体的性能等。

总之，与传统化学合成表面活性剂相比，生物表面活性剂具有以下优点：①较低的表面张力和界面张力。②耐温性，有些生物表面活性剂在 90℃ 的高温下仍能保持其表面活性。③耐盐性，盐溶液中不易盐析。④可生物降解性，生物表面活性剂在水体和土壤中容易降解。⑤环境友好性，不对环境产生污染和破坏。⑥可原位合成，因而可以大大降低使用成本。⑦生产工艺简单，常温常压下即可发生反应。⑧生产原料来源广阔、价廉，可以利用工业废料和农副产品为原料，生产过程对环境不产生危害。

14.1.3　生物表面活性剂的生产

生物表面活性剂的生产方法有从动植物中提取、发酵法和酶法合成 3 种。

磷脂、卵磷脂类等生物表面活性剂是从蛋黄或大豆中分离提取出来的，皂角苷是从植物体内提取的，这类生物表面活性剂的来源都是天然生物原料，受到原料的限制，难以大量生产。

利用基质培养的方法生产生物表面活性剂称为发酵法，此法 3 个主要步骤是：培养发酵、分离提取、产品纯化。此法生产生物表面活性剂的主要基质是烃类。微生物以烃类为唯一碳源时，一般培养基中不同的碳源对生物表面活性剂的产量和成分都有影响。不同的生物表面活性剂具有不同的分离、提取和浓缩方法。当以不溶于水的烷烃为碳源时，分离提取前必须先去除残余烷烃；水溶性胞外生物表面活性剂的分离通常需要多种浓缩步骤；而不溶于水的生物表面活性剂则可通过离心等技术进行分离。

酶法合成就是利用酶作催化剂合成生物表面活性剂，此法具有反应专一性强、副反应少、产品容易分离纯化以及固定化酶可以重复利用等优点，并且可在常温和常压下进行、使"三废"减少或无"三废"，产品具有明显的绿色特点。酶法主要合成单酰化甘油酯类、糖脂类、氨基酸类生物表面活性剂。酶法合成必须选择恰当的溶剂，这样既能维持酶的活性，又能增加酶和底物的互溶程度。

14.1.4　生物表面活性剂的制备条件优化

由于生物表面活性剂的生产成本比化学表面活性剂要高好几倍，如何降低其生产成本已成为生物表面活性剂工业化生产的关键问题和难题。

14.1.4.1　培养基的优化

目前，采用食品加工废料和无毒或低毒的有机废料作为廉价基质制备生物表面活性剂，不但可以降低生产成本，而且可以为此类废物的处理提供非常环保的途径。

研究人员利用木薯粉加工废水作为基质培养 2 株 *Bacillus subtilis* 生产表面活性剂。经初步纯化，*B. subtilis* ATCC 21332 的生物表面活性剂产量达到 2.2g/L；野生型 *B. subtilis*

LB5a 生物表面活性剂产量更高达 3.0g/L。研究还发现，*B. subtilis* LB5a 所产生的生物表面活性剂的结构和表面活性剂相似。南极假丝酵母（*Candida antarctica*）能在补充了炼油废物的培养基中生长并合成糖脂类表面活性剂。投加皂料时的产量为 7.3～13.4g/L，投加炼油后脂肪酸时的产量为 6.6～10.5g/L。该菌株在没有补充废物的基质中同样能够合成糖脂类物质，但在基质中添加炼油废物后，糖脂类物质的产量会提高 7.5～8.5 倍。

14.1.4.2 诱导物和 Fe 对产量的影响

研究发现植物油（葵花子油）中含有不饱和脂肪酸，是一种很好的诱导微生物产表面活性剂的基质。加入诱导物可以缩短产表面活性剂的周期，因此可以在一定程度上提高生物表面活性剂的产率。同样，有研究显示投加适量的铁也可以提高 *B. subtilis* ATCC 21332 的生物表面活性剂产量。但是，投加过量的铁会使发酵液的 pH 值急剧下降，当下降到 5.0 以下，发酵液中的表面活性剂就会减少甚至消失。在酸性条件下，表面活性剂的消失主要是由于胞外酸性代谢物的积聚导致其发生沉淀。通过 GC-MS 和 IR 分析表明这些酸性代谢物的分子量和分子结构与邻苯二甲酸酐相似。因此，在投加 Fe 提高生物表面活性剂产量的同时要注意控制 pH 的变化。

14.2 生物表面活性剂在重金属污染修复中的应用

对于生物表面活性剂的研究始于 1946 年，微生物产生的表面活性剂是微生物提高石油采收率的重要机制之一。20 世纪 60 年代以后，微生物生产表面活性剂成为生物技术领域中的一个新课题。70 年代之后得到迅猛发展，后来人们发现生物表面活性剂还可以用来修复溢油、修复重金属以及应用于纺织品、医药和化妆品等行业。目前研究较多的生物表面活性剂有：鼠李糖脂（rhamnolipid）、槐糖脂（sophorolipid）、枯草杆菌表面活性剂（surfactin）、皂角苷（saponin）。下面分别介绍这几种生物表面活性剂在重金属污染修复中的应用。

14.2.1 鼠李糖脂（rhamnolipid）

鼠李糖脂是由铜绿假单胞菌（*Pseudomonas aeruginosa*）产生的一类阴离子生物表面活性剂，其溶解性质决定了其在实际应用中的效能，而它的溶解性主要是由其热力学特性决定的。鼠李糖脂可以使界面张力降低至 $1 \times 10^{-3} N/m$，使表面张力降至 $(25 \sim 30) \times 10^{-3} N/m$。鼠李糖脂是研究最多的生物表面活性剂，它的来源丰富，容易生产，表面活性高，因而得到了广泛的研究。

国外学者研究了鼠李糖脂去除重金属（Pb^{2+}、Zn^{2+}、Cd^{2+}）的选择性和对与土壤结合的重金属的解析作用。鼠李糖脂和单一金属离子的络合遵循下列规则：$Pb^{2+} > Zn^{2+} > Cd^{2+}$，与金属混合物的络合也符合相同的规则，但是每种金属络合的总量却减少了 17%～23%，这是因为在金属混合溶液中金属的总浓度是单一金属溶液浓度的 3 倍，金属之间与鼠李糖脂的络合存在竞争。

用铜绿假单胞菌产生的鼠李糖脂生物表面活性剂对沉积物中 Cd 和 Pb 的去除作用进行了研究。在较高 pH 值条件下，鼠李糖脂形成更多小型胶束，更有利于与重金属有效结合，因此对金属的去除率要高；鼠李糖脂对重金属的去除效率与重金属的形态有关，对可交换态的去除率最大。在碱性条件下对有机结合态也有一定的去除效率。沉积物中重金属是通过和鼠李糖脂生物表面活性剂的胶束结合而得到去除的，当胶束破坏后，鼠李糖脂不再具有与重金属结合的能力。

　　研究发现鼠李糖脂较容易与土壤和水体中诸如铅、镉、汞的阳离子发生络合。在一定条件下，可以把鼠李糖脂作为一种修复试剂来去除土壤、地表水、地下水和废水中的金属污染物。利用鼠李糖脂去除沉渣中的镉和铅，四阶段的连续冲洗可以去除 80.1％的镉和 36.5％的铅。

　　研究了鼠李糖脂对铅进行异位修复的效果。经过 10 次冲洗，投加 10mmol/L 鼠李糖脂的溶液可以去除 15％的铅。高浓度的锌和铜对铅的去除没有影响。为了提高金属采收率，研究人员将鼠李糖脂添加到矿石这种金属污染介质中。序批实验在室温下进行。当鼠李糖脂浓度为 2％时，铜的采收率达到 28％。

14.2.2　皂角苷（saponin）

　　皂角苷是植物产生的一种天然的非离子生物表面活性剂，一些浅海动物也会产生这种物质。

　　用皂角苷修复被重金属污染的 3 种不同的土壤（黏土、砂土和含有大量有机质的土壤），皂角苷对 Cu^{2+} 和 Zn^{2+} 的去除率分别达到了 90％～100％和 85％～98％。重金属去除量在6h 左右达到最高值，且保持稳定。用皂角苷去除砂土和黏土中的重金属时，镉、铜、铅和锌的去除率随着皂角苷的浓度增加而提高，在皂角苷浓度为 10％时达到最高值。通过实验证明皂角苷在溶液中可以和 Cd^{2+}、Pb^{2+} 形成化合物，并通过傅立叶变换红外光谱计（FTIR）证实，这些络合物是皂角苷的羧基基团和重金属形成的。

　　对皂角苷萃取城市垃圾（MSW）焚烧飞灰中重金属的过程进行了研究。在实验中，用三种皂角苷 M（来源于皂树树皮和皂苷草的混合物）、Q（来源于皂树树皮）和 T（来源于茶籽）分别对两种不同的飞灰 A 和 B 进行处理，pH 值为 4～9。实验结果与酸法和EDTA 萃取法进行比较。皂角苷从飞灰中萃取 20％～45％的铬，50％～60％的铜，均高于酸法萃取；在 pH＝4 时，皂角苷几乎可以萃取飞灰中 100％的铅；而锌的萃取率与酸法差不多。

14.2.3　槐糖脂（sophorolipid）

　　槐糖脂主要由酵母菌产生，如球拟酵母（*Torulopsis bombicola*）、嗜石油球拟酵母（*T. petrophilum*）、蜜蜂生球拟酵母（*T. apicola*）和假丝酵母（*C. bombicola*）。用 10mg/L 的提纯的槐糖脂可以使正十六烷与水的界面张力从 40mN/m 降至 5mN/m，使表面张力降至33mN/m，并且当 pH 值在 6～9，温度在 20～90℃，且盐度不同时，槐糖脂的性质很稳定。

　　用鼠李糖脂、槐糖脂和 surfatin 去除沉积物中的重金属，0.5％的鼠李糖脂可以去除65％的 Cu 和 17％的 Zn，surfatin 可以除去 15％的 Cu 和 6％的 Zn。鼠李糖脂和 surfatin 对有机态金属和氧化态金属有好的去除效果。4％的槐糖脂可以去除 25％的 Cu 和 60％的 Zn，并且实验结果发现它对于去除碳酸盐态的重金属效果较好。由于沉积物比土壤含有更高的有机质和黏土，从而导致沉积物中重金属去除效果不如土壤好。

　　研究发现槐糖脂这种糖脂类生物表面活性剂对 3 种常见的造成藻华的藻类具有抑制生长的作用。浓度为 10～20mg/L 的槐糖脂能够抑制 90％的受试藻细胞的运动性。在一个相对较短的时间内，槐糖脂能够促进塔玛亚历山大藻（*A. tamarense*）的蜕化，赤潮异弯藻（*H. akashiwo*）的迅速溶解和多环旋沟藻（*C. polykrikoides*）的膨化。在槐糖脂的作用下，藻体细胞的核苷从细胞质中释放出来，表明了这是一种对细胞膜不可逆的损坏，并最终导致了有害藻细胞的解体。这为藻华控制技术开拓了新的领域。

14.2.4 枯草杆菌表面活性剂（surfactin）

由枯草芽孢杆菌（*Bacillus subtilis*）生产的一类脂肽类生物表面活性剂。1968 年首先发现由 *Bacillus subtilis* IFO3039 能产生脂肽，它是一种生物表面活性剂，其商品名为 surfactin。当 surfactin 的浓度很小时就可以把表面张力从 72mN/m 降至 27mN/m。

研究了阴离子生物表面活性剂 surfactin 从土壤和沉积物中去除重金属的可行性。实验表明，用 1% NaOH 调节 pH 值之后的 surfactin 可以使 Cu 和 Zn 的去除率大大提高。这是因为在土壤和沉积物中，Cu 主要以有机物结合态存在，而这种有机物主要是腐殖酸，腐殖酸在碱性环境中很容易溶解，所以 0.25% surfactin（1% NaOH）会使 Cu 的去除率大大提高。而 Zn 主要以铁、锰氧化物结合态存在，这种结合主要受 pH 值的影响，在较高 pH 值时这种结合力减弱，因而也可以使 Zn 的去除率提高。

利用吸附浮选的方法除去工业废水中的 Cr^{6+} 和 Zn^{2+}，先用针铁矿吸附 Cr 和 Zn，然后用 surfactin 和 Lichnysin 生物表面活性剂浮选负载有金属的固体颗粒，将重金属与针铁矿进行分离。实验结果表明 surfactin 可以在 pH 4～7 范围内有效地浮选针铁矿。

14.3 生物表面活性剂去除重金属作用机制的研究和影响因素

14.3.1 生物表面活性剂去除重金属作用机制

生物表面活性剂可能通过两种方式促进土壤中重金属的解吸，一是与土壤液相中的游离金属离子络合；二是通过降低界面张力使土壤中重金属离子与表面活性剂直接接触。对去除土壤中重金属的机理进行了深入探讨。生物表面活性剂通过降低表面张力来改变表面性质，表面性质的改变削弱了金属离子与土壤之间的黏附性，从而促进了金属离子与土壤分离及金属离子与生物表面活性剂的络合。金属离子与表面活性剂胶团形成的络合物通过超滤实验得到验证。用超滤膜过滤时，未被络合的自由金属离子和生物表面活性剂单体可以透过膜，而生物表面活性剂胶团与金属离子的络合物由于直径较大被截留在浓缩液中。非离子表面活性剂虽然可以降低界面张力，但不能与重金属离子络合。在对皂角苷去除重金属离子的机理研究中发现，生物表面活性剂皂角苷在水溶液中会与 Cd^{2+} 和 Zn^{2+} 形成络合物，通过傅立叶变换光谱计（FTIR）分析，证实这些络合物是皂角苷的羧基与重金属离子形成的。

但是，由于各个实验得出的结论不完全一致，所以对其机制的研究仍然是今后研究的一个重要方向。

14.3.2 影响重金属去除效率的因素

重金属含量、存在形式直接影响其去除率。鼠李糖脂去除有机态的铜比较有效；鼠李糖脂去除与无定形氧化铁结合的铅比较有效，去除水溶态、可交换态和碳酸盐结合态的铅也有一定潜能；槐糖脂去除氧化态的锌效果较好；而皂角苷在去除可交换态的金属离子和金属碳酸盐方面效率较高。

生物表面活性剂浓度是影响去除效果的重要因素。皂角苷浓度从 1% 增加到 10%，

Cd^{2+} 的去除率从 30％提高到 60％。重金属离子是通过和鼠李糖脂生物表面活性剂的胶束结合而得到去除的，当胶束破坏后，鼠李糖脂不再具有和重金属离子结合的能力。

环境因素如 pH 值、温度、离子强度、氧化还原作用等也会对生物表面活性剂与重金属离子的络合产生影响。例如，皂角苷去除飞灰中的重金属并不受 pH 值影响；但在土壤中，pH＞6 时几乎无法去除 Cd^{2+}，而在 pH 3 时却几乎可以 100％去除 Cd^{2+}。测定的鼠李糖脂和各种金属离子络合的条件稳定常数表明，Mn^{2+} 和 K^+ 不会对鼠李糖脂络合重金属离子产生影响，而 Ca^{2+} 会影响 Hg^{2+}、Cd^{2+}、Pb^{2+} 和 Cu^{2+} 与生物表面活性剂的络合。

14.4 发展前景

生物表面活性剂是一种新型的表面活性剂。相对于化学表面活性剂，它具有许多明显的优势，因此，深为工业界及环保界所看好。目前生物表面活性剂的生产成本比化学表面活性剂的生产成本高，所以，未来生物表面活性剂的广泛应用主要受到其生产成本的限制。围绕降低生产成本将是生物表面活性剂研究开发的发展方向。

在生物表面活性剂修复重金属污染方面，由于生物表面活性剂对去除排入环境中的重金属起到了很好作用，而且生物表面活性剂本身可生物降解，对环境不产生二次污染，显示了其在环境修复中的应用前景。关于重金属污染的生物修复研究，以下几个方面问题值得探讨。

① 不同生物表面活性剂对不同重金属去除的选择性，寻找合适的操作条件提高残渣态重金属的去除率，可以将生物表面活性剂与传统的重金属去除方法（如超滤、浮选等）相结合去除低浓度废水中的重金属；

② 深入研究生物表面活性剂修复重金属污染的作用机理，生物表面活性剂与重金属离子络合物的溶解性、活动性以及生物表面活性剂与多种重金属离子络合的选择性有待于进一步的研究；

③ 对工业废水及生活污水排放、大气沉降等引起的土壤重金属污染、水体重金属污染、海底沉积物重金属污染等分别进行有针对性的研究。

参 考 文 献

[1] 包木太，李彩霞，孙培艳，崔文林，王修林 . 生物表面活性剂及其在重金属污染生态修复中的应用 . 城市环境与城市生态，2006，19（5）：1-5.

[2] 可欣，李培军，巩宗强等 . 重金属污染土壤修复技术中有关淋洗剂的研究进展 . 生态学杂志，2004，23（5）：145-149.

[3] 周泽义 . 中国蔬菜重金属污染及控制 . 资源生态环境研究动态，1999，10（3）：21-27.

[4] 陈怀满 . 土壤-植物系统中的重金属污染 . 北京：科学出版社，1996.71-85.

[5] 时进钢 . 生物表面活性剂及其在沉积物重金属污染修复中的应用研究 . 长沙：湖南大学，2004.

[6] Karvelas M，Katsoyiannis A，Samara C. Occurrence and fate of heavy metals in the wastewater treatment process. Chemosphere，2003，53（10）：1201-1210.

[7] Hong K J，Tokunaga S，Ishigami Y，et al. Extraction of heavy metals from MSW incinerator fly ash using saponins. Chemosphere，2000，41（3）：345-352.

[8] Banat I M. Biosurfactants，more in demand than ever. Biofur，2000，20：44-47.

[9] Siegmund L. Biological Amphiphiles（microbial biosurfactants）. Current Opinion in Colloid&Interface Science，2002，7：12-20.

［10］ Soubes M，Bonilla M. Production and characterization of a new biosurfactant from Pseudomonas ML2. Abstracts of the General Meeting of the American Society for Microbiology，2001，101：550.

［11］ 范立梅．生物表面活性剂及其应用．生物学通报，2000，35（8）：21-22.

［12］ 杨师棣．生物表面活性剂的应用及发展趋势．今日科技，2002，9：40-41.

［13］ Bognolo G. Biosurfactants as Emulsifying Agents for Hydrocarbons. Colloids and Surfaces A：Physicochemical and Engineering Aspects，1999，152：41-52.

［14］ 梅建凤，王普．生物表面活性剂．精细与专用化学品，2002，10：11-13.

［15］ 易绍金，梅平．生物表面活性剂及其在石油与环保中的应用．湖北化工，2002，1：25-26.

［16］ 杨葆华，黄翔峰，闻岳等．生物表面活性剂在石油工业中的应用．油气田环境保护，2005，15（3）：17-20.

［17］ 李祖义，杨勤萍．生物表面活性剂的合成（一）．精细与专用化学品，2005，15：6-8.

［18］ Nitschke M，Pastore G M. Biosurfactant production by *Bacillus subtilis* using cassava-processing effluent. Applied Biochemistry and Biotechnology，2004，112（3）：163-172.

［19］ Bednarski W，Adamczak M，Tomasik J，et al. Application of oil refinerywaste in the biosynthesis of glycolipids by yeast. Bioresource Technology，2004，95（1）：15-18.

［20］ Syal S，Ramamurthy V. Characterization of biosurfactant synthesis in a hydrocarbon utilizing bacterial isolate. Indian Journal of Microbiology，2003，43（3）：175-180.

［21］ Wei Y H，Wang L F，Chang J S，et al. Identification of induced acidification in iron-enriched cultures of Bacillus subtilis during biosurfactant fermentation. Journal of Bioscience and Bioengineering，2003，96（2）：174-175.

［22］ 崔中利，刘卫东，曹慧等．生物表面活性剂生物合成的研究进展．土壤，2005，37（6）：607-612.

［23］ Healy M G，Devine C M，Murphy R. Microbial Production of Bio-surfactants. Resources，Conservation and Recycling，1996，18：41-57.

［24］ 李敬龙，刘晔，潘爱珍．生物表面活性剂及其应用．山东轻工业学院学报，2004，18（2）：41-46.

［25］ Herman D C，Artiola J F，Miller R M. Removal of Cadmium，Lead，and Zinc from Soil by a Rhamnolipid. Environ. Sci. Technol，1995，29：2280-2285.

［26］ 时进钢，袁兴中，曾光明等．鼠李糖脂对沉积物中 Cd 和 Pb 的去除作用．环境化学，2005，24（1）：55-58.

［27］ Ochoa-Loza F J，Artiola J F，Maier R M. Stability constants for the complexation of various metal swith a rhamnolipid biosurfactant. Journal of Environmental Quality，2001，30（2）：479-485.

［28］ Shi J G，Yuan Z X，Zhang S F，et al. Removal of cadmium and lead from sediment by rhamnolipid. Transactions of Nonferrous Metals Society of China，2004，14：66-70.

［29］ Neilson J W，Artiola J F，Maier R M. Characterization of lead removal from contaminated soils by non-toxic soil-washing agents. Journal of Environmental Quality，2003，32：899-908.

［30］ Dahr A B，Mulligan C N. Extraction of copper from mining residues by rhamnolipids. Practice Periodical on Hazardous Toxic and Radioactive Waste Management，2004，8（3）：166-172.

［31］ Hong K J，Tokunaga S，Kajiuchi T. Evaluation of Remediation Process with Plant-derived Biosurfactant for Recovery of Heavy Metals from Contaminated Soils. Chemosphere，2002，49：379-387.

［32］ Hong K J，Kajiuchi T，Tokunaga S. Remediation of heavy-metal contaminated soils with saponin. Proceedings of the 8th APCCHE Congress，1999，849-852.

［33］ Hong K J，Tokunaga S，Ishigami Y，et al. Extraction of heavy metals from MSW incinerator fly ash using saponins. Chemosphere，2000，41（3）：345-352.

［34］ Mulligan C N，Yong R N，Gibbs B F. Heavy Metal Removal from Sediments by Biosurfactants. Journal of Hazardous Materials，2001，85：111-125.

［35］ Sun X X，Choi J K，Kim E K. A preliminary study on the mechanism of harmful algalbloom mitigation by use of sophorolipid treatment. Journal of Experimental Marine Biology and Ecology，2004，304（1）：35-41.

［36］ 方云，夏咏梅．生物表面活性剂．北京：中国轻工业出版社，1992.

［37］ Mulligan C N，Yong R N，Gibbs B F，et al. Metal Removal from Contaminated Soil and Sediments by the Biosurfactant Surfactin. Environ. Sci. Technol，1999，33：3812-3820.

［38］ Zouboulis A I，Matis K A，Lazaridis N K，et al. The Use of Bio-surfactants in Flotation：Application for the Removal of Metal Ions. Minerals Engineering，2003，16：1231-1236.

[39]　佐布利斯 A I，迈提斯 K A，莱泽瑞帝斯 V K 等．应用生物表面活性剂浮选除去金属离子．国外金属矿选矿，2004，5：39-42.

[40]　Miller R M. Biosurfactant-facilitated remediation of metal-contaminated soils. Environ. Health Persp，1995，103 (1)：59-62.

[41]　Tan H，Champion J T，Artiola J F，et al. Complexation of Cadmium by a rhamnolipid biosurfactant. Environ. Sci. Technol，1994，28 (3)：2402-2406.

15 有效微生物菌群技术及在环保中的应用

随着经济的飞速发展，传统农业及产业技术已无法应付目前人类所面临的人口剧增和环境恶化的两大挑战。许多国家的政府和科技工作者为此做出了种种不懈的努力和探索，以期在经济发展的同时，整个人类社会、资源与环境都能得到健康、稳定和持续的发展。在众多的对策和途径中，生物技术无疑是最具吸引力的方法之一。20世纪60—80年代初，由日本琉球大学比嘉照夫教授研制成功的有效微生物菌群（Effective Microorganisms，EM）及技术独占鳌头，翻开了复合微生物技术应用与推广崭新的一页。经过近20年，在日本、美国、加拿大、巴西、中国等40多个国家和地区的广泛应用，已较系统地显现出对促进植物生长、提高畜禽抗病能力、去除恶臭、改善生态环境等诸多方面良好的作用和相当的应用潜力。

15.1 有效微生物菌群（EM）技术的基本机理

EM配伍的基本原理是基于头领效应的微生物群体生存理论和抗氧化学说（即各类微生物群居必有其头领菌群起主导性的作用），以光合细菌为中心，与固氮菌并存、繁殖，采用适当的比例和独特的发酵工艺把经过仔细筛选出的好气性和嫌气性微生物加以混合后培养出的多种多样的微生物群落。EM群体中共含有10属、80多种微生物，光合细菌、乳酸菌、酵母菌和放线菌为其代表性微生物。根据微生态学的原理，各种微生物在其生长的过程中产生的有用物质及其分泌物，又将成为各自或相互间生长的基质和原料，通过相互间的这种共生增殖关系，形成一个复杂而稳定的微生态系统，并发挥多种功能。正如比嘉照夫教授所言："起主要作用的是光合细菌、厌氧性菌和好氧性菌，其他性质不同的微生物便可以在一个环境中和睦相处"。

EM是一种多功能复合的微生物活性菌剂。其代表性的菌种如下。

（1）光合细菌　光合细菌是20亿年前地球上最早出现的生物，直到1931年才被发现并得到验证。

好气性和嫌气性菌，属于独立营养微生物。这类微生物在光合作用中，利用太阳能，可直接利用无机的硫化物。在硫的循环中，于厌氧条件下，可将土壤中的硫氢化合物或碳氢化合物中的氢分离出来，变有害物质为无害物质；并和CO_2、氮等合成糖类、氨基酸、维生素、氮素化合物、抗病毒物质和生理活性物质等，对动植物的生命活动和生长发育发挥作用。光合细菌的代谢物质能被植物直接吸收，还能成为其他微生物繁殖的养分。光合细菌能明显促进放线菌、固氮菌等微生物的生长，从而增加土壤肥力；且其菌体本身含60%以上的蛋白质、多种维生素，特别是维生素B_{12}、叶酸、生物素的含量是酵母的几千倍，还含有辅酶Q10、抗病毒物质及多种生理活性物质，对促进生物生长和净化环境起着十分积极的作用。

（2）乳酸菌　嫌气性菌，它靠摄取光合细菌、酵母菌产生的糖类形成乳酸。可分解在常温条件下不易分解的木质素和纤维素，使未腐烂的有机物发酵，并转化成动植物易于吸收的养分；又能分解有毒物质如硫化氢等，有较强的杀毒能力；且乳酸具有较强的杀菌能力，有显著抑制有害微生物活动的作用；还能合成纤维素，有利于动植物的保健、营养，促进消化吸收和生长发育。

（3）酵母菌　好气性菌，其本身含有大量的蛋白质、丰富的营养素，可供动物利用，是重要的营养功能性菌。可对包括土壤、水体等各种基质环境中有效养分进行合理的转化和高效率吸收；还有发酵分解作用，可促进 EM 混合液在应用和繁殖过程中各类有效微生物的增殖，对动物体有保健和促进消化吸收的作用。

（4）放线菌　好气菌，广泛分布于自然界中，其最突出的功能则是产生大量的抗生素，调节微生物区系、抑制病原菌和控制病害发生，增强动植物对病害的抵抗力和免疫力。同时，放线菌对有机物有很强的降解能力，可降解难分解的物质如纤维素、木质素、甲壳素等，从而降解腐殖质，加速养分转化。放线菌常和光合细菌并存，能将光合细菌生成的氮素作为基质来繁殖自身，另外还促进固氮菌的固氮作用。

（5）丝状菌　嫌气性菌，主要以发酵酒精时使用的曲霉菌属为主体，它能和其他微生物共存，尤其对土壤中酯的生成有良好效果。因为酒精生成力强，能防止蛆和其他有害昆虫的发生，并有分离恶臭的效果。

此外，EM 中尚有 VA 菌根菌、粪链球菌、甲烷菌、芽孢杆菌等多种菌类。

世界范围内 EM 技术应用越来越广，日本的 EM 技术推广应用机构已达 400 多个。美国、英国、法国、巴西等 60 多个国家也十分注重 EM 技术的推广。自 1992 年 EM 技术传到我国后，已广泛应用于种植业、养殖业和环境保护等方面，并证实 EM 在促进动植物生长、防病治病、提高农畜产品产量及品质和改良土壤生态环境等诸多方面具有综合功能。

EM 菌液是现行 EM 产品的主要商用形式，一般分为农用型、食品添加型和环保型三种使用形式。20 世纪 90 年代初期后，在我国南昌、南京、南宁及长沙等地相继建成该产品的生产基地，以推动 EM 产品在我国各领域的应用推广。

EM 菌液现有 EM_1、EM_2、EM_3、EM_4、EM_5 五个系列的产品。其中 EM_2 是由酵母、放线菌、光合细菌等有效微生物组成的，较理想；EM_3 主要由光合微生物菌群组成；EM_4 主要由乳酸菌等菌群组成；EM_1 是由 EM_2、EM_3、EM_4 混合而成，具有多种有效微生物的综合特性；EM_5 是在 EM_1 混合液中加入适量的酒、醋、糖、水等物质，促使其有较强的杀虫效果。

15.2　EM 在污水处理中的应用

EM 技术与传统的生物处理技术比较具有以下特点：①采用间歇曝气，减少曝气时间（节约电费）；②不需投加其他药品；③处理能力强，处理效果好，出水 COD、BOD 与 SS 含量低，可达标排放；④污泥量几乎为零，减少污泥处理费用；⑤能从根本上治理废水污染，环境亲和力强；⑥可充分节约资源和能源，提高资源的重复利用率；⑦具有长效性，对受纳水体也具有一定的净化作用；⑧操作简便，可自动控制，运行成本低廉。

15.2.1　EM 在城市生活污水治理中的应用

15.2.1.1　EM 对污水中有机物的去除

BOD、COD 是评价水体污染程度的主要指标，因此，评价 EM 在水处理中的应用，就必须考察其对 BOD、COD 的去除效果。EM 是一个微生物菌群，它们依靠相互间的共生增殖作用及协同作用代谢出抗氧化物质，生成稳定而复杂的生态系统，激活水中有净化水质功能的原生动物、微生物及水生植物，通过这些生物的综合效应达到去除 BOD、COD 和净化水体的效果。

利用 EM 对城市生活污水的净化做了研究。图 15-1 表明 EM 技术对污水中的有机物去除效果显著，对池塘的水质具有良好的净化能力。在实际运行中，容易操作，成本低廉。采用正交试验做了投加 EM 对生活污水中有机物的降解能力的研究，发现 EM 能够提高生活污水中有机物的降解能力，同时分析了影响有机物去除效率的主要因素，如投加量的多少、反应时间、pH 值等。这些研究表明，EM 技术能够应用于污水处理，是废水稳定塘治理的一种新方法、新技术。

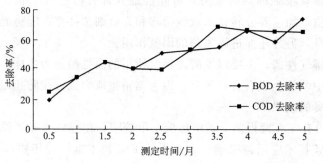

图 15-1　EM 对 COD 和 BOD 的去除率

目前，EM 技术可应用于处理含有有机废物及某些无机物的工业废水，如啤酒厂、肉联厂、味精厂、柠檬酸厂、制药厂等的废水，提高出水水质，从而避免了这些废水对江河湖泊的污染，保护了环境。

15.2.1.2　EM 对污水中氮的去除

生活污水中的含氮化合物是导致水体富营养化的一个重要因素，通过对株洲市市区生活污水监测表明，氮占总氮的 60%，而 NH_4^+-N 占总氮的 44.77%，所以评价 EM 对污水中氮的去除效果应以无机氮特别是 NH_4^+-N 的浓度变化为依据。EM 作为一种优势生物菌群，对污水生物硝化的机理如下。

在有氧条件下反应为：$RCHNH_2COOH + O_2 \longrightarrow RCOOH + CO_2 + NH_3$

在厌氧条件下反应为：$RCHNH_2COOH + H_2 \longrightarrow RCH_2COOH + NH_3$

上面两式进一步转化，反应如下：$2NH_3 + 3O_2 \longrightarrow 2HNO_2 + 2H_2O + 619.6kJ$；$2HNO_2 + O_2 \longrightarrow 2HNO_3 + 201kJ$。这主要由 EM 菌群中的放线菌等将 NH_4^+-N 转化为亚硝酸或硝酸，之后再进行反硝化脱氮。EM 脱氮在好氧条件下比在厌氧条件下效果要明显得多，曝气为污水中的硝化反应提供了条件，而 EM 的加入能促使污水中更多的氨氮发生硝化反应，这为提高现有的污水生物脱氮工艺的效率创造了有利条件。厌氧状况下，污水中的硝酸盐、亚硝酸盐经 EM 中的反硝化菌作用，还原成氨和 N_2，并以气体形式释放，达到污水脱氮的目的。并且，EM 中棱状芽孢杆菌等专性厌氧菌和兼性厌氧菌在厌氧条件下能进行还原脱氮，氨基酸本身也能水解脱氨。废水经 EM 处理后，NH_4^+-N、TN 的去除效果良好，因此，EM 技术可应用于生物脱氮。

15.2.1.3　EM 对污水中磷的去除

磷是控制水体富营养化过程的关键性营养物。一般城市污水中会有 3 种形式的磷，即有机磷、正磷酸盐和聚合磷。这几种磷化合物，只有被水解成正磷酸盐，在 EM 净化污水时，才能被同化。同化是除磷的唯一方法。EM 除磷是通过聚磷菌（包括 60 多种细菌和真菌）的释磷和吸磷两个相反过程完成的。其机理为：在厌氧状态下，聚磷菌吸收污水中的乙酸、甲酸、丙酸和乙醇等极易生物降解的有机物质，储存在体内作为营养物，同时将体内存储的聚磷酸盐以 PO_4^{3-}-2P 形式释放出来，以便获得能量。在好氧状态下，聚磷菌则将体内存储的有机物氧化分解产生能量，同时将污水中的 PO_4^{3-}-2P 从污水中脱除。因此，聚磷菌在厌氧状态下释磷越多，则在好氧状态下吸磷也就越多。有试验表明磷的去除率高过 75%。

EM 作为一种生物体，含有一定浓度的磷，是一种可溶性有机物，所以不能像活性污泥那样轻易地排出水体。若今后能设法将反应后的 EM 残体从水体中分离出去，那么生活污水中总磷的去除率将会极大地提高，EM 的应用前景将十分可观。

15.2.2　EM 在工业废水治理中的应用

近年来，高效复合菌技术在高难度工业有机废水治理的开发性实验中，取得了满意结果。限于篇幅，这里简单介绍高效复合菌技术应用于以下几种废水处理的情况。

15.2.2.1　染料废水

染料工业是化学工业中对环境污染较为严重的产业之一。印染和染料废水色度大，有机物浓度高，组分复杂，难降解物质多，难以采用常规方法处理。目前，国内外处理染料废水主要采用生物降解法，高效复合菌是其中很重要的一类微生物。

微生物对染料废水的降解主要是依靠体内酶的作用，分散染料中的偶氮集团在偶氮还原酶的作用下偶氮双键断裂，降解为芳香胺类化合物。芳香胺类化合物在微生物体内酶的作用下能产生 NH^+，可以作为某些微生物的碳氮源。

实验结果表明，投加高效菌的活性污泥对高浓度染料废水具有良好的处理能力。COD的去除率高于普通菌 17%。

15.2.2.2　化学农药废水

随着化学农药的广泛应用，药剂残留带来的环境污染以及对人畜及其他生物的危害等问题日趋严重，利用微生物降解农药残余物已逐渐成为减轻农药污染的主要方式之一。农药的生物降解实质是在农药降解酶的作用下完成的。这些酶有的是微生物原本固有的，有的是由于其变异产生。降解酶往往比产生这类酶的菌体更能忍受异常环境条件，且酶的降解效果远胜于微生物本身。研究了华丽曲霉的最佳产酶条件，在此基础上，深入研究酶的固定化及产业化条件，对消除环境中的农药效果具有广泛的应用意义。

15.2.2.3　抗生素废水

抗生素废水，不仅含有高发酵残余营养物且总固体悬浮物（SS）为 0.5～25g/L，而且还存在生物毒性物质如 1080g/L 残留有机溶剂等。通过定向选育、定向制备出降解能力较高的纤维降解工程菌，实验出采用厌氧发酵-纤维菌生化反应法处理抗生素废水的方法。应用此法，在不同的条件下，考察了其处理效果，确定了用生物工程菌处理废水的最佳条件，在最佳条件下，应用水解（酸化）-好氧生化联合工艺，可以使其废水达到国家制药行业 GB 8978—96（序 21）排放标准，COD 值可小于 300mg/L。

15.2.2.4　含油废水

用生物法处理含油废水的微生物净化功能，并从曝气池的活性污泥中，筛选出了降解油类的高效菌株，同时考察了该菌株降解油类的生态条件，充分曝气供氧，pH 7.0，降解温度为 25℃，在此条件下，培养曝气 20h，油的降解率可达 98% 以上。

15.2.2.5　高浓度食品污水

用高浓度食品污水成功地富集培养高效复合菌，且考察了复合菌培养液对高浓度食品污水有一定的降解作用。实验表明好氧条件反应 12h 后，COD 去除率为 52%。

15.2.2.6　蔗糖废水

将经紫外光照射的源菌液用来处理蔗糖废水，研究结果表明，源菌液经过适当剂量的紫外光照射诱变成高效菌后，其 COD 降解性能明显增强，与没有经过诱变的菌种相比，COD 去除率可提高 20%~70%。

15.2.2.7　其他污染物

合成洗涤剂、有机氯化合物、硝酸酯类化合物等均是不易降解的环境污染物。可生物降解有机氯化合物的菌株有黄孢原平草菌、黑曲霉、绿色木霉等，降解甘油三硝酸酯的丝状菌株白地霉。微生物菌株降解这几类污染物的作用机理及作用方式有待进一步研究。

15.3　EM 技术在净化空气、生物技术除臭方面的应用

随着我国经济的快速发展，养殖业迅速发展壮大，由于没有合适的处理技术和方法，大量的畜禽粪便得不到利用，既浪费了资源又污染了环境，养殖场周围大多是臭气熏天、蚊蝇滋生。EM 中含有大量纤维分解菌、固氮菌、乳酸菌等，这些微生物与动物肠道内的有益菌相互协同，能有效增强动物肠道的活动功能，从而提高对蛋白质的利用率。同时，EM 减少蛋白质向氨或胺的转化，使肠内及血液中氨的浓度下降，减少粪便排出的氨量，臭味得到控制。中国农业大学利用 EM 生物技术应用于畜禽粪便恶臭处理，取得了很好的效果。利用 EM 生物技术在北京市海淀区上庄堆肥场进行实验，通过将培养过的 EM 应用于垃圾处理中，具有极强的除臭和灭蝇效果。另外，EM 可降低鸡舍空气中 NH_3 和 CO_2 的含量。NH_3 含量降低了 $3.61mg/m^3$，CO_2 的含量降低 31.75%。

EM 技术用于粪便的除臭，不仅从根本上改善了饲养场内及其周围的卫生和环境条件，避免了粪便长期排放对大气、水域和土壤的污染。同时，使粪便实现资源化、无害化处理成为可能。干燥处理后的无臭粪便，既可以成为原料重新加工成饲料，也可用作高级卫生肥料，用于草坪、盆景等。

EM 菌中有一种可生存在 7000℃ 以上的高温微生物，若用它制汽车油箱或发动机缸体的内衬，可提高燃烧效率，减少尾气排放量，有利于降低城市空气粉尘，净化大气。

15.4　EM 在土壤净化中的应用

EM 具有分解化学合成物质的能力，可对从农药、工厂、家庭排出的化学合成物质进行分解，可以认为是 EM 生成的各种各样的有机酸、氨基酸抗氧化作用后的结果。由于 EM 生成的抗氧化物质分子化而不能进行反应，重金属分子化后各自深深地沉降于固定位置，使地下水中的硝酸盐和蛋白质相结合，产生称为亚硝氨的强烈挥发性物质，解决了土壤因化学肥料的使用而造成的污染，这样，既净化了土壤，又保护了环境。

另外，土壤的粒子是由单粒形成的，因此，透水性差，表土流失严重。如果在土壤中渗

入 EM，通过 EM 菌丝使这些单粒联结起来，形成多孔质团粒，促进土壤团粒化，改善透水性，防止土壤流失，可达到改善土壤性能的目的。

15.5　EM 在垃圾处理中的应用

对塑料、纤维、垃圾以及其他有机物混入的废弃物进行再利用时，由于有强烈的挥发性物质，因此会对人体的健康产生危害。但是在最初处理阶段（粉碎废弃物的冲击阶段），如果使用 EM 技术，则可以完全清除恶臭气体，且不需臭氧杀菌，对作业人员健康的危害也随之消除。通常认为，好氧菌的氧化分解没有味道，引起腐败的厌氧菌属于发生异味的类别，但并不是所有的厌氧菌都会发生异味。即使同样的厌氧性菌，能够用于制作食品的那种就属于有益的类别，在厌氧条件下不但不发出异味，而且还会发出诱人的芳香。因此可知："为了切断异味源，并且不产生'活性污泥'，可以利用厌氧性有益发酵微生物"。

因此，EM 可对垃圾处理过程中产生的异味有较好的改善作用，化臭为香，净化了环境，保护了人身健康。

15.6　发展前景

EM 生物技术在我国主要应用于种植和养殖业，EM 应用于环境保护方面还处于相对滞后阶段。为加快 EM 技术在我国的推广应用，需开展如下几方面工作。

① 开展 EM 生物技术机理研究。进一步研究 EM 在农业、养殖、环境保护等方面的作用机理，为 EM 技术开发和应用提供理论基础。

② 开展 EM 技术对环境的中长期影响研究。继续研究 EM 在环境中的长期影响，残留 EM 的污水回用对土壤、作物、地下水的影响。

③ 拓宽 EM 应用领域。开发和建立 EM 污水处理，污水资源化，水体富营养化治理等领域的应用工艺流程和配套设施。研究 EM 在农业生态环境建设中应用技术和方法，以及 EM 在自然生态处理技术中的应用技术和方法。

④ 努力研究 EM 的固定化技术或 EM 从水体中的分离技术。

⑤ 进一步研究 EM 质量保证体系，保证 EM 种纯质优效高，制定相应标准。

参 考 文 献

[1]　康白．微生态学．大连：大连出版社，1998．

[2]　杨长平．EM（有效微生物）的研究综述．四川农业科技，1997，22（6）：20-23．

[3]　蒋树成．微生态系统工程在生态畜牧业中的应用及其前景．家畜生态，1997，18（1）：29-32．

[4]　李维炯，倪永珍．EM 应用技术研究．北京：农业科技出版社，1998．

[5]　李维炯．微生态工程在生态畜牧业上的应用．生态学杂志，1995，14（4）：6-9．

[6]　宋昆衡．EM 生物技术处理污水．给水排水，1995，（3）：17-18．

[7]　比嘉照夫．EM 技术污水处理活用方法．EM 产品资料，1997，4．

[8]　李捍东，王庆生，张国宁等．优势复合菌群用于城市生活污水净化打新技术的研究．环境科学研究，2000，13（5）：14-16．

[9]　邵青．EM 对生活污水中有机物降解能力的研究．中国农村水利水电，2001（3）：16-18．

[10]　孟范平，李桂芳，李科林．系统评价 EM 菌液在生活污水处理中的应用效果．城市环境与城市生态，1999，12（5）：4-7．

[11] Zimm E，Mmnn T，et a1. Roperties of Puified Orange Ⅱ Azoreduetase：The Enzlmae Initiating A2 dyes Degradation by Pseudomonas. Eur. J. Bioeh EM，1982，129：197-203.

[12] 金志刚 . 污染物生物降解 . 上海：华东理工大学出版社，1997.

[13] 张丽，贺启环 . 高效菌活性污泥法处理分散染料废水实验研究 . 环境工程，2002，20（1）：77-79.

[14] 虞云龙，樊德方 . 农药微生物降解的研究现状与发展策略 . 环境科学进展，1996，4（3）：28-34.

[15] 刘玉焕，钟英长 . 菌物的有机磷农药降解酶产酶条件和一般性质 . 微生物学通报，2000，27（3）：162-165.

[16] 江洪生，何德文 . 废水处理新型厌氧反应器及其组合工艺简介 . 城市环境，1994，13（2）：22-24.

[17] 李捍东，王庆生 . 效复合降解工程菌处理抗生素废水的研究 . 云南环境科学，2000，19：147-148.

[18] 罗义，谢维 . 生物法处理含油废水微生物净化功能的研究 . 辽宁大学学报：自然科学版，1999，26（3）：282-287.

[19] 田娜，朱亮 . 高效复合菌处理高浓度食品污水的实验 . 污染防治技术，2003，16（2）：21-33.

[20] 李伟民 . 紫外光诱变对活性污泥处理 COD 性能增强作用研究 . 昆明：昆明理工大学，2000.

[21] 翟福平，张晓健 . 氯化芳香化合物的生物降解性能研究进展 . 环境科学，1997，18（2）：74-78.

[22] 顾夏生，李献文，竺建荣 . 水处理微生物学 . 第 3 版 . 北京：中国建筑工业出版社，1998.

[23] 徐亚同等 . 污染控制微生物工程 . 北京：化学工业出版社，2001.

[24] 郜敏 . 利用 EM 生物菌剂处理城市有机垃圾 . 甘肃环境研究与监测，2000，13（2）：123-127.

[25] 丁钉 . 有益微生物群（EM）的应用价值 . 生物学通报，1998，33（5）：24.

[26] 徐峰 .EM 技术在环保和其它行业中应用的展望 . 中国环境管理 .2001（4）：44-46.

[27] Scwinn D E，Dickson B H J. Nitrogen and Phosphorus Variations in Domestic Wastewater，Jour，Water poll. Control Fed，1972，44：2059.

16 固定化微生物技术

固定化微生物技术（immobilized microorganism technology）是从 20 世纪 60 年代后期开始迅速发展起来的一项新技术，它是通过采用化学或物理的手段将游离细胞或酶定位于限定的空间区域内，使其保持活性并可反复利用的一种方法。活性污泥法可以看成是包埋固定化生物技术的雏形；到 20 世纪 50—60 年代，生物膜法的诞生使固定化生物技术的发展上了一个台阶；而到 20 世纪 70 年代末，人工强化的固定化微生物渐渐映入人们的眼帘。

传统工艺中，微生物以悬浮态生长，易于从反应器中流失，雨水的密度差小，重复利用困难等。而固定化技术具有以下优点：有利于提高生物反应器内微生物浓度和纯度，能保持高效菌种，稳定性强，反应易于控制，污泥产生量少，利于反应器的固液分离，利于除氮和除去高浓度有机物或某些难降解物质，可免除污泥处理的二次污染等。这些优点使它比传统工艺具有更广泛的应用前景。固定化微生物技术已成为各国学者研究的热点课题，并且已有部分研究成果由实验室走向实际应用阶段。

16.1 固定化方法及其载体的选择

16.1.1 固定化的方法

任何一种限制微生物自由流动的技术，只要满足微生物或其他反应物的可透过性，提供反应的空间，就可作为微生物的固定方法。目前，固定化微生物的方法多种多样，国内外没有统一的分类标准，根据是否需要载体、微生物细胞与载体的作用力及作用形式、微生物细胞被固定的状态以及载体的性质将固定化微生物技术分为以下五类：吸附法、包埋法、共价结合法、交联法和无载体固定化法。表 16-1 是几种载体固定化方法的特征比较。

表 16-1　各种细胞固定化方法的特征比较

特征	吸附	共价结合	交联	包埋
一般的适应性	有	无	无	有
制备	简单	困难	居中	居中
结合力	弱	强	强	居中
活力保持	高	低	低	居中
载体再生	能	稀少	不能	不能
制作费用	低	高	居中	低
稳定性	低	高	高	高
应用情况	应用	未用	未用	应用
维护微生物的侵袭能力	有	无	无	有
生活能力	有	无	无	有

16.1.1.1 吸附法

吸附法在固定化微生物技术处理污水中是研究最早、应用较广泛、技术也较成熟的方法。在大多数生物膜反应器启动的早期，所应用的都是吸附法的原理。吸附法是依据带电的微生物细胞和载体之间的静电、表面张力和黏附力的作用，从而使微生物细胞固定在载体表面和内部形成生物膜的方法。

吸附法包括物理吸附和离子吸附两类。物理吸附是使用高度吸附能力的硅胶、活性炭等吸附剂将微生物吸附到表面使之固定化。离子吸附则是根据微生物在解离状态下因静电引力的作用而固着于带有相异电荷的离子交换剂上。该方法操作简单，微生物固定过程对细胞活性的影响小，条件温和。但这种方法结合的细胞数量有限，反应稳定性和重复性差，所固定的微生物数目受所用载体的种类及其表面积的限制，所以需要进行改进。同时微生物与载体间的吸附强度也不够牢固，故载体的选择是关键。

16.1.1.2 包埋法

包埋固定化是使微生物细胞包埋在半透明的聚合物或膜内，或使微生物细胞扩散进入多孔性的载体内部，小分子底物及反应代谢产物可自由出入这些多孔或凝胶膜，而微生物却不能动。包埋法又可分为高分子合成包埋、离子网络包埋及沉淀包埋。该法操作简单，对微生物活性影响小，可将微生物锁定在特定的高分子网络中，因此制作的固定化微生物小球的强度高。包埋法的优点在于它是一种反应条件温和、很少改变酶结构但是又较牢固的固定化方法。包埋法是目前制备固定化微生物最常用、研究最广泛的方法。但包埋材料会在一定程度上阻碍底物和氧的扩散，对大分子底物不适用。

16.1.1.3 交联法

交联法是通过微生物与具有两个或两个以上官能基团的试剂反应，使微生物菌体相互连接成网状结构而达到固定化微生物的目的。常见的交联剂有戊二醛、乙醇二异氰酸酯等。使用苯酚甲醛树脂 Duolite DS-73141 来吸附枯草芽孢杆菌的 α-淀粉酶，再用戊二醛交联，形成酶-树脂复合物，用于连续水解造纸废水中悬浮微纤维的胶态淀粉，效果很理想。

使用该方法，微生物细胞间的结合强度高，稳定性好，经得起温度和 pH 值等的剧烈变化。但是由于在形成共价键的过程中反应条件过于剧烈，往往会对微生物细胞的活性造成较大的影响，而且适用于此类固定化的交联剂大多比较昂贵，因而其在实际应用中受到一定的限制。

16.1.1.4 共价结合法

共价结合法是利用细胞表面上官能团和固相载体表面的反应基团形成化学共价键相连接，从而固定微生物。共价偶联法的优点：得到的固定化酶结合牢固、稳定性好、利于连续使用。其缺点是载体活化的操作复杂，反应条件激烈，需要严格控制条件才可以获得较高活力的固定化酶。同时共价结合会影响到酶的空间构象，从而对酶的催化活性产生影响。有研究者使用此法固定卡尔酵母（Saccharomyces luteus）于已活化的多孔玻璃上，虽然细胞已经死亡，但仍然保留生产尿酐酸的活性。

16.1.1.5 无载体固定化法

无载体固定化法是利用某些微生物具有自絮凝形成颗粒的特性，使微生物产生自固定，成为无载体固定化技术。与各种载体固定化细胞技术相比，这种无载体固定化细胞技术具有以下优点。

① 细胞的固定化方法非常简单，一般在摇瓶培养阶段就可以快速形成絮凝颗粒，培养液澄清透明，然后絮凝细胞颗粒可以在生物反应器中逐级扩大培养，不产生细胞固定化过程的附加成本。

② 不使用细胞生长和代谢产物生物合成所需营养物质以外的其他任何化学物质，细胞的生理和生态环境不受外来物质的干扰和影响，有利于目标代谢产物的顺利合成。

③ 自絮凝细胞颗粒内部结构呈松散型，传质阻力很小，而且其颗粒内部表面不断自我更新，颗粒整体活性非常好。

④ 在生物反应器中一定的生理、生态、物理、化学和流体力学条件下，小颗粒的絮凝和大颗粒的解离可以呈动态平衡，不存在载体固定化细胞的强度问题。

由于这种方法相比以往的一些固定方法具有显著的优势，将在环境工程中的污水处理领域得到广泛的应用。

16.1.2　载体的选择

要顺利完成微生物的固定化，关键是要选择一种合适的微生物载体。不同的固定化微生物技术方法需要不同种类的载体。虽然随着材料学与生物学的不断发展与结合，关于各种固定化微生物方法的最适载体有待进一步的研究与讨论，但所有载体都应具备如下特点：①制作过程简单易行。②对细胞无毒害作用。③传质性能良好。④不易被微生物分解。⑤性质稳定。⑥强度高、寿命长。⑦价格便宜。

可供选择的载体多种多样，各有其优缺点，寻找合理有效的载体是微生物固定化研究成败的关键之一。目前常用的载体分为以下几类。

① 无机载体类（活性炭、多孔陶土、微孔玻璃等）。此类载体强度大、传质性好、对细胞无毒害、价格便宜且制备过程简单，有较大的应用价值。但是它们有密度大、实现流化的能效高、微生物吸附有限和易脱落等缺点。

② 天然有机载体类（海藻酸盐、卡拉胶、琼脂等）。这类载体对微生物无毒害作用，传质性好。但是机械强度低，易被微生物分解。

③ 人工合成有机载体类［聚丙烯酰胺（ACAM）凝胶、聚乙烯醇（PVA）凝胶等］。ACAM 凝胶强度较高，传质性一般，由于丙烯酰胺单体对微生物活性有害，废水处理中应用并不广泛。PVA 凝胶是国内外研究最为广泛的一种包埋固定化载体，它具有强度高、化学稳定性好、抗微生物分解性强、对细胞无毒且价格低廉等一系列优点，因而具有很大的利用价值。

16.2　固定化微生物技术在废水处理中的应用

16.2.1　难降解有机废水的处理

含难降解有机物（苯酚、氰、氯苯胺及 DDT 等）废水用常规的生物处理方法处理时，效率较低，这是由于能有效降解这类物质的微生物的世代期较长而难以在常规生物处理构筑物中大量存在。利用固定化微生物技术可有目的的选择优势菌群培养，并将其固定到载体上，增加微生物的浓度，可以高效处理这类物质。

研究了用琼脂、海藻酸钙、卡拉胶和聚丙烯酰胺等载体包埋固定化微生物降解苯酚；利用海藻酸钙包埋假丝酵母菌，连续处理 3000mg/L 的含酚废水 30d，出水含酚量少于

0.5mg/L。

16.2.2 重金属废水的处理

微生物经固定化后，稳定性增加，对外界生物毒性物质的破坏的抵抗能力提高，可被用在处理各种有机废水中重金属离子的去除。固定化细胞技术处理重金属废水的机理主要包括重金属离子在固定化细胞载体表面的吸附作用、重金属离子向载体内部的扩散传质作用、微生物细胞对重金属离子的吸附作用及生物离子交换树脂作用等。

利用聚丙烯酰胺固定化酵母菌去除电镀废水中的 Cd^{2+}，固定化微生物对 Cd^{2+} 的去除率达 98.9%，采用未固定化微生物则去除率为 37.6%。对水中 Cu^{2+} 的吸附进行静态实验研究，并与未包埋固定的普通小球藻吸附效果进行对照比较，实验结果表明：固定化藻细胞对水中 Cu^{2+} 的吸附率明显高于未固定化藻细胞，固定化藻细胞对 Cu^{2+} 的吸附是一个快吸附，固定化藻细胞可以用 0.5mol/L 的 HCl 溶液解吸和再生，其解吸率在 80% 以上。

16.2.3 高浓度有机废水的处理

对于高浓度有机废水，目前一般采用厌氧生物法进行处理。厌氧阶段的处理效果直接影响到后续的好氧处理，从而决定废水排放是否达标。在高浓度有机废水的生物处理中，产甲烷菌的数量和代谢活性是其处理效率的重要制约因素，而产甲烷菌较低的生长速率则是导致厌氧处理系统启动时间长、运行被破坏后恢复困难的重要因素。因此，采用具有热力学和动力学优势的固定化细胞技术，对于产甲烷菌的高效持留和活性的保留提供了便利条件。另外硝化菌、反硝化菌的增殖速度慢，要提高去除率就要求反应器有较长的固体停留时间和较高的细菌浓度，采用固定化微生物技术可做到这点。

采用吸附包埋法对甲烷八叠球菌进行了固定，使固定化后的微生物兼有吸附法和包埋法的优点，并用人工配制的高浓度有机废水对吸附包埋的甲烷八叠球菌特性进行了研究。55d的运行数据表明：吸附包埋的甲烷八叠球菌在处理人工废水时取得了显著的成效，COD 最高容积负荷达到 14.7kg/(m^2·d)，最高去除率为 94.29%，运行期间固定化介质不上浮、不膨胀，具有很好的传质和脱气性能。

16.2.4 含氮含磷废水的处理

用海藻酸钠包埋硝化菌和反硝化菌，在好氧条件下同时进行硝化和反硝化的脱氮研究，系统至少可稳定操作 22d，其脱氮速率约为 0.11kg/(m^3·d)。利用包埋法将硝化菌和反硝化菌固定后，发现这种混合固定法有利于废水中氮的去除，且去除率高于纯种固定法。

16.3 发展前景

各种固定化方面都有自身的优缺点，没有一种在所有污水处理中都适用的方法，在实际应用中要根据污水水质、水力负荷、操作条件等情况选择合适的方法。

固定化微生物技术在废水处理等领域显示出了较大的优异性，引起了普遍的关注并进行了广泛的研究与应用，但要实现其工业化，还有许多问题需要进一步研究解决。

① 根据固定化操作中的诸多影响因素，选取固定化细胞的最佳活性。研究在不同固定化方法和不同载体中的最佳参数，是该技术推广的关键。

② 根据不同的废水体系，选择合适的微生物固定化载体。选用单一载体和混合载体对微生物细胞浓度、活性的影响以及传质性能等因素影响的研究有待进一步研究。

③ 固定化微生物细胞球在废水处理过程中可能对某些悬浮物质或高分子物质处理效果欠佳，还可能出现发胀上浮或堵塞黏结等现象，所以需对废水进行适当的物理、化学预处理，或与其他工艺组合使用，发挥各自的优势以达到最佳处理效果。

④ 固定化载体的成本及使用寿命是决定其经济可行性的关键因素，因此，开发适合于固定化微生物细胞的高效生化反应器亦是一个有待解决的问题。

通过不断的研究改进，固定化微生物技术将成为一项高效而实用的废水处理技术，在今后几十年中得到广泛应用。

参 考 文 献

[1]　马放，杨基先，金文标等．环境生物制剂的开发与应用．北京：化学工业出版社，2004.

[2]　陈铭，周晓云．固定化细胞技术在有机废水处理中的应用与前景．水处理技术，1997，23（2）：98-100.

[3]　段明峰，吴卫霞，肖俊霞等．利用固定化细胞技术处理废水研究进展．油气田环境保护，2004，9（3）：17-20.

[4]　沈耀良，黄勇，赵丹等．固定化微生物污水处理技术．北京：化学工业出版社，2002.

[5]　刘蕾，李杰，王亚娥．生物固定化技术中的包埋材料．净水技术，2005，24（1）：40-42.

[6]　刘钧，周力．固定化微生物技术在废水处理中的应用分析．净水技术，1998，1：35-39.

[7]　齐水冰，罗建中，乔庆霞．固定化微生物技术处理废水．上海环境科学，2002，3（21）：185-188.

[8]　Scott C D. Immobilized cells-a review of recent literature. Enzyme and Microbial Technology, 1987, 9 (2)：66-73.

[9]　王彩冬，黄兵，罗欢．固定化微生物技术及其应用研究进展．云南化工，2007，34（4）：79-82.

[10]　刘蕾，李杰，王亚娥．生物固定化技术中的包埋材料．净水技术，2005，24（1）：40-42.

[11]　Anselmo A M, Novais, Júlio M. Degradation of phenol by immobilized mycelium of Fusarium flocciferum in continuous culture. Water Science and Technology, 1992, 25 (1)：161-168.

[12]　白凤武．无载体固定化细胞的研究进展．生物工程进展，2000，20（2）：32-36.

[13]　吴乾箐，宋颖，李昕等．电镀超高浓度废水微生物治理工程的研究．水处理技术，1996，22（3）：165-167.

[14]　杨芬．固定化藻细胞对水中的 Cu^{2+} 的吸附研究．曲靖师专学报，2000，19（6）：46-48.

[15]　赵军，曹亚莉，骆海鹏等．固定化甲烷八叠球菌处理高浓度有机废水的研究．可再生能源，2002，（4）：10-13.

[16]　曹国民，赵庆祥，龚剑丽等．固定化微生物在好氧条件下同时硝化和反硝化．环境工程，2000，18（5）：17-19.

[17]　李晔，李凌，张发有．生物固定化技术在含氮废水处理中的研究．工业安全与环保，2004，30（6）：18-20.

17 酶制剂处理污染物技术

酶是植物、动物和微生物产生的具有催化能力的蛋白质。酶制剂是指从生物中提取的具有酶特性的一类物质。广泛应用于食品、纺织、饲料、医药、造纸等行业领域，具有催化效率高、高度专一性、作用条件温和、降低能耗、减少化学污染等特点。酶制剂产业是知识密集型高技术产业，是生物工程领域的重要组成部分。目前为止，已报道发现的酶类有3000多种，但其中已实现大规模工业化生产的只有60多种。

酶在中国饲料工业中的应用已历经十多年历史。淀粉酶是水解淀粉物质的一类酶的总称，生产最早、应用最广，主要有异淀粉酶和葡萄糖淀粉酶两种。在纺织工业上，淀粉酶用于棉织品的上浆和退浆，这样处理的棉织品，退浆率高，不伤纤维，质量比碱法工艺好，不但为国家节约了大量宝贵的化工原料——烧碱，而且解决了碱法工艺的有害废水问题。利用葡萄糖与淀粉酶配合，可以将淀粉水解成葡萄糖，改变了盐酸水解工艺，降低了成本，提高了质量，改善了接触强酸的劳动条件。

17.1 酶制剂在污染物处理中的应用

20世纪初，人们开始对酶有了认识，但重大的发展是在最近的五十多年内。通过生产实践，研制和发现了许多分解毒物的酶，尤其是最近"固定化酶制剂"的研究，为酶制剂工业的发展以及用酶制剂净化废水提供了十分有利的条件。

17.1.1 过氧化物酶对酚类废水的处理

酚类化合物种类繁多，有苯酚、甲酚、氨基酚、硝基酚、萘酚、氯酚等，而以苯酚、甲酚污染最突出。酚类化合物是常见的有毒有机污染物，含酚废水主要来自焦化厂、树脂厂、塑料厂、合成纤维厂、煤气厂、石油化工厂等工业部门。它是水体的重要污染物之一，含酚废水在我国水污染控制中被列为重点解决的有害废水之一，它的大量排放对水体、土壤造成严重的污染，进而危害人类的健康。过氧化物酶能催化 H_2O_2 氧化酚类、芳香胺类物质的聚合反应，具有反应条件温和、选择性高、催化效率高的优点，所以在含酚废水处理方面有着潜在的应用前景，近年来越来越引起人们的重视。过氧化物酶（POD）是一种常见的酶，根据来源的不同，可分为植物过氧化物酶、动物过氧化物酶、真菌过氧化物酶等。其中有关辣根过氧化物酶（HRP），木质素过氧化物酶和氯过氧化物酶（CPO）在废水处理方面的应用最为广泛。在20世纪80年代中期，通过研究发现了辣根过氧化物酶能处理氯酚和苯胺。整个反应过程和以往的酶处理反应过程不同，先是酶反应，接着是化学反应，克服了酶反应中基质特异性的限制，即用一种酶可以处理废水中多种含羟基的芳香族化合物，这种酶促反应的机制称为氧化-偶合。因此，近年来利用过氧化物酶的催化作用来处理含有酚、芳香胺类等有毒有机化合物的工业废水成为可能。

过氧化物酶降解酚类化合物的机理：以CPO为例，解释POD催化反应机理。

CPO催化循环机理如图17-1所示，AH代表底物，如邻甲氧基苯酚，椭圆代表亚铁血红素，化合物Ⅰ和Ⅱ代表铁中间体。X代表氯化途径中的氯、溴、碘。化合物Ⅰ被还原成铁的稳定态，是通过两个连续的从过氧化物酶到底物-电子转移过程或是从铁氧基转移到底物的两电子氧化过程而实现的，反应过程所产生的自由基通常不通过酶催化而通过各自的底物途径（偶合或歧化等）转变成非自由基产品。静态CPO活性中心含有铁卟啉环（Fe^{3+}），催化循环开始于H_2O_2分子的异裂，此过程需要来自血红素的两个电子的转移，形成了一个水分子和化合物Ⅰ。化合物Ⅰ是血红素过氧化物酶催化反应典型的中间体，产生一个卟啉自由基阳离子［血红素（$Fe^{4+}=O$）$^{\oplus}$］。化合物Ⅰ是不稳定的，它是一种强的氧化剂，能和卤素离子反应生成一种化合物X（$Fe^{3+}-O-X$）。

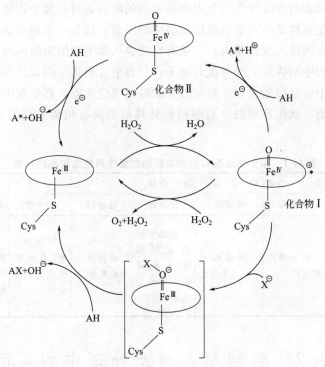

图 17-1　CPO 催化循环机理

17.1.2　有机磷农药降解酶

有机磷农药是农药中很重要的一类，具有高效的杀虫能力。大量研究表明土壤和水环境中的微生物可以分泌一种能水解磷酸酯键的酶——有机磷降解酶。有机磷降解酶又称磷酸三酯酶，可降解有机磷农药分子，破坏有机磷化合物分子和一些军用神经毒剂如沙林的磷酯键而使其脱毒。常见的有机磷农药降解酶（organophosphorus hydrolase）主要是水解酶类，包括磷酸酶、对硫磷水解酶、酯酶、硫基酰胺酶、裂解酶等，它们主要通过裂解 P—O 键、C—P 键、P—S 键来降解有机磷农药。

图 17-2 为有机磷农药化学结构式。由于有机磷农药都有类似的结构，只是取代基不同，所以一种有机磷降解酶往往可以降解多种有机磷农药。

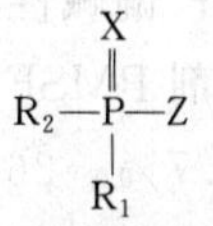

1974 年首先从假单胞杆菌中检测出磷酸酯酶的活性，发现其对对硫磷具有降解作用，同时对甲基对硫磷、二嗪农、毒死蜱等 7 种有机磷农药均能有效降解，在 22℃ 时降解效率比化学降解快 1000～2450 倍，且该酶不为农药及农药制剂中溶剂所抑制，对环境条件有较宽的忍受范围。在此之前，有机

图 17-2　有机磷农药化学结构式

磷农药降解技术主要是生物降解。1980 年，发现了有机磷农药降解酶比产生这类酶的微生物菌体更能忍受异常环境条件。而且，酶的降解效果远远胜于微生物本身，特别是对低浓度的农药。因此，人们的思路从应用微生物菌体净化农药污染转向利用有机磷农药降解酶。从受有机磷农药长期污染的土壤中通过富集培养，分离筛选到一株降解乐果活性较高的曲霉 Z_{58} 菌株，研究了该菌株的最适产酶条件；培养温度 30℃，培养起始 pH 7.0，培养时间 96h；酶反应的最适温度和 pH 分别为 45℃和 7.2，在 40℃以下及 6.0～9.0 范围内稳定，主要作用底物为有机磷农药。

有机磷农药的降解作用机理如下。

微生物对有机磷农药的降解作用是由其细胞内的酶引起时，微生物降解的整个过程可以分为 3 个步骤：一是有机磷在微生物细胞膜表面的吸附，这是一个动态平衡；二是吸附在细胞膜表面的有机磷农药进入细胞膜内；三是有机磷进入微生物细胞膜内与降解酶结合发生酶促反应。有机磷农药中的磷原子没有孤对电子，只有空 d 轨道，因而具有很强的亲电性，易被亲核基团进攻。中性磷酸酯水解、醇解以及磷酰化反应性能，都是发生在磷原子的亲核体烷基化。过水解酶类、氧化还原酶、裂解酶和转移酶类对有机磷农药的反应位点如表 17-1 所示。

表 17-1 微生物降解有机磷农药的主要作用位点和酶的种类

作用位点	P—O—烷基	P—O—芳基	O=P—NH₂	—烷基	—NO₂	C—P	—C—P	苯环
酶的种类	水解酶	水解酶	水解酶	氧化酶	还原酶	裂解酶	磷酸变位酶	氧化酶
酶的催化作用	亲核进攻脱烷氧基。对硫磷、甲胺磷等有机磷农药降解途径	对硫磷降解途径	甲胺磷水解的主要途径	包括甲氧基、乙氧基等，有机磷农药降解去毒重要途径	将硝基还原成氨基	碳-碳键断裂，有机磷矿化的必经途径	分子内重排产生磷酸酯和磷酸烯醇式丙酮酸	羟基化，苯环开环

17.2 酶制剂在废水处理中的应用

近年来，用酶制剂净化废水的工作进展很快，从菌种筛选、酶的制造和纯化，以及活力测定、实际应用等方面都取得了显著的成绩。实践证明，酶不仅能净化废水，而且可以做到成本低、效果好。研究表明：在废水处理生物系统中，污染物质的去除主要是依靠微生物基团分泌的具有活性的酶。利用酶制剂进行污染物处理具有效率高、速度快、可靠性强等优点，因此酶制剂和酶技术在环境治理方面具有广泛的前景。从 pH、温度、底物浓度和抑制剂等四方面的作用条件，对厌氧-缺氧-好氧废水生物处理系统中 β-葡萄糖苷酶、碱性磷酸酶、亮氨酸氨基肽酶和脂肪酶的作用特性进行研究。实验结果表明，4 种酶在 60℃有最高酶活；偏碱性条件（pH＝8～9）有利于酶促反应的进行；酶活随底物浓度的增加而增大；抑制剂 PMSF 对各酶抑制效果不尽相同，对葡萄糖、蛋白质和磷酸水解酶的抑制率分别为 72.7%、26.1%和 26.8%，而对脂肪酶的抑制率高达 85.2%；最适作用条件下的各待测酶的活性可达日常作用条件的 1.5～8 倍；酶的活性与 COD、氨氮、总氮和总磷等生化因子有较好的相关性。由此得出控制相关作用条件可最大限度地发挥酶的作用性能，提高废水处理效率。采用生物酶制剂处理生活污水，研究表明：生物酶对氨氮的去除效果更佳，去除率可达 95％以上，COD_{Cr}去除率可达 89％以上。用从果蔬中提取的酶制剂去除了水体中的微囊藻毒素，降解水体中的主要营养盐氮、磷和溶解性总磷等物质，其去除率分别为 65.3％、98.3％、96.8％。

17.3　酶制剂的固定化

当前，在酶的应用中，最重要的进展是把酶固定在溶解或不溶解的聚合物和载体上，这样，酶可以反复产生和应用。随着不溶性固相酶的产生和利用，解决了溶解酶易流失的问题，以前使用可溶性酶的工业改为使用固相酶之后，收到了重大的经济效果，使用可溶酶的生产工艺不久也将被固相酶所代替。传统酶制剂固定化方法可以分为：吸附法、交联法、包埋法和共价结合法，如图 17-3 所示。

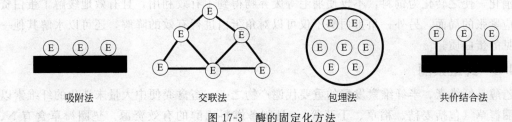

| 吸附法 | 交联法 | 包埋法 | 共价结合法 |

图 17-3　酶的固定化方法

最早出现的酶固定化方法是吸附法。是指利用物理吸附或形成离子键，将酶固定在纤维素、琼脂糖、多孔玻璃或离子交换树脂等载体上的固定方式。Mojovic 等将从 *Candida rugosa* 中提取的脂肪酶吸附固定在大孔共聚物载体上，在最优条件下最大吸附量为 15.4mg/g，酶固定效率为 62％，重复使用 15 次后，固定酶活性仍保持最初活性的 56％。交联法是指利用双功能或多功能交联试剂，在酶分子与交联试剂之间形成共价键从而实现酶固定化的方法。刘春雷等将脂肪酶通过 X-5 大孔树脂和戊二醛进行吸附交联固定，固定化脂肪酶活力为 631.8U/g，活力回收率为 62.4％。包埋法基本原理是载体与酶溶液混合后，借助引发剂进行聚合反应，通过物理作用将酶限定在载体的网格中，实现酶的固定化。共价结合法是指通过借助一些方法，在载体上引进活泼基团，使其与酶分子上的某一基团反应，形成共价键的方法，也称为载体偶联法。为了尽量减少或避免酶活力的损失，人们将研究重点转向在较为温和的条件下实现酶的固定化。另一方面，载体对酶固定的影响也较大，到目前为止，还没有找到一种合适的材料可以担当起所有酶的固定化载体。寻找合适的酶载体可以参考材料的下述性能：①良好的机械强度及稳定性；②抗微生物降解性；③功能基团，一般带有—OH、—COOH、—CHO 等反应性基团的载体材料可大大提高其与酶之间的结合力，同时对固定化酶的操作性和稳定性也有提高；④溶解性，一般要求载体材料不溶于水；⑤组成和粒径，一般材料粒径越小，比表面积就越大，与自由酶固定化程度就越高，固定化率也越高。

17.4　酶制剂在废弃物处理中的应用

17.4.1　脂肪酶

脂肪酶（lipase）是一类特殊的酯键水解酶，不仅能催化油脂水解，也能在非水相中催化酯合成、转酯化和酸解等反应。脂肪酶反应条件温和、底物品质要求低、转化率高、特异性强且不易产生副产物。畜禽养殖业中有大量动物油脂废弃物，包括畜禽粪便、养殖场废水以及病死畜禽。以畜禽养殖废弃物中的动物油脂为原料，脂肪酶为催化剂生产生物柴油是废弃动物油脂资源化利用的有效途径。生物柴油具有可再生、易降解、燃烧后有害气体及固体颗粒物少等特性，对常规石化能源起着补充和部分替代的作用。

17.4.2　角蛋白酶

畜禽养殖生产中会产生大量角蛋白废弃物，如羽毛、皮毛、角、蹄、爪等。然而，角蛋白不易被一般的蛋白酶降解。传统的物理、化学方法处理角蛋白废弃物不仅转化率低，破坏角蛋白的营养成分，还易造成环境污染。20世纪40年代，科学家们相继发现许多微生物能分泌一类具有角蛋白水解活性的酶，称为角蛋白酶。角蛋白酶能使角蛋白降解为多肽、氨基酸及矿物元素，可以用于制造有机肥料。在饲料加工行业中，角蛋白酶可用于羽毛废弃物的生物消化，使之转化为饲料，不仅使羽毛等废弃物得到了有效利用，且有效地缓解了蛋白资源供应紧张的局面。另外，角蛋白酶不仅可以对角蛋白进行有效的降解，还可以水解其他一些常见的蛋白质。

17.4.3　纤维素酶

乙醇是纤维素、半纤维素发酵的重要代谢产物之一。畜禽粪便中大量未消化的纤维素以及垫圈褥草（包括麦秸、稻草、干草等），是制备燃料乙醇的有效资源。垫圈褥草含有 N、P、S 等大量元素，并带有大量畜禽粪便，极易发酵产生 CO_2、NO_3^-、H_2S，造成大气和地表水污染。有研究报告显示，通过利用农业废弃物制备纤维素乙醇，到 2020 年能够为我国替代 3100 万吨汽油，使我国对进口原油的依赖下降 10%，同时减少 9000 万吨 CO_2 排放。纤维素酶（cellulase）是一类能够把纤维素降解为低聚葡萄糖、纤维二糖和葡萄糖的水解酶。根据纤维素酶结构的不同，可把纤维素酶分为两类：纤维素酶复合体（cellulosome）和非复合体纤维素酶（noncomplexedcellulase）。目前，多种商品化纤维素酶制剂已被广泛应用于饲料加工业、造纸业和织物洗涤等行业。

17.4.4　其他酶制剂

自 20 世纪 80 年代以来，畜禽养殖业产生的固体废物和有机废水被广泛用于发酵生产沼气。沼气发酵的过程实际上是一系列水解细菌、氨氧化细菌、产氢产酸细菌和产甲烷菌等微生物的互营代谢过程，当中涉及纤维素酶、脂肪酶、淀粉酶（amylase）、蛋白酶（protease）、乙酰转移酶（acetyltransferase）、甲基转移酶（methytransferase）和甲基脱氢酶（dehydrogenase）等酶组分对于相应底物的催化反应并最终产生沼气。研究人员利用不同配方的酶制剂研究畜禽粪便沼气发酵的产气率。结果显示，以糖化酶（glucoamylase）为主，按一定比例添加了多种水解酶（hydrolase）的实验组与对照组相比，发酵原料的降解速度加快且沼气产气量提高了 26.81%。进一步研究发现，在容积为 500mL 的猪粪批量沼气发酵过程中，分别添加 40U 和 80U 的 α-淀粉酶，沼气产气量分别比对照提高了 13.17% 和 16.29%；在发酵容积为 1000mL 的猪粪沼气发酵过程中，分别添加 20000U、40000U 和 60000U 的 γ-淀粉酶，结果显示沼气产气量分别比对照提高了 6.32%、9.23% 和 8.31%。将微量元素与固体单体酶原料按比例复配制得复合酶制剂用于沼气发酵（包含木聚糖酶 20%~30%、纤维素酶 20%~30%、脂肪酶 5%~10%、果胶酶（pectinase）5%~10%、蛋白酶 5%~10%、淀粉酶 5%~10%、糖化酶 10%~20% 和葡聚糖酶（glucanase）5%~10%。结果发现，该制剂中的复合酶能有效降解发酵原料中的各种大分子有机物，有利于菌种的利用，使其快速增殖，并最终促进产气速率，增加产气量，延长发酵时间，减少残余能量，提高原料的利用率。

参 考 文 献

[1] 居乃琥. 酶工程研究和酶工程产业的新进展（Ⅱ）——国内外酶制剂工业的现状、发展趋势和对策建议. 食品与发酵工业，2004，26（4）：38-43.

[2] 张丽华，薛万华等. 过氧化物酶在酚类废水处理中的应用. 山西大同大学学报：自然科学版，2009，25（6）：44-48.

[3] Klibanov A M, Alberti B N, Morris E D, et al. Enzymatic removal of toxic phenols and anilines from wastewater. J Appl Biochem, 1980, 2：414-421.

[4] Munnecke D M, Hsieh P D. Microbial decontamination of parathion and p-nitrophenol in aqueous media. Applied Microbiol, 1974, 28（2）：212-217.

[5] Munnecke D M. Enzymatic detoxification of waste organophosphate pesticides. Agric. Food. Chem, 1980, 28：105-111.

[6] 刘玉焕，钟英长. 真菌的有机磷农药降解酶产酶条件和一般性质. 微生物学通报，2000，27（3）：162-165.

[7] Yoneznwa Y, Urushigawa Y. Chemico-biological interactions inbiological purification system. Chemospere, 1979, 8：139-142.

[8] 吴红萍，郑服丛. 微生物降解有机磷农药研究进展. 广西农业科学，2007，38（6）：637-642.

[9] 罗翠，李茵. 废水处理系统中胞外水解酶的作用特性研究. 环境工程学报，2008，2（2）：180-184.

[10] 郭洪英，周文香，董军铃. 生物酶制剂处理生活污水指标的测定. 化学工程与装备，2011，1：188-190.

[11] 范荣亮，谢悦波，Yudianto D，宋雅静，庄景. 复合微生物菌剂及酶制剂治理湖泊蓝藻的研究. 水电能源科学，2010，28（2）：35-37.

[12] Mojovic L, Knezevie Z, Popadie R, et al. Immobilization of lipase form Candida rugosa on a polymer Support. Applied Microbiology and Biotechnology, 1998, 50（6）：676-681.

[13] 刘春雷，于殿宇，屈岩峰等. 吸附-交联法固定化脂肪酶的研究. 食品工业科技，2008，6：104-106.

[14] 袁定重，张秋虞，侯振宁等. 固定化酶载体材料的最新研究进展. 材料导报，2006，20（l）：69-72.

[15] 陈璐，贺静，马诗淳，邓宇. 酶制剂在畜禽养殖废弃物资源化利用中的研究进展. 中国农业科技导报，2013，15（5）：24-30.

18　同步硝化反硝化生物脱氮技术

含有大量营养成分的污水流入水体后，引起水体富营养化现象在世界各地日趋严重，已成为人类所面临的水环境问题之一。引起水体富营养化的主要营养成分有氮、磷、钾和有机碳等。氮、磷之外的其他成分不会成为富营养化的限制因子，所以防止水体富营养化的主要任务是控制污染源，降低污水中的氮、磷含量。氮的去除可用化学法，也可用生物法。但化学法的处理费用较高，而且有大量污泥产生。

18.1　生物脱氮原理

18.1.1　生物脱氮过程

第一步是氨化作用，即水中的有机氮在氨化细菌的作用下转化成氨氮。第二步是硝化作用，即在供氧充足的条件下，水中的氨氮首先在亚硝酸菌的作用下被氧化成亚硝酸盐，然后再在硝酸菌的作用下进一步氧化成硝酸盐。第三步是反硝化作用，即硝化产生的亚硝酸盐和硝酸盐在反硝化细菌的作用下被还原成氮气。其中，硝化反应在好氧条件下通过自养型硝化细菌作用发生，而反硝化是在缺氧条件下通过兼性反硝化菌作用实现。

18.1.2　除氮细菌的种类

18.1.2.1　氨化菌

环境中绝大多数异养型微生物都具有分解蛋白质，释放出氨的能力。这些异养型微生物主要为细菌和真菌。

18.1.2.2　硝化细菌

长期以来人们一直把硝化菌分为两个亚群：亚硝酸细菌和硝酸细菌。在《伯杰氏细菌鉴定手册》第 8 版中将这两类细菌统归于硝化杆菌科，它包括 7 个属：硝化杆菌属（*Nirtobacetr*）、硝化刺菌属（*Nirtospina*）、硝化球菌属（*Nitrococcus*）、亚硝化单胞菌属（*Nitrosomonas*）、亚硝化螺菌属（*Nitrosospira*）、亚硝化球菌属（*Nitrosococcus*）和亚硝化叶菌属（*Nitrosolobus*），共 14 种。在《伯杰氏细菌鉴定手册》第 9 版中收录了除上述 7 属外还有另外 2 属［硝化螺菌属（*Nirtospira*）和亚硝化弧菌属（*Nitorsovibrio*）］，共 20 种。这些微生物广泛分布于土壤、湖泊及底泥、海洋等环境中。

生物硝化是由两组化能自养菌——亚硝酸盐细菌和硝酸盐细菌将氨氮转化成硝态氮的生化反应过程。硝化菌有强烈的好氧性，不能在酸性条件下生长，其生理活动不需要有机营养物，以二氧化碳为唯一碳源，而且是通过氧化无机氮化物得到生长所需的能量。

18.1.2.3　反硝化细菌

大多数反硝化细菌是兼性厌氧细菌，能够利用氧或硝酸盐作为电子受体，因为能量利用上的差异，只有当氧受限制时，硝酸盐、硫酸盐才能取代氧进行厌氧呼吸，而硝酸盐则先于硫酸盐被利用。另一方面，反硝化细菌主要是异养型细菌，有机物是它们不可缺少的能源和碳源。绝大多数反硝化细菌主要利用有机物来作为电子供体，进行异氧反硝化作用。反硝化细菌的种类繁杂，对营养的来源、种类也不尽相同，具有较强的适应环境能力。反硝化菌群在分类学上没有专门的类群，它们分布于原核生物的众多属中，这些包含反硝化细菌的属绝大多数分布于细菌界，少数分布于古生菌界。有人将部分常见的反硝化菌作其分类，其中具有反硝化中全部酶系的类群，见表 18-1。随着研究工作的推进，被确认的反硝化细菌种类将继续增加。

表 18-1　常见反硝化菌

种属名	译名
Achromobacter	无色杆菌属
Alcaligenes	产碱杆菌属
Bacillus	杆菌属
Chromobacterium	色杆菌属
Corynebacrcrium	棒杆菌属
Halobacterium	盐杆菌属
Hyphomlcroblum	生丝杆菌属
Micrococcus	微球菌属
Moraxella	莫拉菌属
Propionibacterium	丙酸杆菌属
Pseudomonas	假单胞菌属
Spirillum	螺菌属
Xanthomonas	黄单胞菌属

在缺氧条件下，反硝化菌作用将 NO_3^- 转化为 N_2（异化反硝化，占 96%）或生物体（同化反硝化，占 4%）。反硝化菌是大量存在于污水处理系统中的兼性异养菌。

$$6NO_3^- + 5C \longrightarrow 3N_2 + 6OH^- + H_2O + 5CO_2$$
$$NO_3^- \longrightarrow NO_2^- \longrightarrow NO \longrightarrow N_2O \longrightarrow N_2$$
$$NO_3^- + C + H^+ \longrightarrow C_5H_7O_2N + H_2O$$
$$NO_3^- \longrightarrow NO_2^- \longrightarrow 有机含 N 物质$$

在细菌中，绝大多数被确认的反硝化细菌集中分布在 Protoebacetr 门，下设 5 个纲（α-Proteobaeter 纲、β-Proteobacter 纲、γ-Proteobaeter 纲、δ-Porteobacter 纲和 ε-Proteobaet 纲）。比如 *Hyphomlcroblum* 是 α-Proteobacter 纲中一个重要的菌属，它们经常出现于废水生物脱氮装置内，并成为活性污泥的优势菌；*Pseudomonas* 是 γ-Proteobacter 纲中典型的反硝化菌属。值得注意的是，细菌界中也发现了同时具有硝化能力以及反硝化能力的微生物，在废水生物脱氮中具有潜在的应用价值，也已成为微生物领域和环境领域的研究热点。

18.1.3　生物脱氮

生物脱氮是由氨化、同化、硝化、反硝化作用来完成的。在污水处理过程中，污水中的一部分氮被同化为微生物细胞的组成部分，微生物得到增殖。有机氮化合物，在氨化菌作用下，分解、转化为氨态氮。在硝化菌的作用下，氨态氮进一步分解氧化分 2 个阶段进行：先在亚硝化菌的作用下，使氨转化为亚硝酸氮，然后亚硝酸氮在硝酸菌的作用下，进一步转化为硝酸氮。而反硝化反应是硝酸氮和亚硝酸氮在反硝化菌的作用下，被还原为气态氮的过程。

氨化作用：污水中的有机氮主要以蛋白质和氨基酸的形式存在。其中蛋白质会被分解为氨基酸，而氨基酸又通过脱氨基作用进入三羧酸循环，代谢后形成氨氮。脱氨基的方式主要有氧化脱氨、还原脱氨和减饱和脱氨等。在氨化菌的作用下，有机氮化合物分解、转化为氨态氮，氨化反应速度很快，在一般的生物处理设备中均能完成。

同化作用是 NO_2^--N 和 NO_3^--N 被还原转化为 NNH_4^+-N，用以微生物细胞的合成。按细胞干重计算，微生物细胞中约含氮 12.5%。

硝化作用：污水中的氨氮会被亚硝酸菌氧化为亚硝酸盐，硝酸菌将亚硝酸盐进一步氧化成硝酸盐。氨氮氧化成硝酸盐的硝化反应由两组自养型好氧微生物通过两个过程来完成。第一步由亚硝酸菌 (*Nitrosomonas*、*Nirtrosoccus*、*Nitrosospira* 等) 将氨氮转化为亚硝酸盐；第二步再由硝酸菌 (*Nitrobacter*、*Nitrococcus* 等) 将亚硝酸盐氧化成硝酸盐 (NO_3^-)。亚硝酸菌和硝酸菌统称为硝化菌。硝化菌属于专性好氧菌，它们利用无机化合物如 CO_3^{2-}、HCO_3^-、CO_2 作碳源，从 NH_4^+ 和 NO_2^- 的氧化过程中获得能量。硝化作用是一个多酶参与的代谢途径 (见图 18-1)。

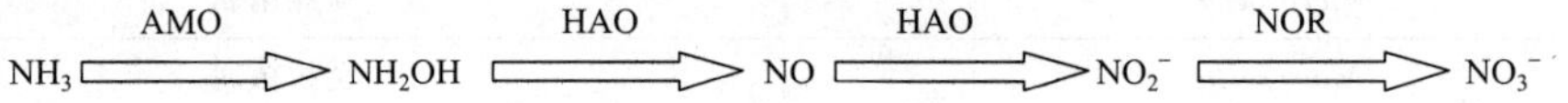

$$NH_3 \xrightarrow{AMO} NH_2OH \xrightarrow{HAO} NO \xrightarrow{HAO} NO_2^- \xrightarrow{NOR} NO_3^-$$

图 18-1 硝化作用代谢途径

反硝化作用：硝酸盐的一部分会被反硝化菌的同化作用 (合成代谢) 还原成有机含氮物，用以新的微生物细胞合成；另一部分会被反硝化菌的异化作用 (分解代谢) 还原成氮气。反应过程中反硝化细菌在无分子氧的条件下，利用各种有机基质作为电子供体，以硝酸盐或亚硝酸盐作为电子受体进行缺氧呼吸。

污水中的含氮有机物 (如蛋白质、氨基酸、尿素、脂类等)，在生物处理过程中被异养型微生物氧化分解，转化为氨氮，然后由自养型硝化细菌将其转化为 NO^{3-}，最后再由反硝化细菌将其还原转化为 N_2，从而达到脱氮的目的 (见图 18-2)。

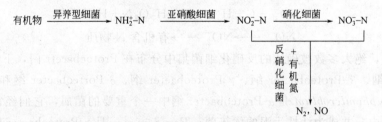

图 18-2 有机物的生物脱氮作用

18.2 同步硝化反硝化脱氮技术

18.2.1 含义

同步硝化反硝化 (simultaneous nitrification and dinitrification，SND) 在同一个反应器内同时产生硝化、反硝化和除碳反应。它突破了传统观点认为硝化和反硝化不能同时发生的认识，尤其是好氧条件下，也可以发生反硝化反应，使得同步硝化和反硝化成为可能。

18.2.2 优点

硝化过程消耗碱度，反硝化过程消耗盐度，SND 故能够有效地保持反应器中 pH 值稳定，无需酸碱中和，无需外加碳源；节省反应器体积，缩短反应时间，通过降低硝态氮浓度可以减少二沉池污泥漂浮。

18.2.3 可行性

18.2.3.1 宏观环境角度

该观点认为完全均匀混合状态是不存在的，反应器内 DO 分布不均匀能够形成好氧、缺氧、厌氧区域，在同一生物反应器缺氧/厌氧环境条件下可以发生反硝化反应，联合区段内好氧环境中有机物去除和氨氮的硝化，SND 是可以实现的。

18.2.3.2 微环境角度

该观点认为微生物絮体内的缺氧微环境是形成 SND 的主要原因，即由于氧的扩散（传递）限制，微生物絮体内存在溶解氧梯度，从而形成有利于实现同步硝化反硝化的微环境。

18.2.3.3 生物学角度

该观点认为特殊微生物种群的存在是发生 SND 的主要原因，有的硝化细菌除了能够进行正常的硝化作用还能够进行反硝化作用，有荷兰学者分离出既可进行好氧硝化，又可进行好氧反硝化的泛养硫球菌；还有一些细菌彼此合作，进行序列反应，把氨转化为氮气，为在同一反应器在同一条件下完成生物脱氮提供了可能。

18.2.4 特点

① 硝化消耗的碱度与反硝化产生的碱度相互抵消一部分，能有效地保持 pH 值稳定。硝化菌最适宜的 pH 值为 7.5～8.6，且对 pH 值变化很敏感，因此保持 pH 值稳定很重要。

② 同步进行的硝化反硝化反应可节省构筑物（如缺氧池）的容积，节省脱氮总时间，最终节省费用。通常条件下，通过反应器脱氮，亦不需要复杂的好氧缺氧区组合控制和相关的测控装置。

18.3 MBBR 同步硝化反硝化脱氮技术

18.3.1 移动床生物膜反应器

移动床生物膜反应器（moving bed biofilm reactor，MBBR）是结合悬浮生长的活性污泥法和附着生长的生物膜法的高效新型反应器。

18.3.2 主要控制因素

18.3.2.1 溶解氧（DO）

生物膜内 DO 浓度梯度造成好氧区和缺氧区是实现同步硝化和反硝化的关键，即对 DO 实行控制，可同时在生物膜的不同部位形成好氧区和缺氧区。DO 浓度的增加有利于硝化反应进行，但会抑制反硝化速率，反之 DO 浓度的降低，有利于反硝化反应的进行，但会影响硝化反应速率。因此要实现含碳有机物氧化、硝化和反硝化，需要保持适当的 DO 水平，进而既能提高脱氮效果，又能节约曝气所需的能源。

18.3.2.2 碳氮比（C/N）

有机碳源在污水的生物脱氮处理中起着重要的作用，它是细菌代谢必需的物质和能量来源。有机碳源是异养好氧菌和反硝化细菌的电子供体，有机碳源充分，C/N 高，反硝化获得的碳源充足，SND 越明显，TN 的去除率也越高；但是当有机碳浓度太高时，异养菌快速增长会稀释生物膜中的硝化菌，因此，过高的有机负荷会使硝化反应速率下降或停止。

18.3.2.3 酸碱度（pH）

酸碱度是影响废水生物脱氮工艺运行的重要因素之一。氨氧化菌、亚硝酸盐氧化菌和反硝化菌都有最适宜 pH 值。研究表明，pH 值在中性和略偏碱性的范围内有利于 SBR 反应器内 SND 的发生。

18.3.2.4 温度（T）

所有的生化过程都受温度的影响，温度对 SND 的影响主要表现为温度对硝化菌和反硝化菌的影响。硝化反应速率大体上随温度的增加而变大。

除上述四个主要参数之外，影响 MBBR 同步硝化反硝化脱氮效率及脱氮速率的控制因素还有很多，如氧化还原电极电位、间接 DO 控制、污泥浓度、水力停留时间（HRT）等也会对 SND 有一定的影响。

18.4 发展前景

目前，SND 研究重点主要是脱氮机理、影响因素及不同工艺实现 SND 的条件等。今后还需要加强以下几个方面的研究：加强好氧反硝化菌的研究，好氧反硝化菌的筛选和驯化，对其生理学特征和生物化学特征进行深入研究，找出影响其生长的各种生态因子。兼性反硝化聚磷菌的发现，使反硝化脱氮和过量摄磷同步完成。如何把脱氮和除磷更好地结合起来将成为今后研究的热点。各种废水处理工艺内实现 SND 的影响因素及各影响因素之间的关联性，不同水质废水如何实现同步硝化反硝化等需作进一步的深入研究。

参 考 文 献

[1] 聂卓娜. 低温、低碳源对同时硝化反硝化污水生物处理系统的影响研究. 重庆：重庆大学，2005.
[2] 张瑞雪. SUFR 系统对反硝化吸磷和同时反硝化脱氮的实验研究. 重庆：重庆大学，2005.
[3] 郑平，徐向阳，胡宝兰. 新型生物脱氮理论和技术. 北京：科学出版社，2004.
[4] 孙萍，张耀斌，全燮等. 序批式移动床生物膜反应器内同步短程硝化反硝化的控制. 环境科学学报，2008，28（8）：1515-1518.
[5] 邵曙海，崔崇威，张爱等. 低温下两段式 MBBR 处理城市污水的中试研究. 中国给水排水，2008，24（9）：93-96.
[6] 魏海娟，张永祥，施同平. 移动床生物膜系统同步硝化反硝化脱氮研究. 水处理技术，2009，35（1）：50-52.
[7] Rusten B, Eikebrokk Ulgenes Y. Design and operations of the Kaldnes moving bed biofilm reactors. Aquacultural Engineering, 2006, 34: 322-331.
[8] Qi R, Yang K, Yu Z. Treatment of Coke Plant Wastewater by System. Environmental SND Fixed Biofilm Hybrid Sciences, 2007, 19 (2): 153-159.
[9] 林金銮，张可方，方茜等. DO 对同步硝化反硝化协同除磷的影响. 化工环保，2009，29（2）：109-112.
[10] 徐伟锋，孙力平，古建国等. DO 对同步硝化反硝化影响及动力学. 城市环境与城市生态，2003，16（1）：8-10.
[11] 王学江，夏四清，赵玲等. DO 对 MBBR 同步硝化反硝化生物脱氮影响研究. 同济大学学报：自然科学版，2006，34（4）：514 -517.
[12] Munch EV, Lant P, Keller J. Simultaneous nitrification and denitrification in bench-scale sequencing batch reac-

tors. Wat. Res, 1996, 30 (2): 277-284.

[13] 王文斌，丁忠浩，刘士庭. 垃圾渗滤液中同步硝化反硝化的研究. 工业安全与环保，2002，28 (12)：12-14.

[14] Walters E, Hille A, He M. Simultaneous nitrification /denitrification in a biofilm airlift suspension (BAS) reactor with biodegradable carrier material. Water research, 2009, 43: 4461-4468.

[15] 韩喜莲，王艳，李绍勇. 悬浮填料对污水脱氮的影响分析. 甘肃科学学报，2007，19 (2)：147-150.

[16] 魏海娟，张永祥，张粲. 移动床生物膜系统 SND 影响因素研究. 环境科学，2009，30 (8)：2342-2346.

[17] 叶建锋. 废水生物脱氮处理新技术. 北京：化学工业出版社，2006.

[18] 方茜，张朝升，张可方等. 污泥龄及 pH 值对同步硝化反硝化过程的影响. 广州大学学报：自然科学版，2008，7 (3)：50-54.

[19] 吕其军，施永生. 同步硝化反硝化脱氮技术. 昆明理工大学学报：理工版，2003，28 (6)：91-95.

[20] Rusten B. Pilot testing and preliminary design of moving bed biofilm reactors for nitrogen removal at the FREVAR wastewater treatment plant. Water Science and Technology, 2000, 41 (4/5): 13-20.

[21] Postorelli G. Organic carbon and nitrogen removal in moving bed biofilm reactors. Water Science and Technology, 1997, 35 (6): 91-99.

[22] 张亮，王冬梅，腾新君. MBBR 工艺在农村水污染治理中的应用. 中国给排水，2009，25 (16)：50-52.

[23] 张铁，朱晓云. 载体移动床生物膜反应器（MBBR）在炼油废水处理工程中的研究与应用. 内蒙古石油化工，2008，34 (6)：146-148.

[24] 楼洪海，王琪，胡大锵等. MBBR 工艺处理化工废水中试研究. 环境工程，2008，26 (6)：61-63.

[25] 崔金久，范丽华，雷雪飞等. MBBR 在污水回用工程中的应用. 工业水处理，2006，26 (9)：75-77.

[26] 范懋功. MBBR 法在工业废水处理中的应用. 工业用水与废水，2003，34 (3)：9-11.

[27] 徐斌，夏四清，高廷耀等. 悬浮生物填料床处理微污染原水硝化试验研究. 环境科学学报，2003，23 (6)：742-747.

[28] 徐斌，夏四清，胡晨燕等. MBBR 生物预处理工艺硝化过程动态模型的建立. 哈尔滨工业大学学报，2006，38 (5)：735-739.

[29] 郑兰香，彭党聪. 反硝化 MBBR 中生物膜和悬浮微生物的特性. 宁夏工程技术，2006，5 (1)：54-56.

[30] 张立东，冯丽娟. 同步硝化反硝化技术研究进展. 工业安全与环保，2006，32 (3)：22-25.

[31] 万金保，王敬斌. 同步硝化反硝化脱氮机理分析及影响因素研究. 江西科学，2008，26 (2)：345-350.

19　共代谢技术处理难降解有机物

随着工农业的迅速发展，人们合成了越来越多的有机物质，其中难降解有机物质占据了很大比例，如染料行业的染料中间体，化工行业的含酚硝基化合物、硫氰化物，有机氯及有机磷废水等。这些物质的共同特点是毒性大，成分复杂，化学耗氧量高，一般微生物对其几乎没有降解效果。如果这些污染物不加治理地排放到环境中，势必会严重地污染环境和威胁人类的身体健康。因此难降解有机污染物的治理研究已引起国内外有关专家的重视。目前，对于难以生物降解的有机废水，一般采用物化法处理，此法可以高效处理较高浓度的难降解废水，但其处理成本较高，易引起环境的二次污染，不宜应用于大中型废水处理厂。由于人们生活而产生的污染中，存在着一类污染面广、毒性大、难降解的化合物，这类化合物极易穿透常规污染控制工程屏障，进入自然环境并长期存留和富集，对生态环境和人体健康构成严重威胁。通过人工强化的微生物作用将其转化为无毒物质或彻底降解已成为近年来研究的热点，其中通过共代谢作用来转化或降解卤代烯烃、卤代炔烃、卤代脂肪烃等难降解物质是一种有效的新兴水处理方式，目前得到了广泛的研究，应用前景广阔。

共代谢也是生物处理难降解有机物一种有效方式，并且越来越为人们所重视。微生物的共代谢作用最早是由美国德克萨斯州大学的 Lead better 和 Foster 于 1959 年提出的，他们在研究中发现甲烷产生菌 *Pseudomonas methanica* 能够将乙烷氧化成乙醇、乙醛而不能利用乙烷作为生长基质的现象，并将其称为共氧化，它们只是在微生物利用生长基质时被微生物产生的酶降解或转化为不完全氧化产物，这种不完全氧化产物进而被另一种微生物利用并彻底降解。

19.1　难降解污染物的来源

难降解有机物是指被微生物分解时速度很慢，分解不彻底的有机物（也包括某些有机物的代谢产物），这类污染物易在生物体内富集，也容易成为水体的潜在污染源。这类污染物包括多环芳烃、卤代烃、杂环类化合物、有机氰化物、有机磷农药、表面活性剂、有机染料等有毒难降解有机污染物。这些物质的共同特点是毒性大，成分复杂，化学耗氧量高，一般微生物对其几乎没有降解效果，如果这些物质不加治理地排放到环境中，势必严重地污染环境和威胁人类的身体健康。难降解有机物同样几乎不能被微生物降解，或降解所需时间非常长，已不可能被利用来控制该有机物对环境的危害，因此，这些化合物被国内外环境保护部门列入优先控制的黑名单中，它们对环境的污染受到世界各国的普遍关注，控制难降解有机污染物，是水污染防治领域中面临的重要课题。对于含有大量有机污染物的工业废水和城市废水，生物处理是废水处理的主体，它具有比化学处理方法廉价等优点。难降解有机物的生物处理技术研究已经取得广泛的成果，根据不同的机理，形成了许多技术路线，包括共代谢技术、缺氧反硝化技术、高效菌种技术、细胞固定化技术、厌氧水解酸化预处理技术等。

246

19.2　共代谢技术研究

共代谢是微生物为了适应复杂的生存环境而长期进化形成的一种特性。在共代谢过程中，微生物利用一种基质的同时还能够分解另外一种基质。微生物利用一种易于摄取的基质作为碳和能量的来源，称为第一基质，同时共代谢基质或者称为第二基质被微生物分解。第二基质的共代谢产物通常不能直接作为营养被转化为细胞质。第二基质的共代谢是需能反应，能量来自第一营养基质的产能代谢。共代谢存在于各种各样的微生物中，包括好氧微生物、厌氧微生物和自养微生物。第一基质包括多种多样的化合物，例如简单的脂肪烃类、芳香烃类、多糖、蛋白质以及无机物如氨等。第二基质也是多种多样，包括很多难降解物质，如稠环芳烃、杂环化合物、染料中间体以及农药。在微生物共代谢反应中产生的既能代谢转化生长基质又能代谢转化目标污染物的非专一性的酶是微生物共代谢反应发生的关键，这种非专一性的酶被称为关键酶。共代谢的作用机理实际上是非专一性关键酶的产生和作用的机理。目前在污水处理领域报道的关键酶主要有两大类，即单氧酶和双氧酶。这两类酶通常处在反应链的首端或末端，是整个反应的"步伐控制器"，其数量与活性决定整个反应进行的速率和程度。关键酶的一个重要的特点是其诱导性，通常只有在一定浓度的诱导基质存在时细菌才能合成并释放关键酶。所以共代谢只有在诱导基质存在且达到一定浓度时才能够发生。通常对于难降解的工业有机废水，由于缺乏易降解的诱导基质，使有机物的生物降解难以进行。研究表明，通过补充碳源的方式可以促进共代谢的发生，提高难降解有机物的降解性。例如，通过补充碳源大大提高了啤酒废水污泥对氯酚的降解作用。利用共代谢原理，在厌氧反应器中添加初级基质来处理含氯酚的废水。

19.3　共代谢作用的特点

共代谢作用存在于各种类型的微生物中，其具有以下几个特点。

① 微生物首先利用易于摄取的生长基质作为一级基质，维持自身细胞的生长。

② 难降解性污染物作为二级基质被微生物降解。

③ 一级基质和二级基质之间对发挥降解作用的关键酶存在竞争现象。

④ 污染物共代谢的中间产物不能作为营养被同化成细胞质，有些会抑制关键酶的活性，甚至对微生物有毒害作用。

⑤ 共代谢是需能反应，能量主要来自生长基质的产能代谢，当生长基质被完全消耗时，能量来源于细胞自身储存能量物质。从共代谢过程的机理和特点可以看出，关键酶的诱导及其活性的维持、生长基质与目标污染物之间的竞争抑制、目标污染物及其中间降解产物对微生物的毒性作用将是影响共代谢过程的关键性因素。

19.4　共代谢的影响因素

19.4.1　生长基质的选择

共代谢是在一级基质存在的情况下代谢难降解物质的，因此一级基质的选择很重要，一般选择一些微生物易代谢的简单有机物如葡萄糖、蔗糖、甲醇、乙酸盐等。但并不是添加任何易降解的基质都能促进非生长基质的代谢，还需要根据非生长基质的结构特点来选择相适应的生长基质。如共基质苯酚和喹啉可以增加白腐菌漆酶产量，为吲哚的降解提供较多的电子，同时苯酚和喹啉也得到较高的去除，这主要是由于共基质苯酚和喹啉与底物吲哚在结构上都有—OH 或者—NH_2 基团。

19.4.2　生长基质和非生长基质浓度的比例

研究表明共代谢中生长基质和非生长基质的比例，对于非生长基质的降解影响很大。这主要考虑到生长基质诱导的关键酶可使两种基质引起竞争性抑制。当生长基质比例较大时，诱导产生的关键酶数量较多，可以快速降解非生长基质。反之，关键酶的数量不足，无法满足非生长基质的降解；同时生长基质的减少不能够给微生物提供足够的碳源和能源，导致非生长基质的积存。一般的非生长基质对微生物具有毒性，根据耐受性定律：任何一个生态因子（非生长基质）在数量上或质量上的不足或过多，即当其接近或达到某种生物（代谢微生物）的耐受限度时会使该种生物衰退或不能生存。因此共代谢微生物只能在一定浓度的非生长基质中生长。

19.4.3　能量物质

能量物质是指在难降解物质代谢过程中，只产生能量而不能够转化为细胞的物质。如甲酸的加入能够提高甲烷细菌的共代谢速率，但长期添加会抑制甲烷细菌的活性，因为长期添加会导致微生物细胞的逐渐衰竭。

19.4.4　营养物质

微生物生长需要足够的营养物质，除了生长基质提供的碳源外，还需要有足够的氮源、磷源和必要的微量元素。资料表明理想的碳氮比为 1：1：2。像 P、S、Fe、维生素等微量元素对微生物的生长也不可缺少，虽然添加量不多，但会直接影响非生长基质的降解效果。除去以上因素以外还有温度、pH、溶解氧等因素会对降解产生影响，在不同的工艺中需要严格控制才能达到理想的效果。

19.4.5　菌种的影响

有研究表明，在降解某一非生长基质时采用不同菌种，降解效果不同。另外，对相互降解产生抑制作用的多种难降解有机物同时存在时，采用能分别降解这些有机物的混合菌种，能取得更好的去除效果。

19.5　共代谢作用处理难降解性污染物的工艺研究

1959 年 Leadbetter 和 Foster 研究发现，在甲烷存在下，*Pseudomonous methanica* 生长过程中可以氧化乙烷为乙酸、丙烷、丁烷，而乙烷、丙烷及丁烷这三种物质都不可作为单一碳源物质维持 *Pseudomonous methanica* 生长，提出了共氧化概念；随后对其内涵进行了扩展，提出共代谢的概念，并将其扩展到微生物氧化脱氯过程的研究，自此之后人工合成有机物的微生物降解过程成为共代谢的研究重点，随着对共代谢过程的生化机制、反应模型进行深入的研究，在工艺设计、选择方面也取得了一定的进展。

19.5.1　共代谢中的厌氧与好氧工艺选择

厌氧环境下，对二硝基苯酚（DNP）降解菌的研究发现，当外加葡萄糖＜1000mg/L

时，能促进二硝基苯酚的降解，原因是在此条件下有利于维持培养体系降解菌处于较高的生物量水平，改善系统活性污泥性状，延长降解菌的滞留时间，降低 DNP 的毒性。但当外加葡萄糖浓度较高时，却明显抑制了二硝基苯酚的降解，主要原因是生长基质与目标污染物之间发生了关键酶的竞争作用。在研究碳源对细粒沉积物上的五氯酚脱氯的影响时，发现在缺氧条件下，葡萄糖可以促进脱氯效果和速率。很多研究发现厌氧生物工艺可把氯代有机物脱氯生成无毒性化合物，如乙烯、CO_2，但是同时发现四氯乙烯（FCE）、三氯乙烯（TCE）在厌氧条件下仅仅是部分脱氯，很不彻底，导致二氯乙烯（DCE）、氯乙烯（VC）的浓度增加，例如，脱氯产物中顺式二氯乙烯异构体是还原脱氯的主要产物，厌氧工艺部分脱氯的不彻底性、厌氧工艺自身缺点使得后来研究方法转移到好氧工艺上来。在好氧条件下，具有共代谢氯代化合物功能的微生物有很多种，研究中主要选用苯酚氧化菌群、甲烷营养菌群、丙烯氧化菌以及硝化细菌，它们具有很强的代谢能力以及对污染物的逆抗性。在诱导此类微生物生成关键酶进行催化分解污染物时，一般需要投加特异性的底物，例如苯酚、甲烷、丙烯、丙烷或者氨。由于甲烷、丙烯、丙烷是气体，具有很低的水溶性，同时就苯酚而言，虽具有可降解性，但它是一种危险性物质，所以在现实的污水处理中，选择诱导性的生长基质，需要综合考虑。通常葡萄糖、乙醇、乙酸盐以及铵盐等易代谢的小分子化合物是考虑选择的诱导物质。在以甲烷和甲醇作为初级能源物质时，甲烷营养型的微生物可代谢在单一基质下不能降解的化合物三氯乙烯（TCE）。在好氧条件下，利用葡萄糖诱导顺式二氯乙烯的生物降解，其降解效率、降解速率都明显高于厌氧条件，说明葡萄糖诱导的共代谢过程发挥了决定性的作用。

19.5.2 好氧工艺中溶解氧浓度的选择

在好氧共代谢体系中，溶解氧一般是作为关键酶催化的脱氯、氧化反应的电子受体，接受污染物转化过程中的电子或还原力。在一定范围内，提高体系的溶解氧有利于提高反应器内生物量浓度，相应地有利于提高反应器中具有共代谢活性的生物量的浓度，从而提高目标污染物的去除效果；同时，若限制体系中溶解氧的浓度，将有助于提高储能物质（PHB）的形成或关键酶即单（双）氧化酶的活性水平。体系生长条件的控制主要根据目标污染物的去除效果进行适度调节，如溶解氧浓度等因素。系统细胞内 NADH（P）/NAD（P）比值是与还原脱氯、氧化反应的动力学方程一致的，研究结果表明，细胞外的电子供体和电子受体的浓度将会严重影响着危险性污染物的降解效果，提高还原脱氯效率的一种最简单的方法是维持一级电子供体的饱和浓度，另一种最好的方法就是减少电子受体的浓度。因为对于单氧化酶或双氧化酶反应来说，高浓度的一级基质有利于化合物的长久性保持较高的去除率。利用硝化细菌生物膜处理四氯化物的实验验证了上述理论，当体系中主要的电子受体（N）从反应器中去除时，四氯化物的去除率急速增加，而电子供体（acetate）从反应器中去除后，四氯化物的去除率急速下降；同时在维持细胞生长所需溶解氧浓度的情况下，溶解氧在低浓度的条件下氯化物的去除效果好于较高溶解氧浓度下的氯化物的去除效果。这主要是因为电子供体与电子受体比例反映了体系中 NADH 与 NAD 比例，NADH 是氧化酶催化脱氯、氧化过程中必需的电子载体，其含量是与系统的电子供体的浓度成正比的。当 NADH/NAD 很小时，系统氧化酶活性会很低，催化脱氯氧化目标污染物的速率以及降解效率会非常低。

19.5.3 生物膜反应器在共代谢反应的应用

在共代谢反应体系中，生长基质供应微生物生长所需能量，同时使非特异性关键酶催化氧化难降解的化合物，如氯代烃类。到目前为止，国外在生物处理难降解性物质领域的应用研究，很大程度上集中在以共代谢为基础的反应器选择与设计上，在生物反应器内目标污染物将作为电子供体/碳源或电子受体。处理难降解性物质的共代谢过程与传统的处理废水的营养代谢过程明显不同，它对工艺的设计与运行提出了具有现实意义的挑战。反应器技术、特异性微生物以及运行方案适当的组合是非常具有吸引力的处理工艺。其中，生物膜反应器是一种能利用共代谢反应降低污水和气流中有机溶剂浓度的有效装置，通过实验室的试验，证明利用生物膜反应器进行共代谢作用是非常成功的。生物膜系统中具备活性污泥系统所没有的独特生长环境，研究表明：当生物膜达到一定的厚度，生长基质的利用速率将明显低于活性污泥系统微生物对生长基质的利用速率，这样有利于延长生长基质对关键酶活性维持作用，同时还可以降低生长基质与目标污染物之间的竞争作用，提高膜反应器内关键酶降解目标污染物的效率；同时膜内低氧环境有利于微生物具有较高的内源呼吸率，这有助于促进细胞能源物质的形成；生物膜环境还有利于菌株之间发生遗传信息的交流，生成新代谢能力的变种，提高降解目标污染物的效率。生物膜反应器内的微生物一般选用特定降解性能的混合菌群挂膜，它们的生理生化特性直接影响着反应器的运行，有机体除了具备一定的生长速率外，还能在长期运行的情况下维持生长上的统治地位，否则将不能保证生物膜具有稳定的生态系统。生长速率快慢和生态系统的稳定主要依赖于所选微生物附着载体表面的能力。某些单菌株具有独特的降解性能，如具有很快的共代谢速率，但是因为现实的污水处理过程中无法保证无杂菌污染，加之，单菌株自身一般存在着生理生化特性的弊端，如环境变化适应能力差，生物量增长速率低于混合菌群增长速率，附着载体表面形成生物膜的能力弱等特点，所以一般选用混合菌群挂膜。因为混合菌群可以弥补这些不足，实际上共代谢降解污染物的过程也是菌群之间协同转化的过程。

19.5.4　序批式生物膜反应器（SBMR）开发与应用

目标污染物利用活性污泥法或填充床式生物膜处理时，污染物和生长基质要同时加入反应器内，生长基质用于维持微生物的生物量和细胞活性，但是由于生长基质与污染物质同时存在会引起对关键酶的竞争作用，势必将影响污染物的处理效果，加之污染物的共代谢速率远远小于生长基质的营养代谢速率（约相差一个数量级），所以会出现很多在运行管理上问题，如水力停留时间控制。水力停留时间过长，营养代谢作用会引起的微生物增多，导致生物膜性能下降；时间过短，由于共代谢速率慢，会影响污染物的去除效果。序批式生物膜反应器（SBMR）是在序批式活性污泥反应器中引入生物膜的一种新型复合式生物膜反应器，近年来亦引起研究者们的兴趣。国内的应用主要集中在工业废水的处理上，国外的研究主要集中在有毒、难降解有机物的处理上。序批式生物膜反应器在挂膜成功后可以有两种运行模式，首先，在没有生长基质存在的条件下，反应器内加入目标污染物，进行生物降解转化；其次当生物膜的活性下降时，废液排出反应器后，反应器内加入生长基质，进行营养代谢，目的是恢复生物膜的活性及维持一定的生物量，因为污染物或其中间代谢产物可能会引起微生物的毒性反应，同时使关键酶失去活性，但是在生长基质存在的条件下，微生物具有自我修复的能力，关键酶活性也会很快恢复，所以这样可保障在 SBMR 中微生物的共代谢活性。共代谢是关键酶非特异性降解生长基质和污染物的过程，一般认为关键酶是在生长基质的诱导下产生并保持一定活性的，并通过生长基质的代谢获得共代谢所需要的能量。当生长基质消失时，关键酶将会以比微生物自然死亡快得多的速度消失，进而共代谢中止。后来发现，微生物在没有生长基质的饥饿状态下，仍然具有共代谢的能力，能量主要来自于细胞自身储存的能源物质。酶活性保持的能力、能源物质储存的能力一般是与选择的有机体的性能有关。序批式生物膜反应器在国外处理有毒、难降解性有机物的研究中，多用上述两种模式运行，共代谢转化是主要的运行模式。序批式可以完全把生物膜的营养代谢与共代谢分离，解决了生长基质与污染物之间的竞争作用，同时增加了运行反应器的灵活性，该工艺具有投资少和操作简单等特点。加强生物膜反应器处理效率的稳定性，一般的方法是提高有效菌种在膜反应器内的绝对优势和稳定膜反应器的生态系统，实验发现富集培养和投加抗生素等方法可以提高特效菌种的生长优势，在反应器中可选用活性炭及软纤维填料、聚乙烯等有机聚合体类挂膜填料，便于提高微生物黏附载体有效挂膜的能力。在进行的序批式生物膜反应器处理含不易降解有机物的工业废水的研究中，采用活性炭做填料和微孔膜固液分离的一体式膜 SBMR 处理苯/二氯酚和三氯乙烷/酚的人工配水，可充分利用活性炭的吸附性并减少其再生，减少混合液中有机物对细菌的毒性。研究结果表明活性炭的使用寿命比单纯的作为吸附剂时可延长至少 5 倍，在 24h 的运行周期内，95% 的苯/二氯酚可以被生物降解，在每一个周期内所加入的三氯乙烷亦有 5% 可以降解，再有，活性炭先吸附然后再进行生物再降解比两个过程同时进行对有机污染物的去除速率要快得多。利用序批式反应器工艺处理含氰废水，含氰废水是开采金矿沥析出的剧毒废水，对环境的危害很大。采用 SBMR 工艺，24h 一个运行周期，就可将 20mg/L 的氰化物降解至 0.5mg/L。随着 SBMR 工艺优越性的日益绽现及它在难降解有机物处理方面的推广，必将产生良好的环境效益和社会效益，其应用前景将会十分广阔。

19.6　发展前景

近年来，出现了越来越多的处理难降解物质的技术路线，其中序批式好氧生物膜工艺是共代谢处理难降解污染物方法中最具有潜力的途径。培养、驯化或通过基因工程技术改造适宜的生物降解菌群运用到生物膜工艺中去将会大大提高难降解污染物的去除效果。为了有效地处理高浓度、有毒性污染物，应该把生物技术与其他物化技术结合起来。例如将生物处理与化学氧化技术（臭氧氧化、Fenton 氧化）结合，处理高浓度难降解的有机物，以提高污染物的去除效果，降低其对环境的危害。

现代社会的发展使各类合成有机污染物逐渐增多，环境污染日益加重，利用微生物的代谢净化环境已经成为一种趋势。相关研究证明微生物共代谢在不同的工艺中已取得了良好的效果，随着现代生物技术的发展和基因工程菌的应用，将会给微生物的共代谢带来更大的突破。微生物的共代谢对于非生长基质的降解具有很大的潜力，但在实验研究中发现许多问题需要继续探讨，主要表现在以下几方面。

①　共代谢生长基质的选择通常选取简单的易生物降解有机物，然而在实验中却发现一些难降解有机物亦可作为生长基质，而这类物质本身对于大多数微生物来说却又是一类难降解物质。如吲哚的最佳生长基质是苯酚和喹啉。这就说明生长基质的选择可以是非生长基质的类似物或者在结构上具有相同基团的有机物。

②　共代谢的研究尚处在实验室阶段，其处理的废水成分比较单一，然而由于实际废水来源不同，往往出现多种有机物和无机物共存的情况，其生化性往往较低，必须通过一定的措施改善废水的可生化性。

③　共代谢机理的研究存在不同观点，只是在宏观的非生长基质降解率上得出结论，并

没有在微观上得出统一的认识。面对日益增多的难降解有机物有待对其降解机理进一步深入研究。

参 考 文 献

[1] 何德文，王罗春，陆雍森．难降解有机污染物的治理方法及进展．环境与开发，1998，13（4）：4-5.

[2] 姚珺，赵野，何苗．共代谢对难降解有机物生物降解性能的影响．环境科学与技术，2006，29（3）：11-12.

[3] 唐有能，程晓如，王晖．共代谢及其在废水处理中的应用．环境保护，2004，（10）：22-25.

[4] 李开军，张建强．共代谢在废水处理中的应用．四川环境，2011，30（1）：111-115.

[5] 李成都，李道棠．共代谢工艺处理难降解性有机物的研究进展．净水技术，2005，24（3）：55-58.

[6] 林英姿，曹长虎．共基质代谢对难生物降解有机物的作用研究．吉林建筑工程学院学报，2011，28（2）：25-28.

[7] 李少婷，张宏，余训民，汤亚飞．难降解有机污染物生物处理技术的研究进展．广西科学，2005，12（3）：236-240.

[8] 李杰．难降解有机物的生物处理技术进展．环境科学与技术，2005，28（增刊）：187-189.

[9] 朱怀兰，史家樑，张明．生物难降解有机污染物微生物处理技术的进展．上海环境科学，1997，16（3）：10-13.

[10] Waarde J J V，Kok R，Janssen D B．Cometabolic degradation of Choroallyl alcohols in batch and continuous culture．Appl. Microbiol. Biotechnol，1994，42（1）：158-166.

[11] 史敬华，刘菲等．不同基质共代谢降解地下水中四氯乙烯的研究．地学前缘，2006，13（1）：147-149.

[12] 程静，张超杰，谢丽，周琪．氮杂环化合物吡啶在不同条件下的降解及共代谢研究．净水技术，2008，27（6）：31.

[13] 李香兰．固定化光合细菌处理焦化废水中难降解有机物成分的鉴定．光谱实验室，2003，20（3）：427.

[14] 孙艳．固定化细胞性能改进的研究．环境科学研究，1998，11（1）：59-62.

[15] 孙艳．一种耐酚菌种及其固定化细胞降解含酚废水性能的比较研究．环境科学研究，1999，12（1）：1-9.

[16] 朱柱，李和平，郑泽根．固定化细胞技术处理含酚废水的研究．重庆环境科学，2000，22（6）：64-67.

20 荧光定量 PCR 技术在环境中的应用

  聚合酶链反应（polymerase chain reaction，PCR）技术是 1985 年由 Saiki 首次提出的，因为其有高灵敏性、特异性及简便易行等特点，很快成为医学临床及生命科学研究的热点技术。长期以来，定性检测技术虽然得到不断的改进和完善，达到了检测单个靶序列的水平，但在实际工作中，研究者们已不再满足于得知某一特异 DNA 序列的存在与否，他们更着眼于对其进行精确的核酸定量。所以，借助 PCR 对基因快速、敏感、特异而准确的定量成为目前研究的热点。而近年来出现的核酸定量 PCR 技术，尤其是在 1996 年由美国 Applied Biosystems 公司推出的实时（real-time）荧光定量 PCR（fluorescent quantitative PCR，FQ-PCR）技术不仅实现了 PCR 从定性到定量检测的飞跃，而且与传统定量 PCR 技术相比，它具有特异性更强、自动化程度更高、无污染等特点。

20.1 实时荧光定量 PCR 技术的定量原理

  实时荧光定量 PCR 技术的产生得益于 Taq DNA 聚合酶 $5' \rightarrow 3'$ 外切酶活性的发现和荧光能量共振转移（fluorescence resonance energy transfer，FRET）的应用。它是指在 PCR 反应体系中加入荧光基团，利用荧光信号积累实时监测整个 PCR 进程，最后通过标准曲线对未知模板进行定量分析的方法。

  在荧光定量 PCR 循环过程中，将测量的信号作为荧光域值（threshold）的坐标。以 PCR 反应的前 15 个循环的荧光信号作为本底信号，一般荧光域值定义为 3～15 个循环的荧光信号的标准偏差的 10 倍。如果检测到的荧光信号超过域值，就被认为是真正的信号。荧光定量 PCR 中的 C_t 值（threshold cycle），也叫循环阈值，是指样品管的荧光信号达到某一固定域值的反应循环数，即荧光信号开始由本底进入指数增长阶段的拐点所对应的循环数。在实际操作中，这个时刻也就是每个反应管内的荧光信号到达设定域值的时刻，所以荧光域值可以定义样本的 C_t 值。

  荧光定量 PCR 扩增曲线可分成 3 个阶段：荧光背景信号阶段，荧光信号指数扩增阶段和平台期。多年的研究发现，在荧光信号指数扩增阶段，每个模板的 C_t 值与该模板的起始拷贝数（dRn）的对数存在线性关系，起始拷贝数越多，C_t 值越小。利用已知起始拷贝数的标准品及其相对应的 C_t 值可作出标准曲线，所以只要通过荧光定量 PCR 仪得到未知样品的 C_t 值，就可从标准曲线上计算出该样品的起始拷贝数，从而可算出未知样品的初始浓度。

20.2 荧光定量 PCR 的荧光化学基础

20.2.1 荧光基团原理

  在一束特定波长（如 550nm）激发光源的作用下，荧光基团的电子向高能级跃迁，随后从高能级跃迁回较低的能级，释放特定波长的光（如 600nm），这个光称为发射光。由于电子从高能级跃迁回来的时候会损失部分能量，所以发射光的能量会比激发光能量小，结果就是发射光的波长比激发光波长向红外移动（紫外能量大，红外能量小）。

20.2.2　荧光定量 PCR 的分类方法

目前主要有五种荧光化学方法：ds DNA 结合染料、水解探针、分子信标、杂交探针、复合探针。其中第一种属于非特异性序列检测，后四种属于特异性序列检测。

20.3　实时荧光定量 PCR 的优点与不足

20.3.1　优点

与其他 PCR 方法相比，实时荧光定量 PCR 有以下显而易见的优点。

① 灵敏性。光谱技术和计算机技术的联合使用，大大提高了检测的灵敏度，甚至可以检测到单拷贝的基因，这是常规 PCR 难以做到的。

② 精确性。由于 PCR 的平台效应，传统 PCR 不能进行精确的定量，而实时荧光定量 PCR 不受扩增效率和试剂损耗的影响，利用扩增进入指数增长期的 C_t 值来定量起始模板量，实现了极为精确的核酸定量检测。

③ 特异性。荧光探针是针对靶序列设计，相当于在 PCR 的过程中自动完成了 Southern 杂交，具有高特异性。

④ 安全、快速性。常规的 PCR 在扩增结束后需要琼脂糖凝胶电泳和溴化乙锭（EB）染色。在紫外光下观察结果或通过聚丙烯酰胺凝胶电泳和银染检测，除了有污染外，还对人体产生一定的伤害。实时荧光定量 PCR 是在全封闭状态下实现扩增和产物分析的，降低了溴化乙锭的污染，有效地减少了污染及对人体的伤害，而且同时检测多个样品，有效地减少了劳动量。

⑤ 动态性。实时荧光定量 PCR 可以在 PCR 反应的同时，监测反应的进程，实现了实时动态监测。

20.3.2　不足

① 实时荧光定量 PCR 技术或荧光定量 PCR 技术是目前发展起来的快速、精确定量核酸的最有效的方法之一，但其需要特殊的热循环仪和试剂，这些都比较昂贵，使其使用受到一定的限制。

② 由于运用了封闭的检测，减少了扩增后电泳的检测步骤。因此也就不能监测扩增产物的大小。

③ 因为荧光素种类以及检测光源的局限性，从而相对地限制了实时荧光定量 PCR 的复合式检测的应用能力。

20.4　荧光定量 PCR 的应用

实时荧光定量 PCR 技术已被广泛应用于临床和生命科学研究的各个领域，如基因表达研究、单核苷酸多态性（SNP）及突变分析、细胞因子的表达分析、肿瘤的分子诊断及病原体的分子检测等，还可以在进出口检验、公安系统、考古与物种分类等方面发挥重要作用。

有研究表明，荧光定量 PCR 在环境方面也已有广泛应用。

20.4.1 国外应用现状

荧光定量 PCR 可以用来检测环境中微生物在河流中随季节的变化情况。利用特异性 16S rDNA 引物扩增两种甲苯降解菌。荧光定量 PCR 结果显示：自养黄色杆菌（*Xanthobacter autotrophicus*）和分枝杆菌（*Mycobacterium*）在甲苯污染地区的数量比非污染地区的高，这与先前调查结果一致。但在污染地区的自养黄色杆菌只在夏季有相对短暂的繁盛。而分枝杆菌超过 5 个月时数量仍很高，这与早期传统单一时间点细菌培养实验的结论不同，表明了分枝杆菌在甲苯降解方面比想象的更为重要。

通过定量反硝化亚硝酸盐还原酶基因（nirS）丰度来研究施氏假单胞菌种类的丰度，不但通过 DNA 阻滞和细胞外加实验证明荧光定量 PCR 能够精确分析环境样品功能基因（nirS）的丰度，同时也发现湖底沉积物和地表水中的施氏假单胞菌丰度较高，而在海底沉积物中的丰度极低或无法检测，这些结果表明这种微生物不是海底主要的反硝化微生物。产肝毒微囊藻素的微囊菌、项圈藻和浮游生物均会造成藻青菌大量泛滥，因此如果缺乏适当的定量方法就很难确定有效的产生者。

通过实时荧光定量 PCR 技术定量湖泊中微囊菌和项圈藻微囊藻素合成酶 E 拷贝数，发现湖泊中主要的微囊藻素产生者是微囊菌，其微囊素合成酶 E 拷贝数是项圈藻的 30 多倍。

通过荧光定量 PCR 技术检测了沿湖泊重金属污染浓度梯度中还原铁离子泥土杆菌（*Geobacteraceae*）家族的丰度与分布。结果表明其分布相对均匀，泥土杆菌（*Geobacteraceae*）家族的分布不受重金属离子浓度的影响。

为了快速检测具有高效去除营养物质能力的微生物的活性，采用荧光定量 PCR（Taq man）法，对污水处理厂的活性污泥中的 *Nitrospira* spp.（亚硝酸盐氧化物中的主要微生物之一）进行了监测。实验中以此微生物的 16S rRNA 基因设计特异性探针，用来自污水处理厂活性污泥及实验室中的 DNA 进行实验，实验结果表明此方法灵敏、可靠，只是定量效率较低。

用 Taq Man 荧光定量 PCR，定量检测了城市污水处理厂 MLSS 中的细菌总量，硝化螺菌（*Nitrospira*）和氨氧化细菌（Nitrosomonas oligotropha-like ammonia oxidizing bacteria）（AOB）菌种。

20.4.2 国内应用现状

从太湖梅梁湾水域分离出一株假单胞菌，该菌对微囊藻 24h 藻细胞溶解率为 85.9%，完全溶藻时间为 48h，对微囊藻毒素 LR（MC-LR）也具有较强的降解作用。用 SYBR Green I 的实时荧光定量 PCR 技术，评价了人工除藻反应器中组合填料、无纺布、弹性填料等介质对太湖水中溶藻细菌之一的假单胞菌属的富集情况，结果显示：该方法对总细菌的检测范围为 103～108 个/μL 基因拷贝（$R^2 = 0.997$），假单胞菌属的检测范围为 1～105 个/μL 基因拷贝（$R^2 = 0.994$）。对除藻反应器溶藻细菌富集效果的评价显示，所建立的方法能有效检测反应器中填料对该类溶藻细菌的富集程度，初步证明所建立的方法可有效定量假单胞菌属在环境样本中的丰度。而定量分析此菌属的环境分布对"水华"的治理有着重要的意义。

为建立快速、准确的鉴定和定量检测赤潮生物的方法，以圆海链藻为例，以其 18S rDNA 序列为寻找种特异性引物的靶区域，通过分析 18S rDNA 序列，设计出适合用于

RFQ-PCR 的引物与探针，并通过常规 PCR 验证确定其特异性，进而以圆海链藻荧光定量 PCR 的引物和探针（primer thalassiosira rotula 和 taqman thalassiosira rotula），建立了定量检测圆海链藻的实时荧光定量 PCR 检测方法（RFQ-PCR）。与传统的显微镜计数方法比较，两者所获结果无显著性差异，证明了本方法的可行性，从而为我国沿海水域赤潮问题的研究提供了良好的技术检测途径。

应用实时荧光定量 PCR（real-time quantitative PCR，RTQ-PCR）的方法，选取了专一性的针对 *Thauera* 和 *Azoarcus* 属微生物的引物。对降解喹啉的反硝化反应器的种子污泥样品和稳定运行后的生物膜样品进行了定量分析。结果表明在每微克湿重的污泥中待检测的基因片段的拷贝数在种子污泥中为 $3.70(\pm 0.16)\times 10^5$，在反硝化反应器中为 $3.69(\pm 0.97)\times 10^6$。这表明在驯化过程中，*Thauera* 和 *Azoarcus* 属微生物的细胞数增加了一个数量级，也进一步表明，这两个属的微生物很有可能是在反硝化条件下去除复杂有机物的重要功能菌。

采用 TaqMan 荧光定量 PCR 技术，以炭疽芽孢杆菌特异的 pagA、rpoB2、cap 引物探针和相应外标、内标为手段，比较 4 种从污染炭疽疫苗株的土壤中检测炭疽的方法，结果表明应用碘化钠裂解玻璃乳纯化炭疽菌核酸并用荧光定量 PCR 检验，检出底限为每克土壤 2.5 万个拷贝（pagA），从而为从环境样品中直接检测炭疽菌的提供了技术手段。因此该技术的推广应用对炭疽防治具有重要意义。荧光定量 PCR 技术也可应用于环境激素的定量研究和监测上。

综上所述，随着荧光定量 PCR 技术的不断发展，在环境方面将会有更加广阔的应用前景。而且随着技术方法的不断改进与完善，仪器设备和试剂费用的降低及相关技术的掌握和普及，荧光定量 PCR 也将得到更加广泛的应用。

参 考 文 献

[1] 赵晓祥，庞晓倩，庄惠生. 荧光定量 PCR 技术在环境监测中的应用研究. 环境科学与技术，2009，32（12）：125-128.

[2] Higuchi R，Fockler C，Dollinger G，et al. Kinetic PCR analysis：real-time monitoring of DNA amplification reactions. Nature Biotechnology，1993，11（9）：1026-1030.

[3] Ke L D，Chen Z，Yung W K. A reliability test of standard-based quantitative PCR：exogenous vs endogenous standards. Molecular Cellular Probes，2000，14（2）：127-135.

[4] Higgis J A，Ezzell J，Hinnebusch J B，et al. 5′ Nuclease PCR asssay to detect Yersinia Pestis. Joural of Clinical Microbiology，1998，36（8）：2284-2288.

[5] 金锐. 实时荧光定量 PCR 应用技术综述. 科教文汇，2007，（29）：213.

[6] Ueno H，Yoshida K，Hirai T，et al. Quantitative detection of carcinoembryonic antigen messenger RNA in the peritoneal cavity of gastric cancer patients by real-time quantitative reverse transcription polymerase chain reaction. Anticancer Research，2003，23：1701-1708.

[7] Bjerre D，Madsen LB，Bendixen C，et al. Porcine Parkin：molecular cloning of PARK2 cDNA，expression analysis，and identification of a splicing variant. Biochemical and Biophysical Research Communncations，2006，347（3）：803-813.

[8] Johnson V J，Yucesoy B，Luster M I. Genotyping of single nucleotide polymorphisms in cytokine genes using real-time PCR allelic discrimination technology. Cytokine，2004，27（6）：135-141.

[9] Ferrari A C，Stone N N，Kurek R，et al. Molecular load of pathologically occult metastases in pelvic lymph nodes is an independent prognostic marker of biochemical failure after localized prostate cancer treatment. Journal of Clinical Oncology，2006，24（19）：3081-3088.

[10] Kessler H H，Preininger S，Stelzl E，et al. Identification of different states of hepatitis B virus infection with a quan-

titative PCR assay. Clinical and Diagnostic Laboratory Immunology, 2000, 7 (2): 298-300.

[11] Tay S T, Hemond F H, Krumholz L R, et al. Population dynamics of two toluene degrading bacterial species in a contaminated stream. Microbial Ecology, 2001, 41 (2): 124-131.

[12] Gruntig V, Nold S C, Zhou J, et al. Pseudomonas stutzeri nitrite reductase gene abundance in environmental samples measured by real-time PCR. Applied and Environmental Microbiology, 2001, 67 (2): 760-768.

[13] Vaitomaa J, Rantala A, Halinen K, et al. Quantitative real—time PCR for determination of microcystin synthetase E copy numbers for microcystis and anabaena in lakes. Applied and Environmental Microbiology, 2003, 69 (12): 7289-7297.

[14] Cummings D E, Snoeyvnboswest L, Newby D T, et al. Diversity of Geobacteraceae species inhabiting metal—polluted freshwater lake sediments ascertained by 16S rDNA analyses. Microbial Ecology, 2003, 46: 257-269.

[15] Hall S J, Hugenholtz P, Siyambalapitiya N, et al. The development and use of real-time PCR for the quantification of nitrifiers in activated sludge. Water Science and Technology, 2002, 46 (1-2): 267-272.

[16] Harms G, Layton A C. Dionisi H M, et al. Real-time PCR quantification of nitrifying bacteria in a municipal wastewater treatment plant. Environmental Science and Technology, 2003, 37 (2): 343-351.

[17] 赵传鹏, 浦跃朴, 尹立红等. 实时荧光定量 PCR 法检测环境假单胞菌属细菌丰度. 东南大学学报, 2006, 36 (1): 143-146.

[18] 何闪英, 吴小刚. 赤潮研究中圆海链藻实时荧光定量 PCR 检测方法的建立. 水产学报, 2007, 31 (2): 193-198.

[19] 刘彬彬. 高效废水处理生物反应器中优势功能菌的分子识别与鉴定. 上海: 上海交通大学, 2006.

[20] 李伟, 俞东征, 海荣等. 应用荧光 PCR 检测土壤、脏器中的炭疽芽孢杆菌. 中国人兽共患病学报, 2006, 22 (3): 221-224.

[21] 孙晞. 酶切保护 PCR 分析检测环境中二噁英类化合物的方法学研究, 武汉: 华中科技大学同济医学院, 2004.

21 污染环境的生物修复技术

随着化学污染物多途径进入土壤系统，如大量化肥、农药、工业废水不断侵袭农田及有毒有害污染物的事故性排放；特别是有毒、有害固体废物的填埋引起有毒物质泄漏，造成土壤严重污染；同时，对地下水及地表水造成次生污染；污染物可通过饮食或通过土壤-植物系统，经由食物链进入人体，直接危及人类健康。基于这一现状，一些环境生物技术工作者开始努力寻找处理污染物的途径。

21.1 环境生物修复机理

21.1.1 生物修复的特点及类型

生物修复技术以其独特的优点（如比较经济，花费少，仅为传统化学、物理修复的30％～50％；对环境影响很小，不产生二次污染，遗留问题少；能最大限度地降低污染物的浓度。对原位生物修复技术而言，污染物可在原地被降解清除，修复时间较短，就地处理，操作简单；人类直接暴露在污染物下的机会减少等）脱颖而出，普遍认为生物修复技术是一项很有希望、很有前途的环境污染治理技术。

生物修复是指利用生物的生命代谢活动，降低存在于环境中有毒有害物质的浓度或使其完全无害化，从而使环境污染能够部分或完全恢复到原来状态的过程。与生物修复概念相同或相似的表达有生物恢复、生物清除、生物再生、生物补救、生物整治等。

生物修复技术大致可分为原位生物修复和异位生物修复以及联合生物修复。原位生物修复是指在基本不破坏土壤和地下水自然环境的条件下，对受污染的环境不做搬运或输送，而是在原场直接进行生物修复；异位生物修复是移动污染物到邻近地点或反应器内进行集中修复。将原位生物修复与异位生物修复相结合，便产生了联合生物修复。

21.1.2 生物修复微生物

21.1.2.1 土著微生物

微生物能够降解和转化环境污染物，是生物修复的基础。在自然环境中，存在着各种各样的微生物，在遭受有毒有害物质污染后，实际上就面临着对微生物的驯化过程，有些微生物不适应新的生长环境，逐渐死亡；而另一些微生物逐渐适应了这种新的生长环境，它们在污染物的诱导下，产生了可以分解污染物的酶系，进而将污染物降解转化为新的物质，有时可以将污染物彻底矿化。目前，在大多数生物修复工程中实际应用的都是土著微生物，主要原因是微生物在环境中难以长期保持较好的活性，并且工程菌的利用在许多国家受到立法上的限制。

21.1.2.2 外来微生物

土著微生物生长速度缓慢，代谢活性低，或者由于受污染物的影响，会造成土著微生物数量急剧下降，在这种情况下，往往需要一些外来的降解污染物的高效菌。采用外来微生物接种时，都会受到土著微生物的竞争，因此外来微生物的投加量必须足够多，成为优势菌种，它们才能迅速降解污染物。这些接种在环境中用来启动生物修复的微生物称为先锋微生物，它们所起到的作用是催化生物修复的限制过程。现在国内外的研究者正在努力扩展生物修复的应用范围。一方面，他们在积极寻找具有广谱降解特性、活性较高的天然微生物；另一方面，研究在极端环境下生长的微生物，试图将其用于生物修复过程，将会使生物修复提高到一个新的水平。

21.1.2.3　基因工程菌

目前许多国家的科学工作者对基因工程菌的研究非常重视，现代微生物技术为基因工程菌的构建打下了坚实的基础。现在可以采用遗传工程手段将降解多种污染物的降解基因转入到一种微生物细胞中，使其具有广谱降解能力，或者增加细胞内降解基因的拷贝数来增加降解酶的数量，以提高其降解污染物的能力。

21.1.3　多环芳烃的生物修复

多环芳烃是一类广泛分布于环境中的含有两个苯环以上的有机化学污染物。许多微生物能以低分子量多环芳烃作为唯一碳源和能源，并将其完全无机化。然而，高分子量的多环芳烃在环境中较稳定，难以降解，能矿化多环芳烃并以其作为唯一碳源和能源的细菌的报道很少。许多四环或多环高分子量多环芳烃的降解是以共代谢的方式进行的。多环芳烃微生物降解的一般途径中，原核生物和真核生物对多环芳烃的微生物降解都需要氧气的参与，产生氧化酶，使苯环降解。微生物加氧酶有两种：单加氧酶和双加氧酶。丝状真菌一般产生单加氧酶，对多环芳烃降解的第一步是羟基化多环芳烃，即把一个氧原子加到底物中形成芳烃化合物，继而氧化为反式双氢乙醇和酚类；苯环的加氧是多环芳烃微生物降解反应的速控步；细菌主要产生双加氧酶，对多环芳烃降解的第一步是苯环的裂解，把两个氧原子加到底物中形成双氧乙烷，进一步氧化成顺式双氢乙醇，双氢乙醇可继续氧化为儿茶酸、原儿茶酸和龙胆酸等中间代谢物，接着苯环断开，产生琥珀酸、延胡索酸、乙酸、丙酮酸和乙醛。

21.1.4　重金属的生物修复

重金属在土壤中以多种形态存在。形态不同，毒性也不同，离子态的毒性常大于配合态，有机态的毒性大于无机态。价态不同，毒性也不同，如 Cr^{6+} 毒性大于 Cr^{3+}。生物化学作用可改变重金属的价态和形态。重金属污染的特点是不能被降解而从环境中彻底消除，只能从一种形态转化为另一种形态，从高浓度变为低浓度，能在生物体内积累富集。所以重金属的生物修复有以下两种途径。

① 通过在污染农田种植木本植物、经济作物，利用其对重金属的吸收、积累和耐性除去重金属。

② 利用生物化学、生物有效性和生物活性原则，把重金属转化为较低毒性产物；或利用重金属与微生物的亲合性进行吸附及生物学活性最佳的机会，降低重金属的毒性和迁移能力。

植物可通过根部直接吸收水溶性重金属。重金属在土壤中向植物根部的迁移途径有两种：①质体流作用。在植物吸收水分时，重金属随土壤溶液向根系流动到根部。②扩散作用。由于根表面吸收离子，降低根系周围土壤溶液离子浓度，引起离子向根部扩散。到达植物根系表面的重金属离子被植物吸收、浓缩，其生理过程可能为两种方式：一种是细胞壁质外空间对重金属的吸收；另一种是重金属透过细胞质膜进入植物细胞。在植物根际，重金属常有一些特殊的化学行为。由植物根、土壤微生物以及土壤所构成的根际环境，其 pH、E_h、根系分泌物及微生物、酶活性、养分状况等，均与周围土体不同。重金属进入根际土壤，受 pH 的影响或发生沉淀或发生溶解。根际土壤的 E_h 和还原性分泌物可使多价态的重金属如 Cr、Hg、As 的价态和形态发生改变，影响其毒性效应。根际土壤中重金属可与酸性基团形成配合物可影响土壤中金属的形态。根际中微生物对重金属甲基化及对甲基金属化合物的动态影响，无疑会影响植物的吸收及毒性。微生物对土壤中重金属的固定与活化有着明显的影响。

微生物对重金属的生物修复包含两方面的技术。一是生物吸附，是重金属被活的或死的生物体所吸附的过程。微生物与重金属具有很强的亲合性，能富集许多重金属。有毒金属被贮存在细胞的不同部位或被结合到胞外基质上，通过代谢过程，这些离子可被沉淀，或被轻度螯合在可溶或不溶性生物多聚物上。二是生物氧化还原，是利用微生物改变重金属离子的氧化还原状态来降低环境和水体中的重金属水平。

21.1.5 微生物修复的影响因素

在生物修复过程中主要涉及微生物、污染物以及被修复的场地，因此影响微生物修复效果的因素包括污染物自身的物理化学特性、影响微生物降解性能的环境因素以及污染场地的特点，因此在生物修复过程中必须考虑到上述因素对过程的影响。

（1）营养物质　土壤和地下水中，特别是在地下水中，N 和 P 等都是限制微生物活性的重要因素，为了使污染物完全降解，必须保证供给微生物生长所必需的营养元素。

（2）电子受体　土壤中污染物氧化分解的最终电子受体种类和浓度也极大地影响着污染物降解速度和程度。最终电子受体包括溶解氧、有机物分解的中间产物和无机酸根（如硝酸根、硫酸根和碳酸根等）三大类。

（3）共代谢基质　微生物共代谢分解难降解污染物现象已引起各国学者的关注。如以甲醇为基质时，一株洋葱假单胞菌能对三氯乙烯共代谢降解，某些分解代谢酚或甲苯的菌也具有共代谢氯乙烯的能力，特别是某些微生物还能共代谢降解氯代芳香烃类化合物。

（4）污染物与环境的物化性质　有毒、有害有机物的物化性质主要指参与生物修复的特性，如化合物的物性、反应性、降解性以及包括与土壤有关的吸附、包埋、配合等都影响生物修复效果。

（5）环境因素　环境因素指的是土壤（地下水）的酸碱度、湿度、温度、孔隙率等。环境因素使生物修复受到限制，而且环境因素不能轻易调节或不易改变。如一般的微生物所处的 pH 值应在 6.5～8.5，而在实际环境中微生物被驯化适应了周围环境，人工调控 pH 值可能会破坏微生物的生态，反而不利于其生长；温度是决定生物修复过程快慢的重要因素，但在实际现场处理中，温度不可控，应从季节性变化方面去选择适宜的修复时间；生物降解必须在一定的湿度条件下进行，湿度过大或过小都会影响生物降解的进程，与酸碱度和温度相比较，湿度具有较大的可调控性。

21.2　微生物对有机污染物的修复

有机污染物是指以碳水化合物、蛋白质、氨基酸以及脂肪等形式存在的天然有机物质及某些其他可生物降解的人工合成有机物质为组成的污染物。可分为天然有机污染物和人工合成有机污染物两大类，其主要来自生活污水、食品加工和造纸、农药生产利用过程等工农业。

它对自然界以及人类活动产生了很大的影响：产生有毒有害物质，影响人类正常活动和身体健康，造成土壤、大气、水等环境的生态系统的破坏。

21.2.1 有机污染物修复机理

有机污染物代谢的基本过程包括向基质接近，吸附在固体基质上，分泌胞外酶，可渗透物质的吸收和细胞内代谢。

(1) 向基质接近 微生物要降解某种基质就必须向基质接近，使微生物、胞外酶处于这种基质的可扩散范围之内，或微生物处于细胞消化产物的扩散距离之内。

(2) 吸附在固体基质上 吸附作用是有机污染物代谢的保证。如在沥青降解菌的分离过程中发现细菌和固体基质之间就有非常紧密的结合，沥青降解菌也只有靠这种吸附作用才能降解沥青。

(3) 胞外酶的分泌 不溶性的多聚体，不论是天然的还是人工合成的都很难降解。分子太大是多聚体化合物不能降解的原因之一，小分子有机物比较容易被其他微生物降解和矿化。

(4) 基质的跨膜运输 细胞膜以 4 种方式控制着物质的运输，即单纯扩散、促进扩散、主动运输、基团转移。

(5) 细胞内代谢 基质进入细胞后，通过体内各种代谢途径被降解，这些代谢具有诱导性，而且有些是由质粒编码的，可形成各种代谢产物，如初始代谢产物、终产物，副反应产物和致死性代谢物。

21.2.2 影响微生物降解有机污染物的因素

从以上过程分析，发现影响微生物降解有机污染物的因素有如下几个方面：微生物本身、污染物的种类、环境因素、污染物的化学结构。其中，微生物本身包括微生物的代谢活性、微生物的适应性。污染物的种类包括可生物降解物质和难生物降解的物质。环境因素包含温度、pH 值、营养、底物浓度以及其他因素。污染物的化学结构中有取代基的种类、位置、数目、分子量的大小和分子结构的复杂程度等。

21.3 污染土壤的微生物修复

污染土壤修复是指利用物理、化学和生物的方法转移、吸收、降解和转化土壤中的污染物，使其浓度降低到可接受水平，或将有毒有害的污染物转化为无害的物质。以阻断污染物进入食物链，防止对人体健康造成危害，促进土地资源的保护与可持续发展。

生物修复技术是利用生物的生命代谢活动降低环境中有毒有害物的浓度或使其完全无害化，从而使污染了的土壤环境能够部分地或完全地恢复到原初状态的过程。

微生物修复是指利用天然存在的或所培养的功能微生物群，在适宜环境条件下，促进或强化微生物代谢功能，从而达到降低有毒污染物活性或降解成无毒物质的生物修复技术。

21.3.1 重金属污染土壤的微生物修复机理

(1) 微生物对重金属的溶解 微生物对重金属的溶解主要是通过各种代谢活动直接或间接地进行的。土壤微生物的代谢作用能产生多种低分子量的有机酸，如甲酸、乙酸、丙酸和丁酸等。真菌可以通过分泌氨基酸、有机酸以及其他代谢产物溶解重金属及含重金属的矿物。

(2) 微生物对重金属的转化　一些微生物可对重金属进行生物转化，其主要作用机理是微生物能够通过氧化、还原、甲基化和脱甲基化作用转化重金属，改变其毒性，从而形成某些微生物对重金属的解毒机制。

自养细菌如硫-铁杆菌类能氧化 As、Cu、Mo、Fe 等。假单孢杆菌能使 As、Fe、Mn 等发生氧化。微生物的氧化作用能使这些重金属元素的活性降低。微生物可以通过对阴离子的氧化，释放与之结合的重金属离子。如氧化铁-硫杆菌能氧化硫铁矿、硫锌矿中的负二价硫，使元素 Fe、Zn、Co、Au 等以离子的形式释放出来。

(3) 微生物对重金属的固定　微生物对重金属的生物固定作用主要表现在胞外配合作用、胞外沉淀作用以及胞内积累 3 种作用方式上。

由于微生物对重金属具有很强的亲合吸附性能，有毒金属离子可以沉积在细胞的不同部位或结合到胞外基质，或被轻度螯合在可溶性或不溶性生物多聚物上。一些微生物如动胶菌、蓝细菌、硫酸还原菌以及某些藻类，能够产生胞外聚合物如多糖、糖蛋白等具有大量的阴离子基团，与重金属离子形成配合物。

21.3.2　有机污染土壤的微生物修复机理

污染土壤环境中的有机物，主要有人工合成的有机农药、酚类物质、氰化物、石油、多环芳烃、洗涤剂以及高浓度耗氧有机物等。这些有机化合物一般具有较高的土壤-水分配系数，一旦进入土壤以后，其绝大多数积聚在土壤里，尤其是有机氯农药、有机汞制剂、多环芳烃等，由于其不仅难降解，而且毒性大，造成严重的污染危害。

微生物是自然界中的分解者，在好氧条件下，它能将有机污染物彻底氧化，分解成二氧化碳、水、硫酸根、磷酸根、亚硝酸根、硝酸根等无机物。在厌氧条件下，能将有机物降解，转化成小分子有机酸、水、氢气和甲烷等。因此，微生物是生物修复中有机污染物降解的主力军。

微生物对有机污染物的降解主要是通过微生物酶的作用。参与污染有机物生物降解的各种微生物酶，可分为组成酶和诱导酶，又可分为胞内酶和胞外酶。

微生物对某些污染物有去毒作用，所谓去毒作用是指微生物使污染物的分子结构发生改变，从而降低或去除其对敏感物的有害性。去毒作用导致钝化作用，即在毒理学上具有活性的物质转化为无活性的物质。例如，有毒性的杀草剂醚草通在微生物的作用下脱氯形成对植物无毒害的产物。

21.4　地下水污染修复中的生物化学原理

近年来，由于大量工农业废弃物不合理的填埋，污染物事故性排放以及地下储油设施泄漏，各种有机物、重金属及放射性有害物质进入地下系统，地下水污染状况日益严重。修复已被污染的地下水，加强地下水环境的保护，已成为当前国内外环保研究的热点。

21.4.1　地下水污染的迁移

地下水污染不可避免地要对周围环境产生一定的环境地质作用。污染物在地下水系统（包气带和含水层）中迁移必将与周围介质发生复杂的综合作用，可能产生两种环境效应：阻止迁移效应（净化效应）和增强迁移效应。

① 物理作用：主要包括机械过滤及稀释作用，主要产生净化效应。

② 化学作用：主要指吸附、溶解、沉淀、氧化还原、pH 值影响、化学降解、光分解及挥发作用等。

③ 生物作用：主要包括生物降解及植物摄取两个方面。

21.4.2　地下水环境的修复技术

地下水环境的修复技术包罗很多种类型，基本上分为两类：物理化学类型和生物学类型。前者一般是将受污染的地下水移走，再进行适当的处理。这类技术能够彻底清除地下水中的污染，其缺点是严重影响地下水所处的生态环境，而且成本很高。比较来说，后者不会破坏生态环境，但是修复过程非常缓慢、效率低，不能满足快速修复的需要。另外，根据技术应用场合又分为原位净化法和异位净化法，生物脱氮过程必须添加作为营养物质的磷。

21.4.3　地下水的微生物修复

地下水的微生物修复利用土著的、引入的微生物及其代谢过程，或其产物进行的消除或富集有毒物的生物学过程。土壤和地下水中的微生物主要分为 5 种：细菌、放线菌、真菌、藻类和原生生物。

生物修复的主体是适应了土壤和地下水环境的野生菌种或者投加的菌种，包括好氧、厌氧、兼氧和自氧微生物。微生物利用污染物质作为基质用于生长繁殖。同时，也需要诸如氧、磷和其他次要营养元素，还需要一定生长环境，例如适宜的 pH 值和温度。

21.5　含硫废气微生物处理

21.5.1　传统废气脱硫方法

传统废气脱硫存在的共同问题有：一是脱硫原料成本高或来源受限制，如氨法脱硫中的氨水的消耗，氧化镁法中氧化镁的消耗，钠碱法中碳酸钠或氢氧化钠的消耗，石膏法中石灰石矿源等问题；二是不同程度地存在着二次污染问题。而微生物烟气脱硫利用自然界已存在的各种脱硫菌，通过高效生物反应器达到单质硫回收和吸收液循环利用，有效解决 SO_2 的污染，实现废物资源化，达到环境效益和经济效益的统一。

21.5.2　微生物烟气脱硫原理

微生物烟气脱硫通常是和湿法脱硫相结合，使烟气中的 SO_2 通过水膜除尘器或吸收塔溶解于水并转化为亚硫酸盐、硫酸盐，在厌氧环境及有外加碳源的条件下，利用硫酸盐还原菌（SRB）将亚硫酸盐、硫酸盐还原成硫化物，然后再利用光合细菌或无色硫细菌氧化硫化物为单质硫，从而将硫从系统中去除。微生物脱硫充分利用了生物硫循环机理。

21.6　固体废物生物修复

21.6.1　固体废物分类

固体废物分类为：城市垃圾、城市污水处理厂产生的干污泥和农业废弃物。其处理方法有：卫生填埋、堆肥、沼气发酵、纤维素废物的糖化、蛋白质化、产乙醇等。

21.6.2　生物处理

生物处理指直接或间接利用生物体的机能，对固体废物的某些组成进行转化以建立降低或消除污染物产生的生产工艺，或者能够高效净化环境污染，同时又生产有用物质的工程技术。作用：采用生物处理技术，利用微生物（细菌、放线菌、真菌）和动物（蚯蚓等）或植物的新陈代谢作用，（各种工艺）分解废物中的有机质，回收有用的物质和能源，实现有机废物的减量化、资源化和无害化，既变废为宝，又解决环境污染。

处理方法包括：好氧堆肥处理、厌氧消化处理、微生物浸出、其他生物处理方法（蚯蚓床技术废物生产单细胞蛋白等）。

总之，环境微生物技术处于迅速发展阶段，主要应用于环境中石油烃污染的治理并取得成功。实践结果表明生物修复技术是可行的、有效的和优越的，此后该技术被不断扩大应用于环境中其他污染类型的治理。

参 考 文 献

[1]　张兰英，刘娜，孙立波．现代环境微生物技术．北京：清华大学出版社，2005.
[2]　雷乐成．污水回用新技术及工程设计．北京：化学工业出版社，2002.
[3]　陈玉成．土壤污染的生物修复．环境科学动态，1999，(2)：7-11.
[4]　陈志良．重金属污染土壤修复技术．环境保护，2002，(6)：21-23.
[5]　廖嘉玲，苏士军，丁桑岚．微生物烟气脱硫技术研究进展．四川环境，2006，25 (1)：79-83.
[6]　林松，罗正明．微生物菌剂处理农业废弃物探讨．广东农业科学，2007，12：81-82.
[7]　魏书斋，刘丽丽，孙静．污染环境的生物修复．水利科技，2007，12：34-35.

22 高效功能性浸矿菌群及其应用

生物浸矿技术具有悠久的历史，早已被应用于难处理金属矿石的浸取和预处理，与化学浸矿方法相比，该技术具有能耗低、对环境污染小、可以处理常规化学方法难处理的低品位矿石等优点，因而在环境问题日益严重、金属富矿匮乏的今天，越来越受到人们的关注。

1947年，美国Colmer和Hinkle从矿山酸性坑水中分离鉴定出氧化亚铁硫杆菌，并证实了微生物在浸出矿石中的生物化学作用。细菌浸出在冶金工业上获得成功应用的主要是3种金属的回收：铜、铀、金。自1958年美国利用微生物浸铜和1966年加拿大利用微生物浸铀的研究及工业化应用成功之后，已有30多个国家开展了微生物在矿冶工程中的应用研究工作。而且继铜、铀、金的微生物湿法提取实现工业化生产之后，钴、锌、镍、锰的微生物湿法提取也正由实验室研究向工业化生产过渡。我国微生物浸矿技术方面的研究是从20世纪60年代末开始的，已先后在铀、铜等金属的生产应用中取得成功。

浸矿微生物主要是一些在酸性环境中生长的，可利用低价态铁或还原态无机硫化合物作为电子供体的菌。这类菌具有嗜酸性，多为化能自养菌，也有兼性异养菌及异养菌，包括嗜酸中温菌、嗜酸耐热菌、嗜酸嗜热菌等，其中细菌也有古菌。长期以来，人们一直认为氧化亚铁酸性硫杆菌 (*Acidithiobacillus ferrooxidans*)（以前被定名为 *thiobacillus ferrooxidans*），在浸矿过程中起主要作用，近年的研究却表明情况并非如此，当环境温度大于40℃、小于60℃时，钩端螺旋菌属 (*Leptospirillum* sp.)，如 *L. ferriphilum* 和新发现的古菌 *Ferroplasma* sp. 等在浸矿过程中起关键作用；而当环境温度大于60℃时，一些嗜酸热古菌如 *Sulfolobus*、*Acidianus* 等却显示出极大的优势。

22.1 浸矿微生物

浸矿微生物是可以直接或间接地参与金属硫化矿或氧化物的氧化和溶解过程的微生物。目前在浸矿中使用的菌种有20多种，但是能够有效应用于浸出的仅有数种，其他种多为伴生种，起促进作用。这些菌种按温度可以划分为：中温菌种 (*Mesophiles*)，最适合生长的温度为20~35℃；中等高温菌 (*Moderate thermophiles*)，最适合生长的温度范围在40~55℃；极端高温菌 (*Extreme thermophiles*)，最适合生长的温度范围在60~85℃。一些常用浸矿细菌的主要性质见表22-1。

22.1.1 浸矿高温菌

浸矿高温菌大多是从酸性矿坑水、热（源）泉、火山区和硫化物较丰富的地区及其周围水样或土样中直接分离得到。在富含金属的地热活动频繁的地区和酸性矿水环境中生长着嗜酸嗜热的微生物，在不同的环境下分布也不一样，例如，不同温度和酸性梯度的采矿环境中存在多种多样的嗜酸细菌。低温环境中主要是革兰阴性菌占主导地位；温度大于40℃的酸性含硫化物环境中，中温菌被能够氧化亚铁和硫的中度嗜热菌取代。在矿堆内部自发的或是生物氧化引起的温度升高的区域，存在能够氧化铁、氧化硫的中度嗜热菌嗜酸菌，它们的生

表 22-1　浸矿用细菌主要性质

特性	T. f	T. t	L. f	Sulfobacillus	Sulfolobus	Acidans
营养类型	自养	自养	自养	兼性自养	兼性自养	兼性自养
外形	圆端短柄	圆端短柄	弯曲杆状	直棒状	球形	球形
大小/μm	(0.3~0.5)×(1~1.7)	0.5×1.2	0.5	0.8×(1.6~3.2)	1.5~1.6	1.5~1.6
适宜 pH 范围	1.0~6.0	0.5~6.0			1~5.9	
最佳 pH	2~2.5	2~2.5	2.5~3.0		2~3	1.5~2
适宜温度/℃	2~40	2~40		45~50	55~80	45~75
最佳温度/℃	28~30	28~30	30	50	70	70
革兰染色	阴性	阴性	阴性	阴性	阴性	阴性
能氧化	铁(Ⅱ)、还原态硫、硫化矿	元素硫、还原态硫、硫化矿	铁(Ⅱ)	元素硫、还原态硫、铁(Ⅱ)、一些硫化矿	硫、铁(Ⅱ)、硫化矿	硫、铁(Ⅱ)、硫化矿
X(G+C)/%	55~57	50~58	50	49~68	34~39	31~39

长温度在 $40\sim50℃$，生长的上限温度为 $55℃$。而在温度高于 $60℃$ 的环境下，极端嗜热菌就可能取代中度嗜热菌发挥作用。

22.1.2　中等高温菌

浸矿菌的研究和应用存在于生物预氧化难处理金矿的菌群数量以及细菌对硫化矿的氧化能力都受环境影响。影响菌群数量的环境因素有温度、营养物质、酸度、培养基（能源）以及溶解金属离子。现阶段应用于浸出过程的中度嗜热菌（最适生长温度为 $40\sim60℃$，包括 *Sulfobacillus* sp，*Leptospirillum ferriphilum*，*Acidimicrobium ferrooxidans*，*Acidithiobacillus caldus* 和 *Hydrogenbacter acidophilus*）在许多基本特性方面（如细胞形态结构方面）中度嗜热嗜酸菌不同于已知的能够氧化亚铁的嗜酸中温菌和极端嗜热菌（包括古菌）。能氧化亚铁的中度嗜热嗜酸菌具有高度多样性特异代谢调控机制，可以自养生长（例如，在含有亚铁或者还原性硫的培养基中）、异养生长（利用酵母浸出物）、兼养生长（在含有亚铁和葡萄糖的培养基中生长，以葡萄糖和 CO_2 为碳源）或者无机化能异养生长（在含有亚铁和酵母浸出物的培养基中生长，以铁为能源酵母浸出物为碳源）。在以氧为最终电子受体时，亚铁氧化产生的能量可以作为中度嗜热菌自养生长的唯一能源。

22.1.3　极端高温菌

极端耐热菌群主要是由硫化叶菌属（*Sulfolobus*）、氨基酸变性菌（*Acidianus*）和金属球菌属（*Metallosphaera*）、硫化小球菌属（*Sulfurococcus*）等组成，它们有浸出难处理贱金属矿石并且生物氧化贵金属硫化矿石或精矿的潜力。应用于浸出过程的生长温度大于 $60℃$ 的高温菌为 *Acidianus*，*Sulfolobus* 和 *Metallosphaera* 中的一些种。

极端嗜热嗜酸菌具有不同寻常的细胞形态和结构，这些细菌是球形的，只有一层很软的细胞膜，而不像中温菌和中度嗜热菌那样具有杆形的细胞和坚硬的细胞壁。在低矿浆浓度下，它们能够快速浸出黄铜矿和其他硫化矿。但由于其无肽聚糖的独特细胞壁结构，对高浓度矿浆产生的剪切力极为敏感。极端嗜热嗜酸菌能够氧化元素硫、亚铁和各种硫化矿物以获得生长所需的能量，而且能够固定空气中的 CO_2 获得碳源。除此之外，这些嗜热嗜酸菌具有独特的代谢作用，如果供给简单的有机化合物，这些生物能够氧化它们获得能量；如果供给氧，它们将利用氧作为电子受体；更有甚者，在缺氧时，它们可以利用其他的物质作为电子受体，例如铝酸盐、元素硫和三价铁。

22.2　培养与鉴定方法

22.2.1　培养基

培养基是人工配制的适合不同微生物生长繁殖或者积累代谢产物的营养基质。不同微生物所需营养不同，培养基的种类也有许多种。经常使用的培养基有 9K、利森、瓦克斯曼、ONM、科尔默等，其成分中大多含有细菌生长需要的 C、O、H、N、P、K、Ca、Mg、S 等元素，其 pH 值在 1.5～3.5。

氧化亚铁硫杆菌培养采用改进的 9K 培养基，其组分是 $(NH_4)_2SO_4$ 3g，KCl 0.1g，K_2HPO_4 0.5g，$MgSO_4 \cdot 7H_2O$ 0.5g，$Ca(NO_3)_2$ 0.01g，蒸馏水 1000mL，$FeSO_4 \cdot 7H_2O$ 23g，pH 2.0。

培养基由 A、B、C 三部分组成。

A 液：$(NH_4)_2SO_4$ 3g，KCl 0.1g，K_2HPO_4 0.5g，$MgSO_4 \cdot 7H_2O$ 0.5g，$Ca(NO_3)_2$ 0.01g，蒸馏水 1000mL，$FeSO_4 \cdot 7H_2O$ 23g，pH 2.0。灭菌 20min。

B 液：$FeSO_4 \cdot 7H_2O$ 33g，蒸馏水 300mL，pH 2.0，用孔径为 $0.22\mu m$ 的细菌过滤膜过滤灭菌。

C 液：琼脂糖 10g，蒸馏水 200mL，121℃灭菌 20min。此培养基制作的关键是将 A 液、B 液、C 液分开灭菌，原因是 C 液中的琼脂糖如果在酸性条件下进行高温灭菌时，就会水解，冷却后也不会固化。B 液中的 $FeSO_4 \cdot 7H_2O$ 在 121℃的高温下也会被氧化。灭菌后冷却到 60℃时把 A 液、C 液和 B 液混合均匀，倒入直径为 9cm 的灭菌培养皿中，每个平皿中倒入 10～15mL，冷却凝固后即成固体平板。

22.2.2　基于分子生物学鉴定方法

一般来讲，微生物的鉴定技术依不同水平分为以下 4 个方面。

① 微生物细胞形态与生活习性。如观察微生物形态特征、运动性、酶反应、营养要求和生长条件等。

② 细胞组分。进行细胞组分成分如细胞壁成分、脂类、醌类、细胞氨基酸库、色素等的分析。所采用的技术包括化学、光谱、色谱和质谱分析等技术。

③ 蛋白质。采用氨基酸序列分析、凝胶电泳和血清学反应等技术分析细胞蛋白质。

④ 基因。包括核酸分子杂交（DNA 与 DNA 或 DNA 与 RNA），遗传信息转化和传导，16S rRNA（核糖体 RNA）寡聚核苷酸组分分析及 DNA 或 RNA 的核苷酸序列分析等。

22.2.2.1　16S rRNA 和 16S rDNA 基因序列分析

16S rRNA 为原核生物核糖体小亚基的重要组分，其序列非常保守，因此它在微生物间同源性关系的研究中占有重要的地位。根据大肠杆菌 16S rRNA 中的保守区域序列设计引物，利用 PCR 技术来扩增待测微生物的 16S rRNA 序列，再通过相关的分子生物学软件与已知微生物的 16S rRNA 序列进行比对，可以计算待测微生物的进化距离，分析待测微生物的进化地位。目前，16S rRNA 分析在浸矿微生物的鉴定中得到了广泛的应用。16S rDNA 是编码原核生物 16S rRNA 的基因，长度约为 1500bp，其序列包含 10 个可变区和与之相同的 11 个恒定区，可变区的变异程度与细菌的系统发育密切相关。16S rDNA 分析在浸矿微生物的研究中也得到了广泛的应用。Zhou 等在黄铜矿中分离出一种嗜高温和嗜酸的浸矿细菌 L1（T），并对其进行了 DNA/DNA 杂交、DNA（G+C）含量分析和 16S rRNA 基因序列分析，结果发现这种细菌属于 *Ferroplasma* 属，而且是一种新的品种。从四川攀枝花露天铁矿及煤矿的坑水和坑泥中分离出一种氧化亚铁硫杆菌 pzh21，并且分析了该菌的 16S rDNA 序列，建立了系统发育树，结果表明该菌与氧化亚铁硫杆菌属的多种细菌具有较高的同源性（相似度＞98%），其中与菌株 DX（DQ529310）的同源性最高，两者位于系统发育树同一个分支中，相似度达到 99.72%，而与标准菌株 ATCC23270（AF465604）的相似度为 98.51%。通过分析 16S rRNA 基因序列来确定生物浸矿反应器内矿浆原样中微生物的群落组成与结构，结果表明，所选矿浆原样中主要的微生物物种有 *Leptospirillum* sp、*Sulfobacillus* sp、*Acidithiobacillus* sp、*Spingomonas* sp. 及古细菌 *Sulfolobus* sp、*Ferroplasma* sp. 等。同时还分离出 5 株纯菌株，这些菌分别与 *Acidithiobacillus thiooxidans*、*Acidithiobacilluscaldus*、*Acidithiobacillus ferrooxidans*、*Leptospirillum ferriphilum*、*Sulfobacillus thermosulfidooxidans* 相似。

22.2.2.2　实时定量 PCR

实时定量 PCR（real-time quantitative PCR）是指在 PCR 扩增时，于加入一对引物的同时加入一个特异性的荧光探针（一种寡核苷酸，两端分别标记一个报告荧光基团和一个淬灭荧光基团），在 PCR 指数扩增期间，通过连续监测荧光信号的强弱变化来即时测定特异性产物的量，并据此推断目的基因的初始量，不需要对 PCR 产物进行分离。与常规 PCR 相比，实时定量 PCR 的特异性更强，能有效解决常规 PCR 反应易污染的问题，并且具有自动化程度更高的特点。目前实时定量 PCR 作为一种极有效的实验方法，已被广泛地应用于对浸矿微生物的研究。

应用实时定量 PCR 技术对黄铜矿生物浸出体系中的嗜热细菌进行了分析，结果表明，化能自养细菌 *L. ferriphilum*、*A. tcaldus* 和异养细菌 *Sulfobacillusln*、*F. thermophilum* 在黄铜矿浸出中起主要作用。采用 16S rRNA 基因序列分析和实时定量 PCR 技术对中国的一种生物浸矿滤出液中的微生物进行检测，结果表明，钩端螺旋菌属在浸出液中为优势菌属，而且检测到了唯一的古细菌 *F. acidiphilum*。在这种浸出液中，各种细菌的比例分别是：硝化螺旋菌 74%，γ-变形菌 14%，放线菌门 6%，广古菌门 6%。为 6 种浸矿微生物的 16S rDNA 基因序列设计了引物，然后成功应用实时定量 PCR 技术对黄铜矿浸出过程中这些细菌在不同温度下的生长动力学特性进行了研究。

22.2.2.3　限制性片段长度多态性分析

限制性片段长度多态性分析（restriction fragment length polymorphism，RFLP）是用限制性内切酶将细胞基因组 DNA 进行切割，使不同品种（个体）基因组的限制性内切酶的酶切位点碱基发生突变，或使酶切位点之间发生碱基的插入、缺失，造成酶切片段的大小发生变化，然后通过特定探针杂交对这种变化进行检测，并根据检测结果比较不同品种（个体）的 DNA 水平差异（即多态性），确立微生物的进化和分类关系。所用的探针为来源于同种或不同种基因组 DNA 的克隆，位于染色体的不同位点，因而可以作为一种分子标记来构建分子图谱。在浸矿微生物的研究中，RFLP 也起到了重要的作用。应用 16S rDNA 基因序列分析和 RFLP 技术对中国铜山口铜矿的两个样本（K1 和 K2）进行了微生物多样性分析，结果发现样本中含有 18 种具有代表性的细菌基因序列和 12 种具有代表性的古细菌基因序列，而且 77.09％属于变形菌门，21.22％接近于硝化螺旋菌属，其他的与硬壁菌门有关。此外还检测到大量嗜热、嗜温以及硫叶菌属等细菌的存在。应用 16S rRNA 基因序列分析和 RFLP 技术对 3 种分别以黄铁矿、黄铜矿和硫黄＋硫酸亚铁为能源的中度嗜热细菌混合物的种群组成进行了研究。他们将 RFLP 技术与 PCR 技术相结合，对细菌进行 16S rRNA 系统发育分析，比较不同能源条件下富集培养的混合细菌群落的构成差异。共对 303 个单克隆进行了 RFLP 分析，对 29 种不同酶切谱型的克隆插入序列进行了测定和系统发育分析，结果发现大部分细菌其 16S rRNA 序列与已报道的浸矿微生物的 16S rRNA 序列相似性较高（89.1％～99.7％），应归属于硫化叶菌属的耐温氧化硫化杆菌（S. thermotolerans）和热氧化硫化杆菌（S. thermosulfidooxidans），嗜酸硫杆菌属的喜温硫杆菌（A. caldus），钩端螺旋菌属的嗜铁钩端螺旋菌（L. ferriphilum），而且还分析出 A. caldus、S. thermotolerans、L. ferriphilum 这 3 种细菌为 3 类能源物质培养物中的优势细菌类群，其中 L. ferriphilum 在黄铁矿培养体系和以硫酸亚铁和硫粉为能源的培养体系中丰度最高（53.8％和 45.9％），而 S. thermotolerans 在黄铜矿培养体系中比例大幅上升（70.1％）。

22.2.2.4　荧光原位杂交

荧光原位杂交（fluorescence in situ hybridization，FISH）方法是一种物理图谱绘制方法，使用荧光素标记探针，以检测探针与分裂中期的染色体或分裂间期的染色质的杂交。FISH 是一种重要的非放射性原位杂交技术，具有安全、快速、灵敏度高、探针能长期保存、能同时显示多种颜色等优点。利用荧光原位杂交技术成功检出了酸性矿山水环境中的氧化亚铁硫杆菌。他们设计出一个 16S rRNA 探针，在 5′-端采用吲哚碳菁染料，结合荧光原位杂交技术对经 FeTBS 固体培养基培养的水样和未经培养的水样进行检测，结果表明经培养水样中的氧化亚铁硫杆菌可被检出，而未经培养水样中的氧化亚铁硫杆菌则无法检出。

22.2.2.5　变性梯度凝胶电泳和温度梯度凝胶电泳

变性梯度凝胶电泳（denatured gradient gel electrophoresis，DGGE）是将特定的双链 DNA 片段在含有浓度按线性梯度递增的变性剂的聚丙烯酰胺凝胶中进行电泳，随着电泳的进行，DNA 片段向高浓度变性剂方向迁移，当变性剂浓度达到双链 DNA 变性所要求的最低值时，双链 DNA 变成部分解链状态，其迁移速率变慢，由于这种变性具有序列特异性，因此可以很好地将大小相同而序列不同的 DNA 片段分开。温度梯度凝胶电泳（temperature gradient gel electrophoresis，TGGE）的机理与变性梯度凝胶电泳类似，区别在于温度梯度凝胶电泳是利用物质在不同温度下性质的差异来实现分离的。利用 PCR-DGGE 技术对智利一项低品位硫化铜矿生物堆浸试验中的微生物的组成进行了分析，结果表明样品中微生物种群很丰富，不但含有 Acidithiobacillus ferrooxidans、Leptospirillum ferripilu、Ferroplasma acidiphilum，而且还有一些序列与 Sulfurisphaera 和 Sulfobacills 属的相似度小于 95％的 16S rRNA 基因片段，同时还发现堆浸体系中不同阶段的微生物群落，其 16S rRNA 基因序列也不同。利用 TGGE 技术和 FISH 技术对一个喜温细菌生物堆浸体系（MTC-B）中的太古代细菌的多样性进行了研究，并且应用 FISH 技术检测出了 PCR-DGGE 技术没有检测出的微量硫叶菌属微生物。据此，运用一种以上的分子生物学技术对浸矿体系中的微生物的多样性进行研究是很有必要的。具体流程见图 22-1。

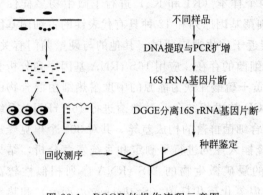

图 22-1 DGGE 的操作流程示意图

22.2.2.6 基因间隔序列分析

随着人们对浸矿微生物种系发育、系统进化和种群分析研究的不断深入，16S rRNA 技术已经不能满足区分一些亲缘关系密切的菌种的需要。为此，人们开始研究核糖体大小亚基基因间的间隔序列（16S～23S rDNA intergenic transcribed sequences, ITS），以便对细菌的种类及细菌群落的结构和多样性进行更细致全面的分析。将 35 个中国的 *Acidithiobacillus* spp. 野生菌株和 3 个参比菌株通过 16S RNA 序列分析以及基因 ITS 分析构建系统进化树，得到的系统发育结果与运用 RAPD（随机扩增多态性 DNA 标记）技术分析出来的结果相符。相对于 16S RNA 分析结果而言，ITS 系统树分析的结果更能说明嗜酸硫杆菌种间及种内不同菌株间的系谱关系。将系统进化分析与表型特征分析相结合，结果表明，所有的 *Acidithiobacillus ferrooxidans* 均归属于 3 个不同的系统学组，5 个能氧化硫的与嗜酸硫杆菌相似的菌株可能是嗜酸硫杆菌的 1～2 个新种。

22.3 发展前景

随着社会的发展以及矿产资源的不断开发，浸矿微生物的利用已受到很大的关注，其中以浸矿微生物的鉴定和改良尤其是浸矿微生物的研究为重点。分子生物学技术的应用使这些方面的研究取得了很大进展，但还有很多问题尚未得到有效的解决，比如浸矿微生物生长缓慢、代谢周期长以及在菌种改良方面碰到的一系列的问题，这些都在一定程度上阻碍了微生物浸矿的发展。因此，今后应进一步加大分子生物学技术在浸矿微生物研究中的应用力度，争取能尽快筛选或构建出生长速度快、适应能力强、浸出效率高的浸矿微生物，以应对社会对矿产资源的不断需求。

参 考 文 献

[1] Olson G J, Brierley J A, Brierley C L. Bioleaching review part B: progress in bioleaching: applications of microbial processes by the minerals industries. Applied Microbiology andBiotechnology, 2003, 63 (3): 249-257.

[2] Dopson M, Lindstrm E B. Analysis of community composition during moderately thermophilic bioleaching of pyrite, arsenical pyrite, and chalcopyrite. Microbial Ecology, 2004, 48 (1): 19-28.

[3] 浸矿技术编委会. 浸矿技术: 北京: 原子能出版社, 1994.

[4] 刘汉钊, 张永奎. 微生物在矿物工程上应用的新进展. 国外金属矿选矿, 1999, (12): 9-12.

[5] 郝丽芳, 安莲英, 殷辉安等. 用生物浸矿技术从杂卤石矿中提取钾的可行性分析. 湿法冶金, 2003, 22 (2): 19-20.

[6] Rawlings D E. Biomining: Theory, Microbes and Industrial Process. Berlin: Springer-Verlag, 1997.

[7] Zhou H, Zhang R, Hu P, et al. Isolation and characterization of *Ferroplasma thermophilum* sp. nova novel extremely acidophilic, moderately thermophilic archaeon and its role in bioleaching of chalcopyrite. Journal of applied microbiology, 2008, 105 (2): 591-601.

[8] 刘文全, 任一兵, 王宇等. 一株氧化亚铁硫杆菌的分子鉴定及生物学特性研究. 贵州农业科学, 2010, 38 (1): 70-73.

[9]　刘艳阳，郭旭，姜成英. 生物浸矿反应器中的微生物种群结构及其中可培养微生物的特征. 微生物学报，2010，50（2）：244-250.

[10]　Zhang R B, Wei M M, Ji H G, et al. Application of real-time PCR tomonitor population dynamics of defined mixed cultures of moderate thermophiles involved in bioleaching of chalcopyrite. Applied Microbiology and Biotechnology, 2009, 81 (6): 1161-1168.

[11]　Chen B W, Liu X Y, Liu W Y, et al. Application of clone library analysis and real-time PCR for comparison of microbial communities in a low-grade copper sulfide ore bioheap leachate. Journal of Industrial Microbiology and Biotechnology, 2009, 36 (11): 1409-1416.

[12]　Liu C Q, Plumb J, Hendry P. Rapid specific detection and quantification of bacteria and archaea involved in mineral sulfide bioleaching using real-time PCR. Biotechnology and Bioengineering, 2006, 94 (2): 330-336.

[13]　Xie X, Xiao S, He Z, et al. Microbial populations in acid mineral bioleaching systems of Tong Shankou Copper Mine, China. Journal of Applied Microbiology, 2007, 103 (4): 1227-1238.

[14]　刘飞飞，周洪波，符波等. 不同能源条件下中度嗜热嗜酸细菌多样性分析. 微生物学报，2007，47（3）：381-386.

[15]　Mahmoud K K, Leduc L G, Ferroni G D. Detection of Acidithiobacillus ferrooxidans in acid mine drainage environment using fluorescent in situ hybridization (FISH). Journal of Microbiological Methods, 2005, 61 (1): 33-45.

[16]　Demergasso C S, Galleguillos P A, Escudero L V. Molecular characterization of microbial populations in a low-grade copper ore bioleaching test heap. Hydrometallurgy, 2005, 80 (4): 241-253.

[17]　Mikkelsen D, Kappler U, Mcewan A G, et al. Probing the archaeal diversity of a mixed thermophilic bioleaching culture by TGGE and FISH. Systematic and Applied Microbiology, 2009, 32 (7): 501-513.

[18]　Ni Y, Wan D S, He K Y. 16S rDNA and 16S-23S internal transcribed spacer sequence analyses reveal inter and intraspecific Acidithio bacillus phylogeny. Microbiology, 2008, 154 (8): 2397-2407.

23 细菌纤维素及其在燃料 电池中的应用

　　纤维素是自然界中存在量极其丰富且具有生物可降解性的生物合成高分子材料，这种可再生资源与人类的衣食住行关系非常密切。它不仅是纺织工业和造纸工业的主要原料，而且还可以用来制造新型高性能功能材料和高分子复合材料，在许多技术领域中发挥重要作用。当今世界面临人口、资源、环境和粮食四大问题的情况下，大力开发取之不尽，用之不竭的天然高分子材料造福人类，具有重要战略意义。因此纤维素一直是人们研究的热点。

　　目前，工业用纤维素主要通过树木、棉花等植物光合作用合成，称之为植物纤维素（plant cellulose，PC）。不过，人们也发现某些微生物也可高效地合成纤维素。1886年，英国人A.J.Brown利用化学分析方法确定，在传统酿造液表面生成的类似凝胶半透明膜状物质为纤维素。另外，他在光学显微镜下观察到发酵生成的菌膜中存在菌体。人们为了区别于植物来源的纤维素，称微生物合成的纤维素为微生物纤维素（microbial cellulose）或细菌纤维素（bacterial cellulose，BC）。

23.1 细菌纤维素的生物合成

23.1.1 细菌纤维素生产菌种

　　BC是由醋杆菌属（*Acetobacter*）、根瘤菌属（*Rhizobium*）、土壤杆菌属（*Agrobaeterium*）以及八叠球菌属（*Sarcina*）等一些属的细菌合成的，BC产生菌情况如表23-1所示。其中醋杆菌属（*Acetobacter*）中的木醋杆菌（*Acetobacer xylinum*）合成纤维素的能力最强，最具有大规模的生产能力。它是一种革兰阴性菌，常用作适于纤维素基础性以及应用性研究的模式菌株。近几年，又将木醋杆菌与其他一些种（*G. hansenii*，*G. europaeus*，*G. oboediens*及*G. intermedius*）重新划分到新属葡糖醋杆菌属（*Gluconacetobacter xylinus*），为直径2μm的革兰阴性菌。葡糖醋杆菌其胞外合成纤维素特性与较高的纤维素产率被作为模板微生物广泛用于微生物合成纤维素的研究。细菌纤维素实为葡糖醋杆菌的代谢产物，其生物合成过程主要分为两个部分：细胞内生物合成以及细胞外生物自组装。由于葡萄糖小分子在微生物体内经历了四个主要的酶参与反应，形成糖核苷酸前驱体——尿苷二磷酸葡萄糖，并最终经由细胞侧壁呈线性排列的终端合成器，以β-1,4葡萄糖链的形式排出细胞体外，后者通过分子链间氢键结合，经过纤维素微纤（microfibril）、纤维素丝带（ribbon）、纤维素丝束（bundle）等步骤，最终形成各相异性的纤维素网状结构（network）。因此葡糖醋杆菌也被称为纤维素合成的微生物"工厂"。

23.1.2 细菌纤维素的生物合成途径及调控

　　在木醋杆菌生物代谢过程中，戊糖循环（HMP）和柠檬酸循环（TCA）两条代谢途径参与了BC的生物合成，纤维素具体合成途径如图23-1所示。在纤维素的合成中，尿苷葡萄

表 23-1　BC 产生菌及其产纤维素的结构

属名	产生纤维素的结构
醋杆菌属（*Acetobacter*）	由带状物构成的胞外薄膜
无色杆菌属（*Achromobacter*）	细纤维
气杆菌属（*Aerobacter*）	细纤维
土壤杆菌属（*Agrobacterium*）	短的小纤维
产碱菌属（*Alcaligenes*）	细纤维
假单胞菌属（*Pseudomonas*）	无明显的小纤维
根瘤菌属（*Rhizobium*）	短的小纤维
八叠球菌属（*Sarcina*）	无定形纤维素
动胶菌属（*Zoogloea*）	未知

糖为合成细菌纤维素的直接前体，而 6-磷酸葡萄糖作为分支点，既可进一步合成纤维素，又可进入磷酸戊糖循环或经柠檬酸循环继续氧化分解，经过戊糖循环和葡萄糖异生途径，生成 6-磷酸葡萄糖，进一步转化为纤维素。因此，在细菌纤维素的发酵生产中，可采用适当方法来抑制或阻断戊糖的形成，使碳源转向纤维素的合成，从而提高原料的利用率和转化率，达到提高细菌纤维素产量的目的。

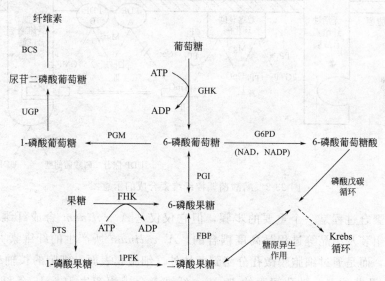

图 23-1　细菌纤维素生物合成途径

GHK—葡萄糖激酶；FHK—果糖激酶；PGI—磷酸葡萄糖异构酶；PGM—磷酸葡萄糖变位酶；
UGP—焦磷酸化酶；PTS—磷酸转移酶系统；BCS—纤维素合成酶；G6PD—6-磷酸葡萄糖
脱氢酶；1PFK—1-磷酸果糖激酶；FBP—果糖-1,6-二磷酸酯酶

以葡萄糖为原料的木醋杆菌纤维素合成的 4 个反应中（见图 23-1），有 4 个酶催化反应，分别是：①在己糖激酶的作用下将葡萄糖转化为 6-磷酸葡萄糖；②在磷酸葡萄糖变位酶作用下，6-磷酸葡萄糖通过变位作用转化为 1-磷酸葡萄糖；③在尿苷二磷酸葡萄糖焦磷酸化酶作用下，1-磷酸葡萄糖转化为尿苷二磷酸葡萄糖（UDP-Glc）；④在纤维素合成酶作用下，由 UDP-Glc 作为直接底物通过形成 β-1,4-糖苷键而合成 β-葡聚糖，最后在菌体外装配成超

分子结构的结晶纤维素。由纤维素合成酶催化的聚合反应可表示为：

$$\text{UDP-Glc} + (\beta\text{-}1,4\text{-葡萄糖})_n \longrightarrow \text{UDP} + (\beta\text{-}1,4\text{-葡萄糖})_{n+1}$$

其中，UDP-Glc 是细菌纤维素生物合成的直接前体物质。在此途径中，由己糖磷酸盐通过异构化和磷酸化直接合成纤维素，不涉及己糖碳骨架中碳链的改变。通过对木醋杆菌纤维素生物合成的研究，发现纤维素合成酶是这一过程的关键酶，为一细胞膜结合蛋白复合体。c-di-GMP（环状鸟苷酸）是对细菌纤维素生物合成进行调节的关键因子，它作为纤维素合成酶的变构激活剂，以可逆方式结合到酶的调节位点，使非活性的纤维素合成酶转变为活性形式。若缺乏 c-di-GMP，纤维素合成酶将失去活性。c-di-GMP 浓度的高低受其合成和降解两条代谢途径双重控制，与二鸟苷酸环化酶有关。2 个 GTP 分子在二鸟苷酸环化酶催化作用下，首先释放出 1 个分子 ppi 后，转变为线性二核苷酸三磷酸 pppGPG，再次释放出一分子 ppi，进而合成 c-di-GMP，与此同时，ppi 分解生成 pi，Mg^{2+} 对二鸟苷酸环化酶有激活作用。磷酸二酯酶（phosphodiesterase，PDE）催化 c-di-GMP 的降解，它有 PDE-A 和 PDE-B 两种酶。纤维素的生物合成将由于 PDE-A 和 PDE-B 两种酶的作用而终止，PDE-A 和 PDE-B 的活性依赖于 Mg^{2+}，而 Ca^{2+} 选择性地抑制 PDE-A 的活性。上述纤维素合成调控过程如图 23-2 所示。

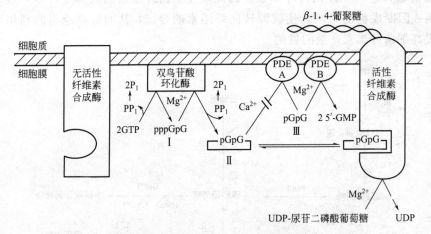

图 23-2　醋酸菌调控纤维素合成的示意图

葡萄糖的聚合过程是一个重要的步骤，但它仅仅是 *A. xylinum* 合成纤维素的第一步，并且和分泌、组装及结晶等过程是高度耦合的。*A. xylinum* 所产生的纤维素并不是形成细胞壁的一部分，而是通过细胞膜微孔分泌到菌体外。细胞膜表面沿细胞的长轴有规则地排列着约 50～80 个孔状位点，微孔间距约 10nm。纤维素合成酶产生 12～15 条纤维素分子链，组装成宽度为 1.5nm 的原细纤维，再通过细胞膜外层的微孔分泌到培养基中。这些精细纤维也称为"亚原细纤维"。亚原细纤维聚合形成宽度 3～6nm 的微纤维，微纤维进而聚合成宽度约 40～60nm 的典型的"束状组装纤维"。一个醋酸杆菌可以在培养基中通过 β-1,4-糖苷键聚合 20000 个葡萄糖分子形成单一、扭曲、带状的微细纤维。带状的微细纤维随着细胞的生长分裂却并不断裂。亚原细纤维太细小以致不能形成晶体，纤维素的结晶作用可能发生在亚原纤维聚集成微纤维的某一时期。当亚原细纤维通过氢键聚集成一条微纤维时，由于亚原细纤维中分子链的平行取向，发生一定程度的局部分子链重排，产生晶体。

葡萄糖酸与乙酰聚糖（Acetan）是纤维素生物合成过程中影响纤维素产量的两个主要副

产物。葡萄糖酸产生于细菌有氧呼吸过程，发酵培养后期，葡萄糖酸的聚集会引起培养液 pH 下降从而降低细菌活性与纤维素产量，通过菌种诱变得到的非产葡萄糖酸变异菌种在动态培养条件下 10 天的纤维素产量增长 83%。乙酰聚糖产生于动态培养环境下，该物质是一种水溶性多糖，分子结构与黄原胶类似。乙酰聚糖的形成在一方面会消耗细菌纤维素前驱体 UDP-Glucose，降低纤维素产量，另一方面乙酰聚糖的不断累积会增加培养液的黏度，从而降低动态培养时培养液的溶氧指数，降低纤维素产量。通过基因改造技术得到的非产乙酰聚糖的变异菌种纤维素产量却未见提高。原因在于乙酰聚糖聚集时引起的培养液黏度上升减小了动态培养条件下剪切力对纤维素产量的抑制作用，向培养液中添加琼脂提高培养液黏度也能得到类似效果。

23.2 细菌纤维素的结构和理化特性

23.2.1 细菌纤维素的结构

BC 是由微生物产生的一类纯纤维素，从纤维素的分子组成看，和植物纤维一样都是由 β-D-葡萄糖通过 β-1,4-葡萄糖苷键结合成的直链，链间彼此平行，不呈螺旋构象，无分支结构，又称为 β-1,4-葡聚糖，见图 23-3(a)。但相邻的吡喃葡萄糖的 6 个碳原子并不在同一个平面上，而是呈稳定的椅状立体结构，见图 23-3(b)。数个邻近的 β-1,4-葡聚糖链由分子链内与链间的氢键稳定结构而形成不溶于水的聚合物，见图 23-3(c)。

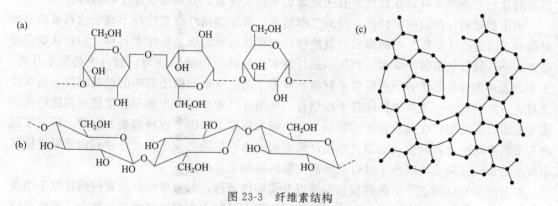

图 23-3 纤维素结构

(a) Howorth 结构式；(b) 椅状结构式；(c) 纤维素间氢键的排列形式

一般认为葡萄糖长链的聚合有两种类型：结晶结构和无定形结构。在纤维素纤维中部，分子排列比较整齐、有规则，为有序结构，称为结晶区。在此微晶区的外围长带区域，分子链排列不整齐、较松弛，但其取向大致与纤维主轴平行，呈现无序结构，称为无定形区。从结晶区到无定形区是逐步过渡的，无明显界限。一个纤维素分子可穿过几个结晶区和不定形区。结晶区的特点是纤维素分子链取向良好，密度较大，分子间结合力最强，故结晶区对强度贡献大。天然纤维素可分为Ⅰ型和Ⅱ型，由 X 射线衍射分析醋酸菌所产生的纤维素属于Ⅰ型，细菌纤维素结晶度高于植物纤维素，强度也大于植物纤维素。

对纤维素Ⅰ不同来源的研究中发现，晶胞参数略有不同，因此将纤维素Ⅰ分为纤维素 I_{α} 和纤维素 I_{β}，其中，I_{α} 型的每个晶胞内有一条三斜晶结构的纤维素链，而 I_{β} 型的每个晶胞内有两条单斜晶结构的纤维素链。例如细菌纤维素大约含 60% I_{α} 型和 40% I_{β} 型，而棉麻等植物的纤维素 30% 为 I_α 型、70% I_β 型，以 I_β 型为主。经湿热处理，I_α 型纤维素不可逆地转变为 I_β 型，因此，可认为 I_α 型属于亚稳态，这可能就是 BC 化学衍生性强又对纤维素酶敏感的重要原因。

23.2.2 细菌纤维素的理化特性

与植物纤维素相比细菌纤维素经过简单的提取，可获得不含木质素和半纤维素、纯度可达 99% 以上的纤维素。细菌纤维素由 3nm 微纤维通过纤维素分子间的氢键作用而缠绕成宽度为 30~100nm、厚度 3~8nm 的长度不定纤维丝带（ribbon），就其纤维截面直径而言，细菌纤维素与植物纤维合成纤维有较大区别，其直径仅是棉纤维的 1/100~1/1000。由于细菌纤维素的超细纳米结构使其表面积为植物纤维素的 300 倍，而细菌纤维素纳米纤维表面的大量亲水性氢基基团，赋予了细菌纤维素高吸水和持水保湿性能，通常情况下能吸收 60~700 倍于其自重的水分，可应用于吸水材料领域。细菌纤维素具有生物合成时可调控性，如木醋杆菌能利用葡萄糖与乙酰葡萄胺合成 N-乙酰氨基葡萄糖，并以 4% 的比例将 N-乙酰氨基葡萄糖连接在细菌纤维素上，再如向 Hestrin-Schramm 培养基中添加羧甲基纤维素（CMC）、甲基纤维素（MC）或聚乙烯醇（PVC）等，以改变 BC 的结构、晶型、含水量以及吸收金属离子能力。而采用不同的培养方法，如醋酸杆菌静态发酵方式可获得有高杨氏模量、高抗张强度和极佳的形状维持能力的细菌纤维素膜。细菌纤维素是由醋酸杆菌生物合成的高聚物，具有较高的生物相容性，几乎不引起异物和炎症反应，并在湿态条件下具有很好的力学强度，使其在组织工程材料方面具有一定应用潜力。同时细菌纤维素在微生物以及纤维素酶催化等条件下可以在自然界直接降解、不污染环境，是环境友好生物材料。

由葡糖醋杆菌的赖氧特性，静态发酵培养过程中细菌纤维素往往形成于培养液的富氧界面处。通过改变富氧界面的形状，就能够得到形状各异的细菌纤维素材料。如管状细菌纤维素，小口径管状细菌纤维素。利用细菌纤维素出色的原位成形能力，制备出类似半月板、手掌、人耳等特异形状的细菌纤维素材料。成形工艺也从最初借助简单的玻璃组件、透氧薄膜材料，发展到与三维立体打印技术相结合。细菌纤维素良好的生物相容性使细胞能够在其表面黏附，但是细胞在材料表面的黏附与分化很大程度上取决于材料的表面形貌。研究发现改变富氧界面的表面形貌，能够使细菌纤维素的表面形貌随之发生改变，并利用透氧模板限制微生物运动方向成功制备了具有表面高度取向的细菌纤维素。

细菌纤维素以湿态下出色的抗张强度以及柔韧性著称，但致密的纤维素网络在赋予细菌纤维素优异的理化性能的同时，也大大限制了细胞由材料表面向内部的迁移能力。采用原位添加致孔剂、后处理发泡膨胀、机械打浆后重塑等一系列方法可构筑纤维素内部大孔结构。致孔剂法被认为是一种在保持细菌纤维素力学性能与持水性能优势的前提下，最有效构筑大孔结构的方法。但是，致孔剂复杂的制备工艺以及需要反复多次的清洗过程不仅大大降低了构筑大孔结构的效率，也难以与未来可能实现规模化连续化的发酵生产技术相匹配。研究发现通过向培养液中添加阳离子淀粉得到的细菌纤维素具有上下表面致密程度存在明显差异的双层结构。虽然其疏松部分的孔径较小，但这项研究使我们看到了制备同时满足多种细胞黏附与生长的多功能细菌纤维素支架材料的可能性。类似于人类皮肤"上层致密下层疏松"的仿生结构能够通过原位改性这一简单的方法来实现，也将细菌纤维素原位成形可控化朝着规模化连续化制备的方向推进了一步。

由 A. xylinum 产生的 BC 和植物或海藻产生的纤维素在化学性质上是相同的，但 BC 作为一种新型材料，有以下许多独特的性质。

① 化学纯度高。不含木质素和半纤维素，纯度可达 99％以上，分子取向好，以单一纤维存在，提取工艺简单。

② 高结晶度。静态培养的 BC 可达 71％，动态培养的 BC 可达 63％。

③ 纳米级纤维。一般形成一根长度不定，宽度为 30～100nm，厚度为 3～8nm 的细菌纤维丝带。

④ 高持水量和透水通气能力。通常情况下持水率大于 1∶50，发酵过程经特殊处理后持水率可达 1∶700，并具有高的湿强度，可反复干湿作吸水材料。

⑤ 静态培养得到的膜具有高杨氏模量、高抗张强度和极佳的形状维持能力。

⑥ 生物合成时性能的可调控性。在 BC 的培养过程中或结束后对其都可以进行修饰。如木醋杆菌能利用葡萄糖与乙酰葡萄胺合成 N-乙酰氨基葡萄糖，并以 4％的比例将 N-乙酰氨基葡萄糖连接在 BC 上。

⑦ 良好的生物相容性及生物降解性，为环境友好型生物材料。

23.3　细菌纤维素的应用

BC 属于一种公认安全者（the generally recognized as safe，GRAS）的多糖，因此被广泛应用于各个领域。表 23-2 总结了 BC 主要的潜在应用，从中可以看出 BC 的应用领域广阔。

表 23-2　细菌纤维素的应用

领域	应用
化妆品	作为乳化剂如乳膏、指甲护理、上光剂的稳定剂；人造指甲的成分
纺织业	人造皮肤及织物；高吸收性物质
旅游及运动	运动装、帐篷及野营装备
采矿及废料处理	用于收集外溢石油的海绵制品、吸收毒素的材料、矿物及石油的再循环
污水纯化	城市污水纯化及水超滤
广播	麦克风及耳机的灵敏振动膜
林业	人工木材的替代品、多层胶合板以及重物箱
造纸工业	特种纸、档案文件的修复、耐用的银行支票、尿布及餐巾纸
机械工业	汽车车体、飞机部件、修复火箭裂缝
食品工业	食用纤维及"nata de coco"
医药	用于治疗褥疮、烧伤及溃疡的暂时性人造皮肤
实验室/研究	蛋白质固定、色谱技术、体外组织培养的培养基成分

目前，已经或正在开发的 BC 的应用主要包括食品、造纸和无纺织物、生物医学材料、渗透汽化膜分离、声学器材振膜、燃料电池质子交换膜、电子纸张、固定化酶以及 BC 改性的研究等。

23.3.1　在食品工业中的应用

由于细菌纤维素具有很强的亲水性、持水性、凝胶特性、稳定性及其难于被人体消化吸收的特点，在食品工业中可用作功能食品辅料，如增稠剂、乳化剂、稳定剂、结合剂、成型剂、分散剂等及保健美容食品。

细菌纤维素在食品生产中第一个成功的商业应用是"nata de coco"（椰果），是菲律宾的一种传统点心，可防止肠癌、动脉硬化、血栓及防止尿中葡萄糖的突然升高，这种食品在日本和印度尼西亚被大量生产并出口；另一种含 BC 的食品是红茶菌饮料 Kombucha 或 Tea-fungus，通过酵母及醋酸菌生长在茶叶和糖汁上所获得，含有对人类健康有益的纤维素和酶类，能刺激大肠及整个食道，预防癌症。

23.3.2　在造纸工业中的应用

BC 添加到纸浆中，利用纤维素大分子上的羟基产生氢键结合，使纸张达到很好的湿强度、干强度、耐用性、吸水性等，并且解决了废纸回收再利用时纸纤维强度下降的问题。BC 可用于流通货币制造的特级纸，字典和词汇手册的印刷纸，可减轻质量，提高印刷性能；而制造吸收有毒气体的碳纤维纸板，通过添加适量的 BC，可提高碳纤维板的吸附容量，减少纸中填料的泄漏。

除了在传统纸张上的应用以外，细菌纤维素还可应用在特种纸张中，使纸张具有导电性、阻燃性等。用细菌纤维素做高清晰度动态显示器件的研究，取得了突破性进展，这种器件具有高反射率、高对比度、高柔韧性、低成本和生物可降解等优良性能，预示着它可作为电子书籍、电子书刊、动态墙纸、可写地图和识字工具的新材料。以磷酸葡萄糖和葡萄糖的混合物做碳源，玉米浆做氮源，培养产生含有磷酸的细菌纤维素，并把它应用在制浆造纸中，得到了具有良好阻燃性的特种纸张。

23.3.3　在音响振动膜上的应用

BC 高纯度、高结晶度、高聚合度和优良的分子取向，高机械强度、经热压处理后，杨氏模量可达 30GPa，比有机合成纤维的强度高 4 倍，可满足当今顶级音响设备声音振动膜材料所需的对声音振动传递快和内耗高的特性要求。据悉，日本 Sony 公司与味之素公司携手开发了用 BC 制造的超级音响、麦克风和耳机的振动膜，在极宽的频率范围内传递速度高达 5000m/s，内耗高达 0.04，复制出的音色清晰、洪亮。而目前的普通高级音响铝制振动膜的传递速度为 3000m/s，内耗为 0.002。松木纸振动膜传递速度为 500m/s，内耗为 0.04。几乎没有一种材料像 BC 膜那样，既具有高传递速度又有高内耗的性能。BC 振动膜的优异特性主要是其极细的高纯度纤维素组成的超密结构，经热压处理制成了具有层状结构的膜，使其杨氏模量和机械强度大幅度提高。

23.3.4　在生物医学材料上的应用

有用 BC 制成人工皮肤、纱布、绷带和"创可贴"等伤口敷料的商品。其主要特点是在潮湿情况下机械强度高；对气体、水分及电解物有良好的通透性；与皮肤相容性好，无刺激性；结构极为细密，能防止细菌感染，有利于皮肤组织生长。Biofill 和 Gengiflex 就是两个典型的 BC 产品，已广泛用作外科和齿科材料。Biofill 作为人类临时皮肤替代品已被成功应用于治疗二级三级皮肤烧伤、皮肤移植以及慢性皮肤溃疡等疾病，Gengiflex 则用来修复牙龋组织。1987 年以来巴西有近十个皮肤伤病医疗单位报道了 400 余例将 BC 膜作为人造皮肤的临时替代品应用于处理烧伤、烫伤及皮肤移植和慢性皮肤溃疡等。基于 BC 的原位可塑性设计出的一种新型生物材料 BASYC 可望在显微外科中用作人造血管。BC 膜作为缓释药物的载体携带各种药物，利于皮肤表面给药，促使创面的愈合和康复。

23.3.5　在固定化载体上的应用

BC 具有的较高的机械强度、热稳定性、良好的生物相容性以及无毒性使得其可广泛应用于固定化酶及固定化细胞技术。以细菌纤维素为载体，先将 BC 膜进行胺化，之后采用吸附-交联的方法将海藻糖合酶固定化。在最适固定化条件下，25℃吸附 20h，然后与 6％戊二醛在 15℃交联 20h。与游离酶相比，BC 膜固定化酶能提高酶的酸碱稳定性、热稳定性，有较好的操作稳定性和重复使用稳定性。将木醋杆菌产生的细菌纤维素膜作为固定化微生物细胞的载体，来固定化黄抱原毛平革菌、白腐真菌 Z-4，其固定化性能良好、重复使用能力高、强度高、价格便宜。

23.3.6   在渗透汽化膜上的应用

由于细菌纤维素膜在湿态下的高杨氏模量、热稳定性和低气体渗透性方面有着其他传统材料无法比拟的优势，使得细菌纤维素膜在分离技术方面有很大应用潜力。在渗透汽化方面的应用最早的是乙醇/水二元体系的渗透汽化分离研究，发现 BC 膜对水有高选择性；之后将分离体系扩展到丙酮-水、甲醛-水、乙二醇-水、丙三醇-水等二元有机溶液。

用脱乙酰壳聚糖浸渍得到的复合纤维素膜与脱乙酰壳多糖-聚乙烯醇混合膜进行乙醇/水共沸物的渗透汽化分离，结果表明脱乙酰壳聚糖-细菌纤维素膜对乙醇-水有较好的分离效果，并且与脱乙酰壳聚糖-聚乙烯醇混合膜相比具有更好的机械性能和热稳定性。此外，用海藻酸盐或者海藻酸盐-聚乙烯吡咯烷酮涂覆、戊二醛交联后得到的复合细菌纤维素膜的渗透汽化实验研究，并用复合后得到的膜对丙酮-水、异丙醇-水以及乙醇-水体系进行了渗透汽化实验，结果表明在细菌纤维素膜复合后其表面结构发生了明显改变，并且对丙酮、异丙醇、乙醇与水的分离效果有明显差异。

23.4   燃料电池及 BC 在燃料电池中的应用

23.4.1   燃料电池概述

针对目前能源短缺问题，人类必须寻找新型能源来解决。由于燃料电池具有高能量转换效率、高比功率、无运动部件、低红外辐射和环境友好等优点，世界各国都把它视为解决环境与能源短缺问题的重要攻关项目之一。燃料电池按其工作温度分为高温燃料电池、中温燃料电池和低温燃料电池。其中，低温燃料电池应用领域更广泛，可以应用于：①交通工具，如大巴、汽车、飞机、帆船等；②军事领域，如潜艇、航天飞机、军事备用电源等；③数码产品，如笔记本电脑、手机、数码相机的电源；④民用电源，如家用备用电源、燃料电池电站等。低温燃料电池中，质子交换膜燃料电池（proton exchange memberane fuel cell，PEMFC）和直接甲醇燃料电池（direct methanol fuel cell，DMFC）是开发的热点。

质子交换膜燃料电池由双极板、密封胶、气体扩散层、阳极催化剂、阴极催化剂和质子交换膜等部分组成。其中，两极催化剂和质子交换膜形成三合一膜电极，或是再加上两边的气体扩散层形成五合一膜电极。膜电极（membrane electrode assembly，MEA）是质子交换膜燃料电池的核心，也是质子交换膜燃料电池成本最高的部分。

质子交换膜（proton exchange memberane）在燃料电池中的作用是双重的：一是作为电解质提供氢质子通道；二是作为隔膜隔离两极反应气体，防止它们直接发生作用。其性能的优劣直接影响着燃料电池的工作性能，因此对于质子交换膜材料的研究已经成为燃料电池研究工作中的热点之一。现在已有商品化的质子交换膜，主要是美国杜邦的 Nafion 系列膜。Nafion 膜是全氟磺酸膜，它具有良好的热稳定性、机械性能和高质子导电性。然而，高昂的成本（约 US＄3000/kg、合成的困难性、制造过程中产生对环境有毒有害的中间产物、高温下电导率下降＞100℃）以及应用于 DMFC 时存在的高甲醇渗透率和含 Ru 催化剂的损失强烈制约了它的应用。因此现在大量研究集中在成本较低且环境污染相对较小的碳氢聚合物质子交换膜上，例如磺化芳香聚合物膜、辐射接枝聚合物膜、脂肪族交联聚合物膜、共混聚合物膜等。

电极催化剂（catalyst electrode）分为阳极催化剂和阴极催化剂。阳极催化剂催化氢气氧化生成两个质子或催化甲醇氧化反应生成质子和 CO_2，即 $H_2-2e^-\longrightarrow 2H^+$ 或 $CH_3OH+H_2O-6e^-\longrightarrow 6H^++CO_2$。阴极催化剂催化氧气还原，与从阳极穿过质子交换膜的质子反应生成水，即 $O_2+4H^++4e^-\longrightarrow 2H_2O$。催化剂的材料主要是碳粉载铂等贵金属材料，主要的商品化产品是英国 Johnson Matthey Pt/C 催化剂。由于贵金属的价格一直居高不下，所以催化剂的研究主要集中在铂合金的制备以降低铂载量、非铂催化剂的制备以及碳载体的改进以提高催化效率。

气体扩散层（gas diffusion layer，GDL）主要兼具透气稳流和收集电流的作用。因此气体扩散层要有良好的电子导电性以及多孔透气的结构。现在，主要的商品化产品是日本 Toray 公司的碳纸。然而由于碳纸的价格昂贵，许多新型的便宜的气体扩散层正在研究中。

23.4.2 纤维素及其衍生物在燃料电池中应用

纤维素及其衍生物在燃料电池中的应用主要集中在质子交换膜和电极催化剂的载体上。

23.4.2.1 质子交换膜

将纤维素溶解于二甲亚砜（DMSO）中，并室温下与不同浓度的磺化琥珀酸搅拌均匀，然后在有 Teflon 涂层的平皿中浇铸成膜，80℃下烘干 48h，最后在 120℃下交联反应 3h，形成纤维素/磺化琥珀酸交联质子交换膜。这种膜具有良好的热稳定性和机械强度。其中，30%（质量分数）的磺化琥珀酸与纤维素反应形成的膜在室温和 80℃下电导率分别达到 0.023S/cm 和 0.04S/cm。

先将微晶纤维素溶解于含有 LiCl 的 N,N-二甲基乙酰胺（DMAc）中，然后氩气保护下，先加入三乙胺搅拌，然后逐步小心地加入对甲苯磺酰氯，在 4~8℃下反应 24h，再经过沉淀除杂等过程，生成对甲苯磺酸纤维素酯。对甲苯磺酸纤维素酯再与 1,4-二氮杂二环 [2.2.2] 辛烷（DABCO）于二甲基甲酰胺（DMF）中 70℃反应 3d，沉淀纯化得 DABCO-纤维素。然后，用二碘丁烷做交联剂，DMF 中 40℃反应 30min 得到导电聚合物。最后，在培养皿中浇铸成膜。此膜的电导率最高可达 5.4×10^{-3}S/cm。

将再生纤维素膜与三氧化硫吡啶配合物在 DMSO 中混合均匀，并于 60℃下磺化反应 5h，NaOH 中和后成膜，并用盐酸离子交换成纤维素硫酸酯质子交换膜。同时 Kasai 等也将中和后的膜于异丙醇溶液中，碱性条件下与乙二醇二缩水甘油醚（EGDE）60℃交联反应 5h，接着用盐酸离子交换成交联纤维素硫酸酯质子交换膜。纤维素硫酸酯质子交换膜具有较高的质子传导率和吸水率，室温下分别达到 0.043S/cm 和 4.2g/g；而交联纤维素硫酸酯质子交换膜则具有更高的质子传导率和较低的吸水率，室温下分别达到 0.081S/cm 和 0.95g/g。同时，也详细研究了纤维素硫酸酯质子交换膜和交联纤维素硫酸酯质子交换膜的甲醇渗透率。两类质子交换膜的甲醇渗透率都在 $(0.5\sim2.0)\times10^{-6}cm^{-2}/s$，并且都不随甲醇浓度的提高而提高。从而，证明了纤维素硫酸酯质子交换膜在 DMFC 中应用的可能。

将醋酸纤维素膜作为 DMFC 的质子交换膜。虽然醋酸纤维素膜只有阻碍甲醇穿过的作用，没有导质子性，但是具有较强的亲水性，通过在阳极 5mol/L 甲醇燃料中加入 0.5mol/L H_2SO_4 来增强其质子导电性。并且，以此醋酸纤维素膜设计了一种单侧电极支撑的自呼吸式 DMFC。通过发电测试，在两极催化剂 1.36mg/cm² 的 Pt 载量的条件下，可以达到 3.54mW/cm² 的功率密度。由于单侧电极支撑的自呼吸式 DMFC 减少了一侧气体扩散层，因此它的体积功率密度大大提高，达到 92.2mW/cm³。虽然，研究没有直接说明醋酸纤维素膜的阻醇性，但是通过 DMFC 发电间接表明纤维素基聚合物的阻醇性及其在直接甲醇燃料电池中应用的可能性。

23.4.2.2 电极催化剂碳载体

近年来不少研究者将纤维素与超临界二氧化碳中干燥后热解形成碳化气溶胶，并通过各种方法将 Pt 沉淀到载体碳化气溶胶上，制备出具有良好催化性能的 Pt/C 催化剂，并应用于 PEMFC 中得到良好的发电效果。用棉纤维素纳米晶体作为还原剂将氯铂酸还原成铂纳米颗粒。然后在空气中 445℃煅烧 2h，使纤维素碳化制备出 Pt/C 催化剂。通过 TEM、XPS 等手段表明制备出的 Pt 纳米颗粒分布在非常窄的范围之内，平均粒径不大于 10nm。并且此 Pt 纳米颗粒具有金属单质核心，氧化物外壳的核壳结构。通过电化学测试方法表明，此 Pt/C 催化剂在酸性条件下对氧气的电化学还原具有特别的活性，与现在 PEMFC 常用的催化剂 Johnson Matthey Pt/C 的性能相近。

利用纤维素作为模板，用蔗糖做还原剂将银氨溶液还原成银单质颗粒沉淀到纤维素纤维上。然后在空气中 400℃煅烧，除去纤维素的模板，制备出纳米银纤维。SEM 和 BET 分别测试制备出来的纳米银颗粒直径为 50nm 和 23nm。按一定比例将此纳米银纤维与聚二甲基硅氧烷（PDMS）和石墨粉混合制备石墨复合物电极用来进行电化学表征。结果表明，此纳米银纤维在碱性条件下对氧气的电化学还原具有良好活性。直接用棉纤维素纳米纤维做还原剂将硝酸银还原成银纳米颗粒沉淀到纤维素上。通过 TEM 测试表明银纳米颗粒直径约为 50nm。通过 CV 和 RDE 等电化学手段表明，此纳米银颗粒在碱性条件下对氧气四电子还原反应具有良好的电催化活性。他们的工作表明纤维素做载体的纳米银催化剂具有应用于碱性燃料电池或碱性阴离子交换膜燃料电池的潜力。

23.4.3 细菌纤维素在燃料电池上的应用

目前细菌纤维素膜在燃料电池方面的研究仍处于零散不系统状态。现在主要将细菌纤维素应用在 MEA 组件中，以下是 BC 在 MEA 各个组件中的应用。

23.4.3.1 质子交换膜

由于 BC 膜具有的纳米纤维三维网状结构可以沉积金属离子，并且具有低气体透过性、机械强度高、热稳定性好等特点，使其可以应用于质子交换膜燃料电池。通过还原作用将钯沉积到 BC 上，应用于燃料电池和其他电子电器设备的制造。

通过掺杂磷钨酸和磷酸、硫酸酯化细菌纤维素制成细菌纤维素质子交换膜，氢气渗透系数最大为 6.01×10^{-9} cm³·cm/(cm²·S·cmHg)，低于质子交换膜材料渗透系数应小于 10^{-8} cm³·cm/(cm²·S·cmHg) 这一标准，质子传导率 80℃下达到 0.89S/cm，比商品化 Nafion 的电导率 0.1S/cm 高出很多。

23.4.3.2 电极催化剂

将钯沉积到 BC 上，作为电极催化剂组装成燃料电池进行发电。由于钯的载量有限，且钯的催化性能不如铂，所以其发电功率较低。Evans 等利用 BC 自身的还原金属离子的能力

将吸附在膜里面的 Pd^{2+}、Ag^+ 还原成金属粒子，使其均匀地沉积在 BC 上，其中钯-BC 膜具有催化性能，两片钯-BC 膜各作为阴阳电极，中间嵌入原始 BC 膜构建一个三明治式的膜电极组件（MEA），结果表明钯-BC 膜具有催化产氢功能，而且 MEA 可产生电流。

通过还原剂将氯铂酸里的铂原位还原到细菌纤维素膜的纳米孔隙中，按照 B. R. Evans 等的方法组装成单电池进行发电性能测试。其产生的最大输出功率高于钯-BC 膜构建的 MEA 的 1.5 倍。

23.4.3.3 气体扩散层

利用 BC 的超细三维网状多孔结构，结合碳纳米管制成导电 BC，克服了传统碳纳米管易团聚，很难在聚合物材料中分散均匀的缺点。并利用 BC 的超细网状多孔结构，将其看作纳米级的过滤器，把液体中的碳纳米管均匀吸附并牢牢结合到其表面和内部后，电导率达 0.14S/cm，这对研究导电材料具有重要意义。制成气体扩散层，并用 MWCNTs 载 Pt 制成一种新的 PEMFC 的电极。

参 考 文 献

[1] 蒋高鹏. 基于细菌纤维素的质子交换膜的制备、表征及其在燃料电池中的应用研究. 上海：东华大学；2012.

[2] 杨加志. 细菌纤维素杂化纳米材料的制备及性能研究. 南京：南京理工大学，2011.

[3] Brown A J. Anacetic ferment which forms cellulose. Joural of the Chemieal Society, 1886, 49：432-439.

[4] 李辉芹. 微生物生产的纤维素——细菌纤维素. 产业用纺织品，2005, 23 (2)：42-44.

[5] Jonas R, Farah L F. Produetion and application of microbial. Polymer Degradation and Stability, 1998, 59：101-106.

[6] Cannon R E, Anderson S M. Biogenesis of bacterial cellulose. Critical Reviews in Microbiology, 1991, 17：435-439.

[7] Yamada Y, Hoshino K, Ishikawa T. The Phylogeny of acetic acid bacteria based on the partial sequences of 16S ribosomal RNA：the elevation of the subgenus Gluconacetobacter to the generic level. Bioscience Biotechnology and Biochemistry Biosens, 1997, 61：1244-1251.

[8] Yamada Y. Transfer Acetobacter Oboediens and A. Intermedius to the Genus Gluconacetobacter as G. Oboediens Comb. Nov. and G. Intermedius Comb. Nov. Int. J. System. Evolut. Microbiol, 2000, 50：2225-2227.

[9] 刘四新, 李从发. 细菌纤维素. 北京：中国农业大学出版社, 2007.

[10] Ross P, Mayer R, Benziman M. Cellulose biosynthesis and function in bacteria. Microbiol Rev, 1991, 55 (1)：35-58.

[11] Yamanaka S, Watanabe K, Kitamura N. The structure and mechanical properties of sheets prepared from bacterial cellulose. J Mater Sci, 1989, 24：3141-3145.

[12] Imai T, Sugiyama J. Nanodomains of I_α and I_β cellulose in algal microflbrils. Macromolecules, 1998, 31：6275-6279.

[13] Kono H, Erata T, Takai M. Determination of the through-bond carbon-carbon and carbon-proton connectivities of the native cellulose in the solid state. Macromolecules, 2003, 36：5131-5138.

[14] Li G K, Li X F, Jiang Y, et al. Size effects of nano-crystalline cellulose. Chinese Chemieal Letters, 2003, 14 (9)：977-978.

[15] 贾士儒, 欧蟋宇, 傅强. 新型生物材料——细菌纤维素. 食品与发酵工业, 2000, 27 (1)：54-58.

[16] Zaar K. Visualization of Pores (export sites) eorrelated with cellulose production in the envelop of the gram-negative bacterium Acetobacter xylinum. J. Cell Biology, 1979, 80：773-777.

[17] Hendrikx R H, Hompes L L, Beekers S D. Modified cellulose product. WO 200023516, 2000.

[18] 王先秀. 新型的微生物合成材料——醋酸菌纤维素. 中国酿造, 1999, 1：1-2.

[19] Shirai A, Takahashi M, Kaneko H, et al. Biosynthesis of a novel polysaccharide by Acetobacter xylinum. Intemational of Biological Macromolecules, 1994, 16 (6)：297-300.

[20] Kenji T, Masashi F, MitsuoT, et al. Synthesis of Acetobacter xylinum bacterial cellulose composite and its mechanical strength and biodegradability. Mokuzai Gakkaishi, 1995, 41 (8)：749-757.

[21] 旺达姆 E J, 贝特斯 S D, 斯泰因比歇尔 A. 生物高分子：第5卷. 多糖Ⅰ原核生物多糖. 北京：化学工业出版社, 2004：37-87.

[22] 刘四新，李从发，李枚秋等. 纳塔产生菌的分离鉴定和发酵特性研究. 食品与发酵工业，1999，25（6）：37-40.

[23] Okiyama A，Motoki M，Yamanaka S. Baeterial cellulose-processing of the gelatinous cellulose for food material. Food Hydroeolloids，1993，6：503-511.

[24] Iguchi M，Yamanaka S，Budhiono A. Baeterial cellulose—a masterpiece of nature's arts. Journal of Materials Science，2000，35：261-270.

[25] Tajima K，Fujiwara M，Takai M，Hayashi J. Synthesis of Acetobacter xylinum bacterial cellulose composite and its mechanical strength and biodegradability. Mokuzai Gakkaishi，1995，41（8）：749-757.

[26] 承铸，顾真荣. 细菌纤维素生物理化特性和商业用途. 上海农业学报，2001，17（4）：93-98.

[27] Shah J，Brown R M J. Towards electronic paper displays made from microbial cellulose. Applied Microbiology and Biotechnology，2005，66：352-355.

[28] Basta A H，Elsaied H. Performance of improved bacterial cellulose application in the production of functional paper. Journal of Applied Microbiology，2009，107：2098-2107.

[29] Yoshinaga F，Tonouchi N，Watanabe K. Research Progress in Production of Bacterial Cellulose by aeration and Agitation Culture and Its Application as a New Industrial Material. Biosci Biotech Biochem，1997，61（2）：219-224.

[30] Fontana J D，Desouza A M，Fontana C K，et al. Acetobacter cellulose pellicle as a temporary skin substitute. Appl Bioehem Bioteehnol，1990，24-25：253-264.

[31] 马霞. 发酵生产细菌纤维素及其作为医学材料的应用研究. 天津：天津科技大学，2003.

[32] Klemm D，Sehumann D，Udhardt U，et al. Bacterial synthesized cellulose-artificial blood vessels for microsurgery. Prog. Polym. Sci，2001，26：1561-1603.

[33] 丁振，刘建龙，王瑞明. 细菌纤维素膜固定化海藻糖合酶的研究. 中国酿造，2006，9：19-23.

[34] 朱春林. 细菌纤维素应用于固定化微生物细胞及音响膜的初步研究. 南京：南京理工大学，2008.

[35] Dubey V，Saxena C，Singh L，et al. Pervaporation of binary water-ethanol mixture through bacterial cellulose membrane. Separation and Purification Technology. 2002，27：163-171.

[36] Pandey L K，Saxena C，Dubey V. Studies on pervaporative separtation characteistics of bacterial cellulose membrane. Separation and Purification Technology，2005，42：213-218.

[37] Dubey V，Pandey L K，Saxena C. Pervaporative separation of ethanol/water azeotrope using a novel chitosan-impregnated bacterial cellulose membrane and chitosan-poly（vinyl alcohol）blends. Journal of Membrane Science，2005，251：131-136.

[38] Ramana KV，Ganesan K，Singh L. Pervaporation of a composite bacterial cellulose membrane：dehydrationof binary aqucous-organic mixtures. World Journal of Microbiology & Biotechnology，2006，22：547-552.

[39] 衣宝廉. 燃料电池——原理、技术、应用. 北京：化学工业出版社，2003.

[40] 毛宗强等. 燃料电池. 北京：化学工业出版社，2005.

[41] 徐炽焕. 日本质子交换膜燃料电池开发动向. 电池工业，2005，10（4）：236-239.

[42] Iojoiu C，et al. From polymer chemistry to membrane elaboration-A global approach of fuel cell polymeric electrolytes. Journal of Power Sources，2006，153（2）：198-209.

[43] Heitnerwirguin C. Recent advances in perfluorinated ionomer membranes：Structure，properties and applications. Journal of Membrane Science，1996，120（1）：1-33.

[44] Seo J A，et al. Preparation and characterization of crosslinked cellulose/ sulfosuccinic acid membranes as proton conducting electrolytes. Ionics，2009，15（5）：555-560.

[45] Neburchilov V，et al. A review of polymer electrolyte membranes for direct methanol fuel cells. Journal of Power Sources，2007，169（2）：221-238.

[46] Higashihara T，Matsumoto K，Ueda M，Sulfonated aromatic hydrocarbon polymers as proton exchange membranes for fuel cells. Polymer，2009，50（23）：5341-5357.

[47] Karlsson L E，Jannasch P. Polysulfone ionomers for proton-conducting fuel cell membranes：sulfoalkylated polysulfones. Journal of Membrane Science，2004，230（1-2）：61-70.

[48] Hasegawa S，et al. Radiation-induced graft polymerization of styrene into a poly（ether ether ketone）film for preparation of polymer electrolyte membranes. Journal of Membrane Science，2009，345（1-2）：74-80.

[49] Lehtinen T, et al. Electrochemical characterization of PVDF-based proton conducting membranes for fuel cells. Electrochimica Acta, 1998, 43 (12-13): 1881-1890.

[50] Mikhailenko S U D, et al. Proton conducting membranes based on cross-linked sulfonated poly (ether ether ketone) (SPEEK). Journal of Membrane Science, 2004, 233 (1-2): 93-99.

[51] Qiao J L, Hamaya T, Okada T. Chemically modified poly (vinyl alcohol)- poly (2-acrylamido-2-methyl-1-propane-sulfonic acid) as a novel-conducting fuel cell membrane. Chemistry of Materials, 2005, 17 (9): 2413-2421.

[52] Qiao J L, Okada T. Highly durable, proton-conducting semi-interpenetrating polymer networks from PVA/PAMPS composites by incorporating plasticizer variants. Electrochemical and Solid State Letters, 2006, 9 (8): A379-A381.

[53] Kerres J, Tang C M, Graf C. Improvement of properties of poly (ether ketone) ionomer membranes by blending and cross-linking. Industrial & Engineering Chemistry Research, 2004, 43 (16): 4571-4579.

[54] Manea C, Mulder M. Characterization of polymer blends of polyethersulfone/ sulfonated polysulfone and polyethersulfone/sulfonated polyetheretherketone for direct methanol fuel cell applications. Journal of Membrane Science, 2002, 206 (1-2): 443-453.

[55] Schmitt F, et al. Synthesis of anion exchange membranes from cellulose: Crosslinking with diiodobutane. Carbohydrate Polymers, 2011, 86 (1): 362-366.

[56] Kasai Y, et al. Proton Conductivity and Methanol Permeability of Cellulose Sulfate Membranes. Kobunshi Ronbunshu, 2009, 66 (4): 130-135.

[57] Lam A, Wilkinson D P, Zhang J J. A novel single electrode supported direct methanol fuel cell. Electrochemistry Communications, 2009, 11 (7): 1530-1534.

[58] Guilminot E, et al. Use of cellulose-based carbon aerogels as catalyst support for PEM fuel cell electrodes: Electrochemical characterization. Journal of Power Sources, 2007, 166 (1): 104-111.

[59] Petricevic R, Glora M, Fricke J. Planar fibre reinforced carbon aerogels for application in PEM fuel cells. Carbon, 2001, 39 (6): 857-867.

[60] Rooke J, et al. Synthesis and Properties of Platinum Nanocatalyst Supported on Cellulose-Based Carbon Aerogel for Applications in PEMFCs. Journal of the Electrochemical Society, 2011, 158 (7): B779-B789.

[61] Guilminot E, et al. New nanostructured carbons based on porous cellulose: Elaboration, pyrolysis and use as platinum nanoparticles substrate for oxygen reduction electrocatalysis. Journal of Power Sources, 2008, 185 (2): 717-726.

[62] Johnson L, Thielemans W, Walsh D A. Synthesis of carbon-supported Pt nanoparticle electrocatalysts using nanocrystalline cellulose as reducing agent. Green Chemistry, 2011, 13 (7): 1686-1693.

[63] Sharifi N, Tajabadi F, Taghavinia N. Nanostructured silver fibers: Facile synthesis based on natural cellulose and application to graphite composite electrode for oxygen reduction. International Journal of Hydrogen Energy, 2010, 35 (8): 3258-3262.

[64] Johnson L, Thielemans W, Walsh D A. Nanocomposite oxygen reduction electrocatalysts formed using bioderived reducing agents. Journal of Materials Chemistry, 2010, 20 (9): 1737-1743.

[65] Evans B R, Oneil H M, Malyvanh Y P, et al. Woodward J. Palladium-bacterial cellulose membranes for fuel cells. Biosens Bioeleetron, 2003, 18: 917-923.

[66] 许春元, 孙东平. 一种采用细菌纤维素制备质子交换膜燃料电池膜电极方法. 中国发明专利: CN200810022130. X, 2008-12-10.

[67] Yang J Z, Sun D P, Li J, et al. In situ deposition of platinum nanoparticles on bacterial cellulose membranes and evaluation of PEM fuel cell performance. Electrochimica Acta, 2009, 54: 6300-6305.

[68] Yanoo S H, Jin H J. Electrically conductive bacterial cellulose by incorporation of carbon nanotubes. Biomacrornolecules, 2006, 7: 1280-1284.

[69] Yun Y S, Bak H, Jin H J. Porous carbon nanotube electrodes supported by natural polymeric membranes for PEMFC. Synthetic Metals, 2010, 160: 561-565.

[70] 杨敬轩, 陈仕艳, 王华平. 细菌纤维素制备技术与应用. 高分子通报, 2013, (10): 115-128.

24 微藻微生物燃料电池技术

目前，人类所用的能源主要是石油、天然气和煤炭等化石燃料。化石燃料是远古时期动植物遗体沉积在地层中、经过亿万年演变而来的，是不可再生能源，其储量有限。2009年，中国共进口石油1.99亿万吨，其国内石油开采量为1.89亿万吨，按照这样计算，中国51.3%的石油需求依赖于进口。能源短缺已成为制约我国经济发展的瓶颈，目前来说，随着化石燃料的减少和大气中二氧化碳温室气体浓度的日益增加，迫使人类开发和利用可更新和可持续使用的能源代替化石燃料。

24.1 微藻制取生物柴油

生物柴油（biodiesel）是指以油料作物、野生油料植物和工程微藻等水生植物油脂以及动物油脂、餐饮垃圾油等为原料油，通过酯交换工艺制成的可代替石化柴油的再生性柴油燃料。生物柴油是生物质能的一种，它是生物质利用热裂解等技术得到的一种长链脂肪酸的单烷基酯。

微藻通常是指含有叶绿素a并能进行光合作用的微生物的总称。目前发现的藻类有3万余种，其中微小类群就占了70%，约2万余种，广泛分布于各种水体中。微藻一般为几微米到几十微米的单细胞藻类或单细胞藻群体，是地球上最早出现的能利用太阳光能和无机物制造有机物的原始的低等植物，作为生态系统中的初级生产者，在能量转化和碳元素循环中起到了举足轻重的作用。微藻能够把光合作用的产物转化成油滴在细胞内贮藏起来，如葡萄藻、小球藻、盐藻、栅藻、雨生红球藻等。有些藻类在缺氮等条件下，可大量积累油脂，含油量高达80%。通过萃取、热裂解等方法，从这些微藻中将油提取出来，再通过转酯化后可转变为脂肪酸甲酯，即生物柴油。

24.1.1 微藻生产生物柴油

对于生物柴油的原料，人们的目光一直集中在传统的陈化粮、木质素、动物油脂等领域，而对于开发前景同样广阔、属水生植物的藻类却认识不足。事实上，作为一种重要的可再生资源，藻类具有其他非藻类可再生资源无可比拟的优越性，具体表现如下。

① 藻类种类多。生态环境各异，代谢产物多样，可以生产多种能源物质；藻体生物本身还可以得到再利用，生产出有高附加值的产品，如保健品、药品、化妆品等。

② 光合作用效率高。藻类是光合自养生物，直接将太阳能转化为化学能，能量只需一次转化，光合作用效率高（倍增时间3～5d），其太阳能转化率达到35%。

③ 有利于环境保护。藻类生长过程中吸收的二氧化碳与燃烧过程中排出的二氧化碳的数量相等，藻类生物燃料的生产和使用不增加温室气体二氧化碳的排放，可以保持碳平衡。藻类生产的生物柴油中硫和氮的含量较少，燃烧时不会排放出有毒害气体（SO_2和NO），不污染环境。

④ 加工工艺相对简单。微藻没有叶、茎、根的分化，不产生无用生物量，易被粉碎和

干燥，预处理的成本比较低。而且微藻热解所得生物质燃油热值高，是木材或农作物秸秆的16倍。

⑤ 微藻生物产量与产油率高。藻类繁殖快，培养周期短，一般陆地能源植物1年只能收获1～2季，而微藻几天就可收获1代，而且不因收获而破坏生态系统，可获得大量生物量。

⑥ 藻类对生长环境要求简单，具有不与传统农业争地的优势。微藻几乎能适应各种生长环境，不管是海水或淡水、室内或室外，还是一些荒芜的滩涂盐碱地、废弃的沼泽、鱼塘、盐池等都可以种植微藻。

⑦ 藻类生物柴油不含石蜡，闪点高，燃烧性能和效率高于普通柴油，使用时更安全；同时可以通过种植、养殖或培养等方式源源不断地得到新柴油。

24.1.2 富油微藻的筛选

早在20世纪70年代，全球第1次暴发石油危机的时候，美国卡特政府就开始实施"水生生物物种计划——藻类生物柴油"（ASP）研究项目，该项目从海洋和湖泊中分离出3000余株微藻，并从中筛选出300多株生长速度快、脂质含量较高的微藻，经过驯化，其中一些藻类的光合生产率已经达到50g/(m^2·d)，含油率甚至达到80%。一般来说，体内的油脂超过干重20%的微藻称为富油微藻（oleaginousm icroalgae），到目前为止，藻类专家已经测定了几百种富油微藻，它们隶属于金藻纲、红藻纲、绿藻纲、褐藻纲、蓝藻纲、黄藻纲、硅藻纲、隐藻纲和甲藻纲，品种不同的富油微藻油脂含量不同，甚至同一品种不同品系之间差异也很大。目前，作为生物柴油原料的微藻有绿藻、硅藻和部分蓝藻如葡萄藻、杜氏盐藻、小球藻、菱形藻、栅藻、雨生红球藻等。

我国研究微藻的基础力量较强，并且拥有大批淡水和海水微藻种质资源，在微藻大规模养殖方面已经走在世界前列。中国海洋大学拥有海洋藻类种质资源库，已收集了600余株海洋藻类种质资源，目前保有油脂含量接近70%的微藻品种，在山东省滨州市无棣县实施的裂壶藻（油脂含量50%，DHA含量40%）养殖项目正在建设一期工程。中科院海洋研究所获得了多株油脂含量在30%～40%的高产能藻株，微藻产油研究取得了重要进展。孙珊用冻融法对10余株微藻进行筛选，筛选出金藻（*Isochrysis* sp.）、前沟藻（*Amphidiniu* sp.）、异湾藻（*Heterosigma* sp.）和原甲藻（*Prorocentrum* sp.）等4株富油微藻，其粗脂含量分别为45%、36.7%、35%和29.5%。

24.1.3 构建富油微藻工程菌

参与微藻油脂合成的有2个主要的催化酶，即乙酰辅酶A羧化酶（acety lcoenzymeA carboxy lase，ACCase）和磷酸烯醇式丙酮酸羧化酶（phosphoeno lpyruvate carboxy lase，PEPC）。这2种酶的相对活性影响着微藻脂类代谢途径的走向：丙酮酸合成后，ACCase催化底物乙酸辅酶A进入脂肪酸合成途径；乙酸辅酶A的浓度累积激活了PEPC，催化丙酮酸合成草酸乙酸进入氨基酸生物合成途径。抑制PEPC活性有助于提高ACCase催化底物进入脂肪酸途径。酶促反应是脂肪酸合成和氧化过程中限制速率的关键调节步骤，因此，ACCase是脂肪酸生物合成途径的关键限速酶。目前，正在研究选择合适的分子载体，采用分子生物学和基因工程技术，使ACC基因在细菌、酵母和植物中充分表达，再进一步将修饰的ACC基因引入微藻中以获得更高效的表达。美国再生能源国家实验室（National Renewable Energy Laboratory，NREL）于1995年将ACCase基因转化小环藻成功，这是一个重要突破。因此，采用反义技术调控PEPC代谢途径，可能是提高脂肪酸含量的另一种有效方法。利用基因工程技术改变微藻细胞的生理结构，调控微藻脂肪酸合成途径，提高微藻脂肪酸的合成能力，从而制备出高产量、高含油量的优良工程微藻。

24.2 微生物燃料电池技术

微生物燃料电池（microbial fuel cell，MFC）是一种新型能源与环境治理技术。它可利用微生物的代谢作用，将有机废水中的化学能直接转化为清洁电能，具有广阔的发展前景。传统的MFC包含阴阳两个极室，中间由质子交换膜隔开，其基本工作原理如图24-1，阳极室中的有机物质（如废水等）在微生物作用下分解，释放出电子和质子，其中电子通过外电路到达阴极，质子透过质子交换膜到达阴极，阴极中的氧化剂（如氧气）从阴极上得到电子被还原与质子结合生成水。当外电路连接了电阻或负载时，可以获得连续的电流和功率输出。MFC技术为同时解决能源和环境问题提供了一条新的途径，一经出现就引起了研究者们的极大关注。

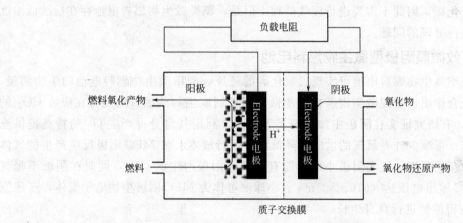

图24-1　微生物燃料电池的工作原理

由于生物质能源的可持续性和固碳功能，被认为是一种可以代替化石燃料的可持续更新能源。作为生物质能源利用的重要途径之一，微藻能源开发备受关注，其产品主要包括生物柴油、沼气、甲醇、H_2等，均具有重要的经济价值和社会价值，此外在污水处理、CO_2捕捉、生物饵料生产方面也有诸多应用。微藻与MFC技术分别因其高关注度均发展很快，但将两项技术进行结合（即微藻型MFC）开展相关研究的报道比较少。早在1964年，就开展了微藻型MFC的研究，以红螺菌（*Rhodospirillum rubrum*）于阳极室厌氧光照培养，同时将*blue-green marine algae*（蓝藻）附着于多孔铂电极上于阴极室光照培养构建MFC，获得0.96V的最大开路电压以及$750mA/m^2$的短路电流。但此MFC的能量利用效率仅为0.1%～0.2%，与当时传统的太阳能电池技术相比还很低，因此相关研究一度停滞。直到近几年，微藻和MFC技术的分别发展，以及太阳能综合利用技术的研究，微藻型MFC又重新获得研究者们的关注。

24.2.1 微藻阳极型微生物燃料电池

将微藻应用于微生物燃料电池，既可以利用微生物燃料电池降解有机物，产生电流，也可以实现微藻的利用，达到微藻治理的目的。目前，各种微藻型MFC尚处于初步研发阶段，产电水平低、能源转化效率低及操作运行不稳定是阻碍其发展的主要问题。从 MFC 的整体研究进展来看，对 MFC 阳极产电涉及的能量代谢及电子产生传递机制，尚未建立起清晰的理论。所以构建高效微藻生物阳极型 MFC 也尚不具有充足的技术基础。但是，研究发现，构建微藻阳极微生物燃料电池是可行的。利用小球藻（*Chlorella vulgaris*）构建微生物燃料电池具有可行性，该微藻阳极型电池可将化学能、光能转化为电能的同时处理废水并回收小球藻，从而降低小球藻的生产成本，为废水的资源化处理提供一种新的思路。在 MFC 基础上新出现一种沉积型微生物燃料电池（SMFC），这是一种典型的无膜 MFC，基本结构为阳极埋入装置下部的污泥中，阴极置于上部的水溶液中，利用阳极污泥中的产电微生物降解有机物并输出电能，而具有沉降性的污泥，将阴阳两区域自然分离，消除了两极的混合。该实验电池的输出功率密度达 $11.82mV/m^2$，对 COD 的去除率达 40%。

国外已有利用海洋和河流底泥构建 SMFC 的报道，最大功率密度为 $10\sim20mW/m^2$，试验 SMFC 处理蓝藻水的可行性，发现产电量不低于相同条件下处理葡萄糖模拟废水的电量。与现有的其他利用有机物产能的技术相比，微生物燃料电池具有以下优势：将底物直接转化为电能，保证了具有高的能量转化效率；在常温环境条件下能够有效运作；产生的废气的主要组分是二氧化碳，因此不需要进行废气处理。但是，藻类微生物燃料电池存在后续低浓度污水和藻体进行处理的问题。

24.2.2　高效微藻阴极型微生物燃料电池

微藻阴极型微生物燃料电池可实现二氧化碳的还原，利用微生物燃料电池的生物阴极，强化微藻的光合作用，实现微生物燃料电池微藻阴极制取生物柴油。藻类可在吸收 CO_2 的同时释放 O_2，有研究证实在阴极中加入藻类等生物，利用其自身可产生 O_2 的特点提供充足的电子受体，可减少外界氧气的供应，降低设备运行成本。将 MFC 阳极反应产生的气体引入培养小球藻的阴极，证实阴极小球藻能有效吸收阳极产生的 CO_2，同时在阴极不曝气的情况下 MFC 输出电压达 $(610\pm50)mV$。小球藻可作为 MFC 阴极生物电子受体，在还原 CO_2 的同时获得能量进行自身生长。

随着 MFC 技术的发展，阳极产电性能已得到很大的提高，而对于阴极电子受体普遍认为应选择 O_2，以利于提高工业化应用。就此来说微藻生物阴极型 MFC 能很好地满足条件，而其产电能力、HO_2 捕捉能力以及藻体的有价回收等，很大程度上取决于优质藻种的选择。对于阴极藻种的选择，应满足的基本条件是具有较快的 HO_2 吸收率和 O_2 释放率（增加阴阳极反应速率提高电能输出角度）以及生长速率快（从微藻经济价值回收角度看）。

24.2.3　微生物燃料电池的应用

24.2.3.1　废水处理

利用微生物燃料电池处理废水可以实现废水到电能的一步转化，在处理废水的同时使废水资源化。结合微生物燃料电池的原理和废水中的污染物成分，包括单室和双室微生物燃料电池废水处理，而双室 MFC 又分为阳极室废水处理、阴极室废水处理以及中间室废水处理。在运行过程中，阳极的污染物被降解，因此 MFCs 可作为一种新型的污水处理工艺。MFCs 的 COD 负荷可高达 $3000mg/L$，对污水的去除效果良好，COD 去除率可高达 90% 以上。连续流管状反应器是 MFCs 与污水处理的整合工艺，可通过调节污水的水力停留时间，实现污水处理的连续运行。对使用溶解氧的液体阴极，若有机质在阳极没有得到有效去除，将会流进阴极室，作为附加的好氧处理工艺显著增加了其去除效率。此外，MFC 对废水的脱氮除磷脱硫都有很好的效果。

24.2.3.2 微生物电合成

微生物燃料电池领域的研究热点已从生物产电转变为制备化学品，使阳极释放的能量能够以化学品的形式在阴极储存，目前，在微生物电合成方面，所产物质主要包括氢气、H_2O_2 以及低分子有机物。

24.2.3.3 微生物传感器

生物传感器能提供定量或者半定量分析的一种装置，包括生物识别元素和信号传输放大元素。微生物燃料电池的电流（电压）或电子库仑量与电子供体的含量之间存在对应关系，微生物燃料电池可用于某些底物含量的测定，如有机碳、废水 BOD 以及有毒物质等。由于电子来源于有机质的降解，电流与提供的有机质呈一定的线性关系，且微生物对有机质浓度变化的响应时间较短，可将 MFCs 作为 BOD 生物传感器，通过电流来判定阳极室中的有机质含量，甚至推测矿化速率，还可将 MFCs 设计成连续流式，对污水处理厂等进行实时监测。

24.2.3.4 氧化态污染物的还原

阳极发生的氧化反应可用来去除有机污染物，电子在外电路的传输可用来产生电流，而阴极发生的还原反应近年来受到关注。某些氧化态污染物可从接受电子被还原而转化成易降解的物质或降低毒性。最初是利用微生物进行反硝化作用来脱氮。该反应的微生物活性，与氧气为电子受体相比，具有启动时间长与功率输出低的缺点。具有生物毒性的偶氮染料则可直接从电极接受电子，摆脱了对微生物的依赖，在被有效去除的同时，获得了较高的功率输出。

24.3 发展前景

近年来，随着 MFC 技术与微藻技术的蓬勃发展，微藻型 MFC 因其可对太阳能进行能量综合转化，对 CO_2 进行有效吸收，且本身能产电或对产电有一定的促进作用，从而降低整体 MFC 成本，更好地体现了能源与环境的可持续发展，这引起了科研工作者的极大兴趣。但目前有关研究还处于初级阶段，其产电水平和太阳能转化效率还较低，操作运行条件亦不稳定，相关反应机理尚不明晰，因此需要在以下几个方面作进一步研究，以加快其实用化进程。

① 进行微藻型 MFC 反应器的优化研究，在综合高效 MFC 反应器设计的基础上，结合微藻光生物反应器结构作进一步优化；尤其是微藻生物阴极型 MFC，可以将阳极针对废水高效处理结构与阴极微藻光生物反应器结构设计理念相结合，从而使得阴阳极有针对性地提高反应效率。

② 分析微藻阳极直接光合产电的机理及导电机制，提高产电效率。

③ 微藻产氢产电稳定运行装置及廉价阳极催化电极的研制，从而有效地提高微藻产氢效率。

④ 微藻辅助的沉积型 MFC 的实用性研发：通过利用微藻给沉积型 MFC 阴极提供氧气和阳极提供营养物从而提高整体产电效率，开发海上小型供电设备。

⑤ 污水处理与微藻生物柴油耦合的一体化 MFC 装置研发：可考虑将高浓度有机废水首先经过 MFC 阳极厌氧有效处理后再通入阴极利用微藻进一步净化，最终收获清水和电能，

同时耦合微藻生物柴油制备技术，最终研发出一套一体化装备。

参 考 文 献

[1] 邹树平，吴玉龙，杨明德等．微藻能源化利用技术研究进展．现代化工，2006，26（增刊）：35-38.

[2] 李十中．替代石油的生物运输燃料．科学中国人，2007，（5）：76-79.

[3] 张百良，丁一．中国生物质能发展中几个问题研究．科学中国人，2007，（4）：38-41.

[4] 刘永定，范晓，胡征宇．中国藻类学研究．武汉：武汉出版社，2001：254-261.

[5] 孙珊．富油微藻筛选及油脂组分与影响因素研究．青岛：青岛科技大学，2009.

[6] 陈汝．微藻生物：可培育的绿色石油．世界博览：中国卷，2009，（10）：56-59.

[7] Gil G C，Chang I S，Kim B H，et al. Operational parameters affecting the performance of a mediator-less microbial fuel cell. Biosensors and Bioelectronics，2003，18（4）：327-334.

[8] Posten C，Schaub G. Microalgae and terrestrial biomass as source for fuels-A process view. Biotechnol，2009，142（1）：64-69.

[9] Effendi A，Gerhauser H，Bridgwater A V. Production of renewable phenolic resins by thermochemical conversion of biomass：A review. Renewable and Sustainable Energy Reviews，2008，12（8）：2092-2116.

[10] Berk R S，Canfield J H. Bioelectrochemical energy conversion. Appl Microbiol，1964，12：10-12.

[11] 何辉．利用小球藻构建微生物燃料电池．过程工程学报，2009，9（1）：133-137.

[12] Lowy D A，Tender L M，Zeikus J G，et al. Harvesting energy from the marine sedimentwater interface kinetic activity of an ode materials. Biosensors and Bioelectronics，2006，12（21）：2058-2063.

[13] 陈辉．可利用蓝藻产电的沉积型微生物燃料电池的构建与启动．安全与环境学报，2009，9（4）：45-47.

[14] He Z，Angenent L T. Application of Bacterial Biocathodes in Microbial Fuel Cells. Electroanalysis，2006，18（19/20）：2009-2015.

[15] Powell E E，Hill G A. Economic Assessment of an Integrated Bioethanol -Biodiesel Microbial Fuel Cell Facility Utilizing Yeast and Photosynthetic Algae. Chem Eng Res Des，2009，87（9）：1340-1348.

[16] Wang X，Feng Y J，Liu J，et al. Sequestration of CO_2 Discharged from Anode by Algal Cathode in Microbial Carbon Capture Cells（MCCs）. Biosen Bioelectron，2010，25（12）：2639-2643.

[17] Powell E E，Mapiour M L，Evitts R W，et al. Growth Kinetics of Chlorella vulgaris and Its Use as a Cathodic Half Cell. Bioresour Technol，2009，100（1）：269-274.

[18] Powell E E，Evitts R W，Hill G A，et al. A Microbial Fuel Cell with a Photosynthetic Microalgae Cathodic Half Cell Coupled to a Yeast Anodic Half Cell. Energy Sources，Part A：Recovery，Utilization and Environmental Effects，2011，33（5）：440-448.

[19] 王维大，李浩然，冯雅丽等．微生物燃料电池的研究应用进展．化工进展，2014，33（5）：1067-1076.

[20] 杨颖，江和龙．微生物燃料电池研究进展．环境科学与技术，2013，36（2）：104- 109.